수학 과학 영재학습
종합서

i&i 아이앤아이

영재교육원 대비

꾸러미

영재성 검사 / 창의적 문제해결력 / 심층 면접
(학문적성검사)

고학년용

중등

- □ 기출문제 위주 구성
- □ 영재교육원에 대한 자세한 소개
- □ 영재성 판별 진단 test
- □ 영재성 검사 대비 문제 및 모의고사
- □ 창의적 문제 해결력 평가 대비 문제
- □ 심층 면접 대비 문제
- □ 정답 및 해설 / 예시 답안 및 평가표 제시

무한상상

i&i 아이앤아이

영재교육원 대비

꾸러미

고학년용

중등

무한상상

창의적 사고를 위한 대표적인 요소

새로운 시대의 인재상은 해당 분야의 전문성과 함께 창의·인성을 갖춘 인재입니다. 이들은 창의적으로 도전을 즐깁니다. 이중 창의력은 유익하고 새로운 것을 생각해내는 능력으로 창의력과 영재성은 같은 의미로 사용됩니다.

창의력의 요소로는 유창성, 융통성, 독창성, 정교성 등이 있습니다.

독창성

다른 사람하고 다른 자기만의 해결책을 내는 능력

유창성

특정 문제에 대해 제한된 시간 내에 다양한 해결책을 생각해내는 능력

융통성

한 문제에 대해 여러 가지 해결책을 제시하는 능력

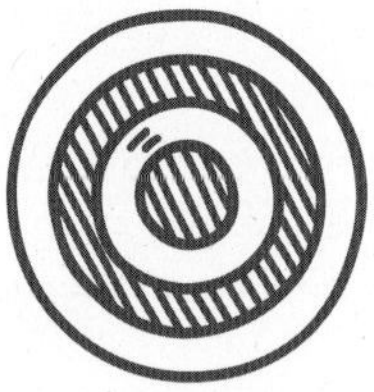

정교성

처음에 생각해낸 아이디어를 다듬어 발전시켜 표현하는 능력

자녀가 다음과 같은 특성을 보이면 '창의력'을 발휘하고 있는 아이입니다!

- 이야기 만드는 것을 좋아한다.
- 주변을 자신에 맞게 꾸미고 물건을 배치하는 것을 좋아한다.
- 어려운 일에도 도전하는데 주저함이 없다.
- 평범한 물건으로 착안하기 어려운 것을 만들어낸다.
- 자신이 계획한 일에 실패하더라도 좌절하지 않고 여러 가지 다른 방법을 찾는다.
- 현재 배우는 것과 다른 분야 사이의 유사점을 발견하고 연결시키려고 한다.
- 자연 현상 또는 인간 관계 등에 '왜?' '어떻게?' 와 같은 호기심이 강하고 끊임없이 질문한다.

실험에서의 탐구 과정 요소

과학에서 빼놓을 수 없는 것이 과학적인 탐구 능력입니다.

탐구 능력이란 자연 현상과 학습자의 인지 구조 사이의 상호작용으로 문제를 인식하고 해결하는 능력으로 과학 관련 문제를 해결하기 위한 단계에서 필요한 요소를 탐구 과정 요소라고 합니다.

<무한이의 일기>

오늘 가족들과 제주도를 여행하였다. 바닷가에서는 구멍이 뚫린 돌, 표면이 매끄러운 돌, 색깔이 다양한 돌이 많이 있었다. 돌마다 색깔도 다양하고, 모양, 크기도 다양하다는 것을 알게 되었다.

제주도는 화산 활동에 의해 만들어졌으니 돌들은 모두 화산 활동에 의해 만들어진 것일까 궁금하였다.

집으로 찾아와 백과사전을 통해 암석은 생성 과정에 따라 화성암, 퇴적암, 변성암으로 구분되는 것을 알게 되었다. 여행을 통해 새로운 사실을 알게 되어 좋았다.

· 다양한 돌들을 살펴보고 색깔, 모양, 크기 등이 다름을 알게 된 것은 '관찰' 이다.

· 암석을 생성 과정에 따라 구분지은 것은 '분류'이다.

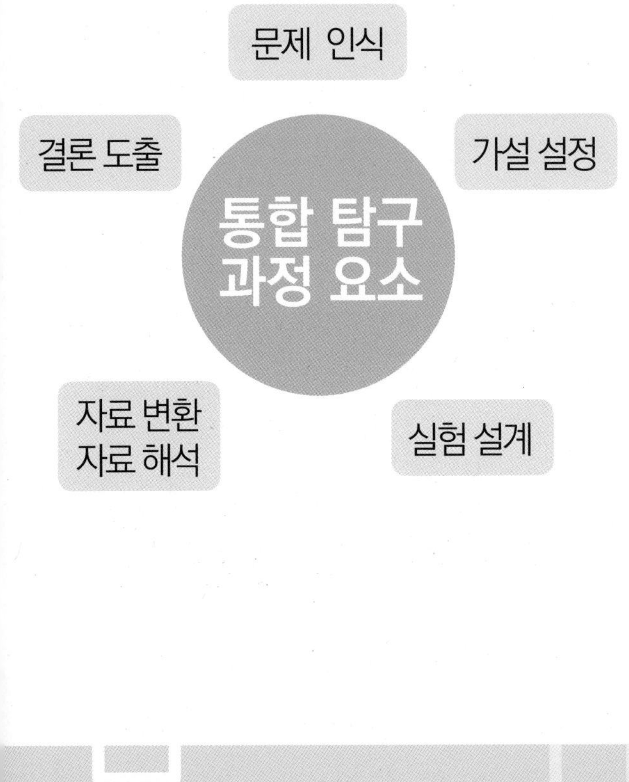

<에이크만이 각기병 치료 물질을 찾아낸 과정>

① 문제 인식 : 병원에서 기르던 각기병에 걸린 닭이 어느날 각기병 증상이 사라진 것을 알게 되었다.

① '어떻게 닭이 각기병에서 나았을까?'

② 가설 설정 : 주변 환경을 조사하였더니 닭의 모이가 백미에서 현미로 바뀐 것을 확인하였다.

① '현미에는 각기병을 낫게 하는 물질이 들어 있을 것이다.'

③ 실험 설계 : 집단 A에는 백미를 모이로 주고, 집단 B에는 현미를 모이로 주면서 각기병 증상이 나타나는지 관찰하였다.

④ 자료 변환 및 해석 : 실험 결과 백미를 모이로 준 집단 A의 닭들에게 각기병 증상이 나타났고, 현미를 모이로 준 집단 B의 닭들은 건강하였다.

① '현미를 모이로 준 닭들이 건강하였다.'

⑤ 결론 도출 : 현미에는 각기병을 치료하는 물질이 들어있다.

· 처음에 세웠던 가설과 일치하였다.후에 다른 과학자들이 현미에 들어 있는 각기병 치료 물질이 바이타민 B임을 알아내었다.

영재교육원

대비를 위한...

영재란, 재능이 뛰어난 사람으로서 타고난 잠재력을 개발하기 위해 특별한 교육이 필요한 사람이고, 영재교육이란, 영재를 발굴하여 타고난 잠재력을 개발할 수 있도록 도와주는 것이다.

영재교육에 대한 관심이 해가 갈수록 커지고 있지만, 자녀를 영재교육원에 보내는 방법을 정확하게 알려주는 교재는 많지 않다. 또한, 영재교육원에서도 정확한 기준없이 문제를 출제하기 때문에 영재교육원을 충분하게 대비하는 것은 쉽지 않다. 영재교육원 선발 시험 문제는 30%에서 절반 정도의 문제가 경험해 본 문제로 구성된다. 그런데 어디서나 쉽게 볼 수 있는 문제는 아니므로 기출문제를 공부할 필요가 있다. 기출문제가 시험 대비의 정답은 아니지만, 유사한 문제들을 많이 접해보면서 새로운 문제를 보았을 때, 당황하지 않고, 문제의 실마리를 찾아서 응용하는 연습을 하는 것이다. 창의력 문제들을 해결하기 위해서는 본 교재를 통한 충분한 연습이 필요할 것이다.

꾸러미는 영재교육원 영재성 검사, 새롭고 참신한 창의적 문제 해결력 평가, 심층 면접 평가, 모의고사 등으로 구성되어 있어 다양한 문제 해결 연습이 가능하다. 또한, 실제 생활에서 나타날 수 있는 다양한 현상과 이론을 이 교재에 실린 실전 문제와 연계해 여러 방향으로 해결할 수 있어 영재교육원 모든 선발 단계를 대비할 수 있도록 하였다.
혼자서 해결할 수 없는 문제는 해설을 통하여 생각의 부족한 부분을 채우고, 다른 방법을 유추하여 해결이 가능하도록 도와준다.

꾸러미가 영재교육원을 대비하는 아이들과 부모님에게 새로운 희망과 열정이 솟는 시작점이 되길 바라며, 내재된 잠재력이 분출되길 기대해 본다.

무한상상

영재교육원에서 영재학교까지

01 영재교육원 대비

영재교육원 대비 교재는 영재교육원 대비 꾸러미 1·2학년, 3·4학년, 5·6학년, 중학생용과 학년별 초등 아이앤아이(3·4·5·6학년), 중등 아이앤아이(물·화·생·지) 등이 있다.

초등영재 (초등대상 영재교육원 지원자)	꾸러미 1·2학년	+	과학도서
	꾸러미 3·4학년 꾸러미 5·6학년	+	학년별 초등 아이앤아이 과학도서
중등영재 (중등대상 영재교육원 지원자)	꾸러미 중학생용 꾸러미 중학생용	+	초등 아이앤아이 6학년 중등 아이앤아이 과학도서

02 영재학교/과학고/특목고 대비

영재학교/과학고/특목고 대비 교재는 세페이드 1F(물·화), 2F (물·화·생·지), 3F (물·화·생·지), 4F (물·화·생·지), 5F(마무리), 중등 아이앤아이(물·화·생·지) 등이 있다.

	세페이드 1F	세페이드 2F	세페이드 3F	세페이드 4F	세페이드 5F		
현재 5·6학년	주 1~2회 6~9개월 과정	주 2회 9개월 과정	주 3회 8~10개월 과정	주 3회 6개월 과정	주 4회 2~3개월 과정	+ 중등 아이앤아이 (물·화·생·지)	▶ 총 소요시간 31~36개월
현재 중 1학년		주 3회 6개월 과정	주 3회 8개월 과정	주 3회 6개월 과정	주 3~4회 3개월 과정	+ 중등 아이앤아이 (물·화·생·지)	▶ 총 소요시간 약 24개월
현재 중 2학년		3개월 과정	4개월 과정	4개월 과정	2개월 과정	+ 중등 아이앤아이 (물·화·생·지)	▶ 총 소요시간 약 13개월

이 책의 구성과 특징

영재교육원 꾸러미는 영재교육원 선발 방식, 영재성 평가, 창의적 문제 해결력 평가, 학문적성 검사, 심층 면접의 각 단계를 담고 있어 자기주도적인 통합 학습이 가능합니다.

PART I

영재교육원 파헤치기

교육청, 대학교에서 운영하고 있는 영재교육원에 대한 소개와 각 기관별 선발 과정의 특성을 한눈에 볼 수 있습니다.

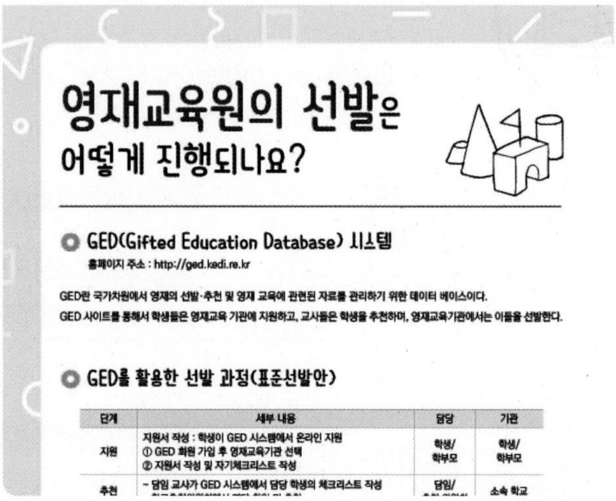

PART II

영재성 검사

각 기관에서 선발 시험에 출제되었던 기출 문제를 통해 학생의 영재성을 평가하고 자기 수준을 또래 친구들과 비교해볼 수 있습니다.

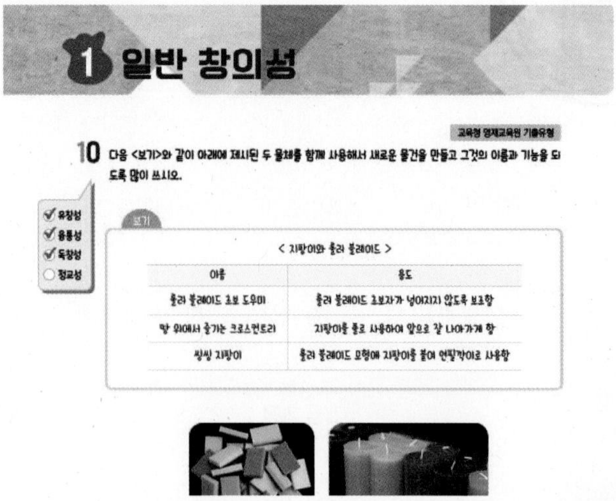

PART III

창의적 문제해결력

각 선발시험의 기출문제를 기반으로 하여 단계별로 문제를 구성하여 수학, 과학 창의적 문제해결력 향상에 도움을 줄 수 있도록 하였습니다.

2 과학

21 다음은 전자레인지의 원리를 설명한 것이다. 물음에 답하시오.

○ 유창성
○ 융통성
○ 독창성
✓ 정교성

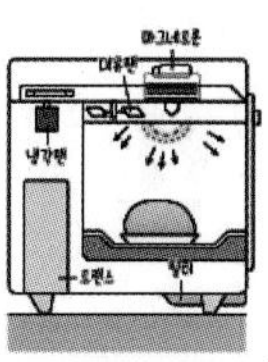

▲ 전자레인지의 단면

전자레인지는 무선통신에 사용하던 마이크로파를 이용하는 첨단 조리 방법이다. 마그네트론이라는 마이크로파 발생 장치가 핵심이다. 가정용 전자레인지는 주로 진동수가 2.45 기가헤르츠(GHz)인 마이크로파를 이용한다. 그런 마이크로파가 음식물에 들어있는 물 분자에 흡수되면 물 분자의 회전 운동이 빨라지게 되어 뜨겁게 달아오른다. 물론 시간이 지나면 뜨겁게 달아오른 물 분자들의 에너지가 확산되어서 전체가 뜨거워진다. 마그네트론의 크기가 작기 때문에 회전 받침대를 이용해서 음식물에 마이크로파가 고르게 쪼여지도록 만든다.

PART IV

심층 면접

영재교육원의 면접방식에 따른 기출문제로 면접 유형을 익히고 연습할 수 있도록 하였습니다.

IV 심층 면접

3 토론 면접 유형

영재교육원 기출문제로 구성하였습니다.

01 다음 글을 읽고 질문에 답하시오.

봉사활동은 대가나 목적 없이 선한 의도로 남을 돕거나 사회에 기여하는 활동이다. 문제는 스스로 봉사활동을 하는 학생이 거의 없다는 사실이다. 그래서 중학교에서는 3년 동안 의무적으로 60시간의 봉사활동 시간을 채우는 의무 봉사활동 제도를 실시하여 지식 위주 교육을 보완하고 인성교육을 강화하고자 하고 있다.

학교 교육에서 봉사활동을 의무화한 것에 대한 찬성과 반대 중 자신의 의견을 정하고 그 근거를 제시하시오.

· 자신의 입장 :
· 근거 :

PART V (별책)

정답 및 해설 / 예시 답안

예시 답안과 비교하여 스스로가 푼 문제를 평가하고 또 다른 창의력의 가능성을 발견하고 개발할 수 있도록 합니다.

II 영재성 검사

01 일반 창의성

문제 01 p21

문항 분석 및 평가표

◆ 문항 분석 : 곡선과 직선으로 이루어진 미완성 그림을 완성함으로써 융통성, 독창성, 정교성을 평가하는 문제이다.

◆ 평가표

미완성 곡선과 직선의 일부만 들어간 그림일 경우	2점
미완성 곡선과 직선이 모두 들어간 그림일 경우	5점

출제자 예시 답안

제목 : 바다에 떠 있는 부표

제목 : 강태공

문제 02 p21

문항 분석 및 평가표

◆ 문항 분석 : 곡선과 직선으로 이루어진 그림을 보고 생각나는 이미지를 완성함으로써 융통성, 독창

차례 CONTENTS

※ 창의력 과학 아이앤아이 초등 3, 4, 5, 6 / 중등과 같이하면 훨씬 다양한 문제를 만나실 수 있습니다.

PART I
영재교육원 파헤치기

01 영재교육 및 영재교육원 소개 ······ 12

02 영재교육원 선발 과정 ······ 14

03 영재교육원 선발 각 단계 준비 방법 ······ 16

04 영재성 판별 진단 test ······ 18

PART II
영재성 검사

01 일반 창의성 ······ 22

02 언어 / 추리 / 논리 ······ 42

03 수리논리 ······ 66

04 공간 / 도형 / 퍼즐 ······ 88

05 과학 창의성 ······ 122

- 1회 모의고사 ······ 150
- 2회 모의고사 ······ 160

PART III
창의적 문제해결력

01 창의적 문제해결 수학 ········ 172

02 창의적 문제해결 과학 ········ 214

PART IV
심층 면접

01 인성 면접 유형 ········ 268

02 창의성 면접 유형 ········ 274

03 심층 면접 유형 ········ 290

PART V (별책)
정답 및 해설 / 예시 답안

- 문항 분석 및 평가표
- 정답 및 해설
- 출제자 예시 답안

PART I

영재교육원 파헤치기

영재교육원에 가려면
어떻게 대비할까?

단원 살짝 엿보기

01 영재교육 및 영재교육원 소개

영재교육은 누가 받나요?
영재교육원은 어떤 곳인가요?

02 영재교육원 선발 과정

GED(Gifted Education Database)란 무엇일까요?
영재교육원은 대상자를 어떻게 뽑을까요?

03 영재교육원 선발 단계 준비 방법

교사관찰추천제, 영재성 검사, 창의적 문제해결력, 심층 면접은 어떻게 준비해야 할까요?

04 영재성 판별 진단 test

간편하게 영재성을 판별할 수 있는 체크리스트를 통해 셀프 영재성 판별을 해보자.

영재교육은 누가 받나요?

영재의 정의

영재교육진흥법에서는 '영재'와 '영재교육대상자'의 의미를 구분하여 사용하고 있다.

'영재'는 '그 사회나 해당 영역에서 재능이 뛰어나거나 잠재력이 우수하다고 인정되는자', 또는 '재능이 뛰어난 사람으로서 타고난 잠재력을 개발하기 위하여 특별한 교육을 필요로 하는 자' 를 말한다.

다음의 사항에 있어 뛰어나거나 잠재성 있는 사람이 영재라고 볼 수 있다.

일반지능 | 특수 학문 적성 | 창의적 사고 능력 | 예술적 재능 | 신체적 재능 | 그 밖의 특별한 재능

영재성을 어느 한 분야에 대한 능력으로 이해하지 않고 다양한 분야에 대한 능력과 재능을 모두 인정하고 있다.

렌줄리(Renzulli)의 영재 정의

렌줄리의 세 고리 정의는 세계적으로 통용되는 영재에 관한 정의이다. 대부분의 미국 교육청과 학교는 이 정의를 바탕으로 영재를 판별한다.

렌줄리는 사회에서 뛰어난 공헌을 한 사람들이 '평균 이상의 지적 능력', '높은 창의성', '높은 과제 집착력'을 갖추고 있다고 발표하였다(Renzulli, 1978).

세 가지 특성에서 모두 대단히 뛰어나야 할 필요는 없다고 강조하였으며, 적어도 한 가지 특성에서만 상위 2%내에 속해야 한다고 하였다.

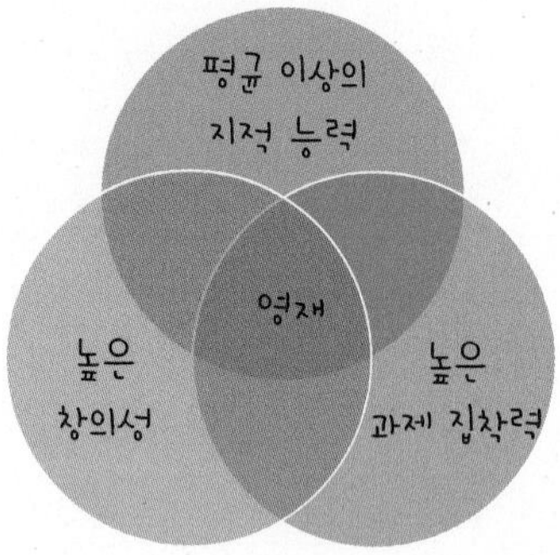

영재에 대한 잘못된 오해

- 영재는 상위 3 ~ 5%에 속하고, 높은 IQ를 가져야 한다?
  - ⇨ 인구 대비 정해진 백분율은 시대와 장소에 따라 변할 수 있으며, 영재성은 단지 IQ로만 볼 수 없다.
- 영재들은 자신의 일을 알아서 잘 하기 때문에 특별한 도움이 필요 없다?
  - ⇨ 국가대표 선수가 훌륭한 코치가 필요하듯이 영재들도 자신의 능력을 개발할 수 있도록 도움이 필요하다.
- 학교 성적이 좋지 않은 학생은 영재가 아니다?
  - ⇨ 영재들은 학교 교과 과정의 지루함으로 학교 생활에 흥미를 잃고 나쁜 학습 습관을 가지게될 수 있으므로 적절한 도움이 있다면 능력을 발휘할 수 있다.

영재교육

영재 학생들에겐 개인차 수준·특성에 맞는 개별화 교육이 필요하다.

우리나라에서는 다양한 영재교육기관에서 영재교육을 담당하고 있다.

전국 초중등생 수는 약 600만명으로 이중 약 1.7%에 해당하는 10만명의 학생이 현재 영재교육기관에서 수학과 과학 위주의 영재 교육을 받고 있다.

영재교육원은 어떤 곳인가요?

영재학급

초·중·고 각급 학교에서 대상자들을 선발하여 1개 학급 정도로 운영하는 영재반이다.

특별활동, 재량활동, 방과후, 주말 또는 방학을 이용한 형태로 운영되고 있으며, 각 학교 내에서 독자적으로 운영하거나 인근의 여러 학교가 공동으로 참여하여 운영하는 형태도 있다.

영재교육원

영재교육원은 크게 각 지역 교육청(교육지원청)에서 운영하는 경우와 대학 부설로 운영하는 경우가 있으며, 그 외에 과학고 부설로 운영하는 경우, 과학 전시관에서 운영하는 경우, 기타 단체 소속인 경우도 있다.

주로 방과후, 주말 또는 방학을 이용한 형태로 운영하고 있다.

<table>
<tr><th rowspan="2">영재 교육 기관 구분</th><th colspan="2">선발 방법</th><th rowspan="2">선발 시기</th></tr>
<tr><th>방법</th><th>GED 적용</th></tr>
<tr><td>교육지원청 영재교육원</td><td rowspan="6">교사관찰·추천</td><td rowspan="3">GED 적용</td><td rowspan="3">9월 ~ 12월</td></tr>
<tr><td>과학전시관 영재교육원</td></tr>
<tr><td>단위 학교 영재 교육원(예술 분야 제외)</td></tr>
<tr><td>단위 학교 영재 학급(예술 분야)</td><td rowspan="3">GED 미적용</td><td rowspan="2">3월 ~ 4월</td></tr>
<tr><td>단위 학교 영재 학급</td></tr>
<tr><td>대학부설 및 유관기관 영재교육원</td><td>9월 ~ 이듬해 5월</td></tr>
</table>

	영재교육원		영재학급	계
	교육청	대학부설		
기관수	252	85	2,114	2,451
영재교육을 받고 있는 학생 수	33,640	10,272	58,472	102,384
영재교육을 받고 있는 학생 비율	30.8%	9.4%	53.5%	93.7%

▲ 영재교육 기관 현황

영재교육 대상자 선발

영재 선발 방법은 어느 수준의 영재를 교육 대상으로 설정하느냐가 모두 다르기 때문에 영재 교육 기관(영재학교, 영재학급, 영재교육원)에 따라 선발 방법이 조금씩 다르다.

교육청 영재교육원에서만 한국교육개발원에서 개발한 영재행동특성 체크리스트(영재성 검사)를 이용하고, 다른 기관에서는 영재성 검사 도구를 자체 개발하여 선발에 사용한다.

영재교육원의 선발은 어떻게 진행되나요?

GED(Gifted Education Database) 시스템

홈페이지 주소 : http://ged.kedi.re.kr

GED란 국가차원에서 영재의 선발·추천 및 영재 교육에 관련된 자료를 관리하기 위한 데이터 베이스이다.

GED 사이트를 통해서 학생들은 영재교육 기관에 지원하고, 교사들은 학생을 추천하며, 영재교육기관에서는 이들을 선발한다.

GED를 활용한 선발 과정(표준선발안)

단계	세부 내용	담당	기관
지원	지원서 작성 : 학생이 GED 시스템에서 온라인 지원 ① GED 회원 가입 후 영재교육기관 선택 ② 지원서 작성 및 자기체크리스트 작성	학생/학부모	학생/학부모
추천	- 담임 교사가 GED 시스템에서 담당 학생의 체크리스트 작성 - 학교추천위원회에서 명단 확인 및 추천	담임/추천 위원회	소속 학교
창의적 문제 해결력 평가	각 영재교육기관에서 진행하는 창의적 문제 해결력 평가 ① 대상 : GED를 통한 학교추천위원회 추천자 전원 ② 미술, 음악, 체육, 문예 분야는 실기 평가 포함	평가위원	영재교육기관
면접 평가	각 영재교육기관에서 진행하는 심층 면접 평가	평가위원	영재교육기관

★ 대학부설 영재교육원은 GED를 이용하여 학생을 선발하지 않고 별도의 선발 과정을 거친다.

GED 시스템 선발 흐름도

학생
- 온라인 지원서 작성(GED)
- 창의인성 체크리스트 작성 (GED)
- 지원서 출력 후 담임께 제출

→

교원
- 담임반 학생 지원서 취합 (GED)
- GED 명단 확인
- 영재행동특성 체크 리스트 작성 (GED)
- 학생 추천 (GED)

→

학교추천 위원회
- 학교 추천자 명단 확인 (GED)
- 담임 교사의 체크 리스트 확인 (GED)
- 학생 추천 여부 심의 및 추천 (GED)

→

영재교육기관
- 학생 추천 자료 검토 (GED)
- 창의적 문제 해결력 평가 실시
- 심층 면접 평가 실시
- 자료를 종합하여 최종 선발

선발 방식의 이해

1단계는 교사 추천, 2단계는 영재성 검사에 의한 선별, 3단계에서는 창의적 문제 해결력 평가(영역별 학문적성검사) 실시, 최종 단계에서는 심층 면접을 통해서 선발하고 있다.

단계	특징
관찰 추천	교사용 영재행동특성 체크리스트, 각종 산출물, 학부모 및 자기소개서, 교사 추천서등을 활용하여 평가하는 단계
창의적 문제 해결력 평가	창의성, 언어, 수리, 공간 지각에 대한 지적 능력을 평가하는 단계로 정규 교육 과정상의 내용에 기반을 두면서 사고능력과 창의성을 측정하는 것을 기본 방향으로 한다.
심층 면접	이전 단계에서 수집된 정보로 확인된 학생의 특성을 재검증하고, 심층적으로 파악하는 단계로 예술 분야는 실기를 하거나 수학이나 과학에 대한 실험 평가를 할 수도 있다.

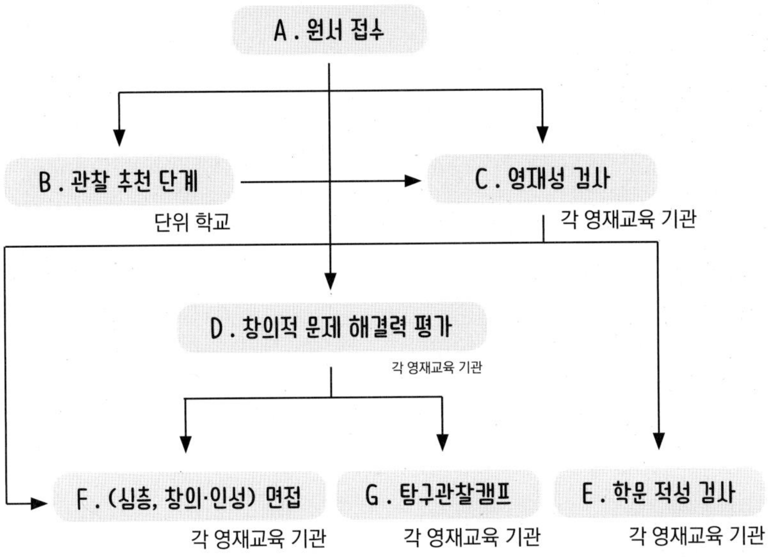

소재 지역	선발 과정
서울, 경기	A → B → D → F
충남	A → B → C
전남	A → D → F
목포	A → D → G
경남	A → C → D → F
경북	A → B → C → D → F
세종, 부산	A → B → C →
강원도, 광주, 전북, 충북	A → C → F

▲ 각 소재 지역별 영재교육원 선발 과정

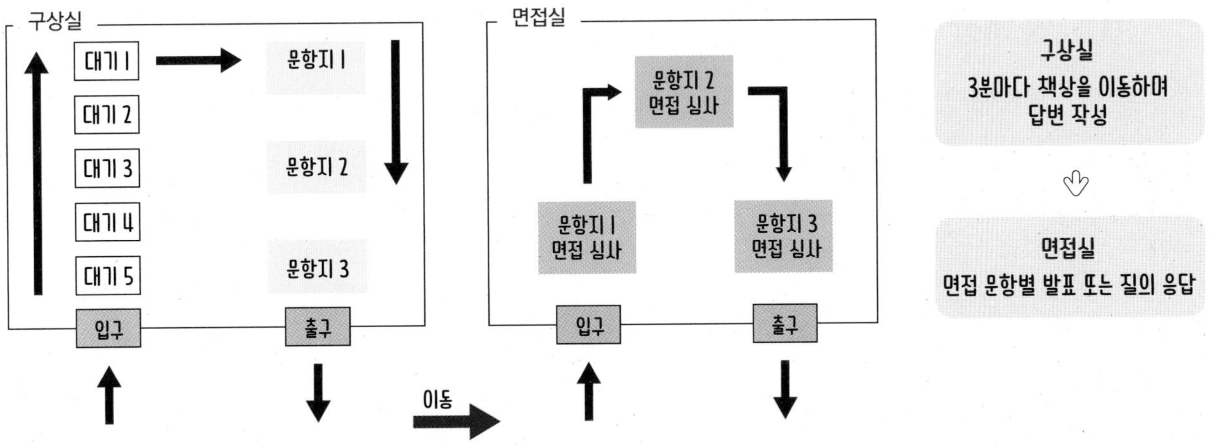

▲ 심층 면접 과정의 예

★ 각 지역별로 선발 과정이 다르므로 반드시 해당 영재교육원 모집 공고를 확인해야 한다.

★ 동일 교육청 소속 영재 교육원은 중복 지원할 수 없으며, 대학부설 영재교육원 합격자는 교육청 소속의 영재교육원에 중복 지원할 수 없다.

각 선발 단계를 준비하는 방법

01 교사 추천

교사는 평소 학교생활이나 수업시간에 학생의 심리적인 특성과 행동을 관찰하여 학생의 영재성을 진단하고 평가한다. 특히, 창의성, 호기심, 리더십, 자기주도성, 의사소통 능력, 과제집착력 등을 평가한다. 따라서 교사 추천을 받기 위한 기본적인 내신 관리를 해야 한다. 평소 수업태도, 학업성취도가 우수하여야 한다.

교과 내용의 전체 내용을 이해하고 문제를 통해 개념을 정리한다. 이때 개념을 오래 고민하고, 깊이 있게 이해하여 스스로 문제를 해결하는 능력을 키운다.

수업시간에는 주도적이고, 능동적으로 수업에 참여하고, 과제는 정해진 방법 외에도 여러 가지 다양하고 새로운 방법을 생각한다. 수업 외에도 흥미를 느끼는 주제나 탐구를 직접 연구해 보고, 그 결과물을 작성해 놓는다.

02 영재성 검사

잠재된 영재성에 대한 검사로, 영재성을 이루는 요소인 창의성과 언어, 수리, 공간 지각 등에 대한 보통 이상의 지적 능력을 측정하는 문항들을 검사지에 포함시켜 학생들의 능력을 측정한다.

평소 꾸준한 독서를 통해 기본 정보와 새로운 정보를 얻어 응용하는 연습으로 내공을 쌓고, 서술형 및 개방형 문제들을 많이 접해 보고 논리적으로 답안을 표현하는 연습을 한다. 꾸러미에는 기출문제와 다양한 영재성 검사에 적합한 문제를 담고 있으므로 풀어보면서 적응하는 연습을 하는 것이 좋다.

다양한 교구놀이나 퍼즐, 조립활동 등은 공간지각력을 키우는 데 도움이 되고, 단순 계산 연습보다는 수 퍼즐이나 목표수 만들기와 같은 놀이로 수감각을 키우는 학습도 필요하다.

03 창의적 문제 해결력(학문적성 검사)

창의적 문제 해결력 검사는 수학, 과학, 발명, 정보 과학으로 구성되어 있으며, 사고 능력과 창의성을 측정하는 것을 기본 방향을 하고 지식, 개념의 창의적 문제해결력을 측정한다. 따라서 학생의 해당 학년의 교육과정 범위 내에서 각 과목의 개념과 원리를 얼마나 잘 이해하고 있는지 측정하는 검사이다.

심화 학습과 사고력 학습을 통해 생각의 깊이와 폭을 확장시키고, 생활 속에서 일어나는 일들을 학습한 개념과 연관시켜 생각해 보는 것이 중요하다.

꾸러미는 교육과정 내용과 심화 학습, 창의력 문제를 통해 기본 개념은 물론, 창의성을 넓게 기를 수 있도록 도와주고 있다.

04 심층 면접

심층 면접을 통해 영재 교육 대상자를 최종 선정한다. 심층 면접은 영재 행동 특성검사, 포트폴리오 평가, 수행평가, 창의인성검사 등에서 제공하지 못하는 학생들의 특성을 역동적으로 파악할 수 있는 방법이고, 기존에 수집된 정보로 확인된 학생의 특성을 재검증하고, 학생의 특성을 심층적으로 파악하는 과정이다. 이 단계에서 예술 분야는 실기를 실시할 수도 있으며, 수학이나 과학에 대한 실험을 평가하는 등 각 기관 및 시도교육청에 따라 형태가 달라질 수 있다.

면접에서는 평소 관심 있는 분야나 자기 소개서, 창의적 문제 해결력 문제의 해결 과정에 대해 질문할 가능성이 높다. 따라서 평소 자신의 생각을 논리적으로 표현하는 연습이 필요하다. 단답형으로 짧게 대답하기 보다는 자신의 주도성과 진정성이 드러나도록 자신있게 이야기하는 것이 중요하다. 자신이 좋아하는 분야에 대한 관심과 열정이 드러나도록 이야기할 수 있어야 하며, 평소 육하원칙에 따라 말하는 연습을 하는 것이 좋다.

무한상상

영재성 판별 진단 test

간단하게 스스로나 자녀의 영재성을 체크하고 점수를 알아봅시다.
* 학생의 평소 행동 특성을 가장 잘 나타낸다고 생각되는 곳에 체크해 주세요.

<영재성 판별 체크 리스트>

영역	행동 특성	자주 그렇다 (3점)	보통이다 (2점)	전혀 아니다 (1점)
언어영역	1. 어느 장소에 가더라도 책을 찾아서 읽는다.			
	2. 학교에서 배운 역사적인 사실 등을 잘 기억하여 친구들과 이야기한다.			
논리-수학 영역	3. 틀린 문제의 답을 찾기 위해 두세번 이상 시도한다.			
	4. 시계 바늘이 움직이는 원리에 대해 질문한다.			
	5. 블록을 높고 안정감있게 쌓을 수 있다.			
공간영역	6. 길을 잘 찾고 방향감각이 뛰어나다.			
	7. 퍼즐이나 장난감들을 조립하거나 분해하고 다시 끼워 맞추기를 좋아한다.			
신체-운동 영역	8. 연극에서 대사를 만들고 연습하는 것을 좋아한다.			
	9. 찰흙 놀이, 가위질하기 등을 즐긴다.			
음악영역	10. 혼자서 노래를 만들어 부르거나 물건으로 리듬 있게 소리내기를 즐긴다.			
	11. 음악이 나오면 즐거워하고 멜로디, 리듬 등을 노래나 악기로 쉽게 재현해 낸다.			
대인관계 영역	12. 친구들이 많다.			
	13. 친구들 간에 의견 충돌이 있을 때 중재하는 역할을 한다.			
개인적 통찰영역	14. 혼자서 하는 놀이나 취미가 많다.			
	15. 자신의 장점과 단점을 많이 이야기한다.			

소계			
총합			점

<영재성 판별 결과>

총 ○○명의 학생들에게 조사하여 점수 비율을 선정하였으므로, 이를 통해 또래 친구들 사이에서의 학생의 영재성 수준을 파악할 수 있습니다.

점수	24점 이하	25 ~ 29점	30 ~ 34점	35 ~ 39점	40점 이상
평가	어떤 부분에 우수한지 정밀 검사요망	영재성을 길러주면 발전될 가능성 있음	영재성 교육을 하면 잠재능력 발휘함	영재성이 있고 우수하며, 전문가와 상담요망	대단히 우수하며, 영재교육 절대 필요함
	보통이하	보통	우수	매우 우수	최상

<과학적 태도 검사 체크 리스트>

과학적 태도는 과학적 창의성과 연계되는 것이므로, 학생의 과학적 태도를 점검하고 더욱 발전시킬 수 있습니다.
* 학생의 평소 행동 특성을 가장 잘 나타낸다고 생각되는 곳에 체크해 주세요.

행동 특성	자주 그렇다 (5점)	가끔 그렇다 (4점)	보통이다 (3점)	약간 아니다 (2점)	전혀 아니다 (1점)
1. 물체의 부피를 구해본 경험이 있다.					
2. 나뭇잎이나 꽃을 수집하거나 곤충 채집을 해 본 경험이 있다.					
3. 전기와 전선을 이용하여 자석을 만들어 본 경험이 있다.					
4. 잡지나 신문에서 과학 기사를 찾아 읽거나 TV에서 과학 프로를 시청하는 것을 즐긴다.					
5. 과학과 과학자에 대한 책을 읽고 친구와 이야기하는 걸 좋아한다.					
6. 과학 수업 시간을 편안하게 느끼고, 새로운 사실을 배우는 것을 재미있어한다.					
7. 과학 수업시 배우는 많은 내용이 일상 생활에 유용하다고 생각한다.					
8. 과학 분야에서 일을 하는 것에 관심이 있고, 가치 있는 일이라 생각한다.					
9. 불필요한 전등을 끄거나 수도꼭지를 잘 잠궜는지 확인하는 등 자원 절약에 관심이 있다.					
10. 내 생각이 잘못 되었다는 것을 알았을 때에 쉽게 수긍하고 사실을 받아들일 수 있다.					
11. 과학 수업을 좋아하거나 과학 관련 동아리에서 활동하며, 과학에 관련된 직업이 장래희망이다.					
12. 새로운 것을 발견하는 것을 중요하게 생각하며, 과학의 발전이 해로운 점보다 이로운 점이 많다고 생각한다.					

소계					
총합	점				

<과학적 태도 검사 결과>

총 OO명의 학생들에게 조사하여 점수 비율을 선정하였으므로, 이를 통해 또래 친구들 사이에서의 학생의 과학적 태도 수준을 파악할 수 있습니다.

점수	29점 이하	30 ~ 39점	40 ~ 44점	45 ~ 49점	50 ~ 54점	55점 이상
평가	과학에 대한 이해를 확충할 필요 있음	어떤 부분에 우수한지 정밀 검사요망	영재성을 길러주면 발전될 가능성 있음	영재성 교육을 하면 잠재능력 발휘함	영재성이 있고 우수하며, 전문가와 상담요망	대단히 우수하며, 영재교육 절대 필요함
	보통 이하	보통	양호	우수	매우 우수	최상

PART II

영재성 검사

나에게는 잠재된 영재성이
있을까?

단원 살짝 엿보기

01 일반 창의성

생활 소재를 사용한 문제를 통해 유창성, 융통성, 독창성, 정교성 등을 통한 창의성 평가

02 언어 / 추리 / 논리

언어적 이해를 통해 표현력 평가

03 수리논리

수와 연산에 대한 감각, 공간 감각을 통해 창의성 평가

04 공간 / 도형 / 퍼즐

공간, 도형, 퍼즐을 통해 논리적 사고력, 추리력 평가

05 과학 창의성

과학적 문제에 대한 창의성 평가

● 1회 모의고사 / 2회 모의고사

기출문제와 다양한 문제 유형을 통해 실전감각을 키워보자

1 일반 창의성

[각 문제 배점 : 5점]

교육청 영재교육원 기출

01 무한이는 어제 그림을 그리다가 깜빡 잠이 들어 그림을 완성하지 못했다. 무한이가 그리다만 그림을 완성하고, 제목을 붙여보시오.

- ◯ 유창성
- ✓ 융통성
- ✓ 독창성
- ✓ 정교성

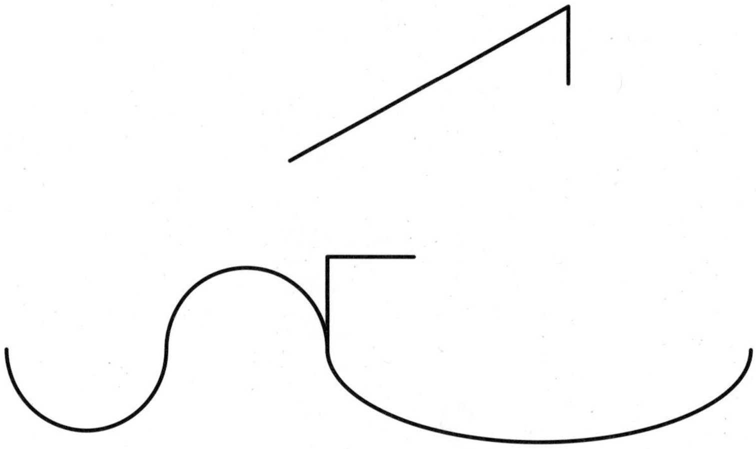

제목 :

02 다음 그림을 보고 떠오르는 물체나 이미지의 이름을 적고, 그림으로 나타내시오.

- ◯ 유창성
- ✓ 융통성
- ✓ 독창성
- ✓ 정교성

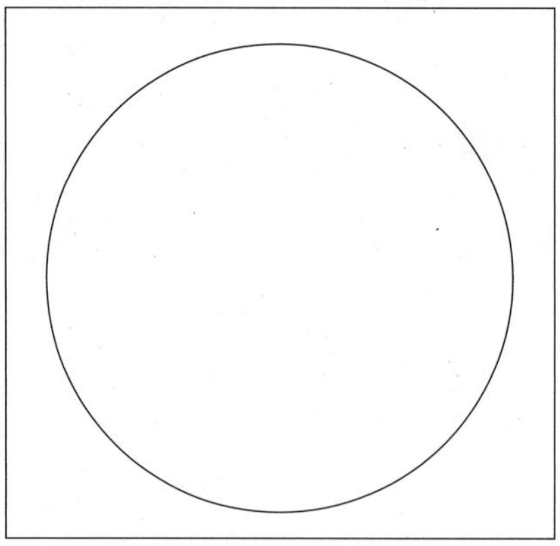

떠오르는 물체나 이미지의 이름 :

교육청 영재교육원 기출

03 다음 삼각형 6개를 모두 사용하여 새로운 그림을 그리고, 그림의 제목을 쓰시오. (단, 각 삼각형은 그 자리에서 회전시킬 수 있다.)

- ◯ 유창성
- ✔ 융통성
- ✔ 독창성
- ✔ 정교성

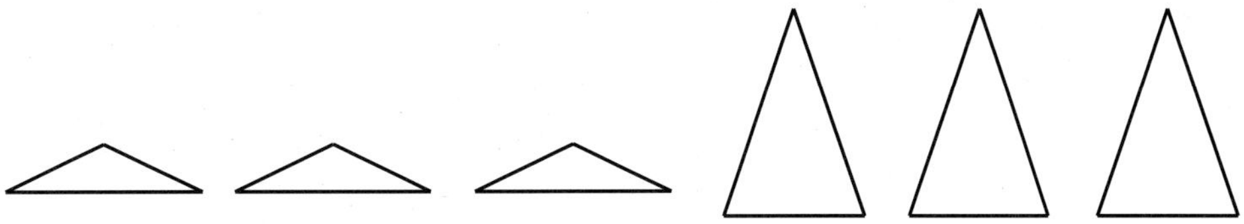

제목 :

04 다음 단어들을 각각 세계 모든 사람이 알아볼 수 있도록 그림 표시판으로 바꿔보시오.

- ☐ 유창성
- ☐ 융통성
- ☑ 독창성
- ☑ 정교성

(1) 동계 올림픽　　(2) 첫사랑　　(3) 돈　　(4) 세계여행

05 다음 15개의 도형을 최대한 많이 사용하여 '집' 모습을 그려보시오. (단, 도형은 회전이 가능하고, 도형의 크기는 조절이 가능하지만, 같은 도형을 여러 번 사용할 수는 없다.)

- ☐ 유창성
- ☐ 융통성
- ☑ 독창성
- ☑ 정교성

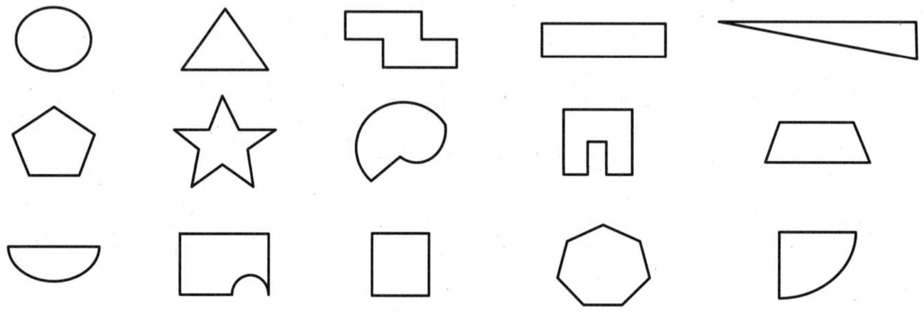

06 다음 그림을 보고 연상되는 모습이나 물건을 되도록 많이 찾으시오.

- ☑ 유창성
- ☐ 융통성
- ☑ 독창성
- ☐ 정교성

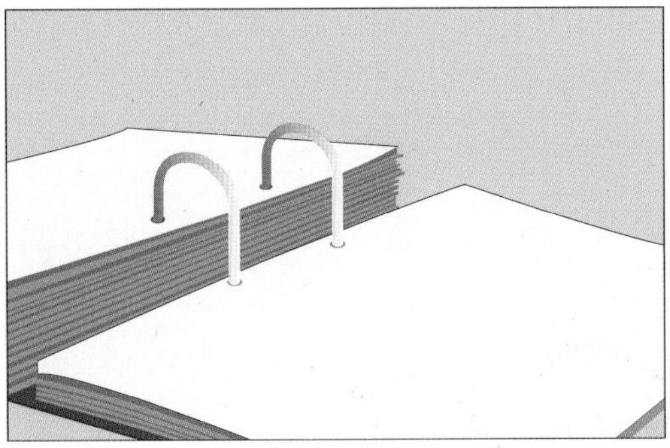

07 다음 시계와 악보를 보고 연상되는 것을 모두 쓰시오.

- ☑ 유창성
- ☑ 융통성
- ☑ 독창성
- ☐ 정교성

시계

악보

1 일반 창의성

08 다음 <보기>처럼 그림에서 자음을 최대한 많이 찾고, 찾은 자음의 일부를 사용하여 세 글자로 이루어진 단어를 되도록 많이 쓰시오. (단, 자음의 순서는 상관없다.)

- ☑ 유창성
- ☐ 융통성
- ☐ 독창성
- ☑ 정교성

보기

그림	찾은 자음	단어
	ㄱ, ㄴ, ㅇ	고양이, 안경원

그림	찾은 자음	단어
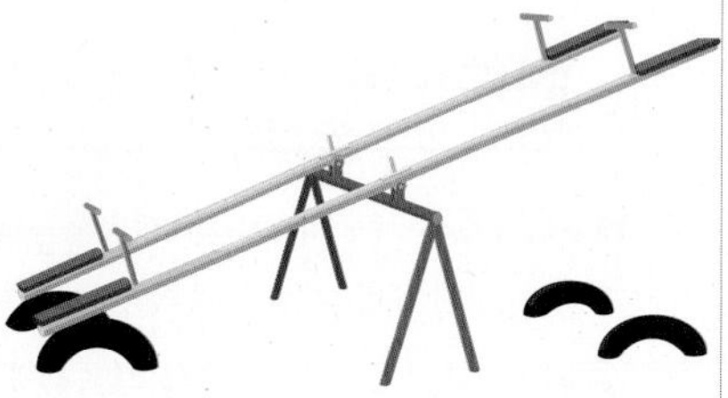		

09 우리가 현재 일상생활에서 사용하고 있는 유용한 물건들은 시대의 변화에 따라 발전되어 왔다. 다음 <보기> 처럼 옛날과 현재 비슷한 용도로 사용하는 물건들을 최대한 많이 짝지어서 되도록 많이 쓰시오.

- ✔ 유창성
- ○ 융통성
- ○ 독창성
- ○ 정교성

보기

옛날 물건	현재의 물건
부채	선풍기, 에어컨

옛날 물건	현재의 물건

교육청 영재교육원 기출유형

10 다음 <보기>와 같이 아래에 제시된 두 물체를 함께 사용해서 새로운 물건을 만들고 그것의 이름과 기능을 되도록 많이 쓰시오.

- ✓ 유창성
- ✓ 융통성
- ✓ 독창성
- ○ 정교성

보기

< 지팡이와 롤러 블레이드 >

이름	용도
롤러 블레이드 초보 도우미	롤러 블레이드 초보자가 넘어지지 않도록 보조함
땅 위에서 즐기는 크로스컨트리	지팡이를 폴로 사용하여 앞으로 잘 나아가게 함
씽씽 지팡이	롤러 블레이드 모형에 지팡이를 붙여 연필깍이로 사용함

< 스펀지와 초>

이름	용도

교육청 영재교육원 기출

11 글쓰기를 싫어하는 학생이 글을 쓰고 싶게 만들 수 있는 특화된 연필 아이디어를 쓰고 이름을 붙여보시오.

- ○ 유창성
- ○ 융통성
- ✔ 독창성
- ○ 정교성

12 다음 <보기>는 무한이가 자신의 이름이 들어간 도장을 만들어 찍었을 때의 모습을 나타낸 것이다. <보기> 처럼 '무한' 이라는 이름에 쓰인 자음과 모음이 모두 들어가도록 글자 조합을 다양하게 하여 만든 나만의 도장을 찍었을 때 모습을 그려보시오.

- ○ 유창성
- ✔ 융통성
- ✔ 독창성
- ✔ 정교성

보기

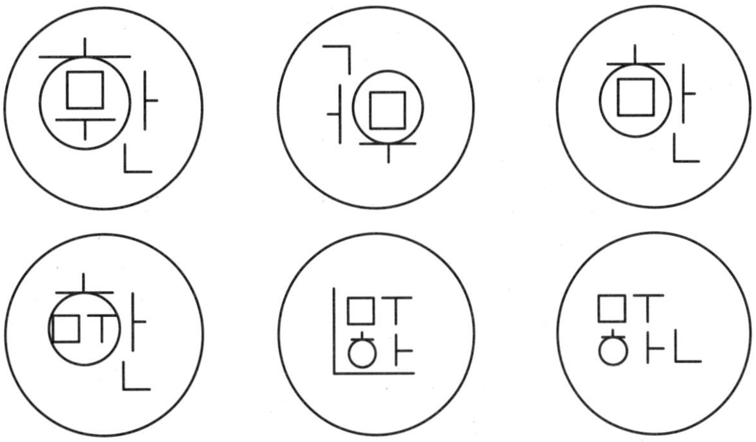

1 일반 창의성

교육청 영재교육원 기출

13 다음 <보기>는 63빌딩에서 아래를 내려다보고 찍은 사진의 모습이다. 어떤 모습을 찍은 것인지 되도록 많이 쓰시오.

- ✓ 유창성
- ✓ 융통성
- ✓ 독창성
- ○ 정교성

보기

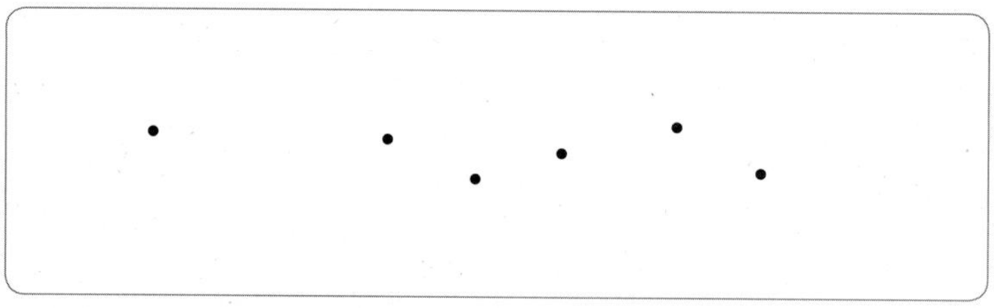

교육청 영재교육원 기출

14 운동장에 두 학생이 있다. 한 학생이 옆에 있는 학생에게 어깨동무를 하고 있다. 이와 같은 상황이 일어나기 전에 무슨 일이 있었을지 되도록 많이 쓰시오.

- ✓ 유창성
- ○ 융통성
- ○ 독창성
- ○ 정교성

교육청 영재교육원 기출유형

15 무인도에 낙오된 무한이는 핸드폰, 야구공, 모자만 가지고 있다. 이를 이용하여 무인도를 빠져나오는 방법을 되도록 많이 쓰시오.

- ✓ 유창성
- ✓ 융통성
- ○ 독창성
- ○ 정교성

교육청 영재교육원 기출유형

16 미래에는 사라질 직업도 있을 것이고, 새로 생겨날 직업도 있을 것이다. 미래에 사라질 직업과 새로 생겨날 직업을 각각 5가지씩 아래 형식으로 쓰시오.

- ○ 유창성
- ✔ 융통성
- ✔ 독창성
- ○ 정교성

	직업과 그 이유
사라질 직업	사라질 직업은 (　　　　　　　　) 이다. 그 이유는 (　　　　　　　　)
	사라질 직업은 (　　　　　　　　) 이다. 그 이유는 (　　　　　　　　)
	사라질 직업은 (　　　　　　　　) 이다. 그 이유는 (　　　　　　　　)
	사라질 직업은 (　　　　　　　　) 이다. 그 이유는 (　　　　　　　　)
	사라질 직업은 (　　　　　　　　) 이다. 그 이유는 (　　　　　　　　)
생겨날 직업	생겨날 직업은 (　　　　　　　　) 이다. 그 이유는 (　　　　　　　　)
	생겨날 직업은 (　　　　　　　　) 이다. 그 이유는 (　　　　　　　　)
	생겨날 직업은 (　　　　　　　　) 이다. 그 이유는 (　　　　　　　　)
	생겨날 직업은 (　　　　　　　　) 이다. 그 이유는 (　　　　　　　　)
	생겨날 직업은 (　　　　　　　　) 이다. 그 이유는 (　　　　　　　　)

교육청 영재교육원 기출유형

17 봉지 과자와 공통점을 가진 물건을 되도록 많이 아래 형식으로 쓰시오.

- ☑ 유창성
- ○ 융통성
- ○ 독창성
- ☑ 정교성

공통점	그 이유

교육청 영재교육원 기출유형

18 모래를 사용한 활동을 되도록 많이 쓰시오.

- ☑ 유창성
- ☑ 융통성
- ○ 독창성
- ○ 정교성

교육청 영재교육원 기출

19 무한이는 신발을 사기 위해 백화점 신발 코너에 갔다. 여러 차례 신발을 신어보면서 마음에 드는 것을 골랐다. 신발을 산 후, 때마침 문이 열린 엘리베이터로 뛰어갔다. 그런데 그때 그 신발 상점의 점원이 무한이가 탄 엘리베이터로 뛰어와서 문을 가로막으면서 "잠깐만요!"라고 외쳤다. 이 점원이 무한이에게 이렇게 행동한 이유를 되도록 많이 쓰시오.

- ☑ 유창성
- ☑ 융통성
- ○ 독창성
- ○ 정교성

20 기린을 냉장고에 넣을 수 있는 방법을 되도록 많이 쓰시오.

- ☑ 유창성
- ☑ 융통성
- ☑ 독창성
- ○ 정교성

21 다음 <보기>는 쌀 한 가마니 속에 든 쌀알의 개수를 알아내는 방법을 설명한 것이다. 물음에 답하시오.

- ✔ 유창성
- ✔ 융통성
- ○ 독창성
- ✔ 정교성

보기

쌀 한 가마니는 10말, 한 말은 10되, 한 되는 10홉이므로, 한 홉에 들어 있는 쌀알의 개수를 세고, 간단한 계산을 하여 한 가마니에 들어 있는 쌀알의 개수를 어림해 볼 수 있다.

(1) 위와 같은 방법으로 한 가마니에 들어 있는 쌀알의 개수를 대략 알아낸다고 할 때, 사용한 가정을 모두 쓰시오.

(2) 위와 같은 방법으로 전체의 수를 알아내는 일상생활의 예를 4가지 쓰시오.

22 자전거의 편리한 점과 불편한 점을 각각 3가지씩 쓰고 불편한 점과 그 해결책도 함께 쓰시오.

- ✔ 유창성
- ✔ 융통성
- ✔ 독창성
- ○ 정교성

	편리한 점	불편한 점과 그 해결책
1		· 불편한 점 : · 해결 방법 :
2		· 불편한 점 : · 해결 방법 :
3		· 불편한 점 : · 해결 방법 :

23 최근 사람들이 트위터, 페이스북 같은 SNS(Social Network Service)를 많이 이용하고 있다. SNS는 긍정적인 점이 있는 한편, 중독에 빠진다는 부정적인 점도 있다. 이를 해결할 수 있는 다양한 방법을 제시해 보시오.

- ☑ 유창성
- ☑ 융통성
- ☑ 독창성
- ○ 정교성

24 무한이는 모이를 주기 위해 닭장문을 열었다. 그때 닭 한마리가 쏜살같이 빠져나와 개인 주택의 지붕 위에 올라갔다. 지붕 위에 올라간 닭은 아래로 내려오지 않고 있다. 이때 무한이는 어떠한 행동을 할지 다양한 방법을 적어보시오.

- ☑ 유창성
- ☑ 융통성
- ☑ 독창성
- ○ 정교성

교육청 영재교육원 기출

25 상상이네 할머니댁 근처 정자에는 키가 큰 느티나무 한 그루가 있다. 상상이는 그 나무의 높이가 궁금해져서 그 방법을 찾기로 하였다. 그 방법은 무엇일지 쓰시오.

- ○ 유창성
- ○ 융통성
- ☑ 독창성
- ☑ 정교성

1 일반 창의성

26 예전에는 아이들이 놀이터를 많이 이용했는데, 요즘에는 핸드폰이나 인터넷 게임 등에 밀려 놀이터를 이용하는 아이들이 많이 줄었다. 아이들이 예전처럼 놀이터를 많이 이용하도록 놀이터를 변형하는 방법을 2가지 제시해 보시오.

- ○ 유창성
- ✓ 융통성
- ✓ 독창성
- ○ 정교성

27 다음 그림은 지하철 노선도와 서울시 도로지도를 나타낸 것이다. 서울시에서 운행되는 모든 버스 노선도를 지하철 노선도와 같은 방법으로 만들 때 나타나는 문제점을 다양하게 써보시오.

- ○ 유창성
- ✓ 융통성
- ○ 독창성
- ✓ 정교성

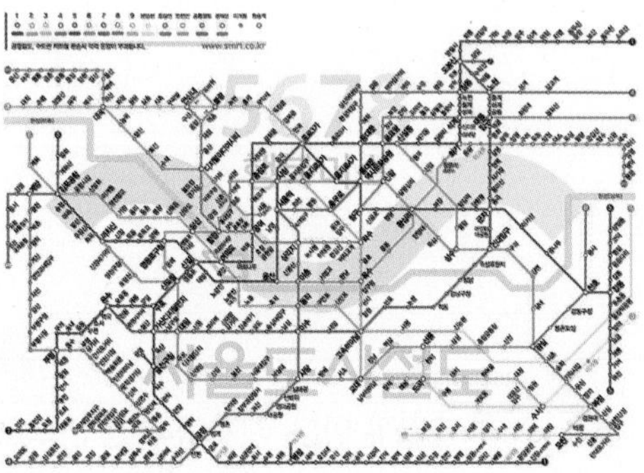

서울시 지하철 노선도

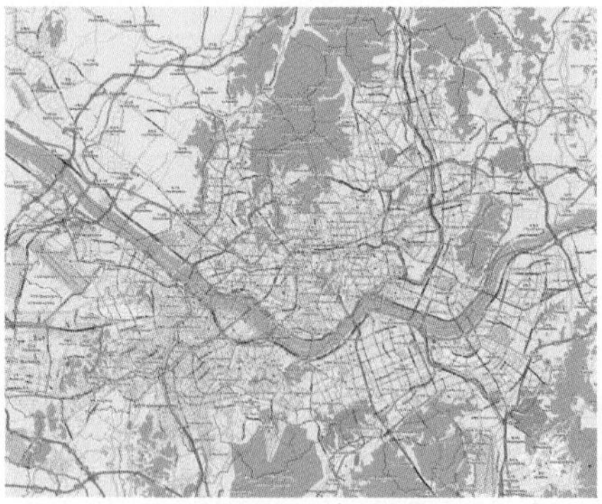

서울시 도로지도

28 일회용 종이컵의 모양을 왜 아래 사진처럼 만들었을지 여러 가지 써보시오.

- ✔ 유창성
- ✔ 융통성
- ✔ 독창성
- ○ 정교성

29 유리창 너머로 밖을 내다보던 학생이 놀란 표정에서 웃는 표정으로 바뀌었다. 그 상황을 구체적으로 묘사하시오.

- ○ 유창성
- ○ 융통성
- ✔ 독창성
- ○ 정교성

30 산책을 할 때마다 여우에게 쫓기던 닭은 여우에게 쫓기지 않기 위해 여우의 몸에 GPS를 달기로 마음먹었다. 닭이 여우에게 GPS를 달기 위해 할 수 있는 방법에는 어떤 것이 있을지 자유롭게 써 보시오.

- ○ 유창성
- ✔ 융통성
- ✔ 독창성
- ○ 정교성

1 일반 창의성

31 오늘은 수요일이다. 무한이는 창문을 통해 바깥을 보았는데, 차 한대뿐만 아니라 오가는 사람도 없었다. 그 이유에 대해서 여러 가지 써보시오.

- ✔ 유창성
- ✔ 융통성
- ✔ 독창성
- ○ 정교성

32 다음 글을 읽고, 은둔형 외톨이가 되는 실질적인 이유를 여러 가지 써보시오.

- ✔ 유창성
- ✔ 융통성
- ○ 독창성
- ✔ 정교성

은둔형 외톨이란 6개월 이상 집에서만 생활하고 사회적 접촉은 하지 않는 사람들을 이르는 말이다. 은둔형 외톨이는 핵가족화되고 인터넷이 활발해진 사회 구조와 함께 나타난 현상으로서 다른 사람에게 관심을 갖지 않고 자신의 일에만 집중하는 '나홀로 문화'에 의한 현상이라고 볼 수 있다.
우리나라에서 은둔형 외톨이의 얘기가 처음 나온 것은 2000년이며, 현재는 10만 명이 넘는다고 한다.
현재는 은둔형 외톨이에 이어 '시체 놀이' 등의 말도 유행하게 되었다.

33 당신은 지금부터 무인도에서 3개월간 살아야 한다고 한다. 무인도에 가지고 가고 싶은 것을 그 이유와 함께 쓰시오.

- ○ 유창성
- ✔ 융통성
- ○ 독창성
- ✔ 정교성

34 만약 다른 사람과 몸을 바꿀 수 있는 기계가 개발된다면, 누구랑 바꾸고 싶은지 그 이유와 함께 쓰시오.

- ○ 유창성
- ✓ 융통성
- ○ 독창성
- ✓ 정교성

35 최근 일반 편의점에서 가정상비약의 판매가 허용되었다. 이와 같은 변화가 주는 긍정적인 점을 다양하게 제시해 보시오.

- ✓ 유창성
- ✓ 융통성
- ○ 독창성
- ○ 정교성

36 다음 상황처럼 자신이 상상이의 입장에 처했다면 어떻게 대처할 것인지 논리적으로 써보시오.

- ○ 유창성
- ✓ 융통성
- ✓ 독창성
- ○ 정교성

(상황 1) "큰일이다. 오늘은 학교에 절대 늦으면 안되는 날인데~!" 알람을 못들어 늦잠을 자버린 상상이는 시계를 보면서 허겁지겁 세수를 했다. 머리도 말려야하고, 밥도 먹어야 하는데, 준비물도 아직 챙기지 못했잖아~! 엄마는 회사에 급한 일이 생겼다면서 동생 유치원 등원을 부탁한다는 쪽지를 남기고 출근하셨다. 이를 어쩌지? 상상이는 다시 시계를 보았다.

(상황 2) 학교에 가려고 정류장에 도착했는데, "이런~ ! 버스는 오는데, 버스비가 없잖아!" 상상이는 지금 오는 버스를 타지 못하면 지각을 하게 된다. 그런데 하필 화장실이 너무 급하다.

37 다음 글을 읽고, 비가 내릴 때 무료로 대여해 주는 양심우산의 회수율을 높이기 위한 아이디어를 제시해 보시오.

○ 유창성
✓ 융통성
✓ 독창성
○ 정교성

장마철이 오면 갑자기 소나기가 내릴 때가 종종 있습니다. 마침 우산도, 우산을 살 곳도 없다면 꼼짝없이 비에 젖은 생쥐 꼴이 될 위기에 놓이게 됩니다. 한때 그런 위기를 모면하게 해줬던 구원의 손길이 있었습니다.

"우산을 그냥 빌려 드립니다."

갑작스러운 비에 곤란해졌을 사람들을 위해 오직 그들의 '양심'만을 믿고 우산을 대여해 주던 '양심우산' 사업이었습니다.
2000년대 초중반까지만 해도 양심우산을 대여해 준다는 문구를 종종 볼 수 있었지만, 이제는 찾아보기 어렵게 되었습니다.
왜일까요?
더 이상 소나기에 곤란해지는 사람들이 없어서가 아닙니다. 양심을 맡기고 우산을 가져간 이들이 우산을 되돌려 주지 않았기 때문입니다.

갑작스러운 비에 젖지 않을 수 있도록 우리의 양심을 믿고 내어 주었던 우산들은 "이런 우산이 뭐 얼마나 한다고?", "나 하나쯤 안 돌려줘도 괜찮겠지." 하는 개인의 무심한 행동들이 하나하나 쌓이면서 믿고 내어 주는 우산들은 자취를 감추게 되었습니다.

양심우산뿐만이 아니라 양심자전거, 양심지팡이 사업도 이루어졌었는데, 개수가 점점 줄더니 대여 사업 자체가 무산되어 버렸다고 합니다.

교육청 영재교육원 기출

38 쓰레기통, 수박, 비, 희망, 친구, 축구, 의사 중 세 개를 골라 넣어 문장을 만드시오.

- ○ 유창성
- ✓ 융통성
- ✓ 독창성
- ○ 정교성

39 한번 접어도 같은 모양이 되는 글자와 두 번 접어도 같은 모양이 되는 글자를 각각 최대한 많이 쓰시오.

- ✓ 유창성
- ✓ 융통성
- ○ 독창성
- ○ 정교성

교육청 영재교육원 기출

40 우리 주위에서 모양은 비슷하지만 서로 대체하여 사용할 수 없는 것, 또는 모양은 다르지만 서로 대체하여 사용할 수 있는 것들을 각각 찾아 써 보시오.

- ○ 유창성
- ✓ 융통성
- ○ 독창성
- ✓ 정교성

2 언어 / 추리 / 논리

[각 문제 배점 : 5점]

교육청 영재교육원 기출

01 다음 <보기>와 같이 단어가 공통으로 연결되도록 빈칸에 알맞은 말을 써 넣으시오.

보기

비누 - (방울) - 토마토

(1) 백합 - ( ) - 가루 - ( ) - 방울 - ( ) - 껍질

(2) 충치 - ( ) - 주사 - ( ) - 국 - ( ) - 맛

(3) 자동 - ( ) - 유리 - ( ) - 작품 - ( ) - 회

02 다음 <보기>에 제시된 단어의 관계가 같아지도록 빈칸에 들어갈 알맞은 단어를 쓰시오.

보기

준공 : 완공 = ( ) : 준비

*준공 : 공사를 다 마침

*완공 : 공사를 완성함

03 다음 <보기>에 제시된 단어의 관계에 따라 빈칸을 채우시오.

보기

( ) : 두껍다 = 파랑 : ( )

교육청 영재교육원 기출유형

04 다음 <보기>에 제시된 표현에 만족하는 것들을 되도록 많이 쓰시오.

보기

(1) 느리면서도 빠른 것

(2) 가까우면서도 먼 것

(3) 맞으면서도 틀린 것

05 다음 <보기>는 '손' 이라는 단어를 이용하여 서로 다른 뜻으로 문장을 만든 것이다. '눈, 발, 재미, 밟다, 잘하다'의 단어로 <보기>와 같은 문장을 각각 3개씩 만들어 보시오.

보기

< 손 >

1. 손을 빌려주다. (일손이 되다.)
2. 이 일은 손이 많이 간다. (신경이 많이 쓰인다.)
3. 그 회사는 전국에 손을 뻗치고 있다. (이제까지 하지 아니하던 일까지 활동 범위를 넓히다.)

	① 눈
1	
2	
3	

	② 발
1	
2	
3	

	③ 재미
1	
2	
3	

	④ 밟다
1	
2	
3	

	⑤ 잘하다
1	
2	
3	

06 다음 <보기>와 같이 하나의 단어가 여러 가지 뜻을 가지고 있는 것을 3개 찾아 쓰고, 그 단어의 의미를 다양하게 쓰시오.

보기

	다른 의미 1	다른 의미 2	다른 의미 3
배	사람의 신체 부위	물 위를 떠다니는 탈 것	배나무의 열매
세다	수를 헤아리다	힘이 넘치다	검은색 머리카락이 하얘지다

		다른 의미 1	다른 의미 2	다른 의미 3	다른 의미 4
1					
2					
3					

교육청 영재교육원 기출

07 단어 '너스레'를 넣어 문장을 되도록 많이 만들어보시오.

08 '만원만' 이라는 단어가 금지어인 나라가 있다. 그 나라에서 '만원만' 이라는 말을 할 수 있는 문장을 다양하게 써보시오.

09 '팔방미인(八方美人)'이라는 사자성어를 나만의 의미로 다양하게 해석해 보시오.

10 자신을 가장 잘 표현할 수 있는 형용사를 그 이유와 함께 3개 이상 쓰시오. (단, 영어가 아닌 한글 형용사만 허용한다. 형용사는 사물의 성질이나 상태를 나타내는 품사이며, 품사는 단어를 기능, 형태, 의미에 따라 나눈 것을 의미한다.)

교육청 영재교육원 기출

11 어떤 사람은 10년째 매년 성탄절만 되면 구세군에 많은 성금을 내고 있는데, 자신의 신분은 밝히고 있지 않아 '얼굴 없는 천사'로 불리고 있다. 그 이유는 무엇일지 다양하게 적어보시오.

교육청 영재교육원 기출

12 다음 상상이와 엄마의 대화를 읽고 상상이의 주장에서 잘못된 점을 찾고 그 이유를 쓰시오.

상상이 : 엄마! 학교에서 매년 반별로 독서량을 조사하여 독서상을 주는데, 올해는 우리 반이 상을 받았어요!

엄마 : 그래? 넌 독서도 안하고 매일 핸드폰만 보고, 학교에서 내주는 독후감 숙제도 하지 않아서 선생님께 꾸중을 많이 받았잖니.

상상이 : 에이, 우리 반이 상을 받은거니까 저도 책을 많이 읽은거죠!

13 다음 글을 읽고 빈 칸에 들어갈 말을 쓰시오. 단, 이 글은 사람들에게 재미를 주기 위한 유머라는 것을 참고하시오.

옛날에 왕의 옆에서 재미있는 이야기를 해주는 재담사가 있었습니다. 그런데 어느날 그는 왕에게 잘못된 발언을 하는 바람에 사형을 당하게 되었습니다.

사형을 앞둔 재담사에게 왕이 말하였습니다.

"너는 그동안 늘 내 옆에서 나를 즐겁게 해주었다. 그래서 너에게 어떻게 죽고 싶은지 네가 결정할 기회를 주겠다." 그러자 재담사는 웃으면서 말했습니다.

"감사합니다. 저는 ______________________________

교육청 영재교육원 기출유형

14 <보기>의 글을 완성하고, 알맞은 제목을 붙이시오.

보기

할머니는 선반 위에 놓인 항아리에서 매일 무한이에게 사탕을 꺼내 주셨다.

____

____

____

항아리 앞에서 울었다.

제목 :

15 무한이네 만두가게에서는 김치만두와 고기만두를 팔고 있다. 지난 8일간 만두 판매 결과가 다음 <보기>와 같을 때, 고기만두가 더 많이 팔린 요일을 모두 쓰시오. (단, 지난 8일은 월요일부터 월요일까지이며, 오늘은 월요일이다.)

보기

A : 비가 내리는 날에는 고기만두가 김치만두보다 더 잘 팔렸다.

B : 지난 8일 중 3일 연속 비가 내렸다.

C : 수요일에는 고기만두가, 목요일에는 김치만두가 더 많이 팔렸다.

D: 토요일에는 고기만두와 김치만두의 판매 개수가 동일했다.

E : 지난 8일 동안 김치만두가 연속으로 더 잘 팔린 날은 없다.

F : 지난 월요일과 오늘은 서로 다른 만두가 더 잘 팔렸다.

16 다음 <보기>는 무한이네 가족 여행 기간 중에 일어난 일이다. 이를 통해 알 수 있는 무한이네 가족 여행 기간은 총 며칠인가?

보기

A : 오전 또는 오후에 비가 내린 경우는 총 5일이다.

B : 오전과 오후 모두 비가 온 날은 없었다.

C : 비가 오지 않은 오전은 5번이었다.

D : 비가 오지 않은 오후는 4번 있었다.

2 언어 / 추리 / 논리

17 무한이는 여름 방학을 맞아 가족과 함께 유럽여행을 떠나기로 했다. 다음 <보기>의 일정에 따라 여러 나라들을 여행하려고 할 때, 무한이가 여행하게 될 나라들을 모두 고르시오.

보기

(가) : 프랑스에 간다면 영국에는 가지 않는다.

(나) : 프랑스에 가거나 독일에 간다.

(다) : 스위스에 가지 않는다면 독일에도 가지 않는다.

(라) : 독일에 가고 이탈리에가 간다.

(마) : 여행의 첫 목적지는 영국이다.

18 학생 A ~ D는 각각 여름방학 때 뉴욕, 파리 또는 도쿄 중 한 나라를 여행하려 한다. 조건이 다음 <보기>와 같을 때 도쿄에 가는 학생은 누구인가? (단, 뉴욕, 파리, 도쿄를 가는 학생은 반드시 1명 이상이다.)

보기

조건 1 : A는 뉴욕과 파리를 선호한다.

조건 2 : B는 도쿄와 파리를 싫어한다.

조건 3 : B와 D는 함께 가야 한다.

조건 4 : C와 D는 뉴욕과 도쿄를 선호한다.

조건 5 : D는 A와 같은 도시에는 가지 않을 생각이다.

19 알탐이(B) 포함 8명(A ~ H)은 4명씩 두 개 조로 나누어 조별 숙제를 수행하기로 하였다. <보기>의 조건을 만족시킬 때, 조 편성으로 가능한 것만을 ㄱ ~ ㄹ에서 있는 대로 고르시오.

보기

조건 1 : C와 F는 각 조의 조장을 맡는다.

조건 2 : 알탐이는 D 또는 F와 같은 조가 되어야 한다.

ㄱ. E, F, G, H

ㄴ. C, D, E, G

ㄷ. A, C, E, G

ㄹ. A, C, E, H

20 A ~ E 5명의 중간고사 평균 시험 성적을 비교하여 높은 순서로 순번을 매겼더니 다음 <보기>와 같은 결과였다. 성적이 두 번째로 높은 사람은 누구인가?

보기

- 순번 상 E의 앞에는 2명 이상의 사람이 있고, E는 C보다는 앞이었다.
- D의 순번 바로 앞에는 B가 있다.
- A의 순번 뒤에는 2명이 있다.

21 다음 (가) ~ (마)를 통해 미술을 듣고 있는 누나의 남동생을 찾으시오.

(가) : 어느 중학교에 입학하게 된 a, b, c, d, e 5명의 남학생이 있다.

(나) : 같은 중학교에 재학중인 이들 5명의 누나들은 각각 5개의 방과후 수업(과학, 수학, 영어, 미술, 음악)을 듣고 있다.

(다) : 남학생 a ~ e는 각각 5명의 누나들이 듣고 있는 방과후 수업을 신청하려고 한다.

(라) : 5명의 남학생 중 어느 누구도 자신의 누나가 듣고 있는 수업은 신청하지 않는다.

(마) : a는 과학, b는 수학, e는 영어를 신청하려 한다.

(바) : 영어을 듣고 있는 누나의 남동생 c는 미술을 신청하려 한다.

(사) : d의 누나는 과학을 듣고 있다.

(아) : e의 누나는 음악을 듣고 있는 누나의 남동생이 신청하려는 과목을 듣고 있다.

22 김, 이, 박의 성을 가진 남매(♂, ♀) 세 쌍이 영화를 보러 갔다. 그들은 모두 한 줄에 앉고, 같은 성의 남매는 바로 옆에 앉지 않는다. 세 쌍의 남매들이 다음 <보기>의 조건에 맞게 앉았을 때, 왼쪽부터 앉은 순서로 가능한 경우를 모두 쓰시오. (단, ♂은 남자를 ♀은 여자를 나타낸 기호이다.)

보기

(가) : 이(♀)씨 아니면 김(♂)씨는 끝자리에 앉는다.

(나) : 김(♂)씨는 박씨 성을 가진 남매 사이에 앉는다.

(다) : 박(♂)씨는 이(♀)씨로부터 세 칸 옆에 앉는다.

(라) : 양 끝에는 여자 한 명, 남자 한 명이 앉는다.

23 부모와 한 명 이상의 중학생 자녀를 둔 두 가구가 1층과 2층에 각각 산다. 다음 <보기>의 조건을 통해 1층에 사는 사람을 모두 쓰시오. (단, 1층과 2층에는 (가) ~ (바) 총 7명이 산다.)

보기

- 1층에는 4명이 산다.
- 혈액형이 O형인 사람은 3명, A형인 사람은 1명, B형인 사람은 1명이다.
- (가)는 혈액형이 A인 성인 남자이다.
- (나)와 (사)는 부부이며, 둘 다 O형이다.
- (다)는 중학생 남자이다.
- (라)는 1층에 산다.
- (마)의 혈액형은 B형이다.
- (바)의 혈액형은 O형이 아니다.

24 다음 글을 읽고 물음에 답하시오.

아래 그림처럼 교실 안과 밖에 4명의 학생이 있다. 벽을 사이에 두고 교실 밖 학생 A, 교실 안 학생 B, C, D는 서로 앞만 바라볼 수 있다. 선생님이 학생 4명에게 그림과 같이 모자를 씌워 놓았다. 검은색 모자가 2개이고, 흰색 모자가 2개라는 것만 알려주고, 누구라도 자기 모자색을 맞히면 청소를 면제해주고, 틀리면 일주일간 청소라고 했다. 답할 기회는 한 번뿐이며, 벽을 관통해 볼 수는 없다.

어느 학생이 답을 맞힐 수 있을까?

교육청 영재교육원 기출

25 6명의 학생들이 원형 식탁에 앉아 서로 다른 음식을 먹고 있다. 다음 <보기>의 (가) ~ (바)를 통해 자장면을 먹고 있는 학생을 찾으시오.

보기

(가) : 수진이는 유진이 옆에 앉아 있는 사람과 마주보고 앉아 있다.

(나) : 유진이의 맞은편에 앉아 있는 사람은 볶음밥을 먹는다.

(다) : 준영이는 우동을 먹고, 유진이 옆에 앉아 있는 사람은 짬뽕을 먹는다.

(라) : 준영이 맞은편에 앉아 있는 사람은 만두를 먹는다.

(마) : 수영이의 양 옆에는 준영이와 유진이가 앉아 있다.

(바) : 우혁이의 맞은편에 앉아 있는 사람은 탕수육을 먹는다.

26 같은 반인 무한이, 상상이, 알탐이는 반장 1명, 부반장 2명과 원형 테이블에 앉았다. 아래 <보기> 조건을 보고 항상 참인 것을 모두 고르시오.

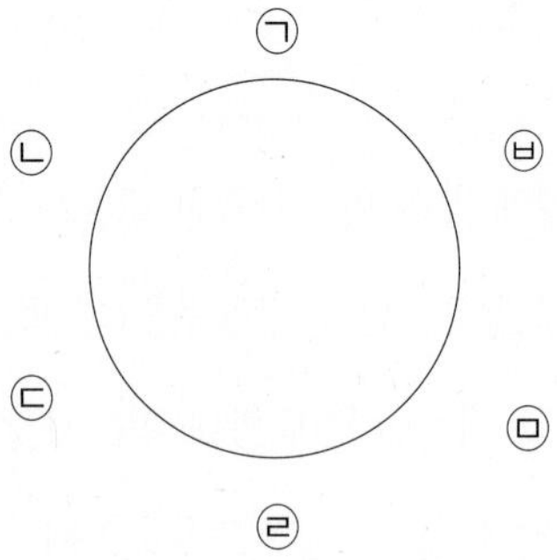

보기

조건 1 : 부반장은 붙어 앉을 수 없다.

조건 2 : 무한이와 상상이는 바로 옆에 붙어서 앉아야 한다.

조건 3 : 반장은 ㉠ 또는 ㉣에 앉아야 한다.

조건 4 : 무한이, 상상이, 알탐이는 ㉣에 앉을 수 없다.

① 무한이와 알탐이는 항상 마주보고 앉을 수 있다.

② 부반장 한 명은 반드시 반장 바로 옆에 앉는다.

③ 무한이는 항상 ㉡ 또는 ㉢에 앉아야 한다.

④ 알탐이는 항상 부반장 사이에 앉는다.

교육청 영재교육원 기출유형

27 다음 두 친구의 대화에서 논쟁이 발생한 이유를 2가지 이상 쓰시오.

무한 : 어제 횡단보도 앞에서 본 예쁜 여자 기억하지?

상상 : 누구?

무한 : 횡단보도에서 본 예쁜 여자 있었잖아.

상상 : 그 사람이 어디가 예뻐?

무한 : 그 정도면 예쁜 거지.

서울대 영재교육원 기출

28 다음 각 내용을 참, 거짓으로 구별하시오.

(1) 플라톤은 그리스의 철학자이다.
어떤 그리스의 철학자는 아테네의 시민이다. □ 참 □ 거짓
그러므로 플라톤은 아테네의 시민이다.

(2) 양서류인 개는 없다.
스너피는 개다. □ 참 □ 거짓
그러므로 스너피는 양서류가 아니다.

(3) 평면 위의 도형은 오각형이다.
오각형은 다섯 개의 변을 가지고 있다. □ 참 □ 거짓
평면 위의 도형은 다섯 개의 변을 가지고 있다.

(4) 개구리는 양서류이다.
양서류는 척추동물이다. □ 참 □ 거짓
따라서 개구리는 척추동물이다.

29 다음 <보기>의 조건을 읽고 A ~ C는 각각 어느 섬에서 왔는지 쓰시오.

보기

조건 1 : X섬의 사람들은 오직 진실만을 말하며, Y섬의 사람들은 오직 거짓만을 말한다.

조건 2 : A는 어디에서 왔는지 잘 알아들을 수 없게 말하였다.

조건 3 : B는 A가 'Y섬에서 왔다'고 말하는 것을 들었다고 하였다.

조건 4 : 이 말을 들은 C는 B가 거짓말을 하고 있다고 말하였다.

30 남학생(진영, 진수, 광희, 수준)과 여학생(명신, 희림, 혜선, 진주)이 일대일로 짝을 정해 앉았다. 남학생과 여학생 모두 항상 거짓말만 하며, 이들이 다음과 같은 이야기를 했을 때 남녀의 짝을 알맞게 연결하시오.

혜선 : 나는 진수와 짝이야.

진수 : 나는 희림이와 짝이야.

희림 : 나는 진영이와 짝이야.

진영 : 나는 혜선이와 짝이야.

진주 : 나는 진영이와 짝이야.

광희 : 나는 희림이와 짝이야.

혜선 ·	· 진수
희림 ·	· 진영
명신 ·	· 수준
진주 ·	· 광희

31 다음 <보기>가 모두 참일 때, ㄱ ~ ㄹ 중 반드시 '참'인 것은?

보기

(가) : A종의 모든 공룡은 B종 공룡 중 가장 큰 공룡보다 크다.

(나) : C종의 일부 공룡은 B종 공룡 중 가장 큰 공룡보다 작다.

(다) : B종의 모든 공룡은 D종 공룡 중 가장 큰 공룡보다 크다.

ㄱ. D종에는 A종에서 가장 작은 공룡만한 공룡이 있다.

ㄴ. A종의 어떤 공룡은 C종 중 가장 큰 공룡보다 작다.

ㄷ. C종에서 가장 작은 공룡만한 D종 공룡이 있다.

ㄹ. C종의 어떤 공룡은 A종 중 가장 작은 공룡보다 작다.

32 다음 <보기>가 모두 참일 때, ㄱ ~ ㄹ 중 항상 '참'인 것은?

보기

- 파란 상자는 노란 상자에 들어간다.
- 녹색 상자는 남색 상자에 들어간다.
- 빨간 상자는 노란 상자에 들어간다.
- 파란 상자와 남색 상자의 크기가 같다.

ㄱ. 빨간 상자는 파란 상자에 들어간다.

ㄴ. 남색 상자는 빨간 상자에 들어간다.

ㄷ. 녹색 상자는 파란 상자에 들어가지 않는다.

ㄹ. 노란 상자는 남색 상자에 들어가지 않는다.

33 다음 <보기>가 모두 '참'일 때, ㄱ ~ ㄹ 중 항상 참인 것은?

보기

- (가)는 (나)보다 수영을 못하지만, 달리기는 잘한다.
- (나)는 (다)보다 수영을 잘한다.
- (라)는 (다)보다 수영을 못하지만 (가)보다 달리기를 잘한다.

ㄱ. (다)는 (나)보다 달리기를 못한다.

ㄴ. (가)는 수영을 가장 못한다.

ㄷ. (라)는 (나)보다 달리기를 잘한다.

ㄹ. 수영을 가장 잘하는 사람은 (다)이다.

34 6층짜리 아파트의 각 층에 <보기> 조건에 따라 A ~ F가 살 때, ㄱ ~ ㄹ 중 항상 '참'이 되는 것은?

보기

조건 1 : A는 5층에 산다.

조건 2 : A, B, C는 같은 층 간격을 두고 산다.

조건 3 : D와 E는 인접하는 층에 살지 않는다.

조건 4 : F는 D보다 위층에 산다.

ㄱ C가 3층에 살 때, E는 반드시 6층에 산다.

ㄴ. D는 4층에 살 수 없다.

ㄷ. E는 2층에 살 수 없다.

ㄹ. F는 1층에 살 수 없다.

35 무한이네 반에서 도난 사건이 발생하였다. 용의자 A ~ D의 진술이 다음과 같고, 이 중 하나만 '참'일 때 범인은 누구인가? (단, 범인은 용의자 중 단 한 명이다.)

- A : D가 범인이다.
- B : C는 범인이 아니다.
- C : A의 말은 참이다.
- D : B가 범인이다.

36 다음 <보기>는 상상이의 고양이 털 색에 대한 진술이다. 상상이의 고양이는 흰색, 또는 검정색 또는 회색 중 하나이며, <보기> 중 적어도 하나는 옳고 적어도 하나는 틀릴 때, 상상이의 고양이 털 색깔은 무엇인가?

보기

A : 검정색이 아니다.

B : 흰색이거나 회색이다.

C : 흰색이다.

교육청 영재교육원 기출

37 다음 <보기>의 세 친구 중 2명은 거짓말을 각각 1번씩 했고, 나머지 1명은 거짓말을 하지 않았다고 한다. 물음에 답하시오.

보기

병철 : 나는 진아보다 가벼워.
진아의 몸무게는 38kg이야.
나라는 진아보다 3kg 더 가벼워.

나라 : 병철이의 몸무게는 31kg이야.
병철이와 나는 2kg 차이가 나.
나는 두 번째로 무거워.

진아 : 나는 나라보다 3kg 더 무거워.
나는 병철이보다 4kg 더 가벼워.
내 몸무게는 36kg이야.

(1) 거짓말을 하지 않은 사람은 누구일까?

(2) 세 친구의 몸무게를 각각 쓰시오.

38 학생 6명 중 3명은 강아지를 한 마리씩 기르고 있으며, 강아지의 색깔은 각각 흰색, 갈색, 검은색이다. 나머지 3명은 고양이를 한 마리씩 기르고 있으며, 고양이의 색깔은 각각 흰색, 갈색, 검은색이다. 어느 날 이 학생들은 모여서 다음과 같이 대화를 하였다. 이들 중 강아지를 기르는 3명의 말은 모두 진실이고, 고양이를 기르는 세 명의 말은 모두 거짓이었다. 다음 <보기>의 조건을 통해 검은색 강아지를 기르고 있는 학생을 찾으시오.

보기

수아 : 명주가 기르는 반려동물은 고양이다.

지희 : 지영이는 강아지를 기르고 있다.

지영 : 나의 반려동물과 수아의 반려동물은 갈색이다.

명주 : 인정이와 지희의 반려동물은 같은 색이다.

혜진 : 지희의 반려동물은 검은색이다.

인정 : 지영이의 반려동물은 검은색이다.

서울대 영재교육원 기출

39 서울시는 이순신 동상을 보수하려고 한다. 전국의 유명한 보수자 4명을 불러 면담을 한 내용이 다음 <보기>와 같다. 4명이 모두 각각 거짓말을 한 개수는 같고, 각각 참말한 개수도 같을 때, 누가 가장 적절한 보수자인가?

보기

A : ① 나는 연장을 다 갖추고 있지 않다.
② D가 가장 적임자이다.
③ C는 청동을 가지고 일을 해 본적이 있다.

B : ① A의 첫번째의 말은 거짓이다.
② D는 청동을 가지고 일을 해 본적이 없다.
③ A가 가장 적임자이다.

C : ① 나는 청동을 가지고 일을 해 본적이 있다.
② A는 연장을 다 갖추고 있지 않다.
③ B가 가장 적임자이다.

D : ① 나는 청동을 가지고 일을 해 본적이 없다.
② C가 가장 적임자이다.
③ A는 연장을 다 갖추고 있지 않다.

서울대 영재교육원 기출

40 다음 글을 읽고, '도덕 은행'에 대한 찬성 또는 반대 입장을 50자 내외의 한 문장으로 써보시오.

착한 일을 하면 생활에서 각종 혜택을 받을 수 있는 점수를 주는 '도덕 은행'이 중국 현지에서 사람들의 호응을 받고 있다.

'도덕 은행'은 사람들이 지역 사회를 위해 스스로 좋은 일을 할 수 있도록 유도하기 위해 마련되었다. 이 은행은 가입자가 착한 행동을 할 경우, 어떤 일을 했는지에 따라 점수를 부여한다. 예를 들어 길에 떨어진 지갑을 주워 주인을 찾아주었을 때 50점을 주며, 착한 일의 난이도가 높을수록 더 높은 점수를 준다.

많은 점수를 모은 가입자는 실생활에서 각종 편의를 받을 수 있다. 150점 이상 모은 사람은 동네 미용실에서 머리카락을 무료로 자를 수 있다. 점수가 더 많으면 집을 청소해 주는 서비스나 건강검진을 무료로 받을 수 있다.

이 은행은 생긴 지 2주 만에 가입자가 600명이 넘을 정도로 폭발적인 인기를 얻었다. 특히 어린이들은 가입하기위해 줄을 섰다고 한다.

친구와 집 마당을 청소해 점수를 받은 한 소년은 "착한 일을 하고 스스로 자랑스러워할 수 있어 기분이 좋다."고 말했다. 이 소년은 은행에 자료를 제출하기 위해 자신이 청소를 한 모든 과정을 촬영하였다.

3 수리논리

서울대 영재교육원 기출

01 다음 식을 풀이과정을 써 계산하시오.

$$\left(\frac{1}{1}+\frac{1}{2}+\frac{1}{3}+\frac{1}{4}+\frac{1}{5}+\frac{1}{6}+\frac{1}{7}+\frac{1}{8}+\frac{1}{9}\right)+\left(\frac{1}{2}+\frac{1}{3}+\frac{1}{4}+\frac{1}{5}+\frac{1}{6}+\frac{1}{7}+\frac{1}{8}+\frac{1}{9}\right)$$

$$+\left(\frac{1}{3}+\frac{1}{4}+\frac{1}{5}+\frac{1}{6}+\frac{1}{7}+\frac{1}{8}+\frac{1}{9}\right)+\left(\frac{1}{4}+\frac{1}{5}+\frac{1}{6}+\frac{1}{7}+\frac{1}{8}+\frac{1}{9}\right)$$

$$+\left(\frac{1}{5}+\frac{1}{6}+\frac{1}{7}+\frac{1}{8}+\frac{1}{9}\right)+\left(\frac{1}{6}+\frac{1}{7}+\frac{1}{8}+\frac{1}{9}\right)+\left(\frac{1}{7}+\frac{1}{8}+\frac{1}{9}\right)+\left(\frac{1}{8}+\frac{1}{9}\right)+\left(\frac{1}{9}\right)$$

=

서울대 영재교육원 기출

02 다음 <보기>와 같은 방법을 사용하여 $\frac{2}{11}$, $\frac{2}{17}$ 를 식으로 나타내시오.

보기

$\frac{2}{3}=\frac{1}{2}+\frac{1}{6}$ $\frac{2}{5}=\frac{1}{3}+\frac{1}{15}$ $\frac{2}{7}=\frac{1}{4}+\frac{1}{28}$ $\frac{2}{9}=\frac{1}{5}+\frac{1}{45}$

03 다음 식이 성립될 수 있도록 괄호를 넣으시오.

(1) $5 \times 32 + 4 \div 6 - 2 - 20 = 0$

(2) $3 + 9 \div 3 \times 2 - 2 - 3 = 0$

04 무한이와 상상이가 일정 개수의 종이학을 접으려고 한다. 무한이 혼자 접으면 12일이 걸리고 상상이 혼자 접으면 36일이 걸린다. 만일 무한이와 상상이가 함께 종이학을 접으면 며칠 걸리는가?

3 수리논리

교육청 영재교육원 기출

05 두 자리의 자연수를 각 자리 숫자의 합으로 나누었을 때 몫이 7이고, 나머지가 3인 자연수를 모두 구하고, 그 중에서 각 자리 숫자의 곱으로 나눈 몫이 가장 큰 것과, 나머지가 가장 큰 수를 각각 구하시오.

교육청 영재교육원 기출

06 출발 정류장이 같은 셔틀 버스 A와 B는 각각 X와 Y 코스로 순환한다. 셔틀 버스 A와 B는 6시 정각에 동시에 출발한 후 시침과 분침 사이의 각도가 198°일 때 다시 동시에 출발한다고 한다. X 코스의 셔틀버스는 4분마다 출발지로 돌아온다고 할 때 Y 코스의 셔틀버스가 출발지로 돌아오는 데 몇 분이 걸리는지 구하시오.

교육청 영재교육원 기출유형

07 전체 12층인 아파트에서 엘리베이터로 한 층을 이동할 때 걸리는 시간은 3.5초, 문이 열리고 닫히는 시간은 8초이다. 사람이 계단으로 한 층을 걸어서 이동하는 시간이 6초일 때, 몇 층을 이동할 경우 걸어서 가는 것이 엘리베이터를 타는 것보다 빠른지 모두 고르시오. (단, 엘리베이터를 탔을 때 중간에 서는 층은 없으며, 엘리베이터를 기다리는 시간은 고려하지 않는다.)

08 풍선 X개를 대한, 민국, 만세가 삼등분하여 나누어가진 후 불고 있다. 대한이가 모든 풍선을 다 불었을 때, 민국이는 20개, 만세는 38개가 남아 있었다. 그리고 민국이가 모든 풍선을 다 불었을 때, 만세는 아직 20개가 남아 있었다. X는 몇 개인가? (대한, 민국, 만세는 각자 일정한 속도로 풍선을 분다.)

09 무한이네 반에는 총 17명의 학생이 있다. 17명 중 12명의 수학 점수의 총합은 960점이고, 나머지 5명 중 네 명의 평균은 74점, 마지막 한 명의 점수는 16명의 평균보다 16점 높다고 할 때, 무한이네 반의 평균 수학 점수는 몇 점인가? (점수는 소수점 둘째 자리에서 반올림한다.)

10 다음 <보기>의 조건을 통해 무한이와 상상이가 과일을 다 먹고 나온 씨의 개수 차이를 구하시오.

보기

조건 1 : 과일 A에는 씨가 2개, 과일 B에는 씨가 1개 있다.

조건 2 : 무한이와 상상이는 각각 과일 4개씩 먹었다.

조건 3 : 무한이는 상상이보다 과일 A를 1개 더 먹었다.

조건 4 : 무한이가 먹은 과일 A, B의 개수는 같았다.

교육청 영재교육원 기출유형

11 해양 잠수부 (가)와 (나)는 바다 밑에서 물체를 가져오는 훈련을 한다. 잠수부는 바다 밑으로 내려갔다가 올라오는 것을 10번 반복하면 15분은 반드시 휴식시간을 가져야 한다. 산소통은 6시간 동안 사용이 가능하고 물의 깊이는 65m이다. (가)는 한 번에 1.8kg, B는 한 번에 1.4kg의 물체를 가져올 수 있다. (가)와 (나)가 움직이는 속력이 다음 표와 같을 때, 각 물음에 답하시오.

	내려갈 때	올라올 때
(가)	25 m/분	15 m/분
(나)	15 m/분	12 m/분

(1) (가)와 (나)는 각각 몇 분 몇 초 뒤에 휴식을 취하는가?

(2) (가)와 (나)는 산소통 1개를 모두 쓸 때까지 두 사람이 합쳐서 총 몇 kg의 물체를 가져올 수 있는가? (단, 휴식을 취할 때에는 산소를 사용하지 않는다.)

교육청 영재교육원 기출

12 8자리 수 26372△□6이 다음 <보기>의 두 가지 조건을 만족한다고 할 때, 가능한 수를 모두 찾으시오.

보기

조건 1 : 이 수는 8의 배수이다.

조건 2 : 이 수의 각 자리 숫자들의 합은 9의 배수이다.

13 A ★ B = A + (A + 1) + (A + 2) + ⋯ + (A + B − 1)이고, A, B는 자연수일 때, □ ★ 12 = 126에서 □은 얼마인가?

교육청 영재교육원 기출

14 상상이는 상자에 오렌지를 담으려 한다. 2개, 3개, 4개, 5개씩 한묶음으로 하여 담았을 때 각각 오렌지가 1개씩 남았고, 한 묶음에 7개씩 담았을 때에는 남는 오렌지가 없었다. 이 조건을 만족하는 가장 적은 오렌지의 개수를 풀이와 함께 쓰시오.

연세대 영재교육원 기출

15 상상이는 크기가 20 × 10인 직사각형들과 크기가 10 × 10인 정사각형을 이용하여 크기가 50 × 20인 벽을 만들려고 한다. 직사각형을 가로가 20이 되도록 눕혀서만 사용할 때, 각 사각형을 사용하는 개수의 총 경우의 수를 구하시오.

16 어떤 물고기의 머리는 8cm이다. 꼬리는 머리의 크기와 몸통의 반을 더한 것과 같고, 몸통은 꼬리와 머리의 합과 같다면, 물고기의 전체 길이는 몇 cm인지 풀이 과정과 함께 쓰시오.

17 사칙연산(+, −, ×, ÷)과 괄호(　　)를 사용하여 다음 <보기>의 식이 성립하는 식을 되도록 많이 만드시오.

보기

3　3　3　3　=　1

교육청 영재교육원 기출

18 다음 <보기>에 적혀 있는 숫자들 사이의 규칙을 찾던 무한이는 42 다음 숫자가 85라고 하였다. 이 규칙에 대하여 설명하시오.

보기

1	2	5	10	21	42

교육청 영재교육원 기출

19 다음 수의 규칙에 맞게 괄호 안에 들어갈 수를 구하고, 그 규칙을 설명하시오.

899　　648　　192　　(　　)　　8

20 다음 수들의 배열에 나타나는 규칙을 고려할 때 빈칸에 들어갈 알맞은 숫자를 쓰시오.

[1, 2, 9] [3, 4, 39] [5, 6, 93] [7, 8, (　　)]

21 다음 수들의 배열에 나타나는 규칙을 고려할 때, ㉠, ㉡에 들어갈 알맞은 숫자를 쓰시오.

100, -91, 90, -82, 80, -73, 70, -64, 60, -55, 50, -46, (㉠), (㉡), 30, -24

22 다음에 나열된 알파벳의 규칙을 찾아 ㉠, ㉡에 들어갈 알맞은 알파벳을 찾으시오.

B　D　A　E　(㉠)　G　K　V　S　(㉡)

23 다음 수들의 배열에서 규칙을 찾아 ㉠~㉣에 알맞은 수를 쓰시오.

45	㉠	24	30	9
26	62	㉡	12	10
48	84	40	㉢	9
37	73	27	01	㉣

3 수리논리

24 다음에 나열된 문자에서 숫자와 관련된 여러가지 방법의 규칙을 찾아 설명하고, ㉠에 들어갈 알맞은 문자를 쓰시오.

다　가　나　라　가　나　마　가　나　(㉠)

교육청 영재교육원 기출

25 아래와 같이 달력에서 가로 3, 세로 3인 테두리를 만들었을 때, 그 안에 9개의 숫자의 합을 빨리 구할 수 있는 규칙을 찾아 설명하시오.

월	화	수	목	금	토	일
				1	2	3
4	5	6	7	8	9	10
11	12	13	14	15	16	17
18	19	20	21	22	23	24
25	26	27	28	29	30	31

교육청 영재교육원 기출

26 무한이와 상상이는 번갈아 한 번씩 교차점을 선택한다. 하나의 교차점을 선택하면 그 교차점과 연결되는 모든 선이 제거되며, 더 이상 선택할 교차점이 없는 사람이 게임에서 지게 된다. 다음 그림과 같이 3 × 3 크기에서 무한이가 1번 교차점을 선택할 경우 1번 교차점과 연결된 선 A, D,가 제거되므로 교차점은 4개가 된다. 이후, 상상이가 8번 교차점을 선택할 경우 남는 교차점은 1개가 되므로 무한이가 게임에서 이기게 된다.

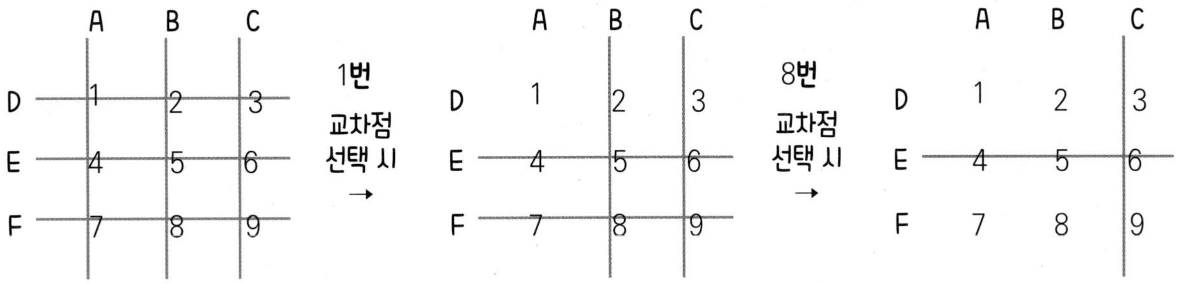

(1) 12 × 10 크기에서 무한이가 먼저 교차점을 선택할 경우, 다음에 상상이가 선택할 수 있는 교차점의 개수를 쓰시오.

(2) (1)의 게임에서 이기는 사람과 그 이유를 쓰시오.

교육청 영재교육원 기출

27 <보기>는 734 × 38 = 27892를 계산한 결과표이다. <보기>의 계산 방법을 설명하고, 아래 곱셈식을 완성하시오.

보기

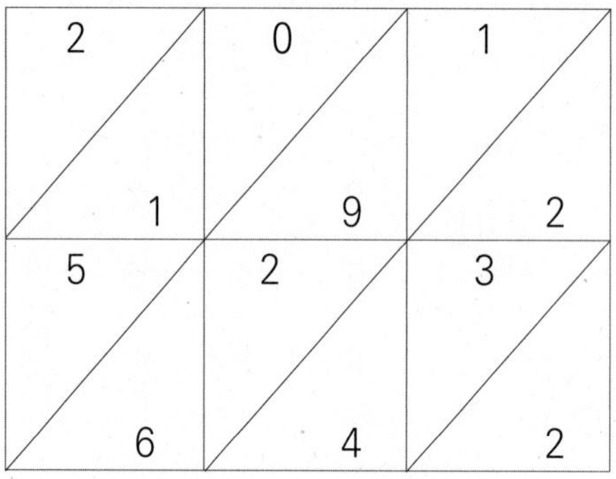

734 × 38 = 27892

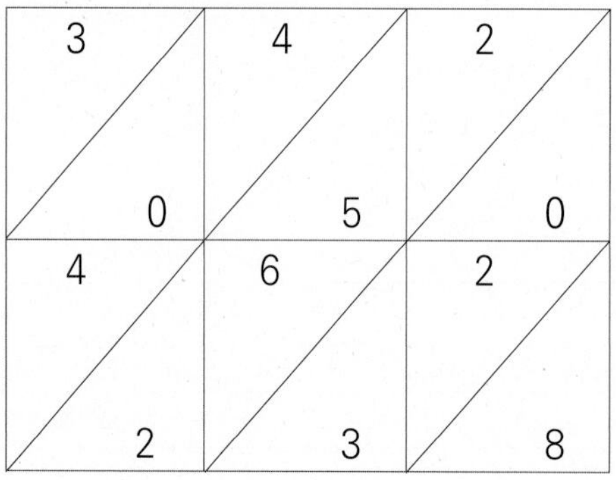

(　　　) × (　　　) = (　　　　)

28 상상이네반 학생들의 방과후 수업 신청을 조사하였더니, 종이접기를 신청한 학생 중 몇 명은 피아노를 신청하였고, 수학을 신청한 학생은 모두 영어를 신청하였다. 그리고 수학을 신청하지 않은 학생은 아무도 피아노를 신청하지 않았다. ㄱ ~ ㄹ 중 반드시 참인 것을 고르시오.

ㄱ. 수학을 신청한 모든 학생은 종이접기를 신청하였다.

ㄴ. 피아노를 신청한 모든 학생은 종이접기를 신청하였다.

ㄷ. 종이접기를 신청한 학생 중 몇 명은 영어를 수강하였다.

ㄹ. 피아노를 신청한 학생은 아무도 영어를 신청하지 않았다.

교육청 영재교육원 기출

29 수진, 나영, 다래, 리나, 민주는 각각 '강', '이', '민', '조', '박' 중에서 서로 다른 하나의 성을 가지고 있다. 다음 <보기>의 조건이 모두 거짓이라고 할 때, 수진, 나영 다래, 리나, 민주의 성을 각각 구하시오.

보기

조건 A : 수진이는 강씨 아니면 이씨이다.

조건 B : 강씨인 사람은 나영 아니면 다래이다.

조건 C : 나영이는 이씨, 조씨, 민씨 중에 하나이다.

조건 D : 조씨인 사람은 수진이 아니면 민주이다.

조건 E : 이씨인 사람은 다래 아니면 민주이다.

교육청 영재교육원 기출

30 아래 <보기>처럼 해당 방향으로 숫자만큼의 칸을 이동하는 화살표가 있다. 출발점을 자유롭게 설정한 후, 1칸 이동 2번, 2칸 이동 6번, 3칸 이동 2번하여 출발점으로 돌아오는 길을 여러 가지 만드시오. (단, 연속해서 같은 방향으로는 이동할 수 없고, 지나간 길을 다시 지나가거나 교차하여 갈 수 없다.)

보기

3 →			1 ↓		
↑ 1		← 2	2 →		4 ↓
	1→	↑ 1			
		2 ↓		← 2	
	↑ 3	← 1		↑ 2	← 1

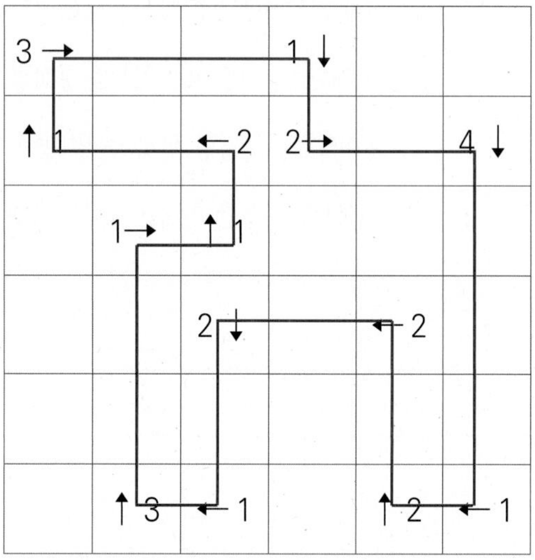

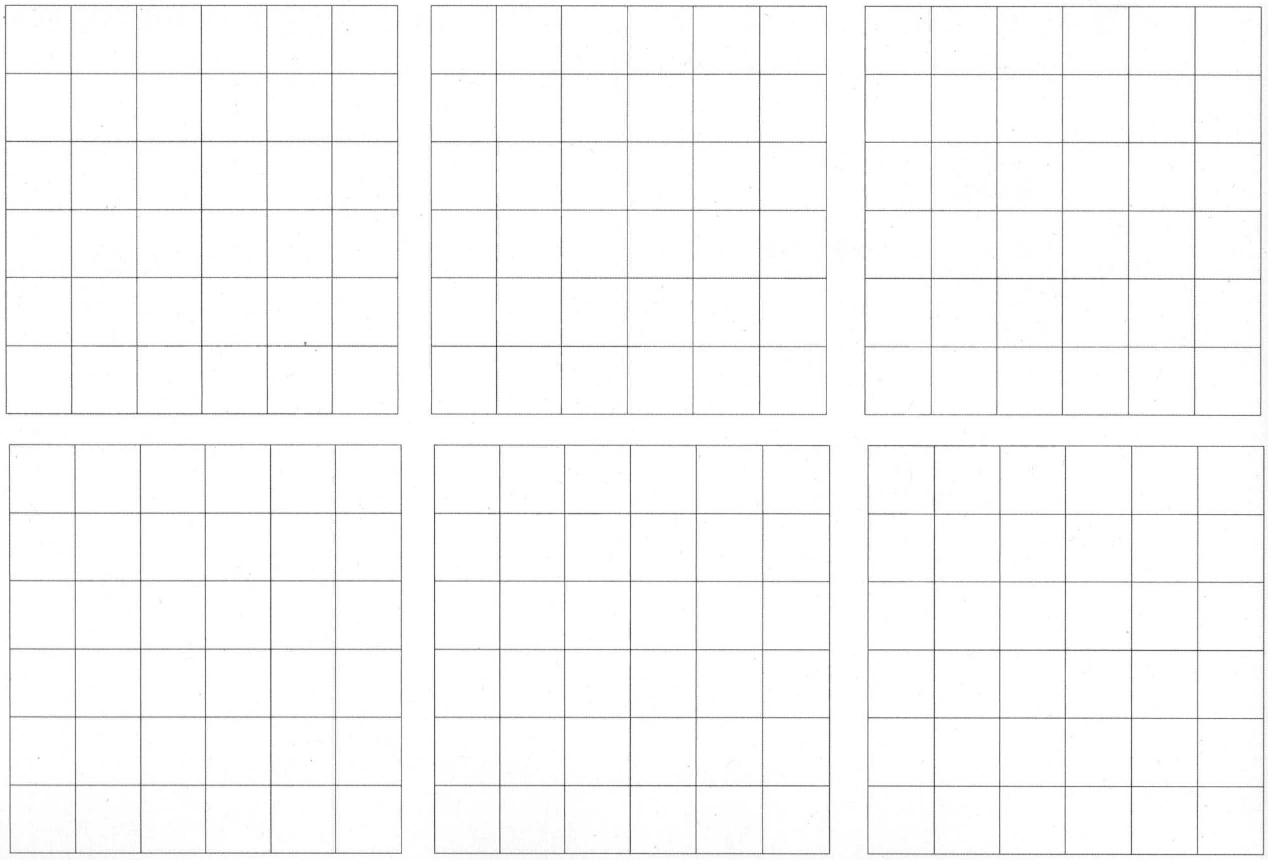

교육청 영재교육원 기출

31 5432에서 4를 빼면 532가 된다. 9876598765에서 숫자 몇 개를 빼서 각 자리 숫자의 합이 45가 되게 하는 가장 큰 수와 가장 작은 수를 풀이과정을 써 각각 구하시오.

(1) 가장 큰 수 :

(2) 가장 작은 수 :

교육청 영재교육원 기출

32 다음 <보기>의 조건에 따라 1부터 9까지의 숫자 9개를 아래 빈칸에 일렬로 나열할 때, 알맞은 숫자를 쓰시오.

보기

조건 1 : 6과 8 사이에는 2개의 숫자가 있다.

조건 2 : 2와 3 사이에 있는 숫자들의 합은 36이다.

조건 3 : 1과 3 사이에 있는 숫자들의 합은 22이다.

조건 4 : 이웃하는 두 수의 차가 1인 것은 없다.

33 눈금 표시가 없는 12리터(L)짜리와 15리터(L)짜리의 빈 물통이 각각 하나씩 있다. 물통에 물을 옮겨 담는 것을 반복하여 정확히 측정할 수 있는 물의 양을 모두 쓰시오. (단, 물은 계속 공급되며, 필요 없는 물을 버릴 수 있다.)

교육청 영재교육원 기출

34 가로, 세로, 높이가 1cm인 정육면체 황금 9개가 있다. 이 중 8개만이 진짜 황금이고, 나머지 1개는 가짜 황금이다. 가짜 황금의 무게가 진짜 황금보다 1g 무겁다고 할때, 양팔저울을 최소 몇 번 사용하면 가짜 황금을 찾아낼 수 있는가?

35 어떤 부품 공장에서 생산한 10상자 중 한 상자 속 모든 부품이 원래의 것보다 100g씩 가벼워 불량품으로 판정되었다. 하지만 직원의 실수로 상자 번호를 잘못 기재하여 불량품 상자를 찾아낼 수 없게 되었다. 원래 부품 1개의 무게가 1kg일 때, 무게를 잴 수 있는 저울을 한 번만 이용하여 불량품을 찾아내는 방법을 쓰시오. (단, 각 상자에는 10개 이상의 부품이 들어있다.)

교육청 영재교육원 기출

36 X도시에 사는 상상이는 걸어서 8일이 걸리는 Y도시에 가려고 한다. 한 사람이 최대 5일분의 식량을 가지고 갈 수 있고, 가는 길에는 식량을 구할 수 없어 짐꾼을 데려가려고 한다. 처음에 같이 출발해야 하는 최소 짐꾼 수를 구하고, 그 과정을 쓰시오. (단, 모든 사람은 하루에 먹는 식량의 양이 같고, 모든 짐꾼은 X도시로 되돌아가거나 Y도시에 도착해야 한다.)

3 수리논리

37 A, B, C 세 개의 상자에 사탕이 있고, 무한이는 <보기>와 같이 세 개의 상자 중 한 상자에서 사탕을 꺼내어 나머지 두 상자에 들어 있는 사탕의 수만큼 각각 옮겨 넣는 과정을 반복하였다. 원래 세 상자에는 사탕이 각각 몇 개씩 있었는가?

보기

1. A 상자에 있는 사탕을 B와 C 상자에 넣었다.
2. B 상자에 있는 사탕을 A와 C 상자에 넣었다.
3. C 상자에 있는 사탕을 A와 B 상자에 넣었더니 A, B, C 세 상자 속 사탕은 모두 32개가 되었다.

38 숫자 0, 1, 8을 거꾸로 들고 보면 변하지 않고 숫자 6과 9를 거꾸로 들고 보면 서로 바뀌며, 그외 나머지 다른 숫자들은 거꾸고 들고 보면 아무런 의미가 없게 된다. 상상이는 001부터 999까지의 번호를 만들었다. 만든 번호 중 860을 거꾸로 보면 098이 되어 다른 번호가 되고, 101을 거꾸로 보면 101이 되어 같은 번호가 된다. 그리고 372를 거꾸로 보면 아무런 의미가 없는 번호가 된다. 다음 물음에 답하시오.

(1) 번호 001 ~ 999 중 거꾸로 들고 봐도 똑같은 번호가 되는 것은 모두 몇 개인가?

(2) 번호 001 ~ 999 중 거꾸로 들고 보면 다른 번호가 되는 것은 모두 몇 개인가?

39 5명이 다음 대진표로 100m 달리기를 하였다. 아래 <보기>의 결과 (가) ~ (라)를 통해 가능한 대진표를 모두 작성하시오.

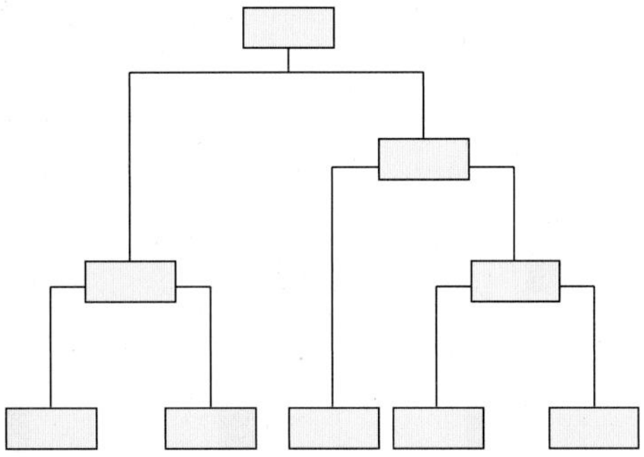

보기

(가) 우혁이와 상연이가 달리기를 했을 때 상연이가 이겼다.

(나) 상연이와 현수가 달리기를 했을 때 현수가 이겼다.

(다) 진호와 현수가 달리기를 했을 때 현수가 이겼다.

(라) 진호와 종석이가 달리기를 했을 때 진호가 이겼다.

서울대 영재교육원 기출

40 다음 왼쪽 사각형 10개에 오른쪽 세 가지 조건에 맞는 1 ~ 10까지의 수들을 각각 넣을 수 있는가? 넣을 수 있다면 넣어 보고, 불가능하다면 그 이유를 설명하시오.

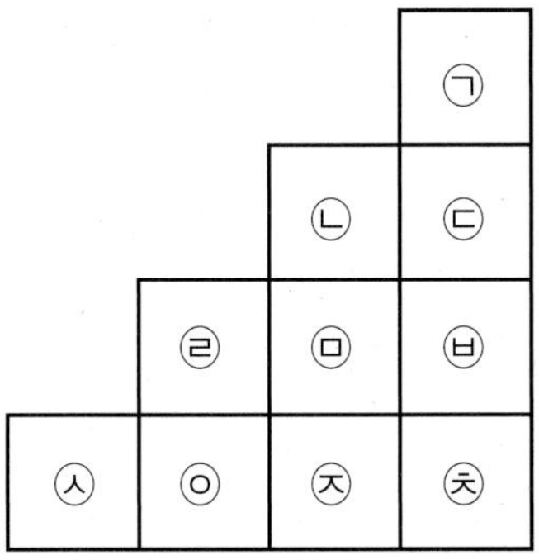

조건 1 : ㉦ + ㉧ + ㉨ + ㉩ = ㉠ + ㉢ + ㉥ + ㉩

조건 2 : ㉣ + ㉤ + ㉥ = ㉡ + ㉤ + ㉨

조건 3 : ㉡ + ㉢ = ㉣ + ㉧

4 공간 / 도형 / 퍼즐

01 다음 <보기>에서 마지막 빈칸에 들어갈 도형을 고르고, 규칙을 설명하시오.

보기

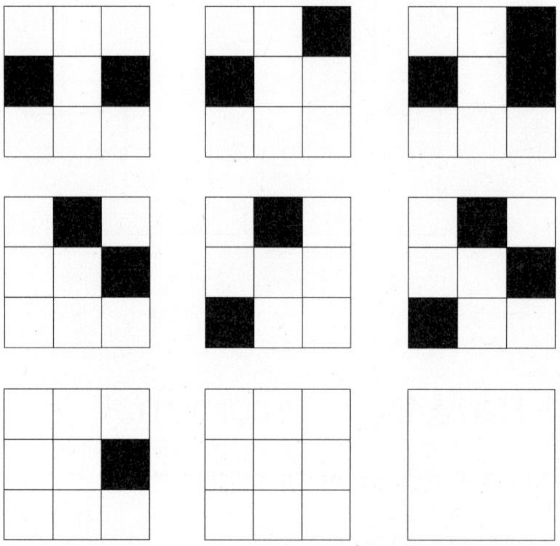

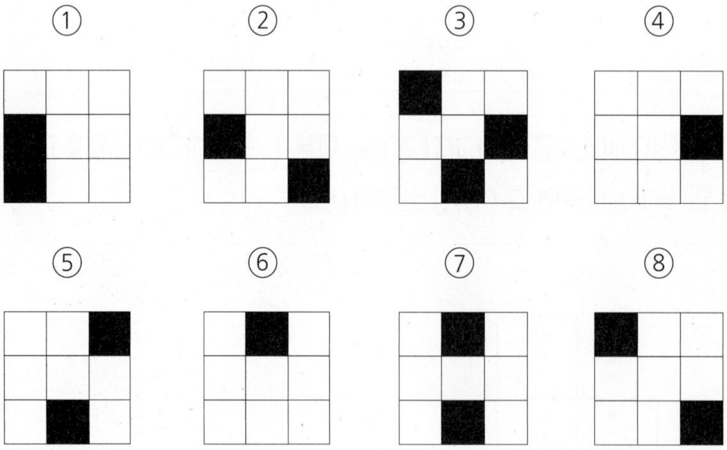

정답 및 해설 / 예시 답안
p.49

02 다음 <보기>에서 마지막 빈칸에 들어갈 도형을 고르고, 규칙을 설명하시오.

보기

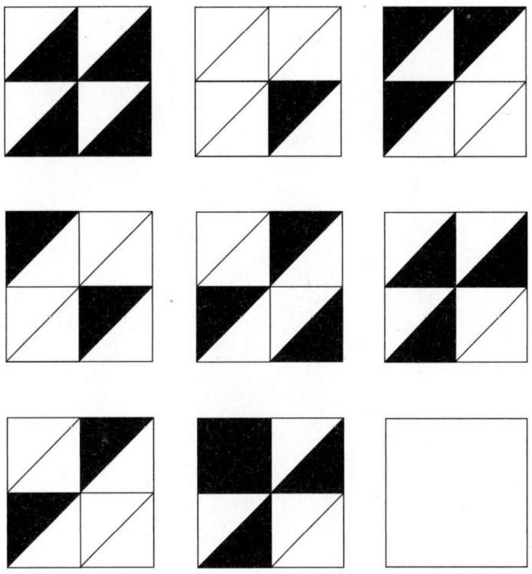

①

②
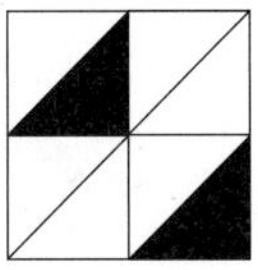

③
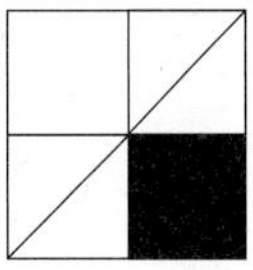

④
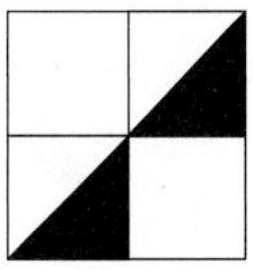

⑤
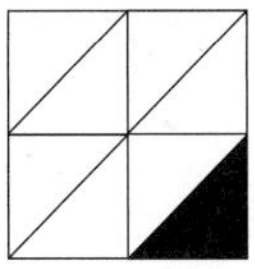

⑥

⑦
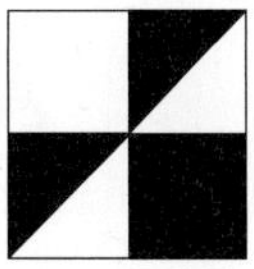

⑧
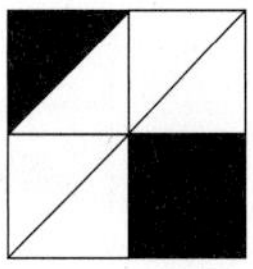

03 다음 <보기>에서 마지막 빈칸에 들어갈 도형을 고르고, 규칙을 설명하시오.

보기

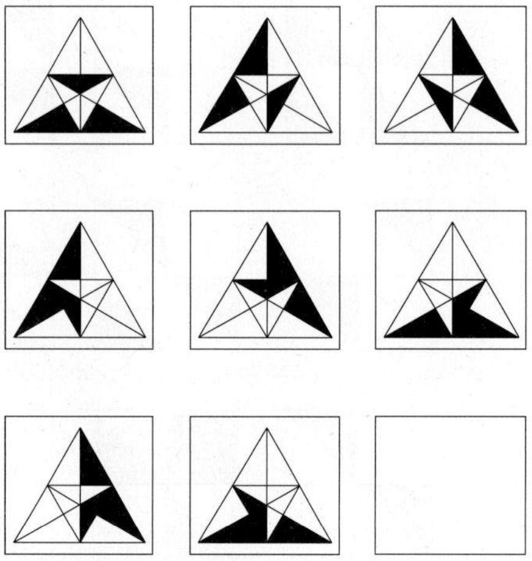

①
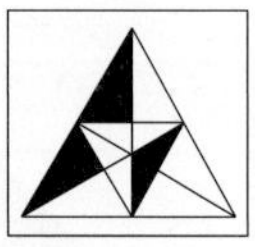

②
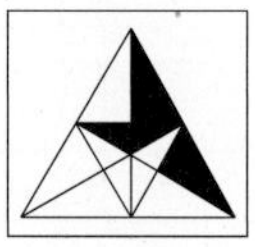

③
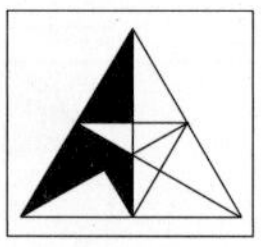

④
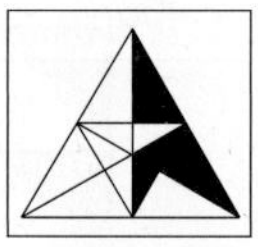

⑤
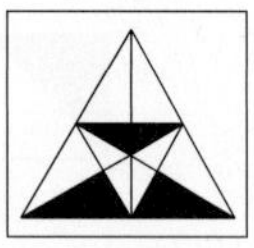

⑥

⑦
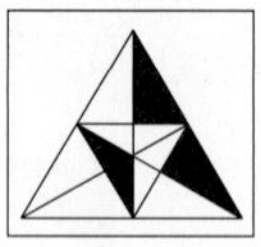

⑧
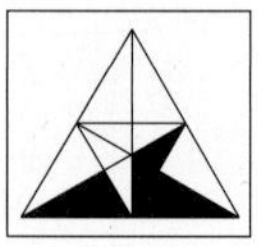

교육청 영재교육원 기출

04 다음 <보기>는 주어진 도형(그림 1)에 선분 2개를 긋고(그림 2), 색칠한 곳과 색칠하지 않은 곳의 넓이가 같도록 색칠한 것 (그림 3) 이다. <보기>와 같이 아래 도형을 완성하시오. (단, 색칠한 도형끼리는 서로 변이 이웃하지 않아야 한다.)

보기

<정사각형>

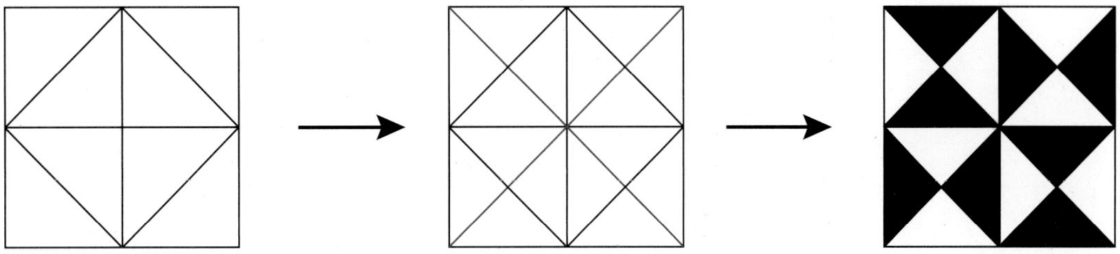

그림 1 그림 2 그림 3

<정오각형>

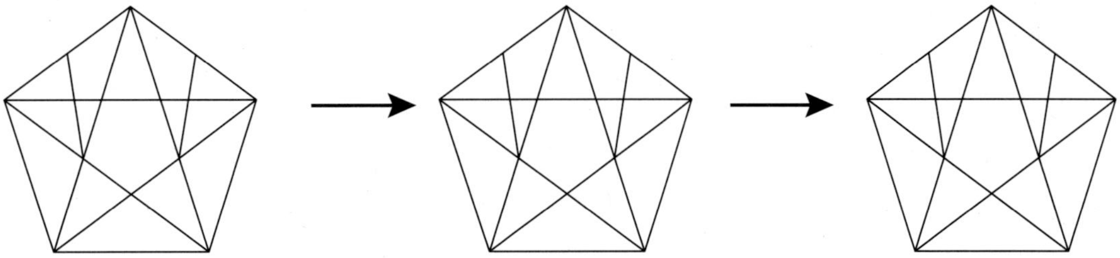

그림 1 그림 2 그림 3

4 공간 / 도형 / 퍼즐

교육청 영재교육원 기출

05 다음 <보기>의 도형들 중에서 공통점이 있는 것끼리 묶고, 어떤 공통점인지 5가지 이상 쓰시오.

보기

	묶음	공통점
1		
2		
3		
4		
5		
6		
7		
8		

교육청 영재교육원 기출

06 오각형이 다음과 같이 겹쳐진 채로 그려져 있다. 겹쳐진 오각형의 개수에 따라 생기는 점의 개수와 나누어진 면의 개수를 다음 표에 채우고 그 규칙을 쓰시오.

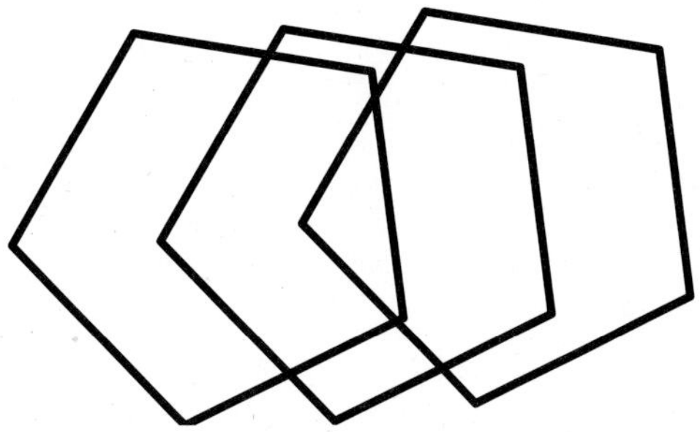

겹쳐진 오각형의 개수	2	3	4	5
점의 개수				
면의 개수				

교육청 영재교육원 기출

07 다음과 같이 정사각형 모양의 점판의 점들을 연결하여 서로 다른 길이의 선분을 만들려고 한다.

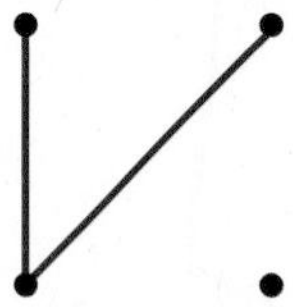

2 × 2 점판

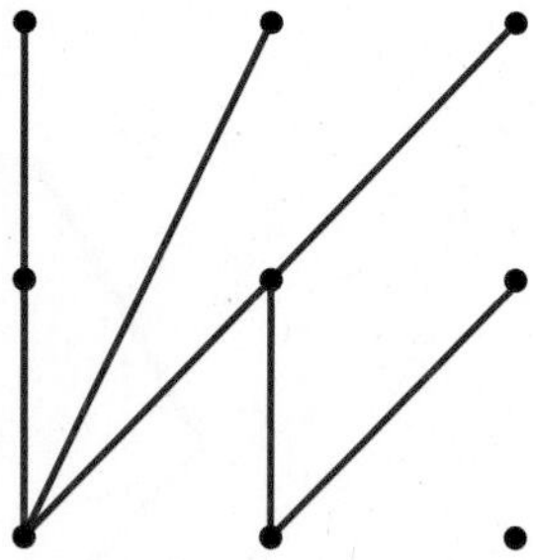

3 × 3 점판

(1) 4 × 4 점판에서 서로 다른 길이의 선분은 모두 몇 가지인지 구하시오.

(2) 10 × 10 점판에서 서로 다른 길이의 선분은 모두 몇 가지인지 구하고 풀이 과정을 쓰시오.

08 다음 그림에서 찾을 수 있는 삼각형은 몇 개인지 찾아보시오.

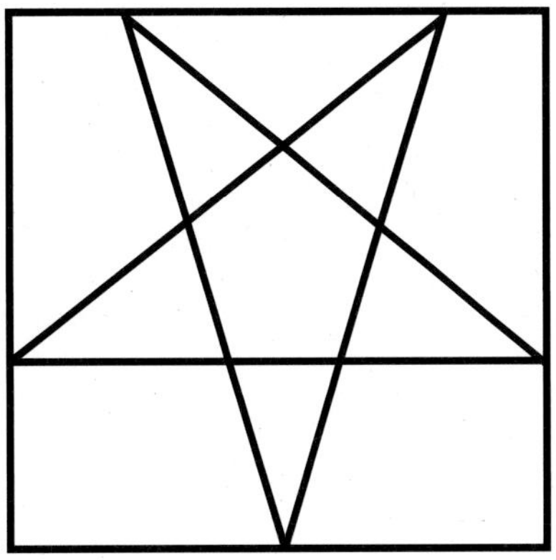

09 무한이는 한 변의 길이가 1인 정사각형 12개를 이용하여 큰 직사각형을 만들었다. 이 직사각형에 있는 20개의 교점 중 3개의 점을 이어 삼각형을 만들 때, 아래 그림과 같이 색칠된 삼각형과 넓이가 같은 삼각형을 모두 몇 개 만들 수 있는가? (단, 돌리거나 뒤집었을 때 모양이 같더라도 다른 위치의 교점을 이어 만든 삼각형은 다른 삼각형으로 본다.)

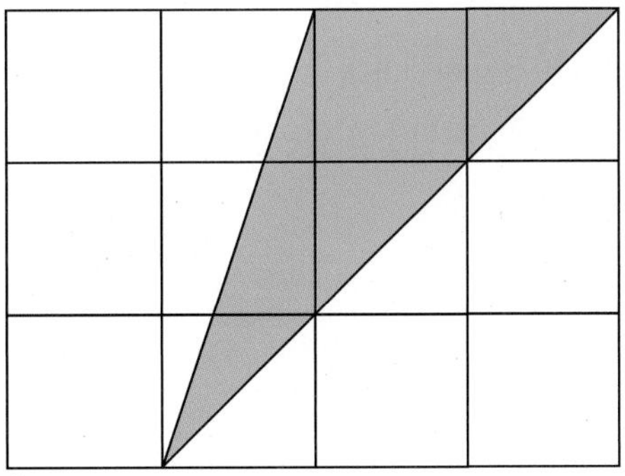

과학고 영재교육원 기출

10 아래 그림과 같이 일직선 위에 있는 4개의 점 사이의 간격이 모두 같은 12개의 점이 있다. 다음 물음에 답하시오.

(1) 12개의 점 중에서 4개의 점을 선택하여 그 네 점을 꼭지점으로 하는 직사각형을 만들 때, 만들 수 있는 직사각형(정사각형 포함)은 모두 몇 개 만들 수 있는가?

(2) 12개의 점 중에서 4개의 점을 선택하여 그 네 점을 꼭지점으로 하는 사각형을 만들 때, 마주 보는 각의 크기의 합이 180°인 사각형을 모두 몇 개 만들 수 있는가?

11 다음 입체 도형을 평면으로 자를 때 나올 수 있는 단면의 모양이 아닌 것을 고르시오.

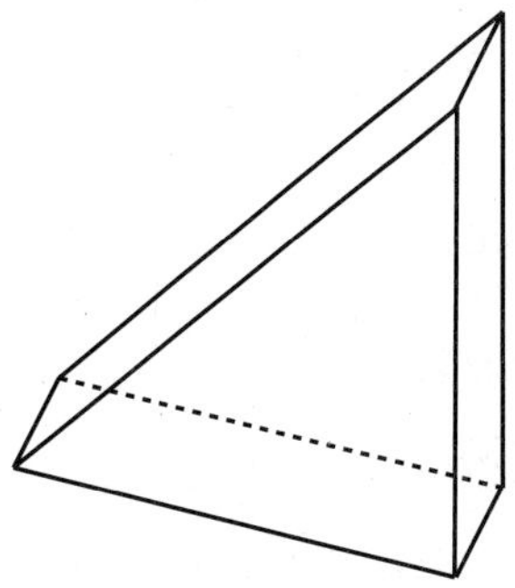

① ② ③ ④

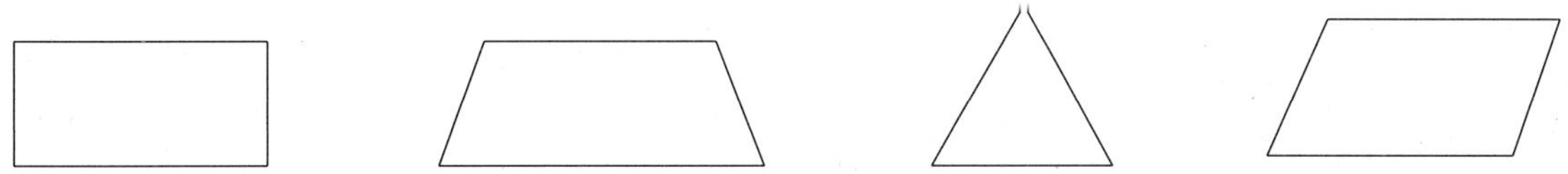

12 다음 입체 도형을 평면으로 자를 때 나올 수 있는 단면의 모양이 아닌 것을 고르시오.

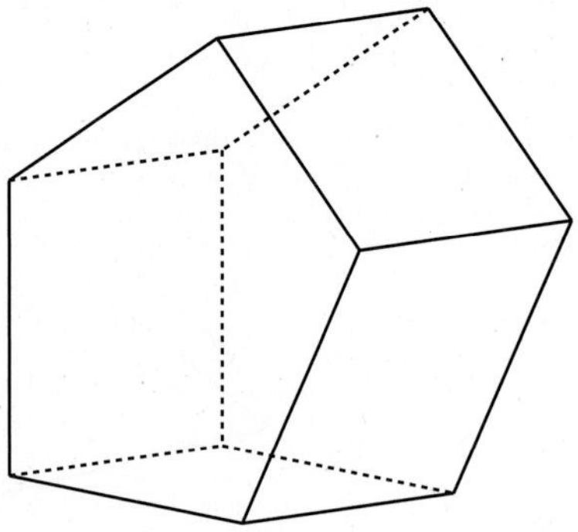

①

②

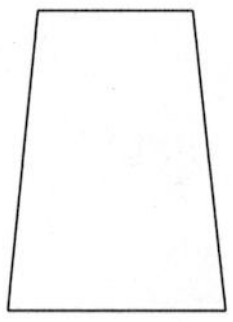

③

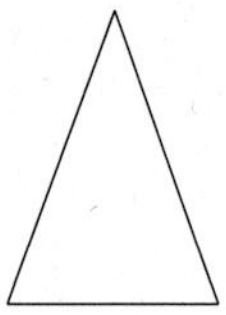

④

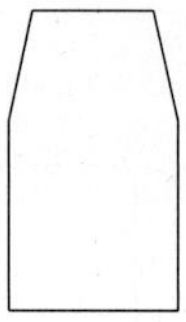

13 다음 그림을 <보기>의 그림과 비교하여 서로 다른 부분을 모두 찾으시오.

보기

14 다음 <보기>는 일정한 규칙에 따른 도형의 변화를 나타낸 것이다. 이를 참고하여 빈칸에 들어갈 도형을 그리시오.

보기

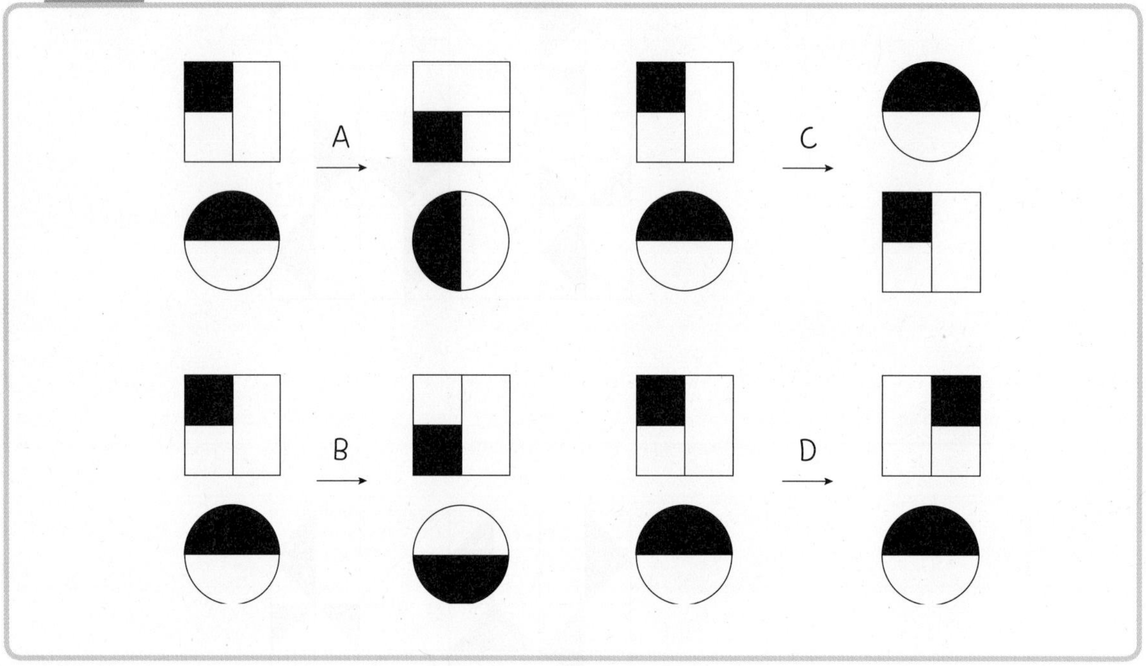

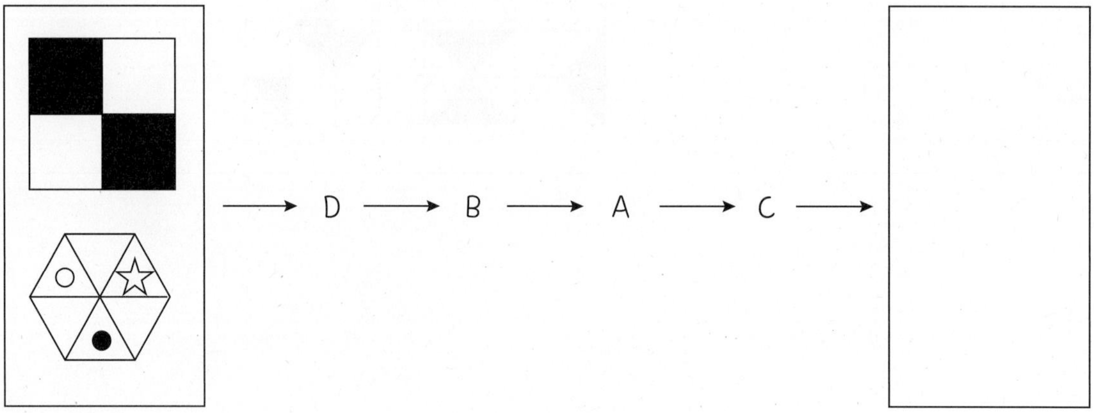

15 <보기>의 명령 기호는 도형에 대한 실행 명령을 나타낸 것이다. 아래 도형은 <보기>에 따라 실행한 과정을 순서대로 나타낸 것이다. 그 과정을 완성하고, 물음표에 알맞은 명령 기호를 쓰시오.

보기

↓ : 도형을 시계방향으로 90°회전한다.

← : 도형을 시계 방향으로 180°회전한다.

A : 가장 아래의 도형과 교환한다. (서로 자리를 바꾼다.)

B : 바로 위의 도형과 교환한다.

C : 바로 아래의 도형과 교환한다.

D : 도형의 색을 반전시킨다.

E : 도형을 반시계방향으로 90°회전한다.

F : 도형의 순서를 아래에서부터 1, 2, 3, 4로 보고 그것을 아래로부터 3, 4, 1, 2 순으로 바꾼다.

G : 도형의 순서를 위에서부터 1, 2, 3, 4로 보고 그것을 위로부터 4, 3, 2, 1 순으로 바꾼다.

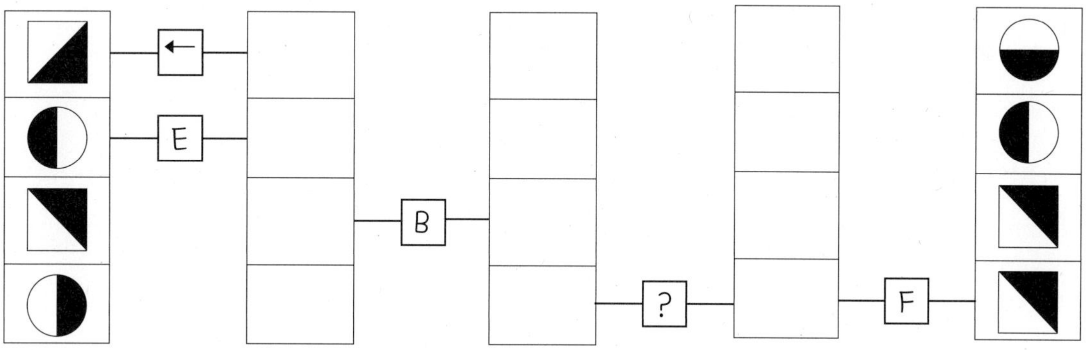

16 <보기>의 명령 기호는 도형에 대한 실행 명령을 나타낸 것이다. 아래 도형은 <보기>에 따라 실행한 과정을 순서대로 나타낸 것이다. 그 과정을 완성하시오.

보기

↓ : 도형을 시계방향으로 180°회전한다.

← : 도형을 반시계방향으로 180°회전한다.

A : 가장 아래의 도형과 교환한다. (서로 자리를 바꾼다.)

B : 도형의 색을 반전시킨다.

C : 도형을 바로 위의 도형과 교환한다.

D : 도형의 순서를 위에서부터 5, 4, 3, 2, 1로 보고 그것을 아래로부터 2, 4, 3, 1, 5 순으로 바꾼다.

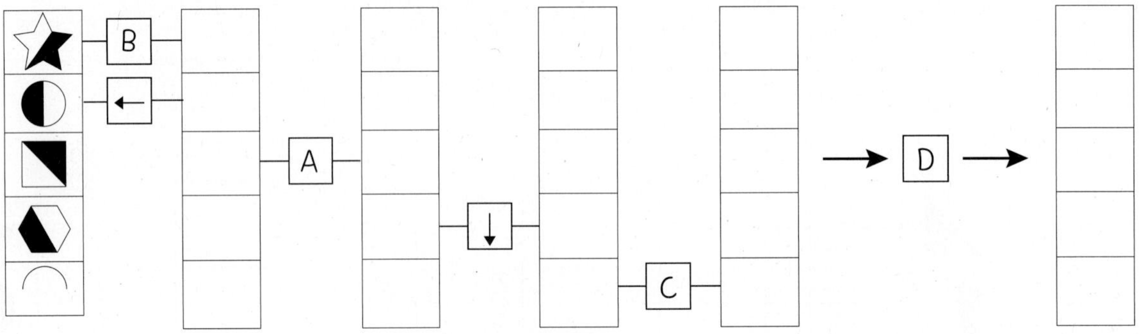

교육청 영재교육원 기출

17 정사각형 모양의 종이를 아래와 같은 순서로 두 번 접은 후, 색칠된 모양을 오려 냈다. 오려내고 남은 종이를 펼친 후, 종이를 돌려서 나올 수 있는 모양을 고르시오

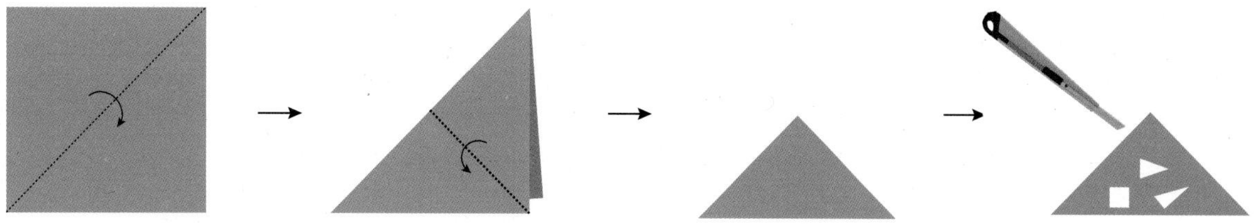

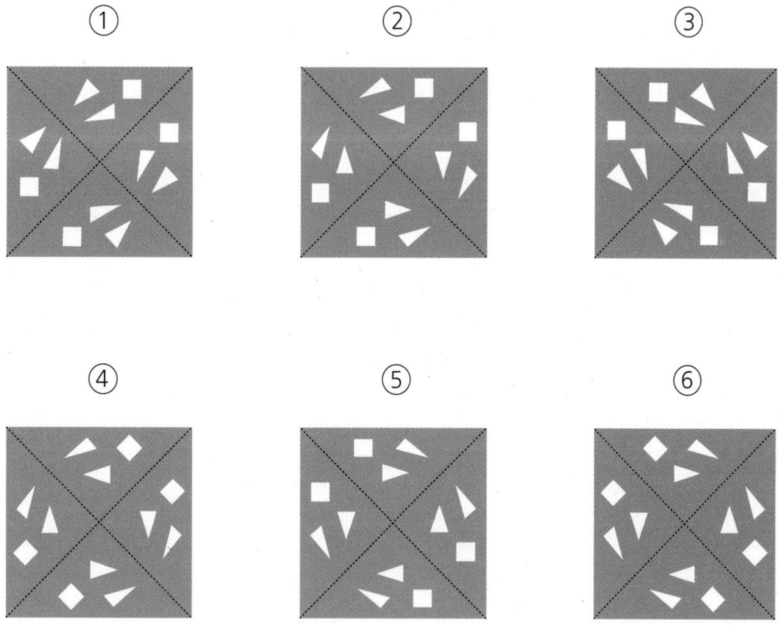

교육청 영재교육원 기출

18 다음 직사각형 도형은 <보기>의 퍼즐 조각 중 4개로 이루어졌다. 이때 들어가지 않는 나머지 한 개를 찾으시오. (퍼즐 조각은 회전할 수 있지만, 뒤집을 수는 없다.)

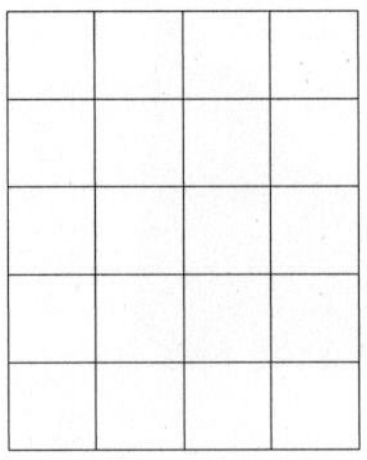

보기

① ② ③ ④ ⑤

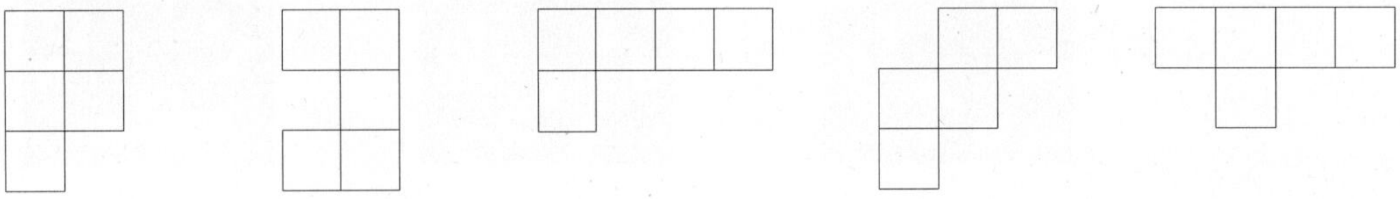

19 다음 도형은 <보기>의 퍼즐 조각 중 4개로 이루어졌다. 이때 들어가지 않는 나머지 한 개를 찾으시오. (퍼즐 조각은 회전할 수 있지만, 뒤집을 수는 없다.)

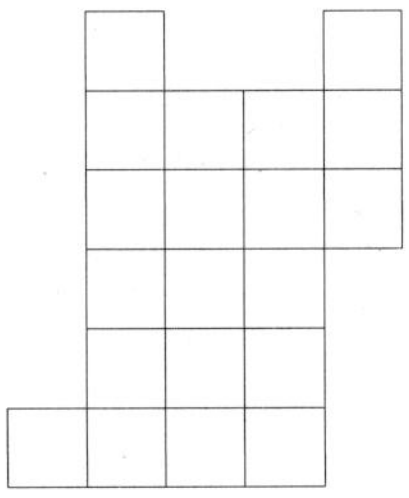

보기

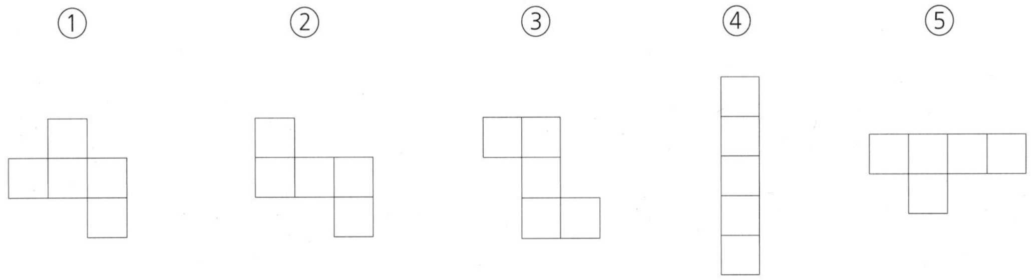

20 6 × 6칸으로 나누어진 정사각형을 크기와 모양이 같은 네 영역으로 나누면서 ★과 ◆를 각각 하나씩 포함시키려고 할 때, 나누어지는 영역의 모양으로 맞는 것을 고르시오.

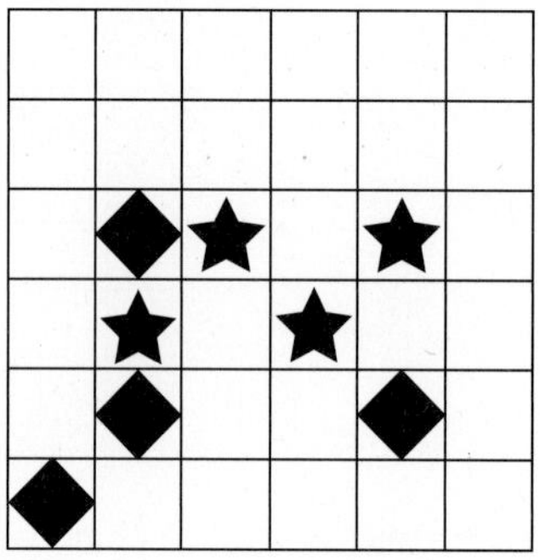

①

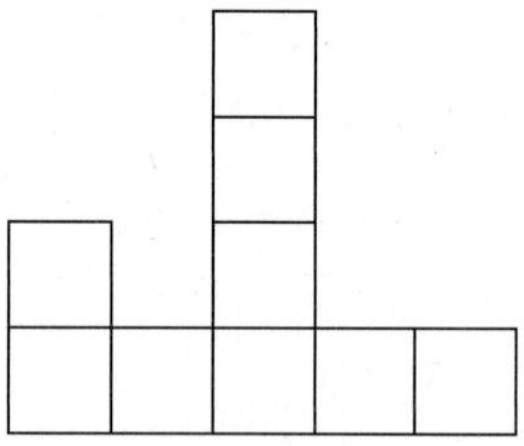

②

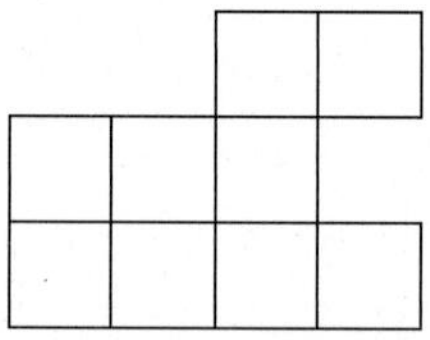

③

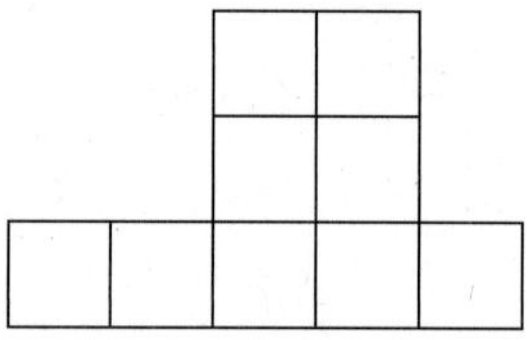

④

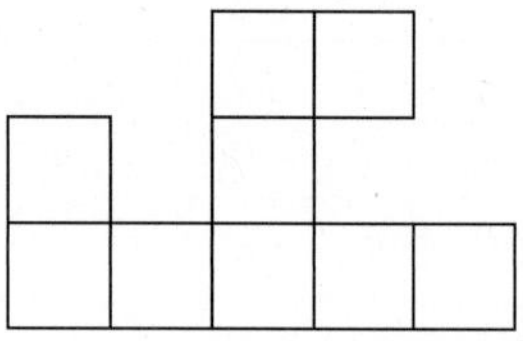

⑤

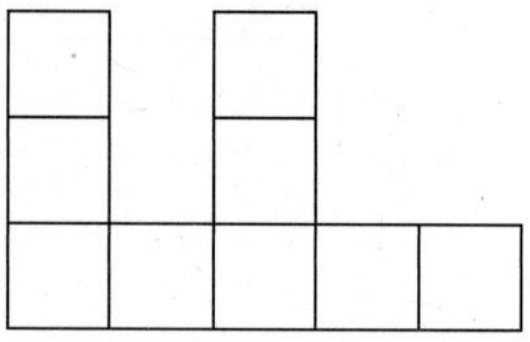

교육청 영재교육원 기출

21 다음은 어떤 입체도형을 앞, 위에서 본 모습이다. 이 입체도형의 겨냥도를 그리시오.

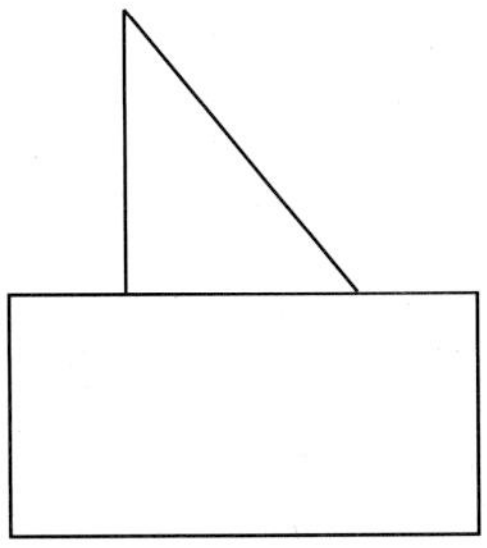

앞에서 본 모습

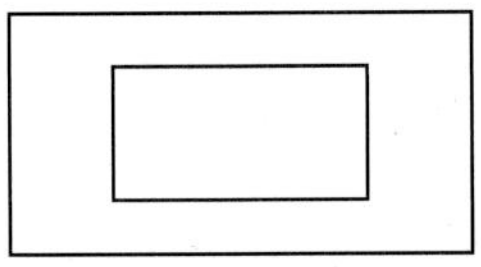

위에서 본 모습

22 다음 그림과 같이 정육면체의 전개도에 선을 그린 후 접었을 때의 겨냥도로 옳은 것을 고르시오.

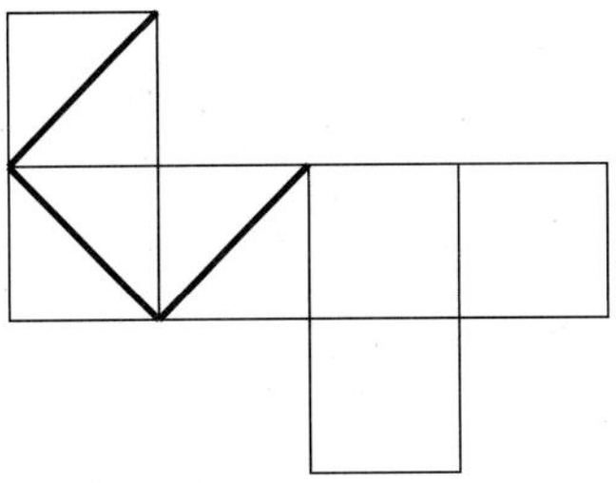

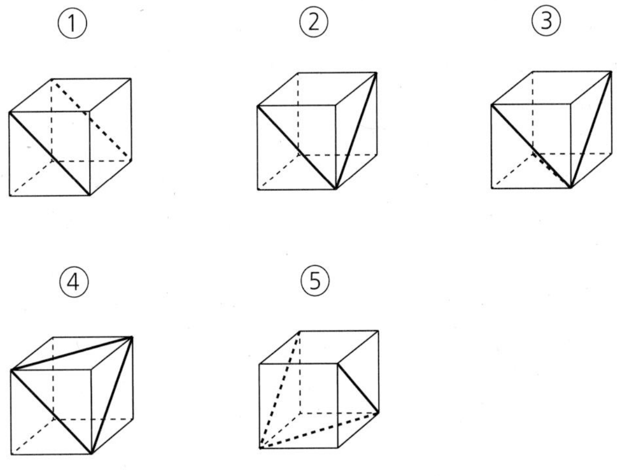

23 <보기>는 알파벳 A에서 F까지 적혀 있는 2개의 정육면체를 서로 다른 방향에서 본 것이다. 아래 주어진 정육면체의 전개도에 알맞은 알파벳을 적으시오.

보기

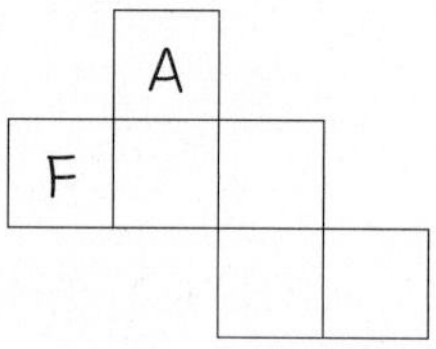

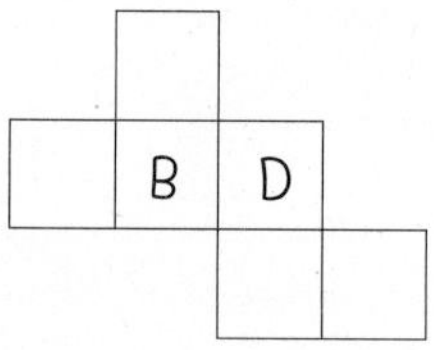

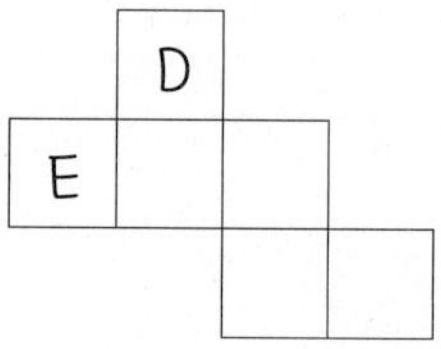

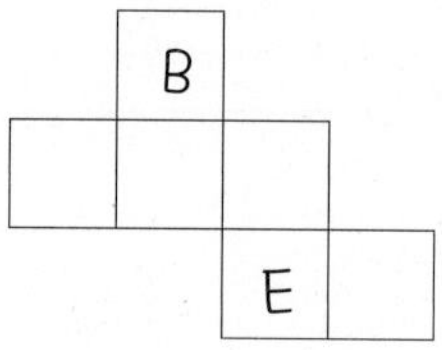

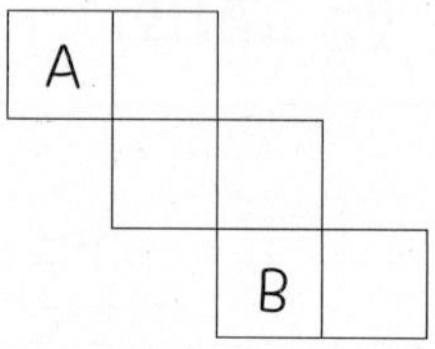

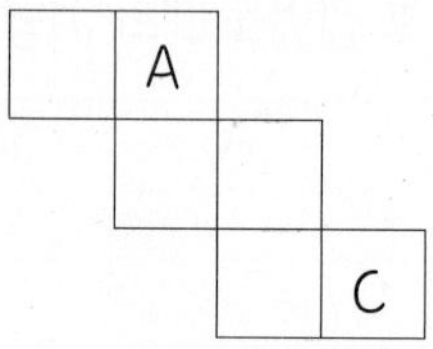

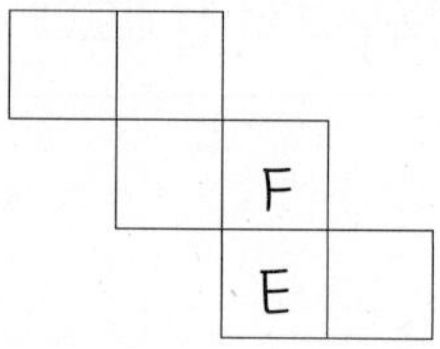

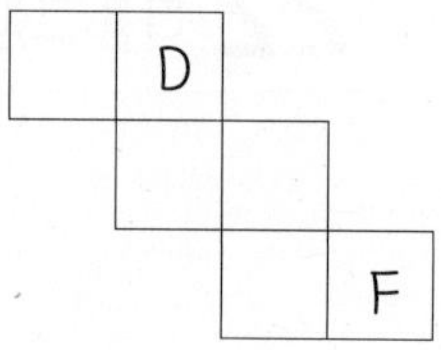

24 다음 입체도형의 전개도로 가능한 것은?

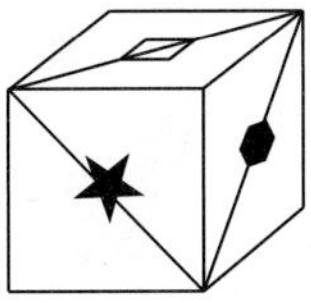

①
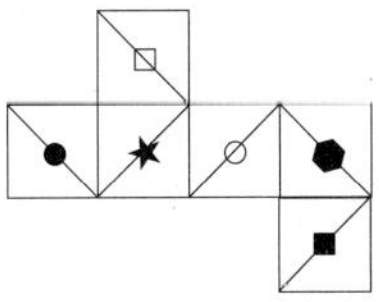

②
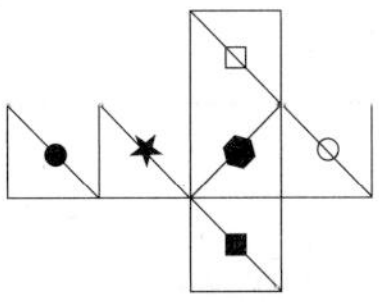

③
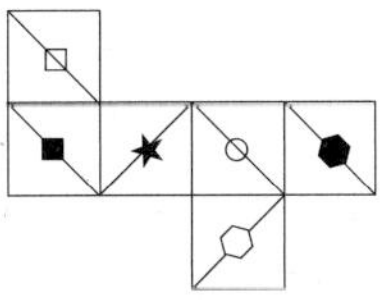

④
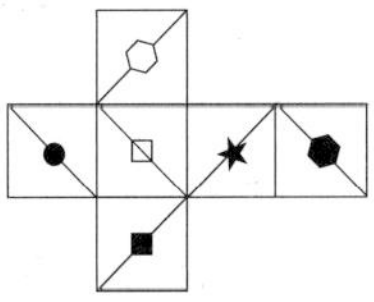

⑤
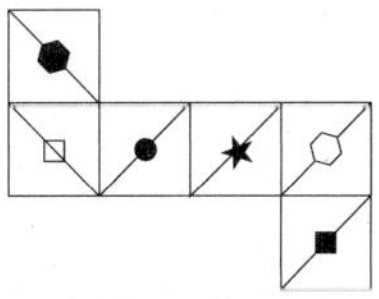

25 다음 전개도를 접었을 때, 나타나는 도형의 모양으로 알맞은 것을 모두 고르시오.

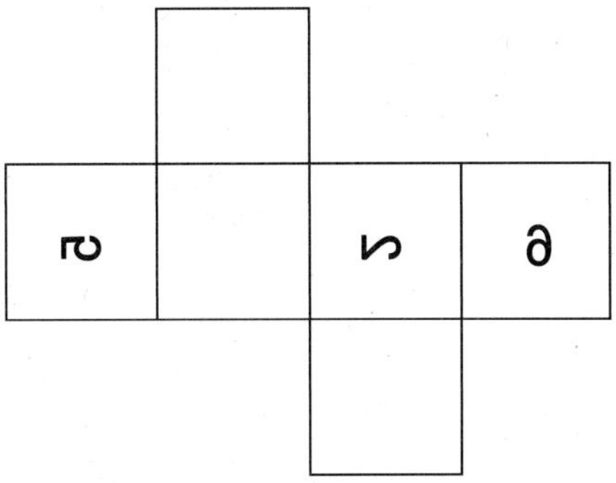

①
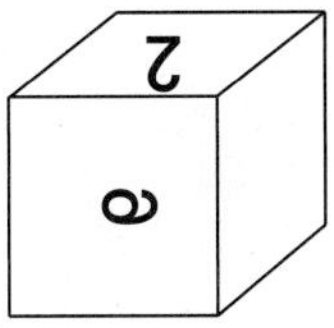

②
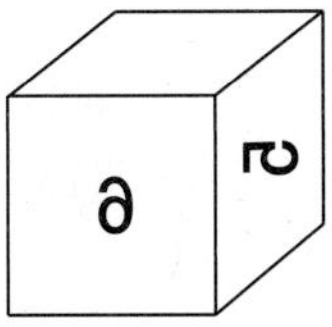

③
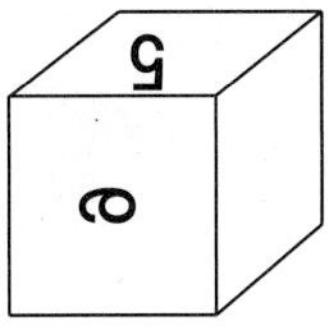

④
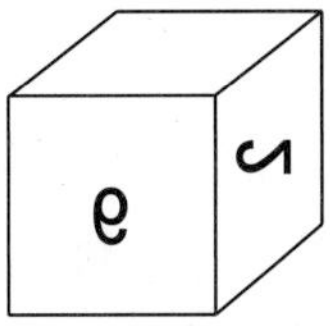

26 다음 전개도를 접었을 때, 나타나는 도형의 모양으로 알맞은 것을 모두 고르시오.

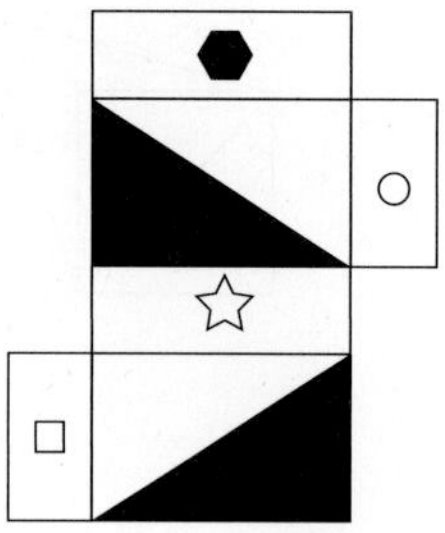

①　②　③　④

27 다음 전개도를 접었을 때, 나타나는 정육면체의 모양으로 알맞은 것을 고르시오.

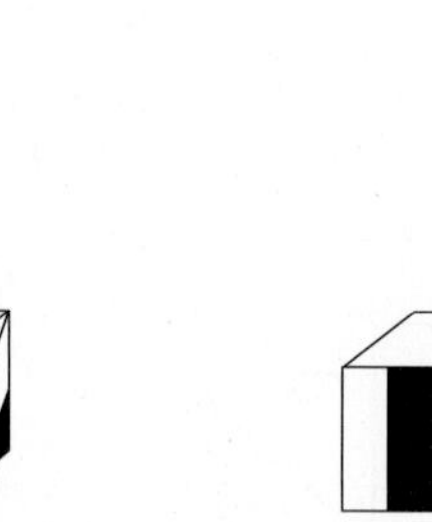

①　②　③　④

28 10개의 주사위를 아래 그림과 같이 붙였다. 서로 맞붙여진 면의 두 수의 합이 모두 8이라면, ★에 들어갈 숫자는 무엇인가? (단, 주사위의 마주 보는 눈의 합은 7이다.)

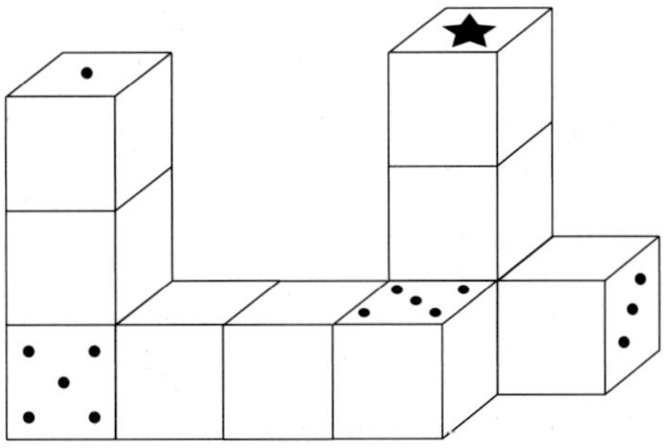

29 뚜껑이 없는 정육면체 모양의 종이상자의 모서리를 따라 가위로 잘라 전개도를 만들었을 때 나올 수 있는 전개도의 개수는 모두 몇 개인가? (단, 돌리거나 뒤집었을 때 같은 모양은 한 가지로 한다.)

교육청 영재교육원 기출

30 같은 종류의 정다면체 2개를 사용하여 <보기>의 조건 A, B, C, D를 모두 만족하는 달력을 만들려고 한다. 달력의 전개도를 숫자 포함하여 그리시오. (단, '월'은 생략하고 '일'만 표시한다.)

보기

조건 A : 정다면체의 각 면에는 숫자 하나만 쓸 수 있다.

조건 B : 정다면체를 정해진 방향에서 바라보았을 때, 보이는 숫자를 같이 읽어서 1일부터 31일까지 나타낼 수 있어야 한다. (만약 숫자 8, 2가 있으면 28일을 나타내는 것이다.)

조건 C : 가능한 한 한 면의 개수가 적은 정다면체를 사용하여 불필요한 값을 최소화한다. (만약 숫자가 3, 11 라면 311일이거나 113일이므로 달력에 불필요한 값이 된다.)

조건 D : 6과 9는 뒤집어 공통으로 사용할 수 있다.

31 회전시켰을 때 다음과 같은 회전체로 나타나는 것으로 올바른 것은?

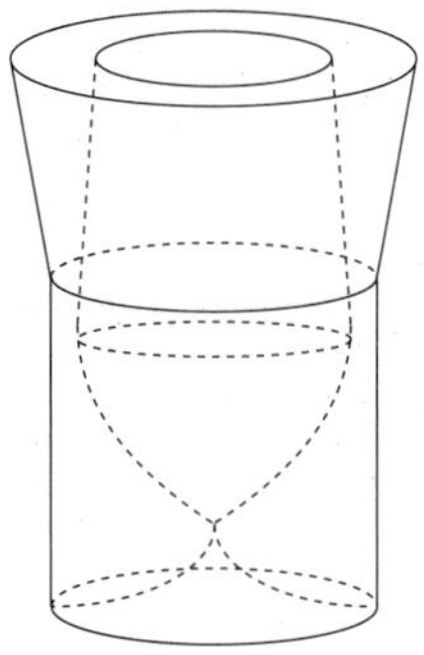

① ② ③ ④

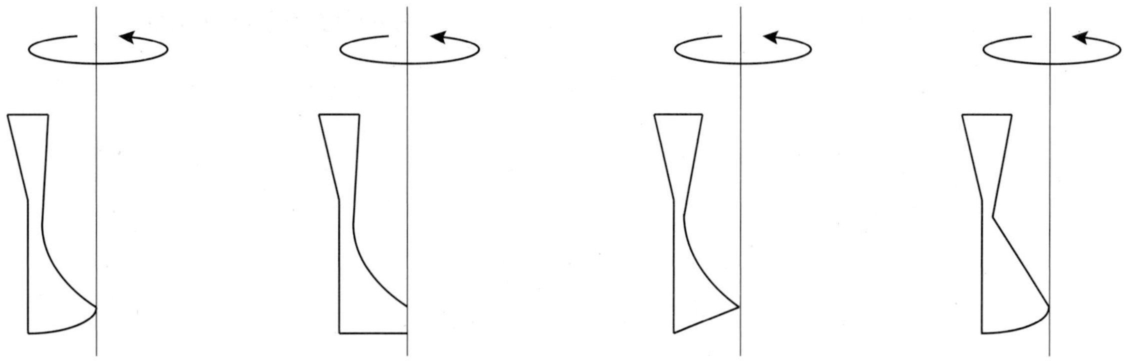

32 아래 주어진 큐브를 <보기>와 같이 순서대로 회전한 후, 화살표 방향에서 보았을 때의 모습을 그리시오.

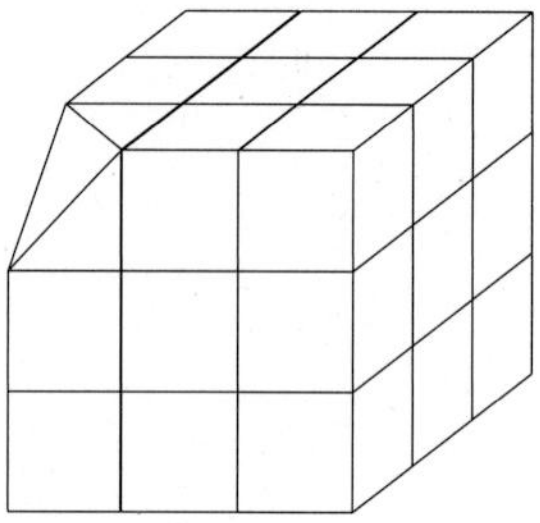

보기

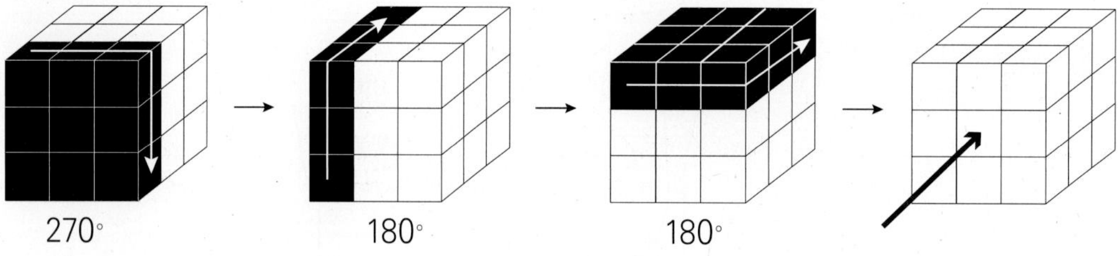

33 조각 2개를 빼고, 모서리 하나를 자른 아래 큐브를 <보기>와 같이 순서대로 회전한 후, 화살표 방향에서 보았을 때의 모습을 그리시오. (단, 단면에서 큐브가 없는 부분은 검은색으로 칠한다.)

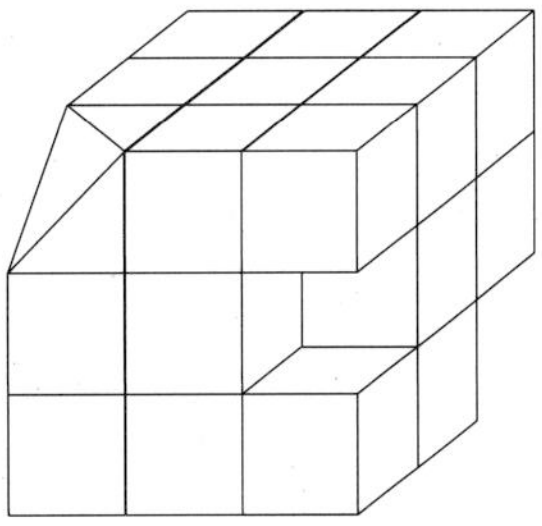

보기

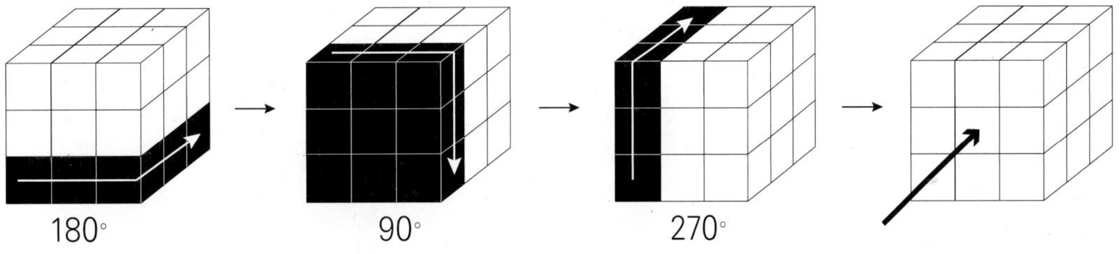

34 <보기>에 주어진 두 종류의 정육면체 블록을 이용하여 쌓은 입체 도형을 앞과 오른쪽에서 본 모양이 다음과 같을 때, 사용할 수 있는 블록의 최대 개수는 몇 개인가? (단, 동일한 종류의 정육면체 블록끼리는 서로 면이 닿지 않는다.

보기

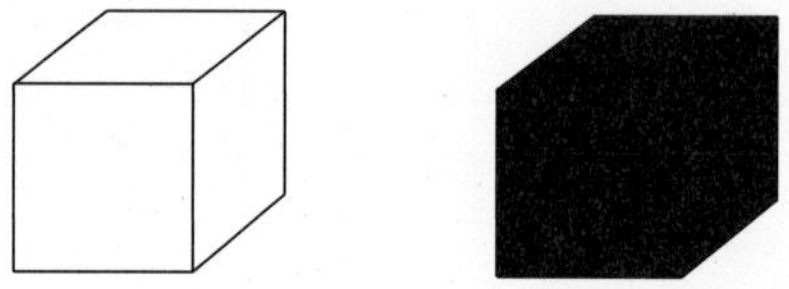

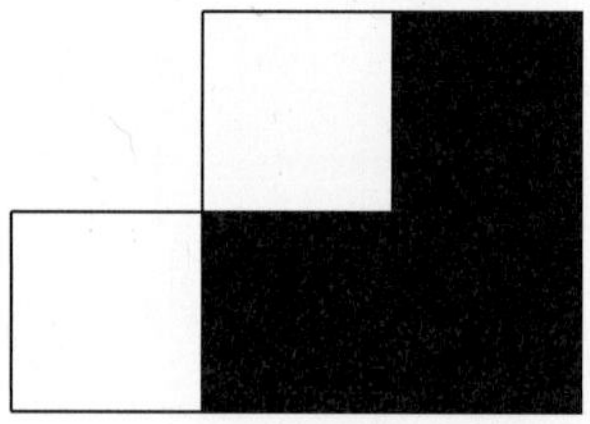

앞에 본 모양

오른쪽에서 본 모양

교육청 영재교육원 기출

35 다음 <보기>는 쌓기나무를 이용하여 만든 입체도형의 위, 앞, 옆에서 바라본 모양과 위에서 보았을 때 쌓기나무의 개수를 나타낸 것이다.

보기

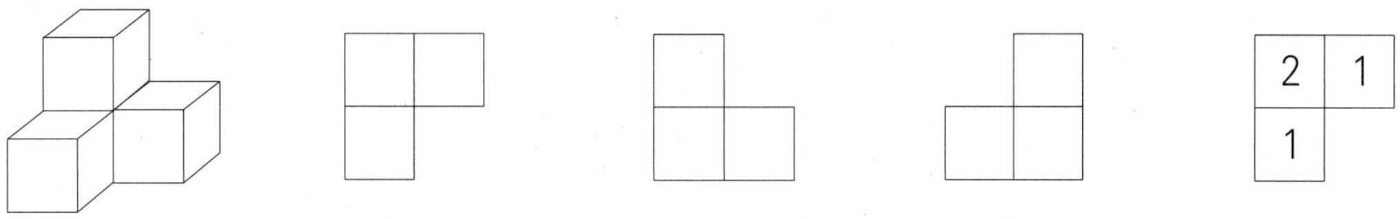

위 앞 옆 위

쌓기나무를 이용해 만든 어떤 입체 도형을 위, 앞, 옆에서 바라본 모양이 다음과 같을 때, 이와 같은 모양이 되도록 만들기 위해 필요한 최소 개수와 최대 개수를 구하여 <보기>와 같이 위에서 본 쌓기나무의 개수를 각각 나타내시오.

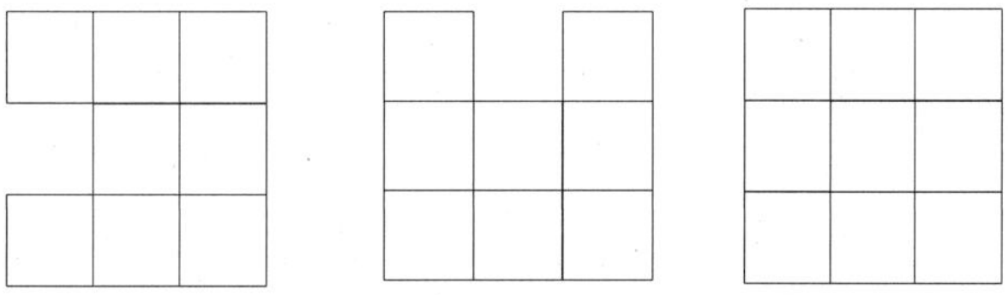

위 앞 옆

교육청 영재교육원 기출유형

36 정육면체 16개를 이용하여 겉넓이가 최대가 되도록 1층에 6개, 2층에 5개, 3층에 4개, 4층에 3개, 5층에 2개, 6층에 1개를 놓으려고 한다. 최대가 되는 겉넓이의 값을 구하시오. (단, 정육면체 한 면의 넓이는 T라고 한다.)

37 다음은 같은 크기의 정육면체 상자를 쌓아 놓은 그림이다. 이 그림에 사용된 상자는 모두 몇 개인가?

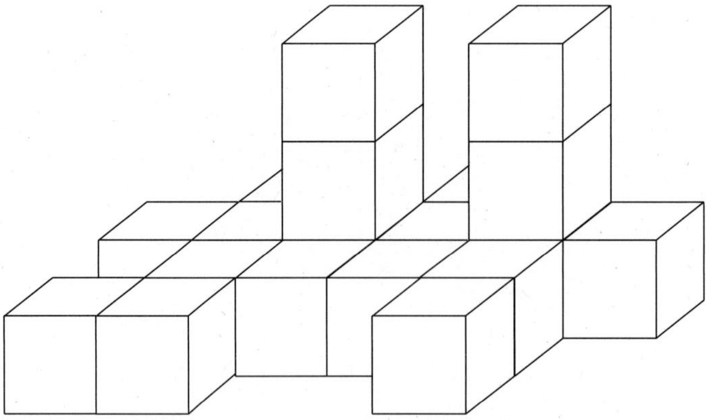

교육청 영재교육원 기출

38 <보기>는 가로 : 세로 = 9 : 4인 비율의 종이로 쪽지를 접을 때의 과정과 모양을 나타낸 것이다. <보기>와 같이 종이를 접은 후 아래와 같이 색을 칠한 후, 이를 다시 펼쳤을 때 색칠한 부분을 나타내시오. (단, 종이로 직접 접으면 안된다.)

보기

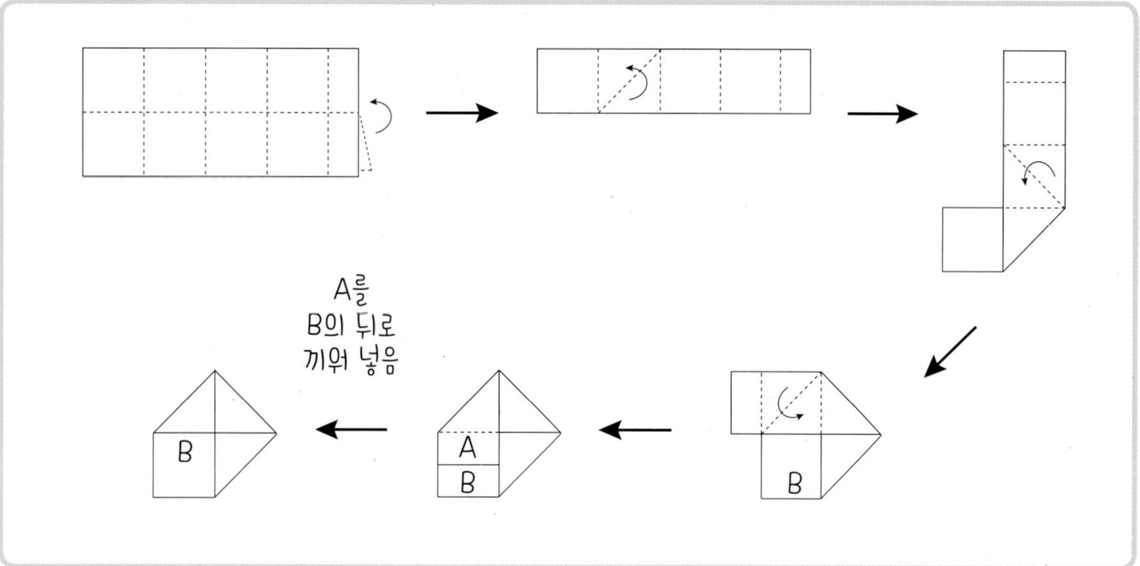

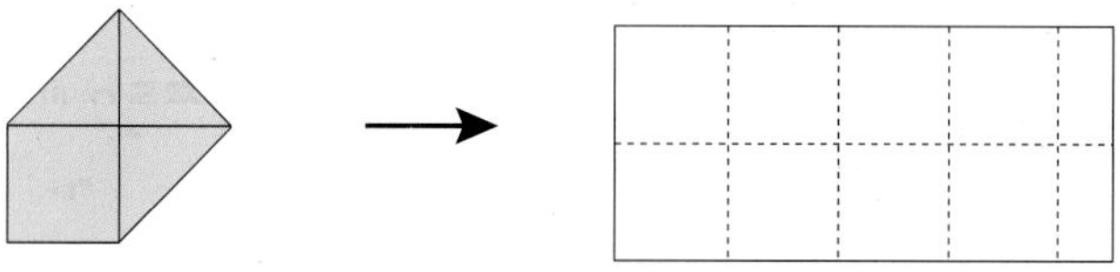

교육청 영재교육원 기출

39 무한이는 <보기>와 같이 성냥개비 40개로 같은 크기의 정사각형 16개를 만들었다.

보기

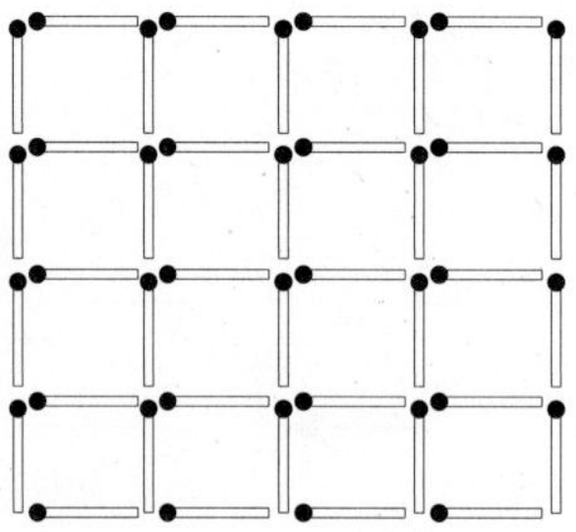

성냥개비를 11개만 빼내서 도형을 만들 때 사각형이 한 개도 만들어지지 않도록 성냥개비에 ×표를 하시오. (단, 도형은 닫힌 모양이어야 한다.)

교육청 영재교육원 기출

40 다음은 크기와 모양이 같은 성냥개비 9개로 그림과 같이 가장 바깥쪽 큰 삼각형을 포함한 정삼각형 5개를 만든 후 단계별로 삼각형의 개수를 줄여나가는 과정이다.

1단계 : 그림에서 성냥개비 2개를 옮겨 정삼각형이 4개가 되도록 한다.

2단계 : 1단계의 상태에서 성냥개비 2개를 옮겨 정삼각형이 3개가 되도록 한다.

3단계 : 2단계의 상태에서 성냥개비 2개를 옮겨 정삼각형이 2개가 되도록 한다.

위와 같은 방법으로 처음 상태에서 성냥개비를 옮겨 정삼각형을 줄여나가는 방법을 찾아보시오. (단, 성냥개비를 꺾어 구부리거나 포개서 놓거나 교차시키지 않고, 각 성냥개비는 반드시 정삼각형의 변에 포함되어야 한다.)

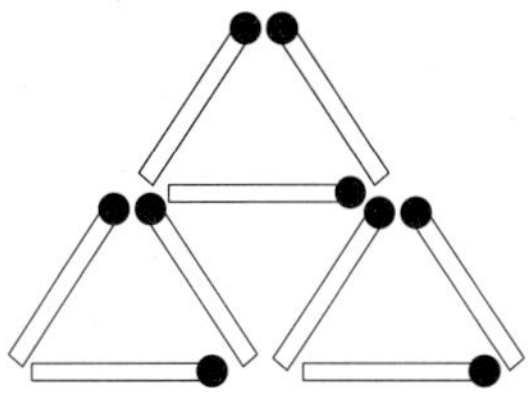

5 과학 창의성

교육청 영재교육원 기출유형

01 <보기>에 제시된 (가) ~ (바) 6개의 렌즈를 오목렌즈와 볼록렌즈로 분류하고, 그 분류 방법에 대해 쓰시오.

- ○ 유창성
- ○ 융통성
- ○ 독창성
- ✔ 정교성

보기

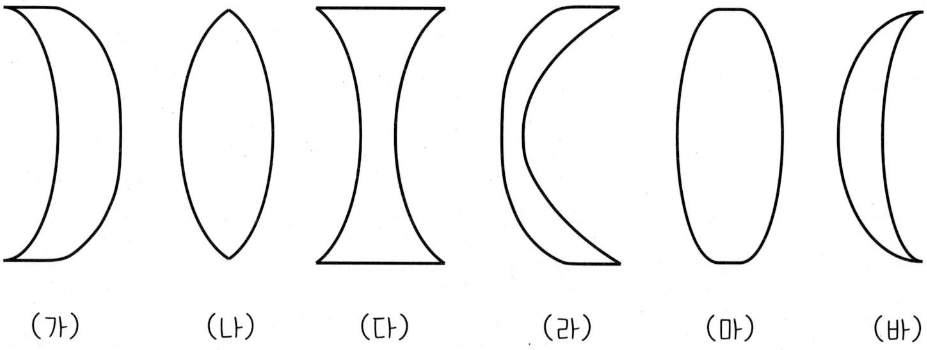

교육청 영재교육원 기출

02 아래 그림과 같이 수조에 고무공을 넣었을 때 수심 40m에서의 고무공의 모양과 수심 80m에서의 고무공의 모양을 그려보고, 그런 모양이 나오는 이유를 쓰시오. (단, 수조 속의 물의 온도는 일정하다고 가정한다.)

- ○ 유창성
- ○ 융통성
- ○ 독창성
- ✔ 정교성

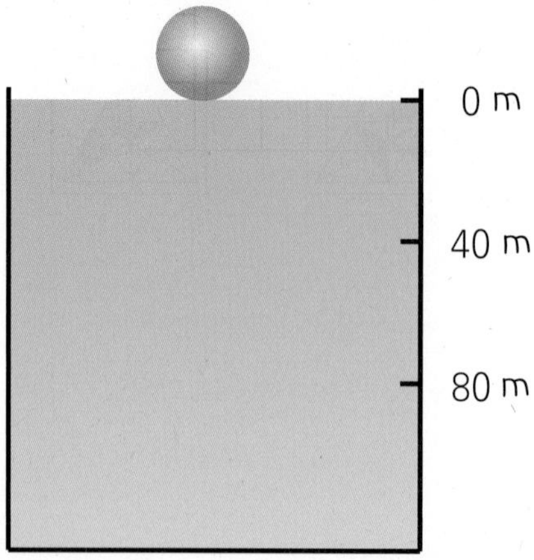

교육청 영재교육원 기출

03 다음 전구들의 각 조건을 만족하는 전기회로도를 그리시오. (단, A ~ D 4개의 전구가 있고, 건전지는 1개 뿐이다.)

○ 유창성
○ 융통성
○ 독창성
✔ 정교성

(1)

제거한 전구	상태
A	모두 꺼짐
B	모두 꺼짐
C	모두 꺼짐
D	모두 꺼짐

(2)

제거한 전구	상태
A	D는 꺼지고, B, C는 켜진 상태 유지
B	C는 꺼지고, A, D는 켜진 상태 유지
C	B는 꺼지고, A, D는 켜진 상태 유지
D	A는 꺼지고, B, C는 켜진 상태 유지

교육청 영재교육원 기출

04 <보기>의 A, B, C, D, E, F는 크기와 모양이 같은 5개의 나무토막이다. 비커에 물을 담고 나무토막이 완전히 잠길 때까지 눌렀을 때 넘친 물의 양은 모두 1kg 이었다. 나무토막의 무게가 <보기>와 같을 때, (가), (나), (다), (라), (마) 중 각각의 나무토막이 수조에서 있을 수 있는 위치를 아래 그림에서 찾아보시오. (단, 중복되어도 상관없다.)

- ✔ 유창성
- ○ 융통성
- ○ 독창성
- ✔ 정교성

보기

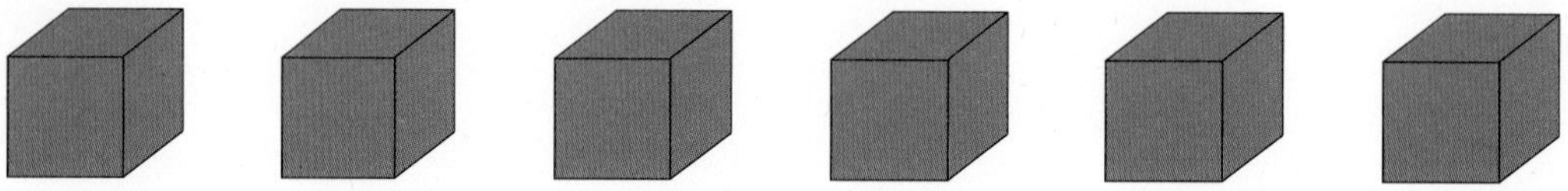

A	B	C	D	E	F
0.45 kg	0.77 kg	1 kg	1.25 kg	1.66 kg	3.2 kg

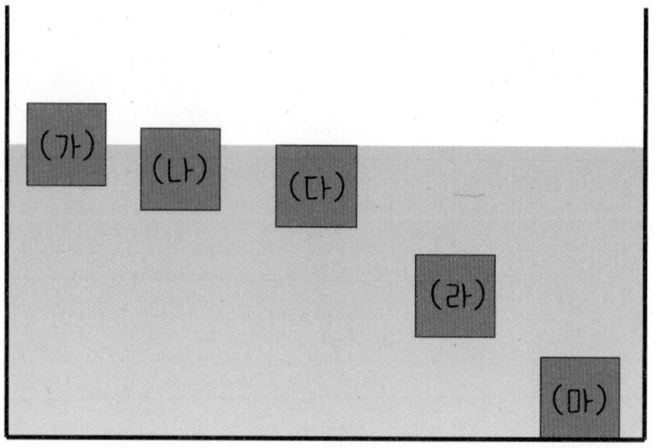

교육청 영재교육원 기출

05 빗면 위에서 운동하고 있는 투명한 수조에 담겨 있는 물의 모습을 보았더니 아래 그림 A, B와 같은 경우를 관찰할 수 있었다. 다음 물음에 답하시오.

◯ 유창성
✔ 융통성
◯ 독창성
✔ 정교성

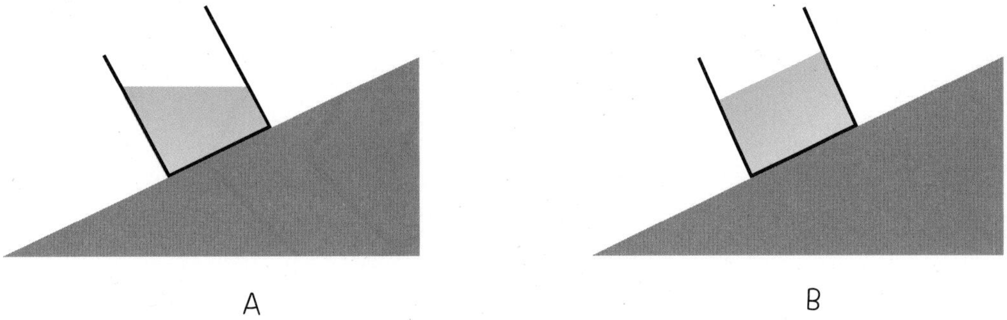

(1) 그림 A와 같이 수조의 수면이 지표면과 나란하게 유지되는 생활 속의 사례를 3가지 이상 쓰시오.

(2) 그림 B와 같이 수조의 수면이 빗면과 나란하게 유지되는 생활 속의 사례를 3가지 이상 쓰시오.

교육청 영재교육원 기출

06 무한이는 에나멜선과 이쑤시개를 이용하여 소금쟁이를 만들어 수조에 띄우려고 한다. 다음 물음에 답하시오.

○ 유창성
✓ 융통성
○ 독창성
✓ 정교성

(1) 이쑤시개로 만든 소금쟁이는 어떤 원리를 이용하여 물 위에 뜰 수 있는지 설명하시오.

(2) 물에 후추를 떨어뜨린 후 물에 세제를 떨어뜨리면 어떻게 되는지 쓰시오.

(3) 이쑤시개로 만든 소금쟁이가 물 위에서 저절로 움직이게 하는 방법에 대해 쓰시오.

교육청 영재교육원 기출

07 55% 에탄올, 증류수, 설탕물, 사이다(설탕 + 이산화 탄소 + 물), 황산구리 수용액을 다음 표에 각각 용매, 용질, 용액으로 분류하시오.

○ 유창성
✓ 융통성
○ 독창성
✓ 정교성

	용매	용질	용액
55% 에탄올			
증류수			
설탕물			
사이다			
황산구리 수용액			

교육청 영재교육원 기출

08 다음은 베이킹파우더를 사용하여 빵을 만드는 과정과 분말 소화기 안의 가루 성분의 특성에 대한 내용이다. A, B를 잘 읽고 물음에 답하시오.

○ 유창성
○ 융통성
○ 독창성
✓ 정교성

A. 베이킹파우더를 사용하여 빵을 만드는 과정

① 밀가루에 베이킹파우더(일반적으로 사용하는 베이킹파우더)를 첨가하여 반죽을 한다.

② 빵 반죽을 1시간 동안 숙성시킨다.

③ 숙성시킨 반죽을 오븐에 굽는다.

B. 분말 소화기 안의 가루 물질의 특성

① 이 물질은 베이킹파우더에 포함되어 있다.

② 이 물질은 페놀프탈레인 용액과 반응시키면 페놀프탈레인 용액이 붉게 변한다.

③ 이 물질에 묽은 염산을 떨어뜨리면 기체 X가 발생한다.

(1) A에서 빵 반죽을 가장 잘 부풀도록 해 주는 과정은 ① ~ ③ 중 어느 것인가?

(2) B에서 가루 물질과 기체 X는 각각 무엇인가?

교육청 영재교육원 기출

09 다음은 수컷 공작을 나타낸 사진이다. 물음에 답하시오.

○ 유창성
✓ 융통성
○ 독창성
✓ 정교성

(1) 화려한 깃털을 갖고 있으면 적에게 들키기 쉬움에도 불구하고 수컷 공작은 화려한 깃털을 가지는 이유는 무엇일까?

① 다른 동물들에게 화려한 깃털을 과시하기 위해서

② 짝짓기 시기에 암컷 공작을 유혹하기 위해서

③ 적이 나타나면 화려한 깃털을 접고 있다가 화려한 깃털을 펴서 놀래키기 위해서

(2) 화려한 깃털을 가진 공작이 적에게 잡아먹히지 않고 자기를 방어하기 위해서 어떻게 하는지 쓰시오.

교육청 영재교육원 기출

10 일상생활에서 주변에 있는 사물 등을 이용하여 내 몸의 부피를 측정할 수 있는 방법을 2가지 이상 쓰시오.

○ 유창성
✓ 융통성
○ 독창성
○ 정교성

교육청 영재교육원 기출

11

다음 사진은 건기 때 물이 모두 증발한 볼리비아의 소금사막 '살라르 데 우유니'의 모습이다. 볼리비아의 우기 때에는 소금사막 위로 물이 가득 차게 된다. 다음 물음에 답하시오.

- ○ 유창성
- ✔ 융통성
- ○ 독창성
- ○ 정교성

(1) 볼리비아에 소금사막이 생성된 이유를 설명하시오.

(2) 볼리비아의 소금사막과 이스라엘 사해의 공통점과 차이점을 각각 2가지씩 쓰시오.

교육청 영재교육원 기출

12 다음 사진은 스톤을 밀고 브롬으로 얼음을 문질러 스톤을 이동시키는 컬링 경기 모습이다. 이와 같이 스톤이 얼음판에서 잘 미끄러지는 이유(㉠)는 무엇일지 쓰고, 비슷한 원리가 적용된 또 다른 경우(㉡)를 쓰시오.

- ○ 유창성
- ○ 융통성
- ○ 독창성
- ✔ 정교성

13 무거운 쇠로 도끼를 만드는 이유는 장작을 팰 때 장작이 끝까지 잘 쪼개지도록 하기 위한 관성의 원리 때문이다. 이와 같은 예를 일상생활에서 찾아 여러 가지 쓰시오.

- ✔ 유창성
- ✔ 융통성
- ○ 독창성
- ○ 정교성

14 레고는 한쪽이 볼록하고 반대쪽은 오목한 구조로 된 블록을 끼워 여러 가지 모형을 만드는 장난감이다. 블록의 요철은 크기가 같고 일정한 간격으로 배열되어 있기 때문에 상상력을 발휘하면 셀 수 없이 많은 방법으로 블록을 조립할 수 있다. 다음 물음에 답하시오.

- ○ 유창성
- ✔ 융통성
- ○ 독창성
- ✔ 정교성

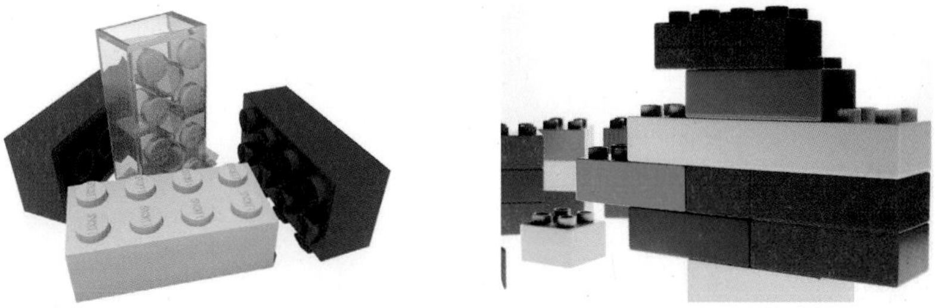

< 레고 >

(1) 레고 블록으로 다양한 모양을 만들 수 있는 원리는 무엇일까?

(2) 레고 블록이 플라스틱이어야 하는 이유는 무엇일까? (레고 블록을 유리나 돌로 만들지 않는 이유는 무엇일까?)

(3) 레고 블록과 원리가 비슷한 것을 찾아보시오. (레고 블록처럼 조립으로 이루어진 것을 찾아보시오.)

교육청 영재교육원 기출

15 물의 액화와 기화의 공통점과 차이점을 각각 쓰시오.

○ 유창성
○ 융통성
○ 독창성
✔ 정교성

교육청 영재교육원 기출

16 아래 그림과 같이 얼음이 하얗게 되는 부분과 투명하게 되는 부분이 있는 이유는 무엇인지 쓰고(㉠), 얼음을 완전히 투명하게 만들기 위한 방법(㉡)에 대해서 쓰시오.

○ 유창성
○ 융통성
○ 독창성
✔ 정교성

각 얼음

고드름

교육청 영재교육원 기출유형

17 저녁을 준비하는 엄마 옆에서 놀던 무한이는 똑같이 생긴 통에 들어 있는 소금과 설탕을 동시에 떨어뜨려 쏟았다. 섞인 소금과 설탕에서 소금과 설탕을 분리하여 얻는 방법을 쓰시오.

- ○ 유창성
- ✔ 융통성
- ✔ 독창성
- ✔ 정교성

교육청 영재교육원 기출

18 크기와 무게가 같은 투명한 플라스틱 컵과 불투명한 종이컵을 전자저울 위에 각각 올려놓은 후, 같은 양의 포도 주스를 넣고 그 위에 유리판으로 덮었다. 두 컵을 창가의 같은 장소에 놓고 하루가 지난 후 유리판을 관찰했을 때 두 컵에서 나타난 변화를 예상하여 쓰시오.

- ○ 유창성
- ○ 융통성
- ○ 독창성
- ✔ 정교성

교육청 영재교육원 기출

19 지구의 환경 변화로 인해 지구 온난화가 계속 진행되고 있다. 지구 온난화가 지속될 경우 북극 지방에 사는 북극여우의 모습은 어떻게 변할지 그 이유와 함께 쓰시오.

- ○ 유창성
- ○ 융통성
- ○ 독창성
- ✔ 정교성

북극여우

20 해파리의 급증으로 인하여 여름 휴가를 맞아 해수욕장을 찾은 휴가객들이 휴가를 즐기는 데 방해가 된다. 급증하는 해파리에 의한 피해(㉠)와 해파리를 퇴치할 수 있는 방법(㉡)에 대해 각각 3개 이상씩 쓰시오.

- ✔ 유창성
- ✔ 융통성
- ○ 독창성
- ○ 정교성

교육청 영재교육원 기출

21 다음 <보기>는 바이오 디젤에 관한 설명이다. <보기>를 읽고 바이오 디젤 사용이 인간 생활에 미칠 수 있는 영향을 장점, 단점 각각 3가지 이상씩 쓰시오.

- [x] 유창성
- [ ] 융통성
- [ ] 독창성
- [x] 정교성

보기

바이오 디젤이란 콩기름, 폐식물기름, 유채기름, 해조유(海藻油) 따위의 식물성 기름을 원료로 하여 만든 무공해 연료를 통틀어 일컫는 말이다.

교육청 영재교육원 기출유형

22 요즘 미세먼지 농도가 심각해지고 있다. 걸어다닐 때 미세 먼지로부터 우리 몸을 보호할 수 있는 창의적인 방법을 고안해 보시오.

- [ ] 유창성
- [x] 융통성
- [x] 독창성
- [ ] 정교성

5 과학 창의성

교육청 영재교육원 기출

23 무한이는 등산로가 잘 정비되지 않은 산으로 등산을 갔다가 길을 잃었다. 무한이는 당황하지 않고 자신의 상황을 곰곰이 생각하였고, 다음과 같이 상황을 정리하였다.

✔ 유창성
✔ 융통성
○ 독창성
✔ 정교성

· 주위를 둘러보니 인기척이 전혀 느껴지지 않았다.
· 휴대전화 배터리는 모두 방전되어 사용할 수 없었다.
· 바늘 손목시계를 착용하고 있었다.

이와 같은 상황에서 산의 남쪽에 있는 마을을 찾아가는 방법에는 무엇이 있을지 되도록 많이 쓰시오.

교육청 영재교육원 기출

24 월식은 달이 지구의 본 그림자 속으로 들어갔을 때 달의 일부 또는 전부를 가리는 현상이다. 아래 그림은 어느 날 월식이 일어날 때 태양, 지구, 달의 위치를 나타낸 것이다. 같은 날 달의 X 위치에서 지구와 태양을 관측할 때, 관측 가능한 현상을 되도록 많이 쓰시오.

✔ 유창성
✔ 융통성
○ 독창성
○ 정교성

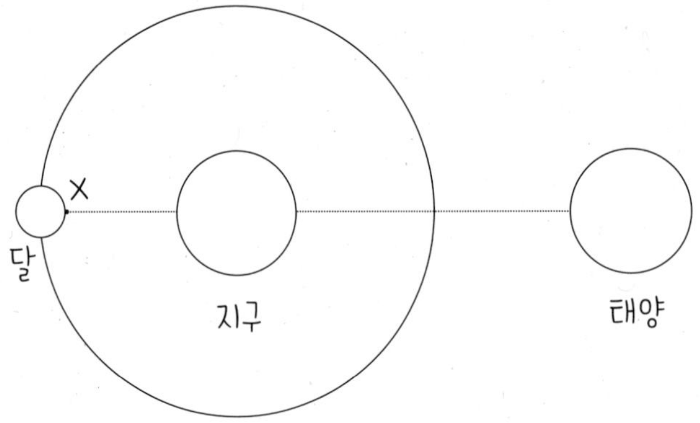

교육청 영재교육원 기출

25 소리는 공기와 같은 매질이 있어야 전달될 수 있기 때문에 공기가 존재하지 않는 우주에서는 소리로 의사소통을 할 수 없다. 우주로 떠난 두 명의 우주 비행사가 만약 우주선을 수리하기 위해 우주선 밖으로 나갔다가 통신 장치가 고장났을 때, 두 우주 비행사가 의사소통을 할 수 있는 방법에는 무엇이 있을지 다양하게 제시해 보시오.

✔ 유창성
✔ 융통성
○ 독창성
○ 정교성

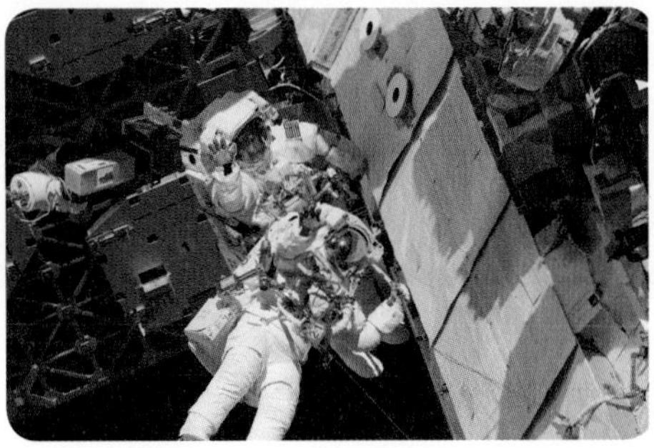

26 지구의 평균 기온이 점점 높아지는 지구 온난화로 인해 북극해의 빙하가 녹았을 경우 나타나는 장점과 단점을 각각 3가지 이상씩 쓰시오.

✔ 유창성
✔ 융통성
○ 독창성
✔ 정교성

5 과학 창의성

대회 기출 유형

27 하늘 높이 떠 있는 달보다 지평선 가까이에 있는 달이 더 커보인다는 것은 누구나 한번쯤 경험해봤을 현상이다. 이와 같은 현상이 착시 현상인지 아닌지 밝혀내려면 어떤 실험을 해볼 수 있을지 쓰시오.

○ 유창성
✔ 융통성
✔ 독창성
✔ 정교성

하늘 높이 떠 있는 달

지평선 근처의 달

교육청 영재교육원 기출

28 생체 모방 기술은 자연에서 관찰되는 디자인적 요소나 생물체의 특성을 연구하고 모방하는 기술이다. <보기>와 같이 실생활에서 생체 모방 기술을 적용한 사례를 3가지 이상 과학적 근거와 함께 쓰시오.

- ✔ 유창성
- ○ 융통성
- ○ 독창성
- ○ 정교성

보기

오리와 개구리와 같이 발가락 사이에 물갈퀴가 있는 동물은 물갈퀴로 물을 힘차게 밀어내며 앞으로 나아갈 수 있어 물에서 활동하기 쉽다. 이 점을 착안하여 잠수 또는 수영을 할 때 앞으로 나아가기 쉽도록 오리발을 발명하였다.

물갈퀴

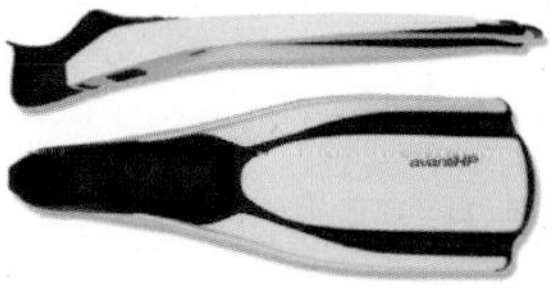

오리발 제품

교육청 영재교육원 기출

29 다음 글을 읽고, 무인 자동차 상용화에 대한 장점과 단점을 각각 3가지 이상씩 쓰시오.

- ✔ 유창성
- ✔ 융통성
- ○ 독창성
- ✔ 정교성

2010년 처음으로 무인 자동차를 선보인 이후, 전 세계 자동차 회사들은 무인 자동차 자율주행 기술개발에 열을 올리고 있다. 이후 무인 자동차로 100km 자율주행에 성공했고, 이와 관련된 연구들이 활발하게 진행되었다. 최근에는 자율주행 기술을 적용하는 도로 주행 테스트가 활발하게 시행되고 있으며, 향후 자동차에 적용되는 기술들이 급속하게 발전할 것으로 전망된다.

교육청 영재교육원 기출

30 최고 인기 그룹 '뉴문'은 새로운 앨범의 뮤직비디오를 찍기 위해 달로 날아갔다. 야외 무대를 설치하고 미리 준비해 둔 CD를 플레이어에 넣고 시작 버튼을 눌렀다. 음악 소리가 어떻게 들렸을지 생각해 보고, 그 이유를 써 보시오.

- ◯ 유창성
- ◯ 융통성
- ◯ 독창성
- ✔ 정교성

교육청 영재교육원 기출

31 상상이는 컵에 얼음과 콜라를 담았다. 이때 컵 표면에 김이 서렸는데, 그 이유가 궁금해서 무한이에게 물어보았다. 무한이는 컵 표면에 서린 김은 콜라에서 새어나온 것이라고 하였다. 무한이의 말이 맞는지 증명할 수 있는 실험에 대해 설명하시오.

- ◯ 유창성
- ✔ 융통성
- ◯ 독창성
- ✔ 정교성

32 다음 <보기>는 어떤 과학자가 닭 콜레라를 예방하는 백신을 발견한 실험 과정을 정리한 것이다. 이 실험 과정을 통해 알 수 있는 사실을 3가지 이상 쓰시오.

- ✔ 유창성
- ✔ 융통성
- ○ 독창성
- ○ 정교성

보기

(가) : 닭 콜레라에 걸린 닭의 피를 채취하여 닭 콜레라균을 배양하였다.

(나) : 건강한 닭 90마리 중 30마리에게 배양한 닭 콜레라균이 섞인 먹이를 준 결과, 30마리 모두 닭 콜레라에 걸려 죽었다.

(다) : (나)에서 사용하고 남은 콜레라균을 며칠 동안 방치한 후 먹이에 섞어 또 다른 30마리에게 준 결과, 30마리 중 10마리만 닭 콜레라에 걸려 죽었다.

(라) : (다)에서 사용하고 남은 콜레라균을 며칠 동안 더 방치한 후 먹이에 섞어 나머지 30마리에게 준 결과, 30마리 모두 가벼운 닭 콜레라 증세를 보인 후 회복되었다.

(마) : (가)의 닭 콜레라균을 (라)에서 회복된 닭에게 주사한 결과 30마리 모두 닭 콜레라에 걸리지 않았다.

교육청 영재교육원 기출유형

33 동물도 식물처럼 광합성을 할 수 있다면 어떤 상황이 일어날지 다양하게 쓰시오.

- [x] 유창성
- [ ] 융통성
- [ ] 독창성
- [x] 정교성

교육청 영재교육원 기출

34 밀폐된 상자 속에 들어 있는 화분의 식물이 살아가기 위한 방법을 쓰시오.

- [ ] 유창성
- [x] 융통성
- [ ] 독창성
- [x] 정교성

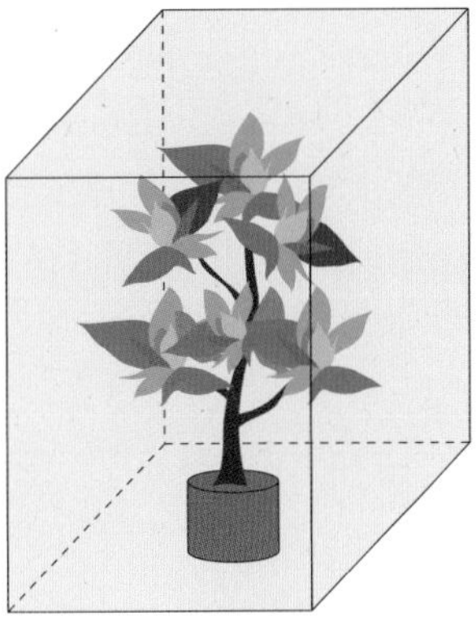

교육청 영재교육원 기출

35 다음 글을 읽고, 동물실험이 이루어지는 것에 대한 찬성 또는 반대 입장을 써보시오.

- ○ 유창성
- ✔ 융통성
- ○ 독창성
- ✔ 정교성

동물실험이란 교육 또는 연구의 목적으로 실험동물에 실험처치를 하고 그 결과로서 나타나는 동물의 생체반응을 관찰, 측정, 해석하는 연구 활동이다. 실험에 사용되는 대상은 원생동물에서 포유동물 영장류까지 포함되지만 사람은 제외된다.

사람을 대상으로 하는 연구는 실험을 수행할 대상자를 모집하기가 어렵고 윤리적인 문제가 발생하기 때문에 동물실험이 이루어지고 있다. 이러한 동물실험을 통해 생리적인 현상에 관한 소중한 정보를 얻었고, 그로 인해 생리학과 약학 분야에서 비약적인 발전을 이루었다. 하지만 동물실험에 대한 실태와 학대 현상이 보도되면서 현재 세계적으로 동물실험에 대한 반대 여론이 높아지고 있는 추세이다.

동물실험에 대해서 미국, 영국, 스웨덴, 독일 등에서는 법적으로 규제하고 있다고 한다. 동물실험이 계속되어야 하는가에 대한 의견은 국가마다 학자마다 상이하며, 현재까지도 논란이 계속되고 있는 실정이다.

교육청 영재교육원 기출

36 **상상이는 우리나라 최초의 우주비행사 선발시험에 합격하였다. 상상이는 곧 우주에서의 업무를 수행하기 위해서 우주선과 우주 환경에 대한 적응이 필요하여 내일부터 우주 비행사로서 정식 훈련을 받게 된다. 다음 물음에 답하시오.**

- ○ 유창성
- ✔ 융통성
- ✔ 독창성
- ○ 정교성

(1) 우주선과 우주 환경에 적응하기 위해 상상이에게 필요한 훈련을 <보기>에서 모두 고르시오.

보기

ㄱ. 비상 탈출 훈련을 한다.

ㄴ. 불모지에서 생존 훈련을 한다.

ㄷ. 중력 있는 상태에서 훈련을 한다.

ㄹ. 중력 가속도를 높여서 훈련을 한다.

ㅁ. 기압을 순식간에 낮춰서 훈련을 한다.

ㅂ. 물속에 우주복을 입고 들어가 훈련한다.

ㅅ. 모듈안에서 1주일간 지내면서 훈련한다.

ㅇ. 비행기를 높게 띄웠다가 떨어뜨리는 훈련을 한다.

(2) 우주에서 지낼 모습을 상상하며, 상상이가 지구에서 할 수 있는 체력 단련 연습 방법에는 무엇이 있을지 써보시오.

대회 기출 유형

37 영화에서는 중생대에 살았던 공룡이 컴퓨터 그래픽이라 믿기 어려울 정도로 생생하게 재현되고 있다. 공룡은 화석을 통해 그 크기와 겉모습이 거의 알려진 상태이지만, 아직까지도 공룡의 입 속, 눈동자, 눈꺼풀, 입술 등의 세부적인 부분은 화석에 남아있지 않기 때문에 공룡 복원 전문가들도 추측을 할 뿐이다. 쥐라기 시대 공룡의 울음소리 역시 그 누구도 들어본 적이 없기 때문에 영화에 등장하는 공룡의 울음소리가 모두 실제 소리와 같다고 할 수는 없다. 하지만 영화 제작자들은 나름대로 실제 공룡의 울음소리를 최대한 과학적으로 추리하여 재현하려 노력한다. 이들은 어떻게 공룡의 실제 울음소리를 추리해 내는 것일까? 공룡의 실제 울음소리를 알아내기 위한 연구 방법을 제시하시오.

- ○ 유창성
- ✔ 융통성
- ✔ 독창성
- ○ 정교성

대회 기출 유형

38 1969년 암스트롱이 달에 착륙하여 성조기를 꽂는 모습을 TV로 보고, 모든 사람이 감격에 넘쳐 곧 우주여행이 가능할 것이라고 기뻐한 적이 있었다. 그런데 최근 몇몇 과학자들은 공기가 없는 달은 바람이 불지 않는데 어떻게 성조기가 펄럭일 수 있겠냐면서 이 TV 방송이 조작된 것이라고 주장하였다. 이에 대해 관계자는 다음과 같은 방법을 제시하며 멋진 장면을 연출하기 위해 펄럭이도록 한 것이라는 반대 주장을 폈다.

- ○ 유창성
- ✔ 융통성
- ✔ 독창성
- ✔ 정교성

· 깃대에 가로로 봉을 하나 대고 깃발의 윗부분을 여기에 꿴다. 이렇게 하면 깃대와 봉이 90도를 이뤄 깃발이 펼쳐진다. 또 밑부분에는 줄을 넣어 약간 무게함으로써 깃발이 바람에 휘날리는 효과를 연출했다.

· 깃대를 이중으로 만들어 깃발 위쪽의 가로봉과 연결된 깃대 부분을 돌 수 있게 만들었다. 깃발을 약간 움직이면 손을 놓아도 관성에 의해 빙글빙글 돌면서 펄럭이는 것처럼 보이게 할 수 있다.

이 외에, 어떤 장치를 하면 달에서 깃발이 펄럭일 수 있겠는지 그 장치를 한 가지 고안하여 자세히 설명하시오.

39 만약 지구 주위를 공전하는 달이 사라진다면 어떤 변화가 나타날지 3가지 이상 쓰시오.

- ☑ 유창성
- ☑ 융통성
- ○ 독창성
- ○ 정교성

40 북태평양에 있는 엠퍼러 화산군과 하와이 열도는 판 내부에 있는 열점에서 마그마가 분출하여 만들어진 섬들이다. 열점은 맨틀 하부에서 현무암질 마그마가 상승하는 곳이며, 판의 이동과는 관계없이 위치가 고정되어 있다. 엠퍼러 화산군과 하와이 열도는 아래 그림처럼 독특하게 일렬로 배열되어 있고, 섬을 이루고 있는 화산암의 연령이 남동쪽으로 갈수록 젊어진다는 것을 알 수 있다. 아래 그림과 자료를 근거로 하여 알 수 있는 것을 2가지 이상 쓰시오.

- ○ 유창성
- ✔ 융통성
- ○ 독창성
- ✔ 정교성

미드웨이 섬은 약 2700만 년 전에 형성되었으며, 하와이 섬에서 미드웨이 섬까지 거리는 약 2700 km이다.

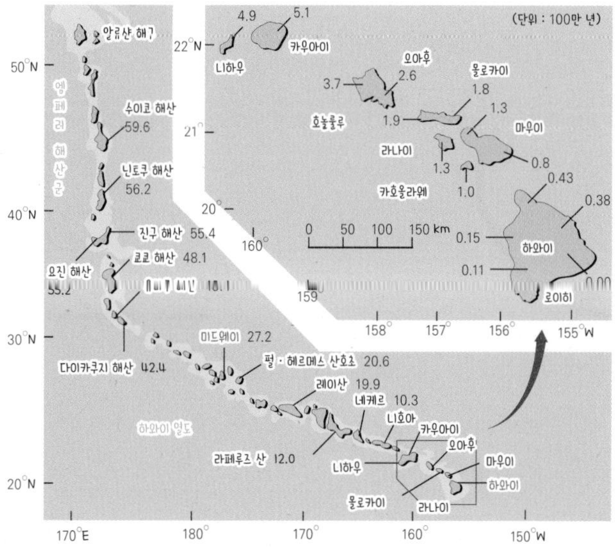

10 방위표

북서	북북서	북	북북동	북동
서북서				동북동
서				동
서남서				동남동
남서	남남서	남	남남동	남동

II 영재성 검사
III 창의적 문제해결력
IV 심층 면접

1회 모의고사

점수 /100

[각 문제 배점 : 10점]

01 상상이는 그림을 그리다가 깜빡 잠이 들어 그림을 완성하지 못했다. 상상이가 그리다만 그림을 완성하고, 제목을 붙여보시오.

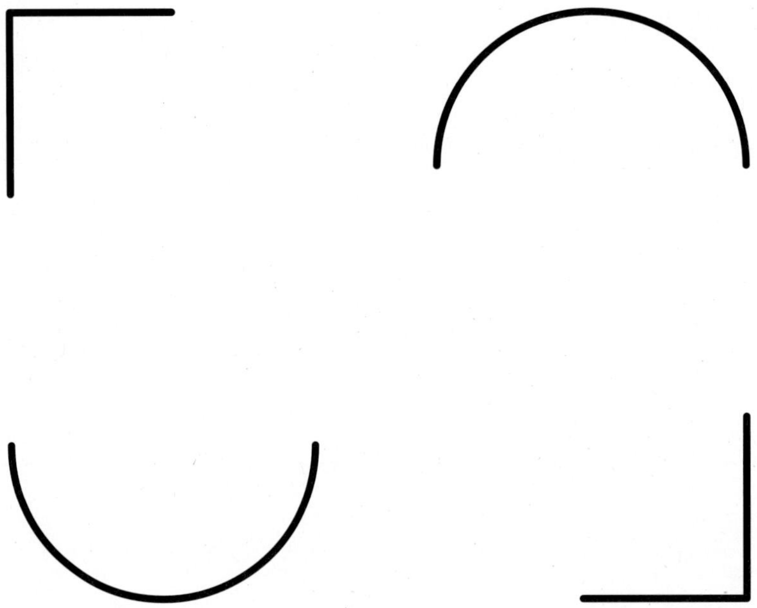

제목 :

02 앞으로 5 ~ 10년 후 미래에 새로 생겨날 자동차의 종류를 3가지 이상 쓰고 각각 그 자동차에 관해 설명해 보시오.

03 (가) (나), (다), (라), (마), (바) 6명의 사람이 있고, 이들이 최대 수용인원이 2명인 방 4개에 나눠서 들어갈 때, 다음 <보기> 중 항상 옳은 것은?

보기

ㄱ. 빈 방이 남는 경우는 없다.

ㄴ. 2명이 같이 쓰는 방은 항상 2개 이상이다.

ㄷ. (가)는 항상 다른 사람과 함께 방을 써야 한다.

ㄹ. (다), (라)가 같은 방에 들어갈 경우, (가)는 혼자 방에 들어가야 한다.

04

돌연변이 괴물에게 쫓기던 네 명의 사람(운동 선수, 남자 아이, 남자 아이의 엄마, 지팡이를 짚는 노인) 이 어떤 다리에 도착하였다. 이 다리는 다음 <보기>의 조건을 만족했을 때 안전하게 건널 수 있다.

보기

- 17분 안에 다리를 건넌 후 다리를 끊어 내야 한다.
- 다리는 오래되어 최대 2명까지만 함께 다리를 건널 수 있고, 그 이상의 인원이 이동하게 되면 다리는 끊어지게 된다.
- 다리는 너무 어둡기 때문에 다리를 건널 때에는 손전등이 반드시 필요하다.
- 손전등은 단 1개뿐이다.

네 명의 사람이 다리를 건너는데 걸리는 시간은 아래 표와 같으며, 네 사람은 괴물에게 쫓기면서 오래 뛰었기 때문에 둘이 같이 건널 경우에는 상대방을 업거나 안고 갈 수 없다고 할 때 어떻게 건너야 17분 안에 네 사람이 다리를 건널 수 있을까?

	운동 선수	남자 아이	엄마	노인
시간	1분	2분	5분	10분

05 무한이는 세로선이 모두 보이지 않는 전자계산기를 이용하여 두 자리 자연수의 곱셈을 하려고 한다. 다음 <보기>에서 A의 결과가 B일 때, 가능한 계산식을 모두 구하시오.

(단, 일반적인 전자계산기는 숫자를 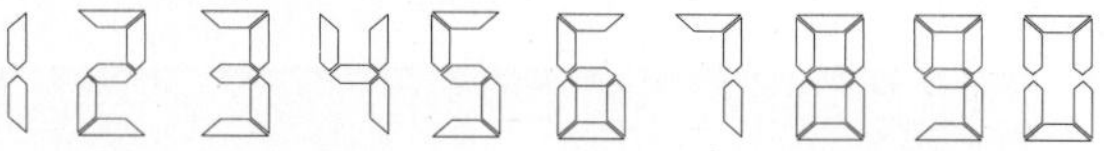와 같이 표시한다.)

보기

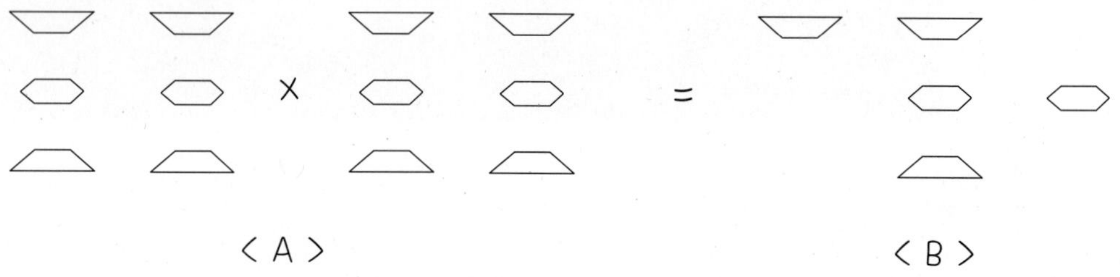

정답 및 해설 / 예시 답안 p.87

06 다음 계산에서 각 문자 A, B, C, D, E, F, G는 1에서 9까지의 서로 다른 숫자 중 하나이다. A + B + C + D + E + F + G의 값을 구하시오. (단, G = 9, C = 8이다.)

		A	B	C	D
+		A	B	E	E
	F	B	G	D	C

07 다음 그림을 <보기>의 그림과 비교할 때 서로 다른 부분을 모두 찾으시오.

보기

08 <보기>는 가로 : 세로 = 9 : 4인 비율의 종이로 쪽지를 접을 때의 과정과 모양을 나타낸 것이다. <보기>와 같이 종이를 접은 후 아래와 같이 선과 별을 그린 후, 이를 다시 펼쳤을 때 모습을 나타내시오. (단, 종이로 직접 접으면 안된다.)

보기

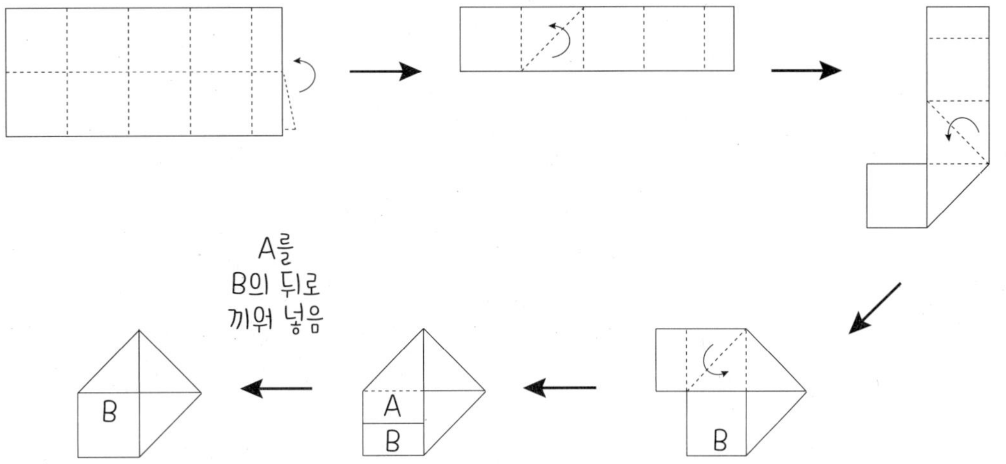

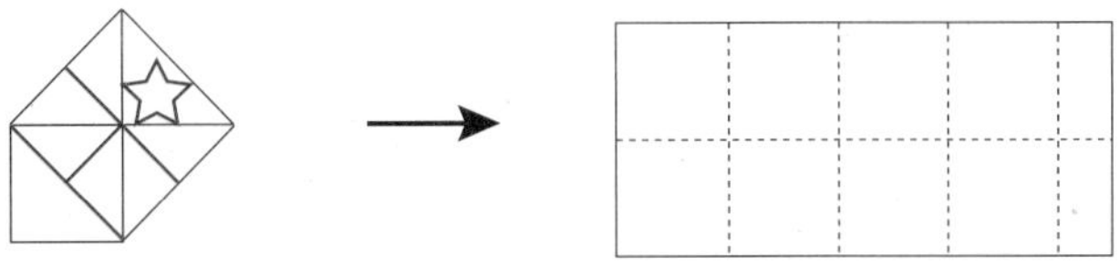

09 겨울이 오면 '정전기'도 어김없이 찾아온다. 털목도리를 감고 나갔다 와서 목도리를 풀면 머리카락 한 올 한 올이 목도리에 달라붙고, 옷을 벗을 때에도 '따닥' 소리와 함께 손끝에 찌릿함을 느끼게 된다. 여름보다 겨울철에 정전기가 많이 발생하는데, 그 이유는 습도가 높은 여름에는 옷의 정전기가 수분이 많은 공기 중으로 잘 방전되지만 춥고 건조한 겨울에는 옷의 정전기가 공기 중으로 방전되지 못하기 때문이다. 겨울철에 정전기를 방지할 수 있는 방법을 다양하게 제시해 보시오.

10 태풍이 지나간 여름 끝자락이면 날씨가 건조해지면서 여름 내 잠잠했던 가려움증이 발생한다. 하지만 이때 무턱대고 습도를 높이면 알레르기성 비염, 아토피를 일으키는 '집먼지 진드기'가 왕성하게 번식하게 된다. 집먼지 진드기들의 사체나 배설물이 눈, 코, 기도 안쪽에 있는 점막을 통해 체내로 들어오면 알레르기 질환을 일으킨다. 집먼지 진드기를 없앨 수 있는 방법을 다양하게 제시해보시오.

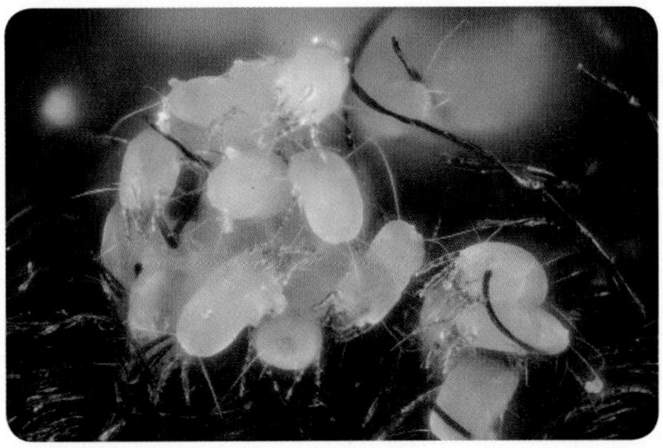

2회 모의고사

점수 /100

[각 문제 배점 : 10점]

01 아래 점들을 연결하여 장래 자기의 직업에 관한 그림을 그리고 제목을 붙여보시오.

제목 :

02 다음 <보기>의 물건을 일상생활 속에서 본래 용도 이외에 사용할 수 있는 방법을 각각 2가지 이상씩 적어보시오.

보기

빨대	탁구공	나무 젓가락	생수병(페트병)

① 빨대	본래 용도 이외 사용 방법
1	
2	
3	

② 탁구공	본래 용도 이외 사용 방법
1	
2	
3	

③ 나무젓가락	본래 용도 이외 사용 방법
1	
2	
3	

④ 생수병	본래 용도 이외 사용 방법
1	
2	
3	

03 <보기>는 A, B, C, D가 살았던 나라의 시기를 설명한 것이다.

보기

- A ~ D가 살았던 시기는 서로 다르다.
- 네 나라의 수도는 각각 다르며, (가), (나), (다), (라), (마) 중 어느 하나이다.
- (가)가 수도인 나라는 (라)가 수도인 나라의 바로 전 시기에 있었다.
- (나)가 수도인 나라는 (다)가 수도인 나라의 바로 다음 시기에 있었으나, D가 살았던 나라보다는 이전 시기였다.
- C가 살았던 나라는 가장 먼저 있었던 나라는 아니지만, A가 살았던 나라보다는 이전 시기에 있었다.
- C가 살았던 시기와 D가 살았던 시기의 사이에는 A 또는 B 시기가 존재한다.

다음 ㄱ ~ ㅁ 중 옳은 것을 모두 고르시오.

ㄱ. (가)는 B가 살았던 나라의 수도이다.

ㄴ. (나)는 C가 살았던 나라의 수도이다.

ㄷ. (다)는 네 나라 중 가장 앞선 시기의 수도이다.

ㄹ. (라)는 A가 살았던 나라 다음 시기에 존재했다.

ㅁ. A가 살았던 나라는 D가 살았던 나라 다음 시기에 존재했다.

04 문화예술 활동 영역이 높아짐에 따라 저작권과 관련한 논쟁이 끊이지 않고 있다. 창작물에 대하여 저작자에게 독점적인 권리를 보장해 주어야 한다고 주장하는가 하면, 다른 한편에서는 누구나 정보를 공유할 수 있어야 한다는 점에서 저작권을 제한적으로만 인정해야 한다고 주장한다. 이에 대한 자신의 입장을 100자 내외의 한 문장으로 써보시오.

05 다음은 어떤 규칙에 따라 수를 배열한 것이다. 10번째에 있는 수들의 합을 구하시오.

1					1				
2				1	3	1			
3			1	3	5	3	1		
4		1	3	5	7	5	3	1	
5	1	3	5	7	9	7	5	3	1
·					·				
·					·				
·					·				
·					·				
10					…				

06

다음 <보기>와 같이 주어진 괄호 안에 있는 숫자들을 1번씩만 사용하여 칸으로 구성된 수식을 완성시키시오.
(단, 사칙연산 우선순위와 상관없이 <보기>와 같은 방식으로 좌에서 우로 순서대로 풀이한다.)

보기

(2, 3, 4, 6)

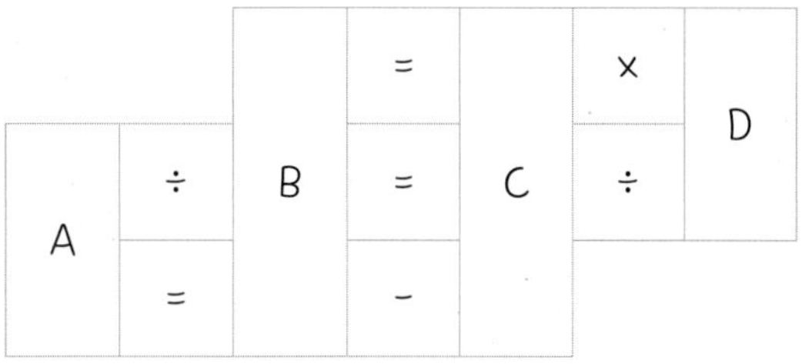

< 풀이 >

		6	=	2	×	3
4	÷	6	=	2	÷	3
4	=	6	-	2		

→ 6 = 2 × 3
→ 4 ÷ 6 = 2 ÷ 3
→ 4 = 6 - 2

(1, 2, 3, 5, 8, 9)

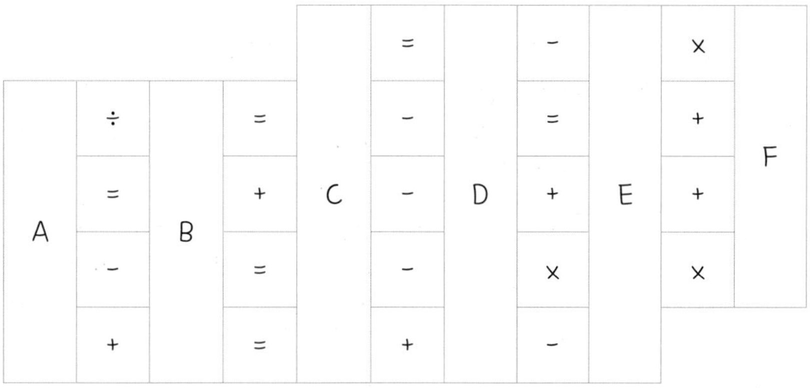

07 무한이의 금고에는 아래와 같은 특수한 판넬이 있다. 판넬의 모든 버튼을 아래 조건대로 한 번씩 순서대로 누르고 마지막으로 E 버튼을 눌러야 금고가 열린다. 모든 버튼에는 다음에 눌러야 할 버튼이 표시되어 있다. 예를 들어 2U는 위로 2칸, 3D는 아래로 3칸, 4R은 오른쪽으로 4칸, 5L은 왼쪽으로 5칸을 이동해서 누르라는 표시이다. 무한이의 금고를 열기 위해서는 어느 버튼에서 시작해야 하는가?

3D	1R	2D	2L
1R	1D	2L	1D
E	1L	1U	2U
2R	2R	1L	2U

08 다음 전개도를 접었을 때 나타나는 정육면체의 모양으로 알맞지 않은 것을 모두 골라 올바르게 고치시오.

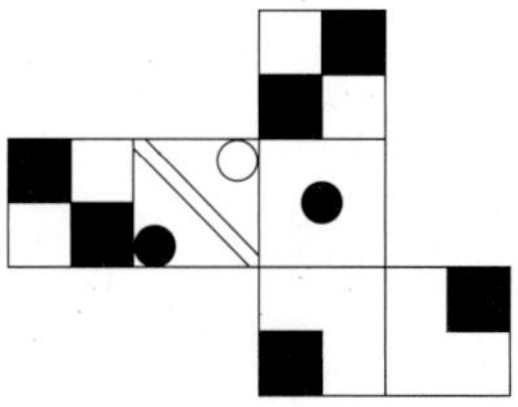

①

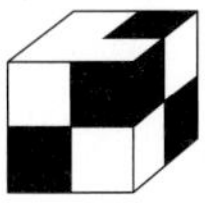

②

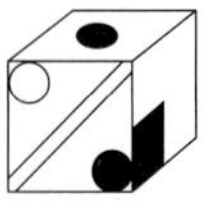

③

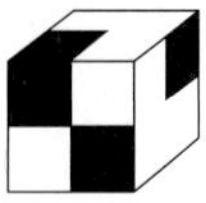

④

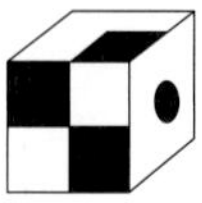

⑤

09 매년 날씨가 추워지기 시작하면 찬 바람에 의해 얼굴이 붉어지다 못해 아프기까지한 안면홍조가 나타나는 사람이 있다. 안면홍조는 얼굴, 목, 머리, 가슴 부위의 피부가 갑작스럽게 붉게 변하면서 열감이 나타나고 전신으로 퍼져 나가는 증상이다. 안면홍조가 나타났을 때, 사우나를 하거나 찜질방에서 찜질을 하면 안면홍조에 어떤 영향을 미칠지 적어보시오.

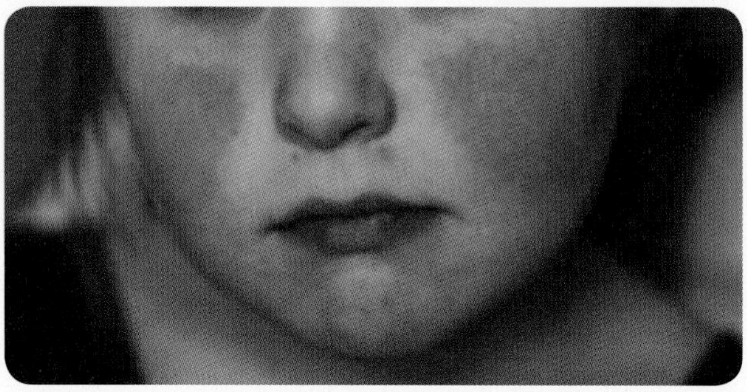

10 여름철이면 순간 최대 풍속 30 ~ 40m/s의 강한 바람을 동반한 태풍에 의해 유리창 파손이 발생하여 피해가 속출한다. 유리창 파손을 방지하기위해 각 가구는 유리창마다 물에 적신 신문지를 붙이거나, 테이프를 X자 모양으로 붙이는 예방법을 많이 사용한다. 유리창에 신문지, 테이프를 붙이는 이유는 무엇인지 각각 써보시오.

PART III

창의적 문제해결력

나는 창의적으로
문제를 해결할 수 있을까?

단원 살짝 엿보기

01 창의적 문제해결 수학

02 창의적 문제해결 과학

1 창의적 문제해결 수학

[각 문제 배점 : 5점]

영재교육원 기출 유형

$S = A^a \times B^b \times C^c$일 때, S의 약수의 개수 : $(a+1) \times (b+1) \times (c+1)$

01

1에서 100까지의 자연수 중에서 약수가 여섯 개인 수를 모두 찾으시오.

영재교육원 기출 유형

02

n!은 1에서 n까지의 자연수의 곱을 의미한다. 다음 <보기>의 계산 결과에서 일의 자리에서부터 연속된 0의 개수는 모두 몇 개인가?

보기

$1! \times (1+2)! \times (1+2+3)! \times (1+2+3+4)! \times \cdots \times (1+2+3+4+5+6+7+8+9)!$

정답 및 해설 / 예시 답안
p.95

영재교육원 기출 유형

03 다음 <보기>와 같은 규칙으로 수를 나열하였을 때, 괄호 안의 세 수의 합이 33의 배수가 되는 경우는 모두 몇 쌍인가?

1, 10, 100, 1000, … 을 3으로 나눈 나머지는 항상 1이므로 각 자리 숫자의 합이 3의 배수이면 항상 3의 배수이다.

보기

(10, 11, 12), (11, 12, 13), (12, 13, 14), (13, 14, 15), … , (497, 498, 499), (498, 499, 500)

영재교육원 기출 유형

04 다음 원 5개에 1부터 9까지의 수를 한 번씩 사용하여 원 안의 수의 합이 모두 같도록 만드시오. (3가지)

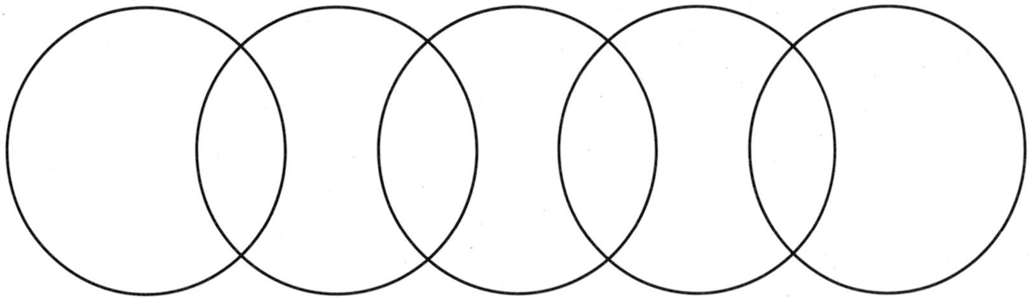

영재교육원 기출

05 다음 그림과 같이 정육면체의 각 꼭지점에 분수가 있다. 각 면에 있는 네 꼭지점의 수의 합이 모두 같을 때, 세 꼭지점 A, B, C에 알맞은 분수를 각각 구하시오.

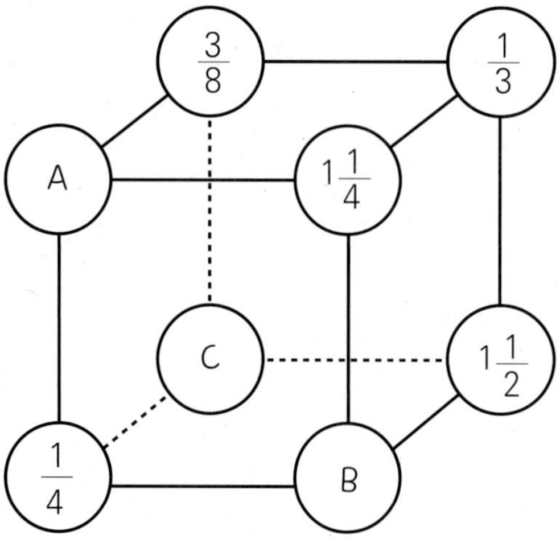

영재교육원 기출 유형

06 네 개의 수 1, 2, 2, 3과 네 개의 꼭지점을 가진 그림을 <보기>의 (가)와 같이 꼭지점에 4개의 수를 분배한 다음, 각 꼭지점에서 자신이 가지고 있는 수와 자신과 연결된 꼭지점의 수를 합하여 적으면 (나)와 같아진다.

보기

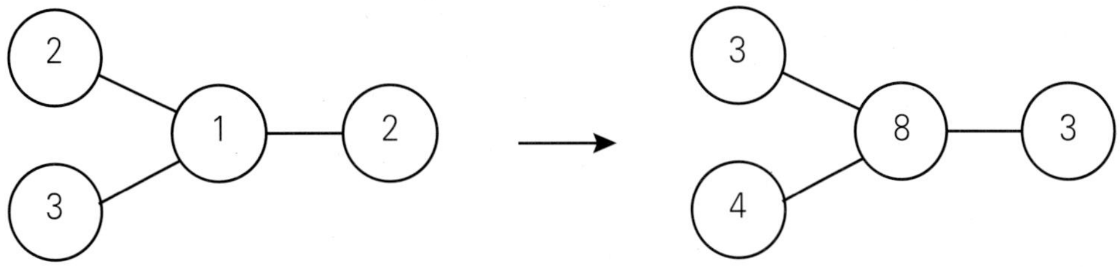

< 가 > < 나 >

아래와 같이 일곱 개의 수 A, B, C, D, E, F, G를 일곱 개의 꼭지점을 갖는 그림의 꼭지점에 각각 분배한 다음 <보기>와 같은 과정을 거쳤을 때, 아래 그림과 같은 결과가 나왔다. A + B + C + D + E + F + G의 값을 구하시오.

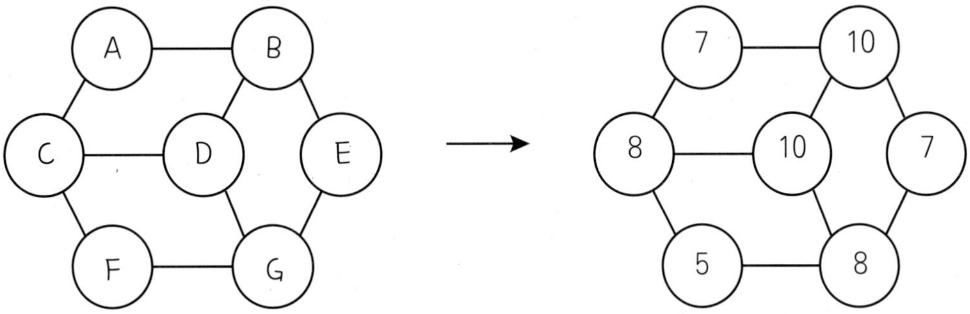

과학고 기출

07 다음 <보기>와 같이 몇 군데의 숫자를 알 수 없는 뺄셈이 있다. n, A, B, C에 알맞은 숫자를 구하시오. (단, (n)은 n진법을 뜻한다.)

n개의 숫자를 사용하여 수를 나타내는 방법을 n진법이라하며, n진법으로 나타낸 수(ABCE)의 크기는 다음과 같이 나타낸다.
$ABCE(n) = A \times n^3 + B \times n^2 + C \times n^1 + E \times n^0$ $(n^0 = 1)$

보기

	4	2	0	2	0	(n)
−	1	A	1	4	B	(n)
	2	3	C	4	3	(n)

영재교육원 기출

08 다음 10장의 카드에 0과 1을 사용하여 나타낼 수 있는 이진법의 수는 모두 몇 개인지 구하시오.

영재교육원 기출

09 1쪽부터 차례대로 쪽 번호가 매겨진 양면으로 인쇄된 책에서 연속된 2장이 찢어졌다. 찢어진 쪽의 번호를 제외한 나머지 쪽 번호를 더한 값이 16000일 때, 다음 물음에 답하시오.

연속하는 n개의 자연수의 합을 S라 할 때, n이 짝수이면 S는 (n ÷ 2)의 배수이다.

(1) 전체 쪽 수를 n, 찢어진 쪽들의 번호의 합을 χ라 하여 식을 세워 보시오.

(2) 전체 페이지는 몇 쪽 이상인가?

(3) χ가 될 수 있는 조건을 쓰시오.

(4) 전체 페이지의 쪽수와 찢어진 페이지의 쪽수를 구하시오.

영재교육원 기출 유형

10 다음 <보기>의 A ~ F는 순서대로 1, 2, 3, 5, 10, 29를 나타낸 것이다.

십진법의 수를 n진법으로 나타낼 때에는 주어진 십진법의 수가 몫이 0이 될 때까지 n으로 계속 나누어 생긴 나머지를 거꾸로 나열한다.

보기

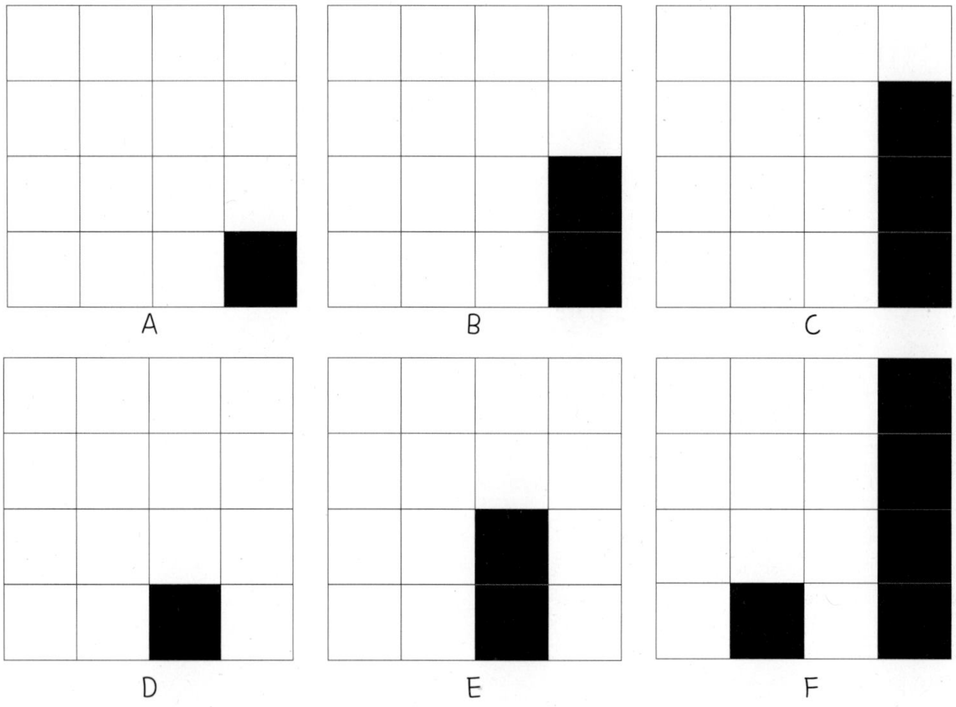

<보기>와 같은 규칙에 따라 527을 나타내 보시오.

영재교육원 기출

11 다음 <보기>와 같이 주어진 40개의 식이 있다.

연속하는 n개의 자연수의 합을 S라 할 때, n이 홀수이면 S는 중간 수의 배수이면서 동시에 n의 배수이다.

보기

1, 1 + 2, 1 + 2 + 3, 1 + 2 + 3 + 4, …, 1 + 2 + 3 + 4 + 5 + 6 + … + 38 + 39 + 40

이 40개의 덧셈식 중 덧셈 결과가 3의 배수인 수는 모두 몇 개인지 구하시오.

영재교육원 기출

12 어떤 연속하는 세 자연수의 곱이 그 세 수의 합으로 나누어떨어지고, 그때의 몫이 200의 배수가 된다고 할 때, 이를 만족하는 가장 작은 세 수를 구하시오.

영재교육원 기출

13 1에서 10까지의 수 중 서로 다른 두 수 A, B를 사용하여 다음 <보기>와 같은 식을 만들었다. 그 계산 결과가 소수점 아래 둘째 자리까지 나오는 경우를 구하시오. (단, 소수점 아래 둘째 자리 숫자가 0인 수는 없다.)

보기

$$(A \times B) \div (A + B)$$

영재교육원 기출

14 세 자연수 A, B, C에 대하여 A, B는 12 이하의 자연수이고, C는 12 이하의 짝수일 때, $A^2 + 2C^2 = B^2$을 만족하는 A, B, C의 쌍을 모두 쓰시오. (단, A, B, C가 각각 1, 2, 3이라면, (1, 2, 3) 과 같이 적는다.)

영재교육원 기출 유형

15 다음 식의 결과를 기약분수로 나타내시오.

기약분수 : 분모와 분자 사이의 공약수가 1뿐이어서 더 이상 약분되지 않는 분수

$$\left(\frac{1}{1\times3}+1\right)\times\left(\frac{1}{2\times4}+1\right)\times\left(\frac{1}{3\times5}+1\right)\times\ \cdots\ \times\left(\frac{1}{2016\times2018}+1\right)$$

영재교육원 기출

16 다음 분수의 합을 구하시오.

부분분수 변환 : 하나의 분수식을 간단한 분수식의 합으로 나타낸 것

$\Rightarrow \frac{1}{n(n+1)}$

$= \frac{1}{n} - \frac{1}{n+1}$

$$\frac{1}{2}+\frac{1}{6}+\frac{1}{12}+\frac{1}{20}+\frac{1}{30}+\frac{1}{42}+\frac{1}{7}$$

영재교육원 기출

17 다음 <보기>처럼 여섯 자리 수(ABCDEF) 중에서 마지막 자리 숫자 F를 맨 앞자리로 옮기면 자신의 4배가 되는 수를 모두 구하시오.

보기

	A	B	C	D	E	F
×						4
	F	A	B	C	D	E

과학고 기출

18 집합 S(n)은 분모가 n인 진분수들의 합을 나타낸 것이다. 예를 들어 S(3)은 분모가 3인 진분수 $\frac{1}{3}$, $\frac{2}{3}$의 합을 의미한다. 다음 식의 값을 구하시오.

진분수 : 분자의 값이 분모보다 작은 분수

$$S(1) + S(2) + S(3) + S(4) + \cdots + S(100) + S(101)$$

영재교육원 기출

19 다음 <보기>의 점을 이어서 만들 수 있는 볼록 사각형은 모두 몇 개인가?

- 정사각형 ⊂ 직사각형 / 마름모 ⊂ 평행사변형 ⊂ 사다리꼴 ⊂ 사각형
- 다각형에서 각 변을 연장해도 그 연장선이 그 내부를 자르지 않을 때 볼록다각형이라 하고, 다각형의 내부를 지나는 것이 있을 때 오목다각형이라 한다.

영재교육원 기출

20 32개의 정육면체로 만든 다음과 같은 입체도형이 있다. 이 도형에는 <보기>의 입체도형이 최대 몇 개 포함되어 있는가? (단, <보기>의 입체도형을 뒤집거나 회전시킬 수 있다.)

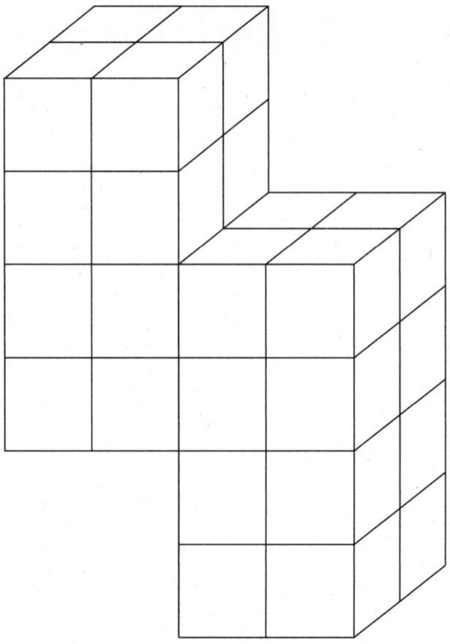

보기

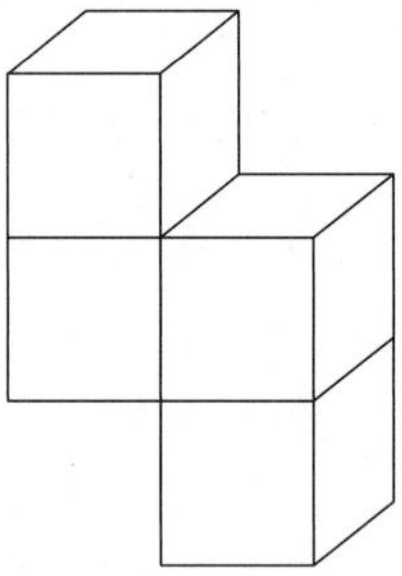

영재교육원 기출

21 무한이는 다음 <보기>의 방법을 반복하여 크기가 같은 정육면체 모양의 블록을 쌓았다.

보기

· 한 개의 블록을 바닥에 올려 놓는다.

· 앞 단계 블록들이 보이지 않도록 앞 단계 블록들의 주변에 가장 적은 수의 블록을 사용하여 쌓는다.

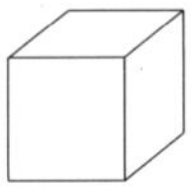

[1단계]

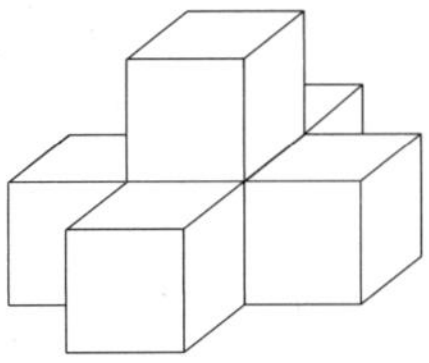

[2단계]

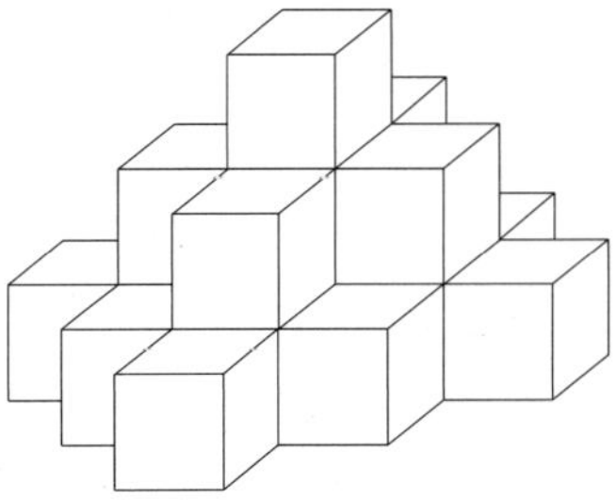

[3단계]

[5단계]가 끝난 후 밑면을 제외한 쌓여진 블록 위에 페인트를 칠하였을 때, 한 면 이상 페인트가 칠해진 블록의 개수는 모두 몇 개인가?

영재교육원 기출 유형

22 <보기>의 (가)와 같이 작은 정육면체 쌓기나무 27개로 큰 정육면체를 만든 후, (나)와 같이 꼭지점 부분의 쌓기나무 한 개를 빼었더니 (가)와 (나)의 겉넓이는 같았다. (가)에서 작은 정육면체를 빼고 남은 도형의 겉넓이가 (가)와 같기 위해 최대로 뺄 수 있는 작은 정육면체의 개수를 구하시오. (단, 쌓기나무는 남은 부분이 모두 연결되어 있어야 하며, 겉넓이는 밑면까지 포함시킨다.)

보기

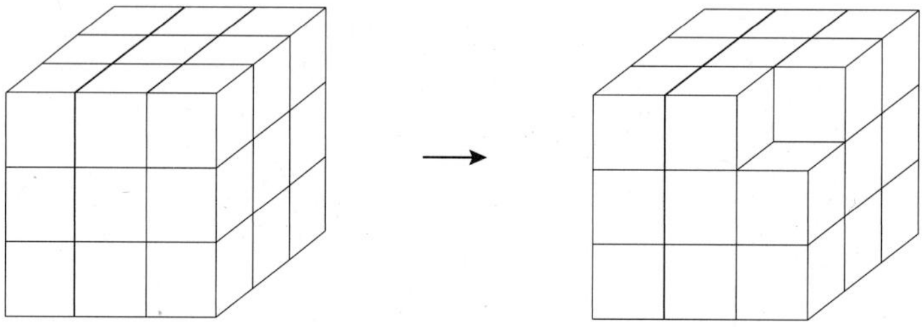

< 가 >　　< 나 >

영재교육원 기출 유형

23 15개의 점이 다음 <보기>와 같이 정삼각형 모양으로 놓여 있다. <보기>의 점을 이어서 정삼각형을 만들 때, 만들 수 있는 정삼각형의 개수는 모두 몇 개인가? (단, 돌리거나 뒤집었을 때 모양이 같더라도 다른 위치의 점을 이어 만든 삼각형은 다른 삼각형으로 본다.)

보기

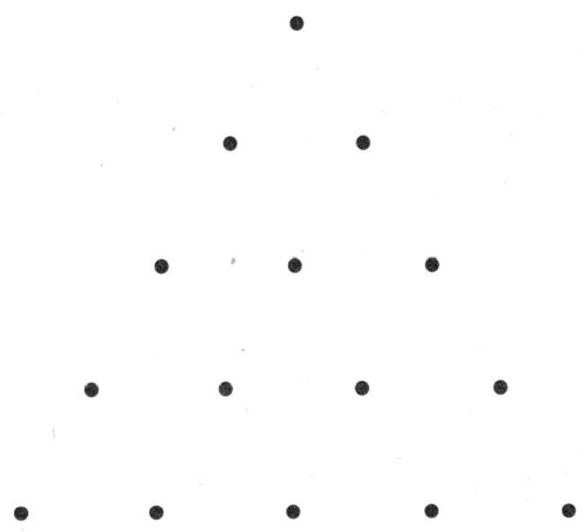

영재교육원 기출

24 선분 AB = 12, 선분 BC = 8, 선분 CA = 6인 삼각형 ABC에서 다음과 같이 사각형 ADEF가 마름모가 되도록 각 선분에 D, E, F를 정했을 때, 선분 BD의 길이를 구하시오.

• 두 쌍의 대응변의 길이의 비가 같고, 그 끼인각의 크기가 같은 때 두 삼각형은 닮은꼴이다.
• 두 각의 크기가 같을 때 두 삼각형은 닮은꼴이다.

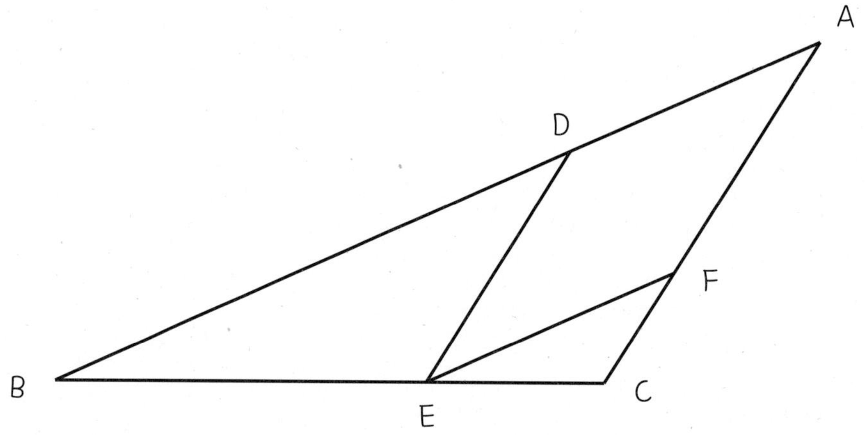

영재교육원 기출 유형

거리 = 시간 × 속력

25

무한이와 상상이는 <보기>와 같이 시계 방향으로 원형 트랙을 따라 달리기를 한다. 무한이와 상상이는 한 바퀴 달리는데, 각각 12분, 18분이 걸린다. 두 사람이 반대 위치에서 동시에 출발하면 몇 분 후에 무한이가 상상이를 따라잡을 수 있는가?

보기

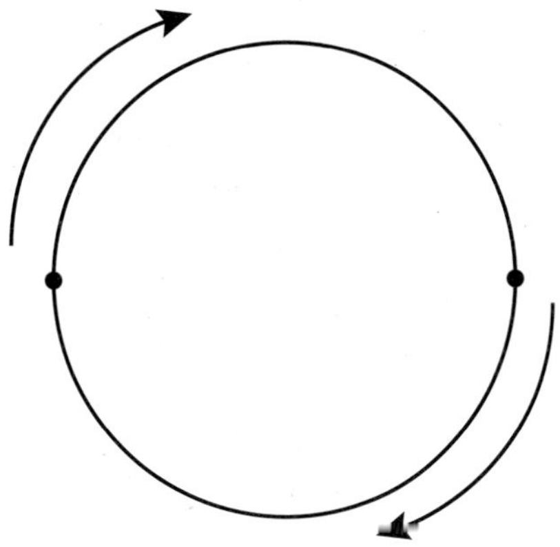

영재교육원 기출

26 두 종류의 물감 A, B가 있다. A, B를 1 : 4로 섞으면, 1kg당 2000원이 되고, 2 : 3의 비율로 섞으면 1kg당 2200원이 될 때, 물감 A, B의 1kg당 가격을 각각 구하시오.

27 무한이, 상상이, 알탐이 세 사람이 50개의 문제를 풀었고, 세 사람은 각각 30문제씩 맞혔다. 한 사람만 푼 문제를 '고급 문제', 세 사람이 모두 푼 문제를 '초급 문제'라고 할 때, 50개의 문제는 '고급 문제'이거나 '초급 문제'였다. '고급 문제'와 '초급 문제'는 각각 몇 문제인가?

영재교육원 기출

28 무한이는 통의 무게까지 합쳐서 56kg인 물 한 통을 <보기>와 같이 3일 동안 모두 사용하였다.

보기

· 첫째 날 : 물통에 담긴 물의 $\frac{1}{3}$ 을 사용하였다.

· 둘째 날 : 첫째 날 쓰고 남은 물의 $\frac{2}{3}$ 를 사용하였다.

· 셋째 날 : 이틀 동안 사용한 양의 $\frac{3}{7}$ 보다 6kg 적게 사용하였다.

무한이가 3일 동안 각각 사용한 물(첫째 날, 둘째 날, 셋째 날)의 양과 물통의 무게를 구하시오.

영재교육원 기출

29 다음 표는 어떤 달의 달력을 나타낸 것이다. A, B, C, D가 임의의 정수일 때, 이 달력에서 금요일의 날짜는 2 + 7A, 화요일의 날짜는 6 + 7B와 같이 나타낼 수 있다. 이 둘을 합하면 8 + 7(A + B) = 8 + 7C가 되는데, 목요일의 날짜는 1 + 7D와 같이 나타낼 수 있으므로 '금 + 화 = 목' 이라고 쓸 수 있다. 이와 같은 방법으로 계산한 다음 괄호를 일, 월, 화, 수, 목, 금, 토 중에서 고르시오.

일	월	화	수	목	금	토
				1	2	3
4	5	6	7	8	9	10
11	12	13	14	15	16	17
18	19	20	21	22	23	24
25	26	27	28	29	30	31

(1) 금 + 일 = (　　　　)

(2) 목 - 월 = (　　　　)

(3) 화 × 월 = (　　　　)

영재교육원 기출

30 다음 그림과 같은 물탱크가 있다. 비어 있는 물탱크에 위쪽 수도꼭지를 열어 물을 받기 시작하다가 표시선까지 물이 차면 아래의 수도꼭지를 연다. 아래쪽 수도꼭지 2개를 열면 24분 후 고여 있는 물이 하나도 없고, 3개의 수도꼭지를 열면 8분 후에 고여 있는 물이 하나도 없게 된다. 아래쪽 수도꼭지에서 나가는 물의 양은 각각 1분에 10L일 때, 물탱크의 표시선까지의 용량은 몇 L인가?

영재교육원 기출

31 무한이는 다음 5 × 5 칸의 정사각형에 ★을 그려 넣고 있다. 가로, 세로, 대각선으로 놓인 ★의 개수가 0, 1, 2개 중 하나가 되도록 ★을 그려 넣어 보시오.

	★	★		

정답 및 해설 / 예시 답안
p.109

영재교육원 기출

32 <보기>는 한 칸이 칠해진 3장의 필름지 A, B, C를 겹쳤을 때 칠해진 칸의 개수가 최소일 때와 최대일 때를 나타낸 것이다. 다음 주어진 필름지 (가), (나), (다) 3장을 겹쳤을 때 칠해진 칸의 최소 개수와 최대 개수를 각각 구하시오.

보기

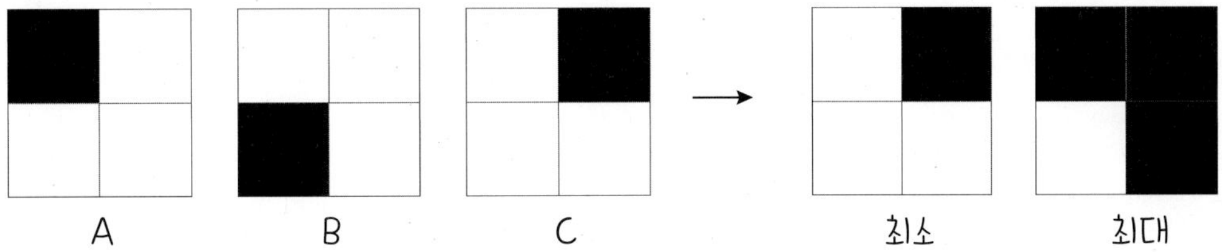

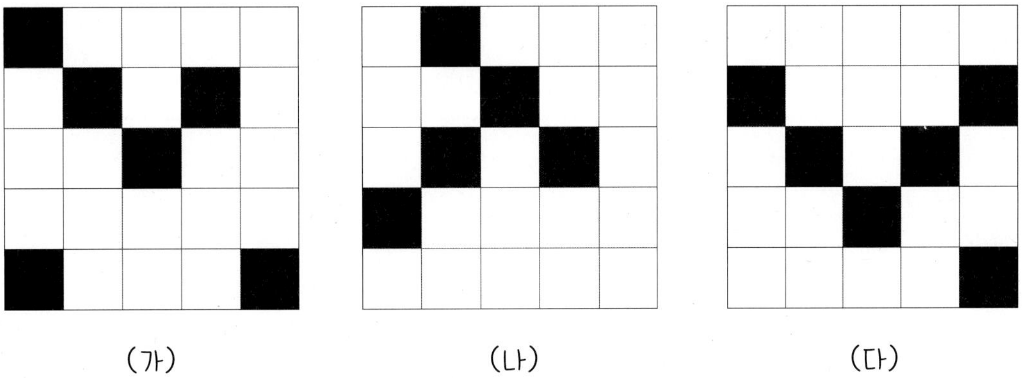

영재교육원 기출

33 다음 <보기>와 같이 한 변의 길이가 1m인 정삼각형을 그리고, 이 정삼각형 넓이의 $\frac{1}{4}$ 배인 정삼각형을 밑변이 닿도록 오른쪽에 연결한다. 같은 방법으로 넓이가 왼쪽 삼각형의 $\frac{1}{4}$ 배가 되도록 계속 붙일 때, 몇 개의 삼각형을 이어 붙이면 밑변의 길이의 합이 3m를 넘을 수 있는가? 만약 넘을 수 없다면 그 이유를 설명하시오.

보기

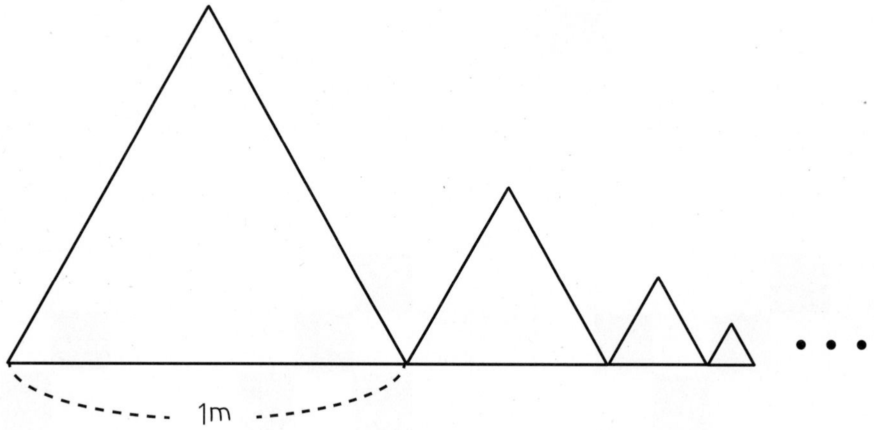

영재교육원 기출

34 다음과 같은 규칙으로 바둑돌을 놓을 때, 열번 째 모양에 사용된 흰 바둑돌과 검은 바둑돌의 개수를 각각 구하시오.

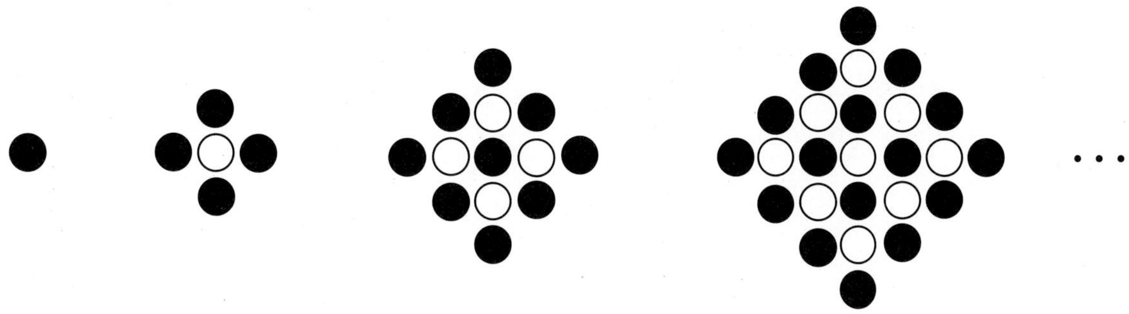

영재교육원 기출

35 다음 <보기>와 같이 한 변의 길이가 1m인 정사각형 (가)를 일정한 간격으로 잘라 (나), (다), (라) … 와 같이 정사각형의 개수를 늘려나간다. 선분의 길이의 합이 처음으로 20m를 넘을 때의 크고 작은 정사각형의 개수를 모두 구하시오.

보기

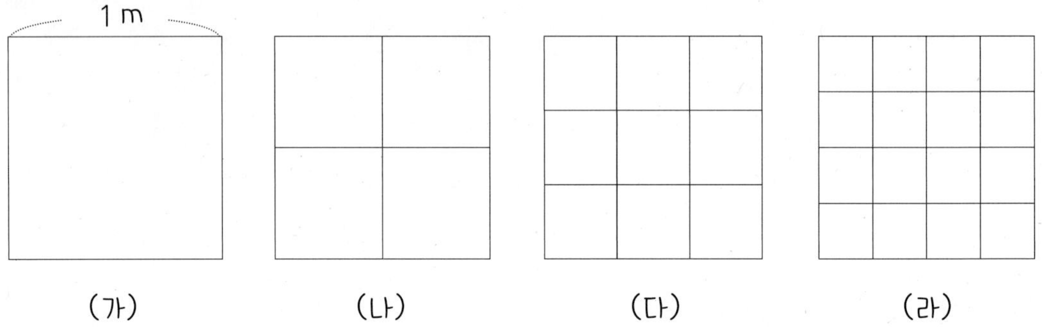

수능 기출 유형 영재교육원 기출 유형

36 그림과 같은 정육면체에서 세 꼭지점을 연결한 삼각형을 만들 때, 삼각형 BDG와 합동인 삼각형은 모두 몇 개인가?

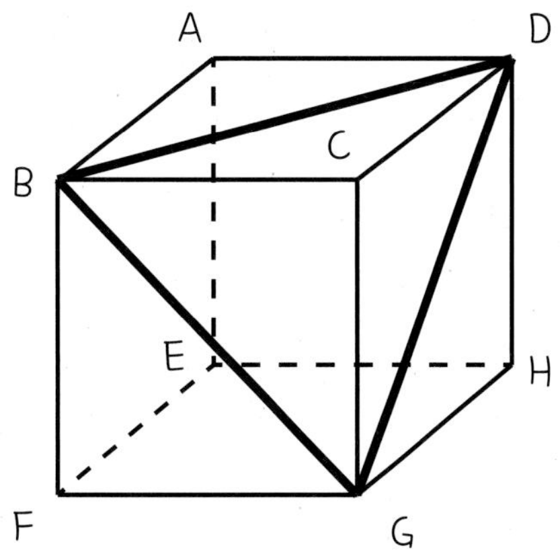

영재교육원 기출

37 (가)로 (나)를 (다)번 나누면 1이 되는 자연수 (가), (나), (다)의 관계를 (가) ◈ (나) = (다)로 표시한다. 예를 들어 3으로 27을 3번 나누면 27 ÷ 3 ÷ 3 ÷ 3 = 1이 되므로 3 ◈ 27 = 3이다. 다음 □ 에 알맞은 기호 또는 수를 쓰시오.

(1) A ◈ A = □

(2) A ◈ (B × C) = A ◈ B □ A ◈ C

(3) A ◈ (B □ C) = A ◈ B - A ◈ C

(4) A ◈ (B × B × B) = □ □ (A ◈ B)

영재교육원 기출 유형

38 다음 <보기>는 주어진 문구를 일정한 규칙에 따라 암호문으로 바꾼 것을 나타낸 것이다.

보기

"우리 나라 만세" → $\frac{8}{4} + \frac{10}{10} + \frac{4}{1} + \frac{10}{1} + \left(\frac{13}{1} \times 4\right) + \frac{5}{210}$

암호의 규칙을 설명하고, $\frac{8}{1} + \frac{10}{10} + \left(\frac{10}{1} \times 8\right) + \frac{5^2}{5} + \frac{10}{10} + \left(\frac{10}{1} \times 8\right)$이 나타내는 말을 해독하시오.

영재교육원 기출

39 삼각형 ABC에서 점 O가 외심이고, ∠AOB : ∠BOC : ∠COA = 3 : 4 : 5 일 때, ∠ABC의 크기를 구하시오.

삼각형은 세 꼭지점과 외심에 의해 3개의 이등변삼각형으로 나누어진다.

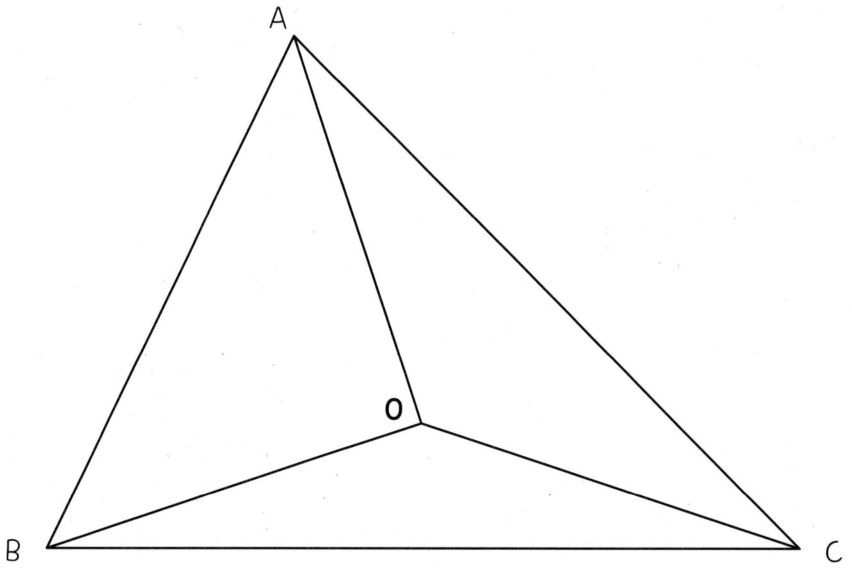

영재교육원 기출

40 다음 그림에서 직선 AC와 직선 BD는 평행하고, 선분 AB = 선분 BC, 선분 AC = 선분 CD일 때, ∠ BCD의 크기를 구하시오.

변의 길이의 비가 다음과 같은 직각 삼각형은 내각의 크기가 일정하다.

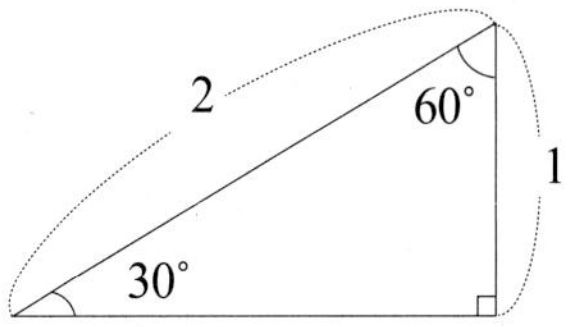

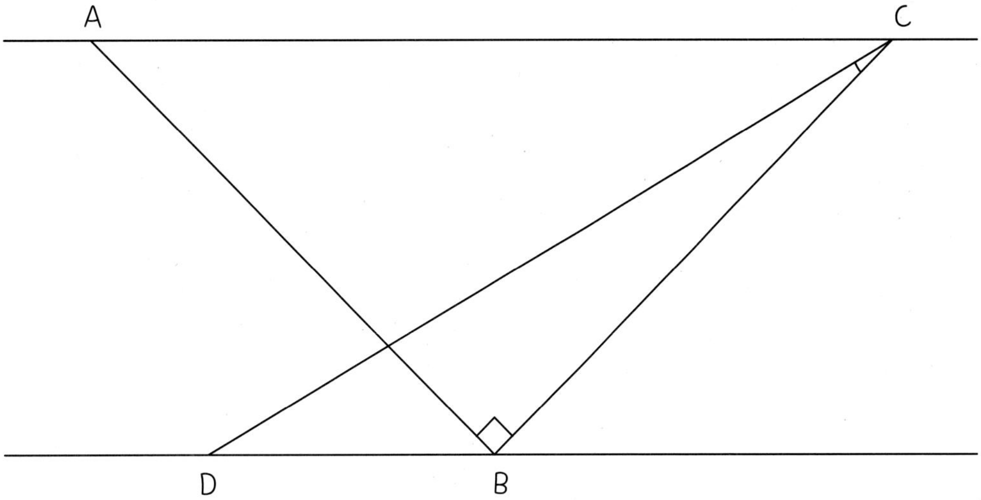

영재교육원 기출

41 다음 그림처럼 정삼각형 모양으로 패인 땅에 지름이 30cm인 원 모양의 파이프가 묻혀 있을 때, 파이프가 땅 위로 나온 부분의 높이는 얼마인가? (단, 땅의 깊이는 40cm이다.)

파이프 원의 중심에서 정삼각형의 세 꼭지점을 이은 선분에 의해 나누어진 작은 삼각형들의 넓이의 합을 이용한다.

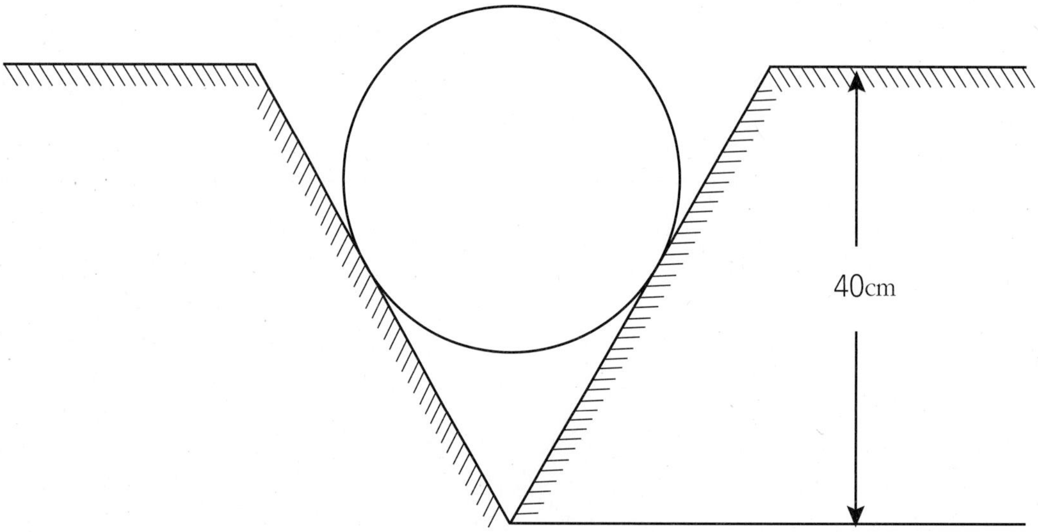

영재교육원 기출

42 다음과 같이 직사각형 ABCD와 사다리꼴 GCEF가 직선 X 위에 있다. 직사각형 ABCD가 직선 X를 따라 화살표 방향으로 움직일 때, 두 사각형의 겹쳐진 부분이 최대가 될 때의 넓이를 구하시오.

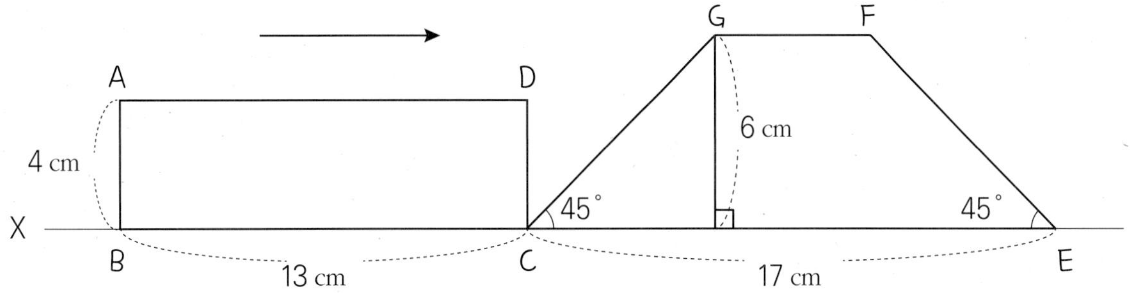

민사고 기출 유형

43 넓이가 76인 평행사변형의 변 AB 위에 임의의 점 E가 있다. 변 CD의 중점을 F, 선분 EC의 중점을 G라 할 때, 삼각형 FGC의 넓이를 구하시오.

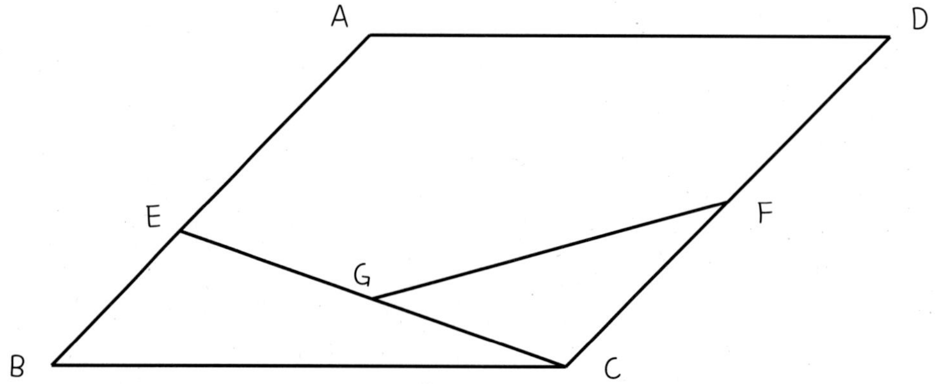

영재교육원 기출 유형

44 상상이는 다음과 같이 밑면의 반지름이 2cm인 원기둥 모양의 수수깡을 밑면에 평행한 평면으로 n번 잘랐다. 잘린 모양들의 겉넓이의 합을 n을 이용한 식으로 나타내시오. (단, 원주율은 π로 계산한다.)

· 반지름이 r 인 원의 둘레 $= 2\pi r$,
· 반지름이 r 인 원의 겉넓이 $= \pi r^2$

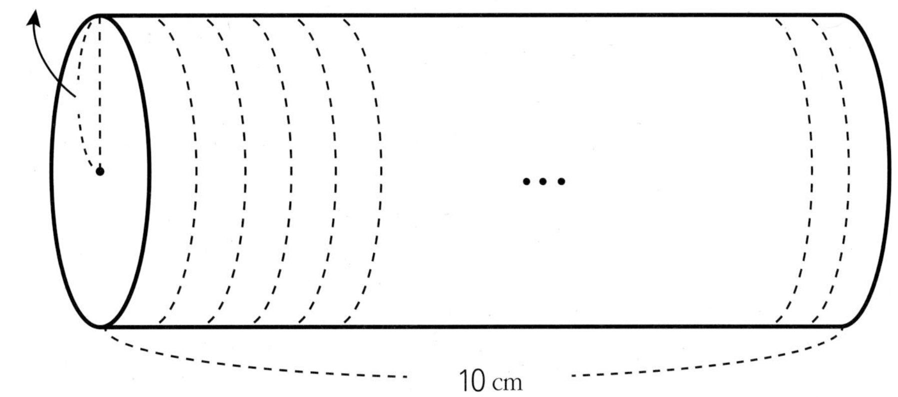

영재교육원 기출

45 무한이네 학교 토론반에서는 1학년 6명, 2학년 5명 중에서 토론 대회에 나갈 6명을 뽑으려고 한다. 적어도 2학년이 3명 뽑히는 경우의 수를 구하시오.

조건이 있는 조합 구하기

$${}_{n}C_{r} = \frac{{}_{n}P_{r}}{r!}$$

(단, $0 \le r \le n$
$r! = r \times (r-1) \times \cdots \times 2 \times 1$
$0! = 1$)

영재교육원 기출 유형

46 1부터 8까지 적힌 카드가 각각 2장씩 모두 16개의 카드가 있다. 이 중에서 하나의 카드를 선택하여 버린 후, 또 다시 하나의 카드를 선택하여 버릴 때, 5가 적힌 카드가 다섯 번째에 처음으로 선택될 확률을 구하시오.

확률은 어떤 사건이 일어날 가능성을 수로 나타낸 것으로 사건이 일어날 경우의 수를 일어날 수 있는 모든 경우의 수로 나누어 계산한다.

영재교육원 기출

47 (가), (나), (다), (라) 네 개의 축구팀이 경기를 하였다. 이 경기는 한 팀이 다른 세 팀과 모두 한 번씩 승부를 겨루는 방식으로 진행되어 각 팀당 3게임씩 모두 6게임이 진행되었다. 그 결과 네 개의 축구팀의 전적과 골 득실 상황은 다음 <보기>와 같으며, (나)팀과 (라)팀의 경기 결과는 1 : 0일 때, (나)팀과 (다)팀의 경기 결과는 몇 대 몇인지 구하시오. (단, 몇 대 몇인지 (나)팀과 (다)팀 순으로 쓴다.)

보기

(가)팀 : 1승 2무 (득점 : 7, 실점 : 4)

(나)팀 : 승패는 모르지만 무승부는 없음 (득점 : 7, 실점 : 5)

(다)팀 : 1승 1무 1패 (득점 : 6, 실점 : 8)

(라)팀 : 전적 모름 (득점 : 0, 실점 : 3)

48 무한이는 아래 <보기>와 같이 1부터 17까지의 수를 일렬로 나란하게 써 놓고 상상이와 번갈아 수와 수 사이에 + 또는 − 부호 중 하나를 쓰기로 하였다. 수 사이에 모든 +와 − 기호가 채워지면 식을 계산한다. 계산 결과가 짝수이면 무한이가, 홀수이면 상상이가 이긴다면 누가 이기겠는가?

• 짝수 :
⋯ −6, −4, −2, 0, 2 4 6 ⋯
• 홀수 :
⋯ −5, −3, −1, 1, 3, 5 ⋯

보기

1 2 3 4 5 6 7 8 9 10 11 12 13 14 15 16 17

49 다음 선분 AB의 길이는 500m이다. 선분 BC의 길이는 선분 AB의 50%이며, 선분 CD의 길이는 선분 BC의 50%일 때, 이와 같은 규칙으로 계속 선분을 그을 때, 모든 선분의 길이의 합(m)을 구하시오.

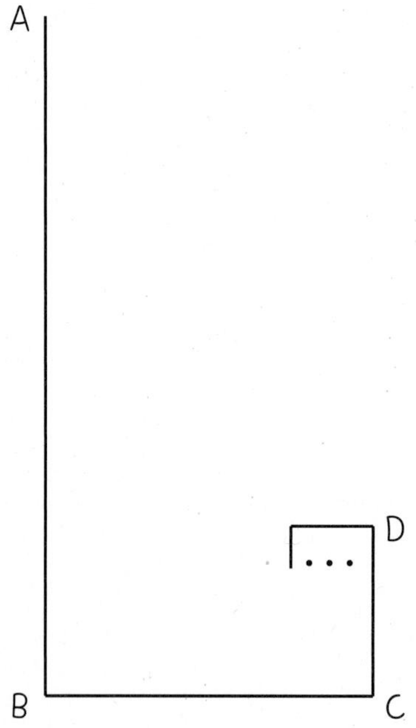

50 상상이는 다음 그림과 같이 9개의 서로 다른 정사각형을 겹치지 않도록 붙여 하나의 큰 직각 삼각형을 만들었다. 큰 직삼각형의 가로의 길이와 세로의 길이의 비를 가장 간단한 자연수의 비로 나타내시오.

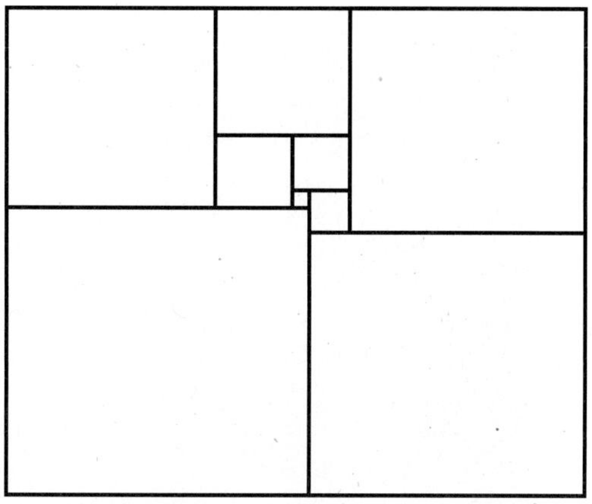

2 창의적 문제해결 과학

[각 문제 배점 : 5점]

교육청 기출 유형

01 다음 그림은 어항을 들고 줄타기를 하는 사람을 나타낸 것이다. 사람의 무게에 의해 줄이 느슨하게 늘어져 있는데, 사람의 무게와 줄이 사람을 떠받치는 힘을 비교 서술하시오.

- ○ 유창성
- ✓ 융통성
- ○ 독창성
- ✓ 정교성

영재교육원 기출 유형

02 무한이는 컵 속에 설탕을 넣고 숟가락으로 휘저었다. 물음에 답하시오.

○ 유창성
✔ 융통성
○ 독창성
○ 정교성

(1) 컵 속에 설탕을 그냥 넣었을 때보다 설탕을 넣은 후 숟가락으로 휘저었을 때 설탕이 더 빨리 녹는 이유를 가장 적절하게 설명한 것은?

① 설탕은 휘저어 주면 녹기 때문
② 물을 휘저어 주면 모든 것이 녹기 때문
③ 설탕이 숟가락에 부딪혀 부서지기 때문
④ 물을 휘저어 주면 설탕이 골고루 퍼지기 때문
⑤ 물을 휘저어 주면 물이 부서져서 설탕이 녹기 때문

(2) 무한이가 숟가락으로 물을 휘저었을 때, 무한이가 한 일의 양을 잴 수 있는 가장 좋은 방법은?

① 물이 흩어지는 모양을 보고
② 물이 돌아가는 모양을 보고
③ 휘젓는 물의 중심의 변화를 보고
④ 휘젓기 전후 물의 온도의 변화를 보고
⑤ 물이 돌며 용기의 가장 자리로 오르는 높이를 보고

03 무한이네 가족은 여름 방학을 맞아 캠핑을 갔다. 캠핑장에 도착한 무한이네 가족은 라면을 먹기위해 종이를 냄비 모양으로 접은 후 물을 담아 불에 올려 놓았다. 라면을 끓이는 동안 종이냄비에는 불이 붙지 않았다. 다음 물음에 답하시오.

○ 유창성
✔ 융통성
○ 독창성
✔ 정교성

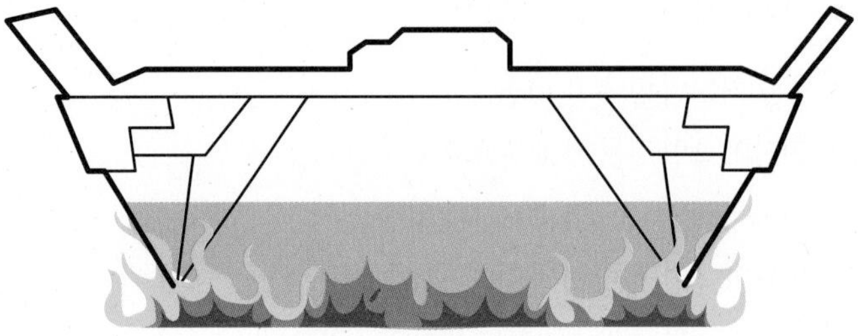

(1) 라면을 끓이는 동안 종이냄비가 타지 않는 이유를 서술하시오.

(2) 라면을 빨리 끓이기 위해 종이냄비에 물을 붓고 불꽃을 크게 했더니 냄비의 윗쪽 모서리 부분에 불이 붙었다. 물이 들어 있는데도 종이 냄비에 불이 붙은 이유는 무엇일지 쓰시오.

과학고 영재교육원 기출 유형

04 상상이는 <보기>의 준비물을 가지고 아래 그림과 같이 온도를 측정하는 장치를 만들었다. 물음에 답하시오.

○ 유창성
✔ 융통성
✔ 독창성
✔ 정교성

보기

물, 빨대, 유리병, 고무마개(유리병 입구에 맞는), 사인펜

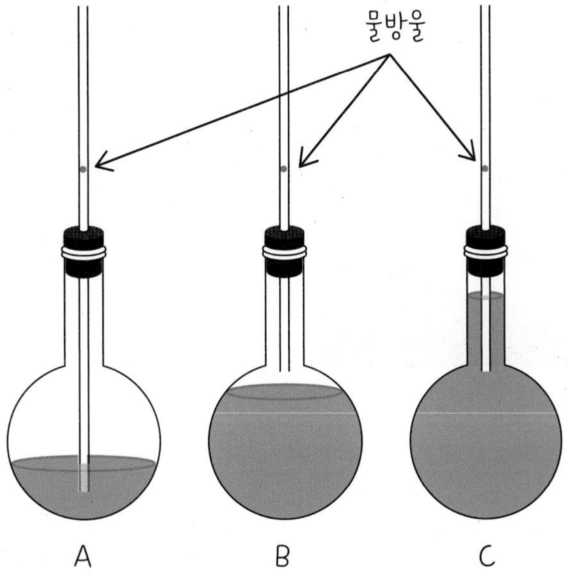

(1) 빨대에 온도 눈금을 표시할 때 10℃와 20℃의 눈금 간격이 가장 긴 것은 A ~ C 중 무엇인가? (단, 빨대의 굵기는 모두 같다.)

(2) 10℃와 20℃의 눈금 간격이 가장 짧은 것은 A ~ C 중 무엇인가?

05 1991년 필리핀 피나투보 화산의 폭발은 20세기 최대 규모로 기록되고 있다. 화산 폭발로 인해 4억 톤 가량의 유황가스와 함께 뿜어져 나온 2,000만 톤의 화산재와 먼지들은 하늘을 뒤덮어 태양빛을 차단하였기 때문에 북반구 기온은 2년간 약 0.55 ℃이상 내려갔다. 이는 피나투보 화산의 폭발이 거대하여 화산재를 성층권까지 밀어 올렸기 때문에 태양빛을 오랫동안 차단한 결과이다. 피나투보 화산 폭발에 의해 발생한 화산재가 오랫동안 태양빛을 차단할 수 있었던 이유를 성층권의 특징과 관련지어 서술하시오.

- ○ 유창성
- ✔ 융통성
- ○ 독창성
- ✔ 정교성

▲ 피나투보 화산 분출(폭발)

(출처 : USGS)

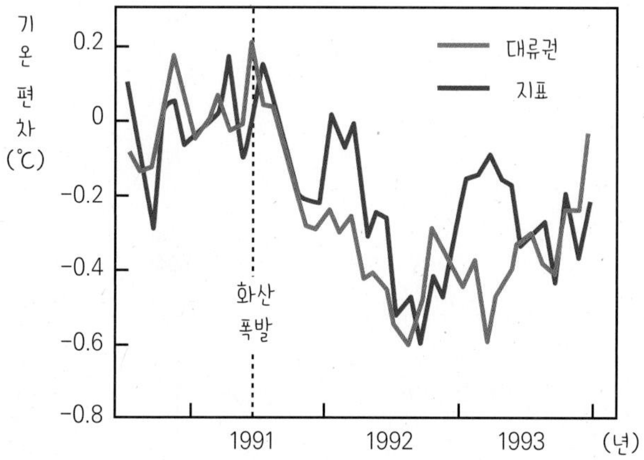

▲ 피나투보 화산 분출 후 지표와 대류권의 온도 변화

06

- 유창성
- ✓ 융통성
- 독창성
- ✓ 정교성

무한이는 금속 나트륨을 유리판 위에 쌀알 크기만하게 자른 후, 그림과 같이 시험관에 물을 넣고, 나트륨 조각을 넣어 시험관에 발생하는 기체를 모았다. 그리고 이 기체에 성냥불을 가까이 가져가 보고, 시험관에 페놀프탈레인 용액 1 ~ 2 방울을 떨어뜨려 보았다. 실험 결과가 다음과 같을 때 물음에 답하시오.

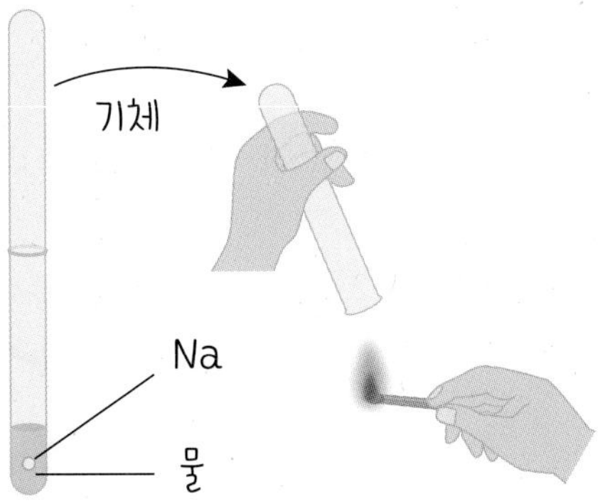

(A) 칼로 자른 금속 나트륨 표면이 처음에는 금속광택을 띠었으나, 조금 후 금속광택이 사라지면서 표면이 회백색으로 변하였다.

(B) 시험관에 모은 기체에 성냥불을 가까이 가져갈 때 '퍽' 하는 소리를 내면서 연소되었다.

(C) 페놀프탈레인 용액을 떨어뜨린 시험관 물은 붉은 색으로 변하였다.

(1) 나트륨 조각을 칼로 자른 후 표면의 금속광택이 금방 사라진 이유는 무엇 때문인가?

(2) 나트륨 금속광택이 사라지면서 일어나는 변화를 화학 반응식으로 나타내시오.

(3) 금속 나트륨 조각을 물에 넣었을 때 발생하는 기체는 무엇인가?

(4) 금속 나트륨과 반응한 용액에 페놀프탈레인 용액을 떨어뜨렸을 때 붉은 색으로 되는 이유는 무엇 때문인가?

(5) 위의 내용으로부터 금속 나트륨을 물에 넣었을 때 일어나는 화학반응을 반응식으로 나타내시오.

교육청 기출 유형

07 자연 상태에서의 길이가 20cm인 용수철에 1kg의 추를 매달았더니 길이가 10cm 늘어났다. 이 용수철에 질량 1kg의 추를 연결하여 아래 그림과 같이 저울 위에 올려놓고 저울의 바늘과 용수철의 길이를 조사하였다. 물음에 답하시오.

- ◯ 유창성
- ◯ 융통성
- ◯ 독창성
- ✓ 정교성

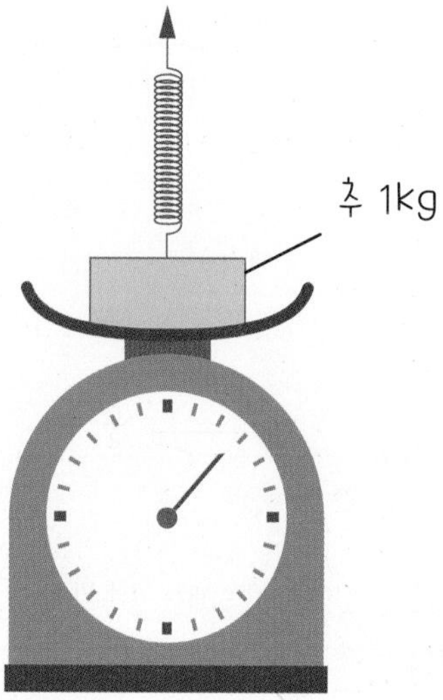

(1) 용수철의 길이가 20cm일 때 저울의 바늘은 얼마를 가리키고 있는지 쓰시오.

(2) 저울의 눈금이 450g을 가리킬 때 용수철의 길이는 몇 cm가 되는지 쓰시오.

(3) 용수철의 길이가 25cm가 되었을 때 저울의 눈금은 얼마를 가리키고 있는지 쓰시오.

08 동지(冬至)는 24절기 중 22번째 절기로서 음력 11월에 들며, 보통 양력 12월 22 ~ 23일경으로 북반구에서 태양의 남중고도가 가장 낮아 1년 중 낮의 길이가 가장 짧고 밤의 길이가 가장 긴 날이다. 이처럼 동지 전후의 겨울철에는 일조 시간과 햇빛의 양이 줄어들기 때문에 계절성 우울증(SAD : Seasonal Affective Disorder)이 나타날 수 있다. 일조량이 줄어들면 멜라토닌이 더 많이 분출되어 활력을 떨어뜨리며, 기분을 가라앉혀 신체 균형이 깨지므로 우울증이 더 심해진다고 한다. 다음 물음에 답하시오.

○ 유창성
✓ 융통성
○ 독창성
✓ 정교성

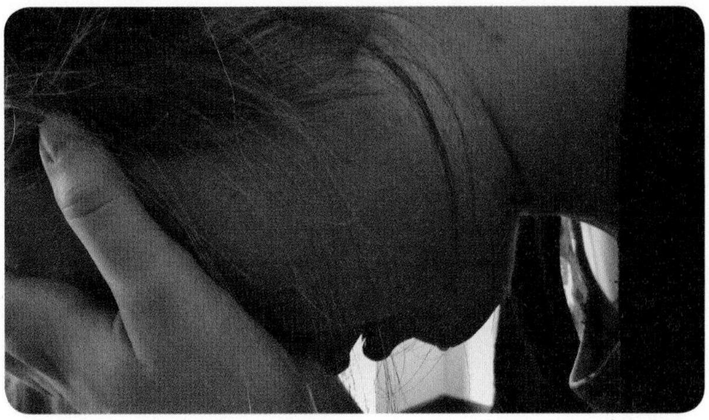

(1) 계절성 우울증으로 인해 신체 균형이 깨지며, 우울증이 심각해지면 외부 활동을 하지 않게 되어 비타민의 결핍이 초래된다. 이때 결핍되는 비타민은 무엇인가?

(2) (1)의 비타민이 부족할 때 나타날 수 있는 우리 몸의 변화에 대해서 서술하시오.

09 다음의 각 설명(A ~ D)과 관련 깊은 법칙을 <보기>에서 골라 각각 기호로 쓰시오.

- ○ 유창성
- ✓ 융통성
- ○ 독창성
- ✓ 정교성

A. 물과 과산화 수소에서 산소 한 원자와 결합하는 수소 원자 수의 비는 2 : 1이다.

B. 수소 기체 1 부피와 요오드 기체 1 부피를 반응시키면 요오드화 수소 기체 2 부피가 생성된다.

C. 수소 기체 2g과 산소 기체 32g이 반응하여 물이 생성될 때, 산소 16g은 반응하지 않고 남는다.

D. 황 32g을 공기 중에서 태우면 완전히 없어지는 것 같아 보인다. 하지만, 실제로는 공기 중의 산소 32g과 반응하여 이산화 황 64g이 생성된다.

보기

ㄱ. 질량보존의 법칙　　ㄴ. 일정성분비의 법칙　　ㄷ. 기체 반응의 법칙　　ㄹ. 배수비례의 법칙

10 다음 표는 별들의 색과 등급을 나타낸 것이다. 물음에 답하시오.

유창성
✔ 융통성
독창성
✔ 정교성

별	색	겉보기 등급	절대 등급
스피카	청색	1.2	– 2.2
시리우스	백색	– 1.5	1.4
태양	황색	– 26.8	4.8
크리거 60	적색	9.8	11.7

(1) 위 별들 중 표면 온도가 가장 높은 별은 무엇인지 그 이유와 함께 쓰시오.

(2) 지구에서 볼 때 가장 어둡게 보이는 별은 어느 별인지 그 이유와 함께 쓰시오.

(3) 지구로부터 가장 멀리 떨어져 있는 별은 어느 별인지 그 이유와 함께 쓰시오.

11 다음 그림은 어느 초원의 생태계의 먹이 그물을 나타낸 것이다. 물음에 답하시오.

○ 유창성
✓ 융통성
○ 독창성
✓ 정교성

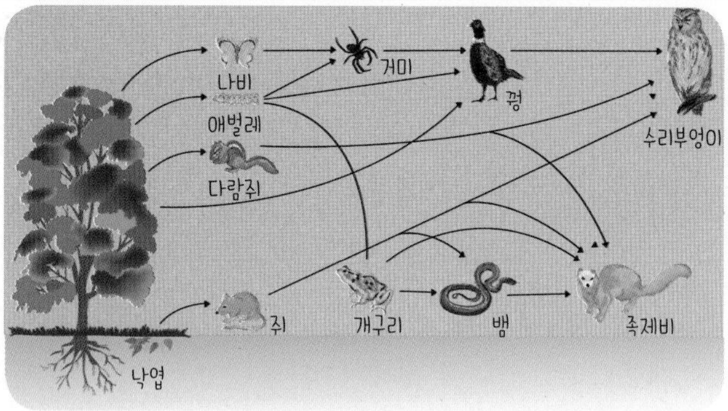

(1) 초원에 관광객을 유치하기 위해 인위적으로 토끼를 도입하였을 때, 먹이 그물이 어떻게 되는지 아래 그림에 화살표로 나타내시오.

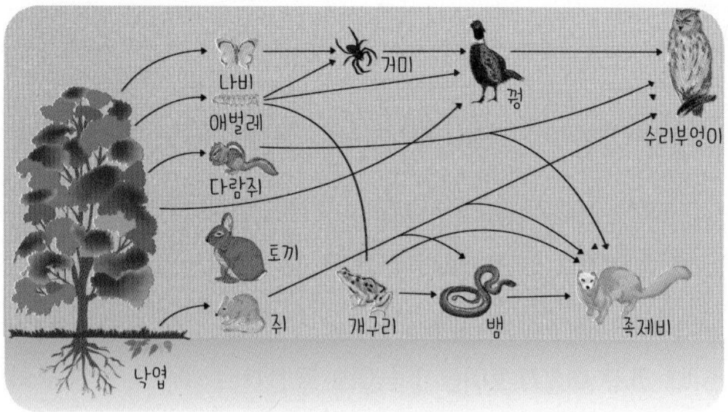

(2) 생태계의 평형을 이루고 있던 초원에 토끼가 도입되면서 생태계의 평형이 깨지게 되는데, 이 생태계에 나타날 수 있는 변화와 생태계의 평형이 회복되는 과정을 서술하시오.

(3) 평화롭던 초원에 밀렵꾼이 나타나 수리 부엉이를 멸종시켜 버렸을 때 나타날 수 있는 생태계의 변화를 서술하시오.

교육청 기출 유형

12 다음 물음에 답하시오.

- 유창성
- 융통성
- 독창성
- ✔ 정교성

(1) 다음 그림에서 키가 작은 사람 A와 키가 큰 사람 B 중에서 누가 더 큰 힘으로 물통을 들고 있는지 설명하시오.

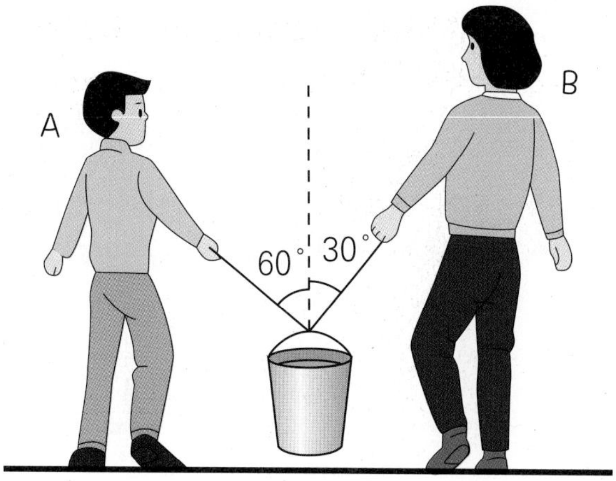

(2) 두 사람이 물체를 위로 서서히 들어올릴 때, 물체가 위로 올라옴에 따라 두 사람의 손에 작용하는 힘의 크기는 어떻게 변하는지 설명하시오.

13 다음 그림과 같이 크기가 다른 용기에 같은 종류의 기체가 서로 다른 압력으로 들어 있을 때, 물음에 답하시오. (단, 온도는 일정하다.)

- ○ 유창성
- ✓ 융통성
- ○ 독창성
- ✓ 정교성

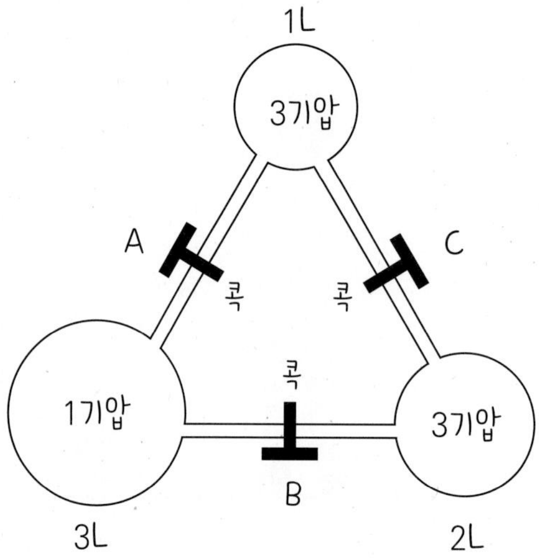

(1) 콕 A만 열었을 때의 압력은 몇 기압인가?

(2) 콕 B만 열었을 때의 압력은 몇 기압인가?

(3) 콕 A ~ C 중 2개를 임의로 열었을 때의 압력은 몇 기압인가?

교육청 기출 유형

14 겨울철 내리는 눈은 다 같은 눈이 아니다. 보송보송한 함박눈이 펑펑 내리는가 하면, 얼음알갱이와 같은 싸락눈, 진눈깨비 등 눈의 종류는 다양하다. 다음 물음에 답하시오.

- 유창성
- 융통성
- 독창성
- ✓ 정교성

(1) 눈이 내릴 때 기상 조건에 따라 다양한 종류의 눈이 만들어지는데, 눈은 어떻게 만들어지기 때문에 눈의 종류가 다양한지 서술하시오.

(2) 겨울철 매우 춥고 건조할 때 함박눈이 펑펑 내릴 것 같은데, 밀가루 같은 가는 눈이 내린다. 그 이유는 무엇 때문인지 서술하시오.

교육청 기출 유형

15 직선 도로에서 자동차 A가 정지해 있는 자동차 B를 향해 달려오고 있다. 자동차 A가 B의 옆을 지나는 순간(t = 0) 자동차 B도 출발하였다. 다음 그래프는 자동차 B가 출발한 시간을 기준으로 두 자동차 A, B의 시간에 따른 속력의 변화를 나타낸 것이다. 물음에 답하시오.

- ○ 유창성
- ✔ 융통성
- ○ 독창성
- ✔ 정교성

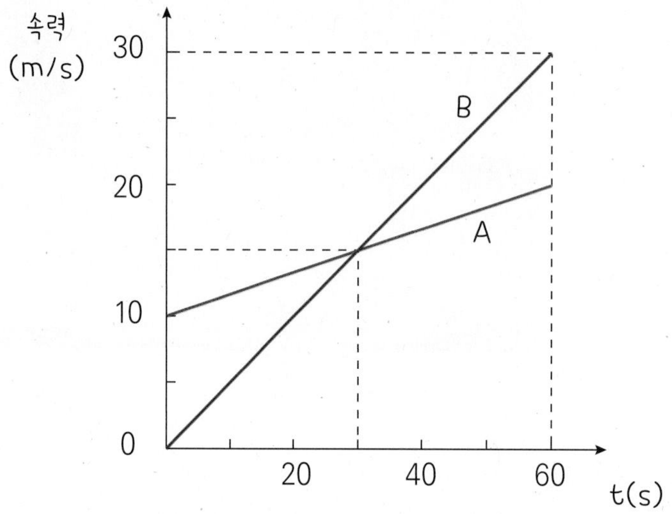

(1) 자동차 A와 B의 속력이 같아졌을 때, 자동차 A는 B보다 몇 m 앞서고 있는가?

(2) 두 자동차 A와 B가 서로 나란하게 달리는 지점은 자동차 B가 출발한 지점에서 몇 m 지난 곳인가?

16 다음은 몸의 크기가 비슷한 쥐와 도마뱀을 실험실의 사육장에 넣고 온도를 10℃에서 35℃까지 변화시킬 때의 동물의 체온(가)과 몸속 에너지 사용 활동량(대사율)(나)을 나타낸 것이다. 물음에 답하시오.

- ✔ 유창성
- ✔ 융통성
- ○ 독창성
- ✔ 정교성

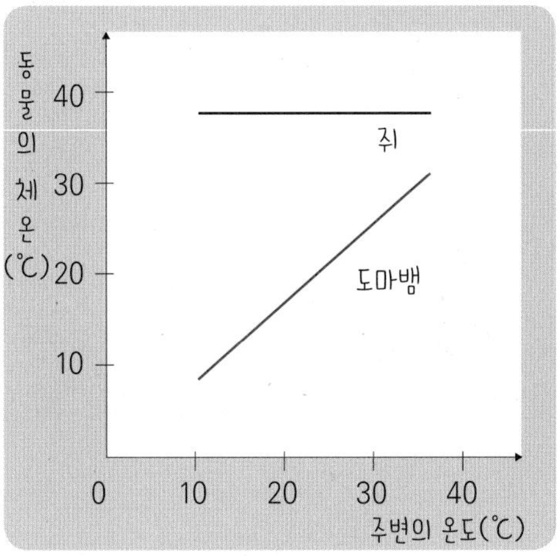

(가)

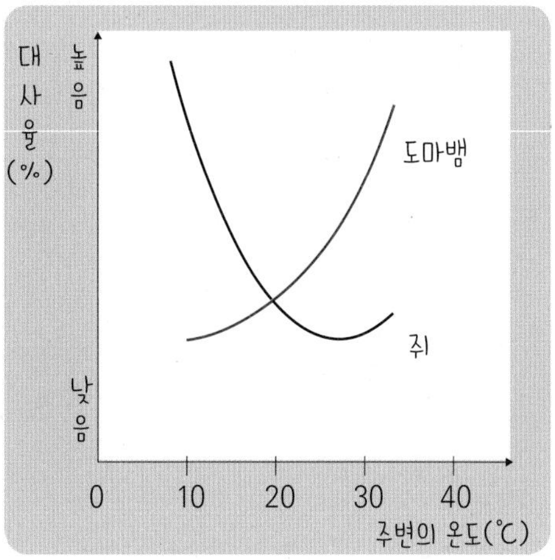

(나)

(1) 쥐와 도마뱀의 체온은 주변 온도에 따라 어떤 변화가 있었는지 쓰시오.

(2) 도마뱀은 체온 조절이 불완전하여 주변의 온도가 어느 정도 이하가 되면, 굴을 파고 들어가 활동을 멈춘다. 그렇다면 쥐와 같은 동물은 어떤 방법으로 체온을 유지하는지 쓰시오.

(3) (가)와 (나)를 바탕으로 체온 혹은 주변의 온도와 대사율의 관계를 설명하시오.

(4) 개구리와 곰은 겨울잠을 잔다. 개구리와 곰의 겨울잠은 같은지 다른지 자신의 의견을 서술하시오.

17 다음 표는 일정량의 금속 아연(Zn)에 어떤 농도의 염산 100ml를 가했을 때 발생한 기체의 부피를 나타낸 것이다. 물음에 답하시오. (단, 온도와 압력은 일정하다.)

○ 유창성
○ 융통성
○ 독창성
✔ 정교성

아연(g)	0.10	0.20	0.30	0.40	0.50
기체(ml)	60.0	120	180	210	210

(1) 아연 0.50g에 염산 120ml를 가했을 때 발생하는 기체의 부피(ml)와, 반응하지 않고 남은 아연의 질량(g)을 각각 쓰시오.

(2) 위의 염산 50ml에 증류수 50ml를 넣어 혼합시킨 용액 10ml를 시험관에 넣고 0.10g의 아연을 넣어 완전히 반응시켰을 때, 반응하지 않고 남은 아연의 질량(g)을 쓰시오.

18 다음은 상상이가 여러 날 동안 같은 시각에 달의 위치를 관찰하고 그림을 그린 결과이다. 물음에 답하시오.

○ 유창성
✔ 융통성
○ 독창성
✔ 정교성

(1) 이 달을 관찰한 시각은 언제인지 쓰시오.

(2) 남쪽 하늘에 가장 높이 떠 있는 달은 음력 몇 일에 볼 수 있는 달의 모습인가?

(3) 위 그림을 보고 알 수 있는 사실을 모두 고르시오. (3개)

① 달은 매일 조금씩 늦게 뜬다.

② 달의 모양은 바뀌지만 달의 표면 모습은 항상 똑같다.

③ 왼쪽의 달은 음력 2일경 오른쪽의 달은 음력 15일 경의 모습이다.

④ 매일 같은 시각에 달을 관찰하면 달의 위치는 서쪽에서 동쪽으로 옮겨간다.

⑤ 뜰 때는 보름달 모양이었다가 점차 달의 모양이 변해서, 질 때는 초승달이 된다.

19 지구 주위를 원운동하고 있는 우주선 속의 무중력 상태에서는 지상에서와 다른 경험을 하게 된다. 다음 물음에 답하시오.

○ 유창성
✔ 융통성
○ 독창성
✔ 정교성

(1) 촛불은 켜 놓자마자 곧 꺼진다고 한다. 그 이유를 설명하시오. (우주선 내부에는 공기가 차 있다.)

(2) 사이다 병마개를 따도 사이다 속의 기포가 수면으로 올라오지 않는다. 그 이유를 설명하시오.

(3) 무중력 상태가 되는 이유를 설명하시오.

20 다음 (가), (나)는 생물의 진화 이론의 예시로 두 가지의 경우를 소개한 것이다. 물음에 답하시오.

○ 유창성
✔ 융통성
○ 독창성
✔ 정교성

(가) 호주의 슈거글라이더는 유대류(태아를 모체의 외부주머니에서 발생시킴)이고 북아메리카의 날다람쥐는 표유류(태아를 모체의 몸안 자궁 안에서 발생시킴)이지만 두 종은 다른 조상으로부터 독립적으로 진화했으나 비슷한 모양과 공중을 활강할 수 있는 능력을 갖고 있다.

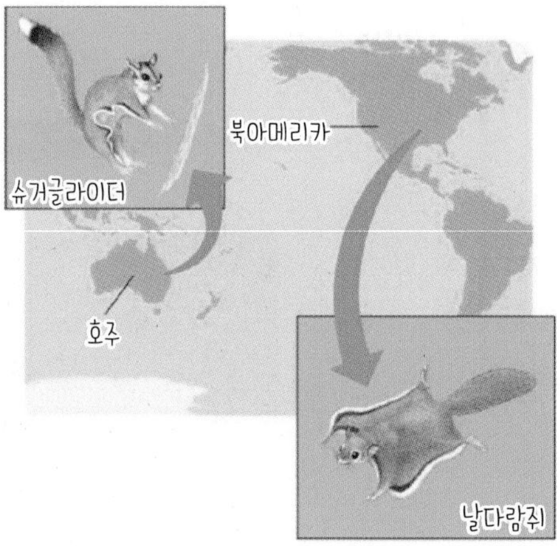

(나) 남미 대륙에서 1,000km 떨어져 있으며 19개의 섬으로 구성되어 있는 화산섬 갈라파고스 군도에서 다윈은 여러 종류의 핀치새를 관찰하였다. 그런데 이들의 부리 모양이 남미 대륙에 사는 핀치새와 다른 모습을 갖고 있다. 다윈은 갈라파고스 군도 핀치새들의 서식지 및 먹이를 조사하여 부리 모양과 환경이 어떤 관계가 있는지 설명하고자 하였다.

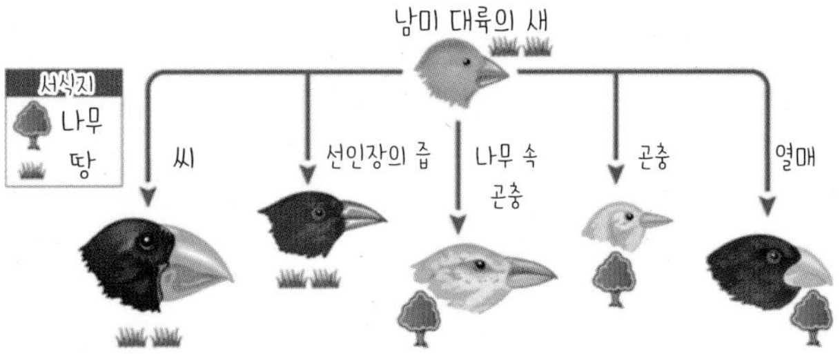

▲ 갈라파고스 군도의 새

(1) (가)와 (나)의 슈거글라이더와 갈라파고스 군도의 핀치새 등장의 공통적인 원인은 무엇인가?

(2) (가)와 (나)에 등장하는 오스트레일리아의 슈거글라이더와 갈라파고스 군도의 핀치새는 특정 지역에서만 볼 수 있는 종으로 그 원인을 진화 개념으로 설명할 수 있다. <보기>의 빈 칸에 알맞은 말을 '같은', '다른', '비슷한' 중 한 개로 채우시오.

보기

· (가)에서 종이 (　　　　) 슈거글라이더와 날다람쥐는 (　　　　) 환경에 적응하면서 진화한 결과 날아다니는 능력을 공통적으로 갖고, 유사한 생김새를 갖게 되었다.

· (나)는 (　　　　) 종의 개체가 각자 (　　　　)환경에 적응하여 부리 모양이 환경에 맞게 변한 것이다.

21 다음은 전자레인지의 원리를 설명한 것이다. 물음에 답하시오.

- 유창성
- 융통성
- 독창성
- ✓ 정교성

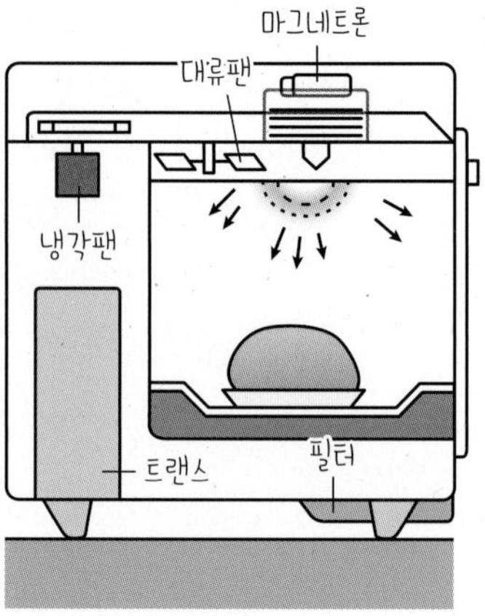

▲ 전자레인지의 단면

전자레인지는 무선통신에 사용하던 마이크로파를 이용하는 첨단 조리 방법이다. 마그네트론이라는 마이크로파 발생 장치가 핵심이다. 가정용 전자레인지는 주로 진동수가 2.45 기가헤르츠(GHz)인 마이크로파를 이용한다. 그런 마이크로파가 음식물에 들어있는 물 분자에 흡수되면 물 분자의 회전 운동이 빨라지게 되어 뜨겁게 달아오른다. 물론 시간이 지나면 뜨겁게 달아오른 물 분자들의 에너지가 확산되어서 전체가 뜨거워진다. 마그네트론의 크기가 작기 때문에 회전 받침대를 이용해서 음식물에 마이크로파가 고르게 쪼여지도록 만든다.

(1) 종이로 된 우유팩을 뜯지 않고 데울 수 있는가? 없다면 그 이유를 설명하시오.

(2) 음식물을 가스레인지를 사용하여 데울 때와 비교했을 때, 전자레인지로 데울 때의 장점을 쓰시오.

22 무한이는 어느 날 밤 8시에 다음 그림과 같이 북극성, 북두칠성, 카시오페이아자리를 보았다. 물음에 답하시오.

○ 유창성
✓ 융통성
○ 독창성
✓ 정교성

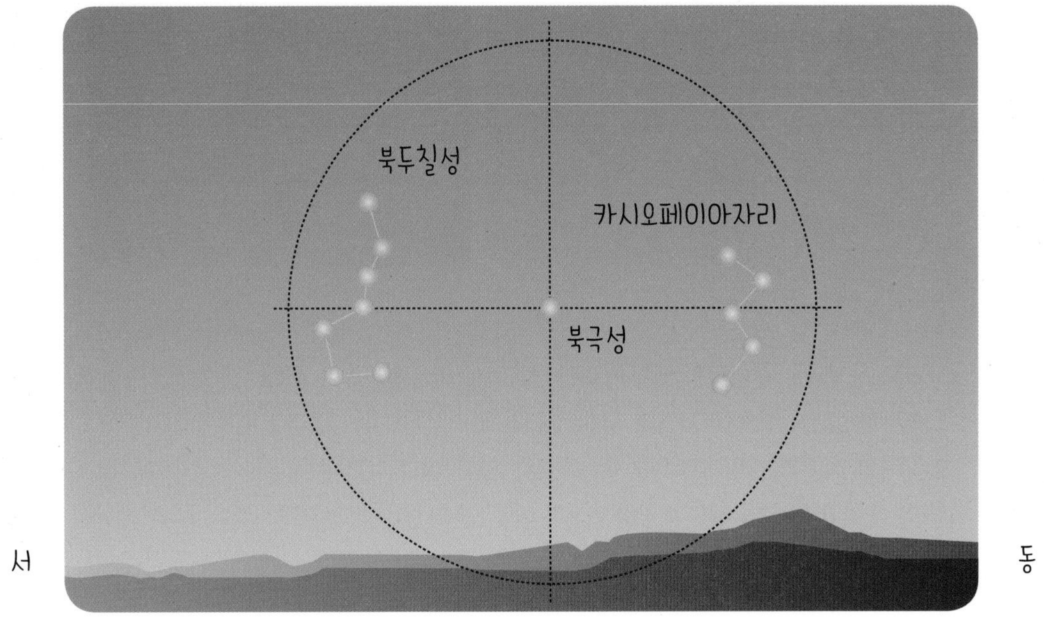

(1) 다음 날 새벽 2시에 보일 카시오페이아자리의 모습을 위의 그림에 그리시오.

(2) 다음의 (가)와 (나) 두 이야기를 읽고 무한이가 잘못 생각하고 있는 점이 무엇인지 찾아 그 이유를 설명하시오.

(가) 상상이는 높은 산으로 야영을 떠났다. 도시와는 다르게 불빛도 없고, 공기도 맑아 북극성을 쉽게 찾을 수 있을 것이라고 생각했다. 상상이가 사는 동네보다 훨씬 높은 산이기 때문에 북극성이 지평선 부근에 떠 있을 것이라고 생각했다. 그래서 열심히 지평선을 따라 북극성을 찾아보았다.

(나) 상상이는 호주 여행을 가서 밤하늘의 북극성과 별자리를 관측할 예정이다. 우리나라에서 여러 번 별을 관측해 본 일이 있어서, 호주에서 북극성을 더 쉽게 찾을 수 있을 것이라고 생각했다.

23 다음 그림은 '식충 식물'로 알려진 파리지옥의 모습을 나타낸 것이다. 파리지옥은 식물의 특성, 동물의 특성을 갖는 생명체이다. 물음에 답하시오.

- ◯ 유창성
- ✔ 융통성
- ✔ 독창성
- ✔ 정교성

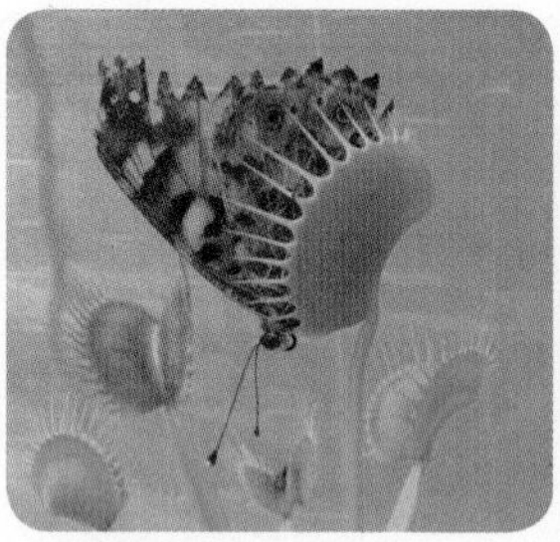

파리지옥은 곤충을 잡아먹는 식충식물이다. 파리, 나비, 거미 등의 곤충을 산 채로 먹으며 일단 먹이를 삼키면 소화가 완전하게 될 때까지 잎을 닫아 놓는다. 파리지옥은 유인 냄새를 뿌려 파리가 덫으로 들어오게 하고, 잎의 안쪽의 자극털을 건드리면 덫을 닫는다. 보통 일주일이나 10일간의 소화 기간을 가지며 소화가 끝나면 잎이 열리고 소화가 안 되는 뼈다귀 등이 나오며 이것들은 바람에 날려간다.

(1) 파리지옥이 식물이라는 증거와 동물이라는 증거를 각각 쓰시오.

(2) 파리지옥은 식물인지, 동물인지 자신의 의견을 이유와 함께 서술하시오.

24 다음은 어떤 물질 (X)의 성분을 알아보기 위한 실험 과정과 결과이다. 물음에 답하시오.

○ 유창성
✔ 융통성
○ 독창성
✔ 정교성

- 어떤 물질 (X)을 열분해하였더니 물질 Y와 산소가 발생하였다.
- 물질 Y의 불꽃 반응의 색깔은 노란색이다.
- 물질 Y를 전기 분해하였더니 (+)극에서 황록색 기체가 발생하였다.
- 물질 Y의 수용액에 질산은 용액을 떨어뜨렸더니 흰색 앙금이 생겼다.
- 물질 X는 NaClO, $NaClO_2$, $NaClO_3$ 중 하나이다.

(1) 물질 Y의 화학식을 쓰시오.

(2) 물질 X를 구성하는 원소를 모두 쓰시오.

(3) 물질 X를 열분해할 때 일어나는 변화를 화학 반응식으로 쓰시오.

영재 교육원 기출

25 다음 그림은 어느 날 우리나라 부근의 일기도를 나타낸 것이다.

- ◯ 유창성
- ✔ 융통성
- ◯ 독창성
- ✔ 정교성

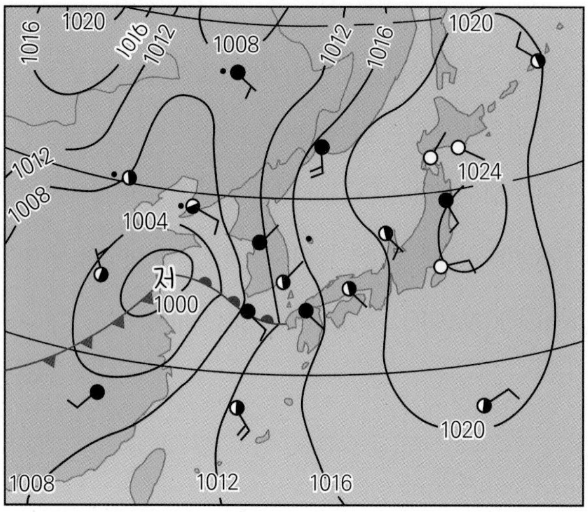

저기압 중심이 북동 방향으로 진행한다면, 온난 전선이 통과하는 전후 서울 지방의 일기 변화를 다음의 네 가지 측면에서 각각 예측하시오.

(1) 풍향

(2) 기압

(3) 온도

(4) 날씨

교육청 기출 유형

26 다음 중력에 관한 물음에 답하시오.

○ 유창성
✔ 융통성
○ 독창성
✔ 정교성

(1) 작용하는 모든 힘에는 항상 크기가 같고 반대 방향으로 작용하는 힘이 있다. 만일 낙하하는 물체를 끌어당기는 지구의 중력을 작용력이라고 한다면, 중력의 반작용력은 무엇인가?

(2) 양팔 저울에 물체와 분동을 놓고 수평이 되도록 하였다. 이것을 그대로 달에 가져가면 수평 상태가 어떻게 달라지겠는가?

(3) 지구에서 무게가 98N인 물체의 질량은 몇 kg인가?

(4) 적도 지방에서 질량이 10kg인 물체를 극지방에 가지고 갔을 때의 질량과 무게는 어떻게 될까?

27 다음 나무에 관한 물음에 답하시오.

- ○ 유창성
- ✔ 융통성
- ○ 독창성
- ✔ 정교성

(1) 나이테는 나무의 변화 형태뿐만 아니라 나무가 성장한 지역의 환경 변화까지 보여준다. 다음 A, B 두 나무의 나이테를 통해 나무가 자란 환경을 유추하여 쓰시오.

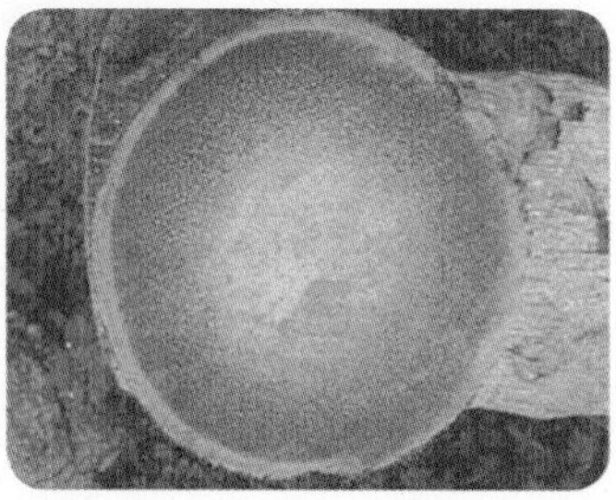
(A)

(B)

(2) 다음 사진은 일제 강점기에 송진을 채취하기 위해 일본인들이 소나무에 칼집을 내고 남은 소나무의 흉터 모습이다. 나무의 껍질에 깊은 흉터가 남았지만 소나무는 죽지 않고 여전히 잘 자라고 있다. 그렇다면 식물의 줄기에 흉터가 생겼을 때 식물이 생존할 수 있는 이유는 무엇인지 쓰시오.

(3) 길이가 1m인 어린 나무에 뿌리로부터 1m인 지점에 칼로 표시를 해 놓고 1년이 지난 뒤에 그 위치를 확인하였을 때 표시한 부분의 위치는 어떻게 변했을지 이유와 함께 쓰시오.

28 지하수를 쓰는 가정에서는 물을 항상 공급받기 위해 옥상에 저장 탱크를 설치하여 물을 받아 두고 있다. 저장 탱크 안의 공기의 압력이 3.40기압이 될 때까지 외부로부터 물이 저장 탱크 안으로 들어간다. 탱크에서 물이 빠지면 공기는 팽창하고 압력은 떨어진다. 탱크 안의 측정 압력이 1.00기압으로 떨어지면 펌프가 작동하여 탱크 안으로 다시 물이 공급된다. 측정 압력이 3.40기압일 때 1500L의 탱크 안에는 물이 80% 차 있다. 물음에 답하시오. (단, 탱크 안의 온도는 일정하다.)

○ 유창성
✔ 융통성
○ 독창성
✔ 정교성

(1) 압력이 1.00기압이 될 때, 탱크 안의 공기 부피는 몇 L인가?

(2) 펌프가 한번 작동할 때 공급되는 물의 양은 몇 L인가?

영재 교육원 기출 유형

29 다음 그림은 어느 지역의 지질 단면도를 나타낸 것이다. A ~ F는 지층, G와 H는 화성암, X – X′은 부정합, Y – Y′은 단층, H주변에 어두운 부분은 변성 지역이다.

- ○ 유창성
- ✓ 융통성
- ○ 독창성
- ✓ 정교성

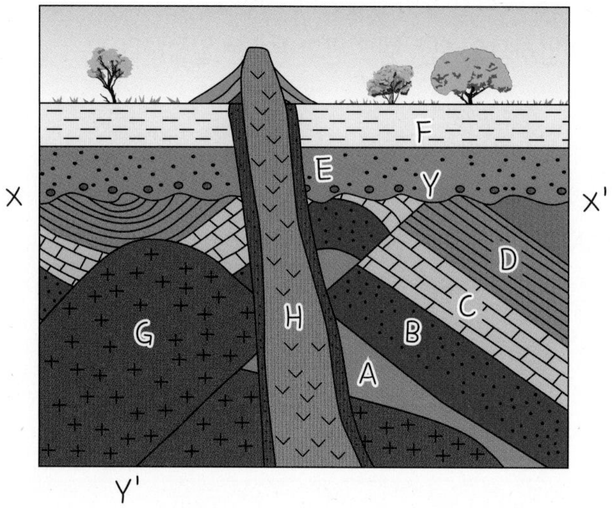

지층 A ~ F, G, H, 부정합(X – X′), 단층(Y – Y′)을 먼저 생성된 것부터 순서대로 바르게 나열하시오.

30 그림과 같은 직선도로를 따라 자동차 A는 속도 20 m/s로 오른쪽 방향으로 등속도 운동을 하고 있다. 자동차 A가 P점을 지나고 10초가 지난 후에 자동차 B는 Q점에서 자동차 A와 같은 방향으로 정지상태에서 출발하여 가속도 2 m/s²로 등가속도 운동을 하였다. 물음에 답하시오.

◯ 유창성
◯ 융통성
◯ 독창성
✔ 정교성

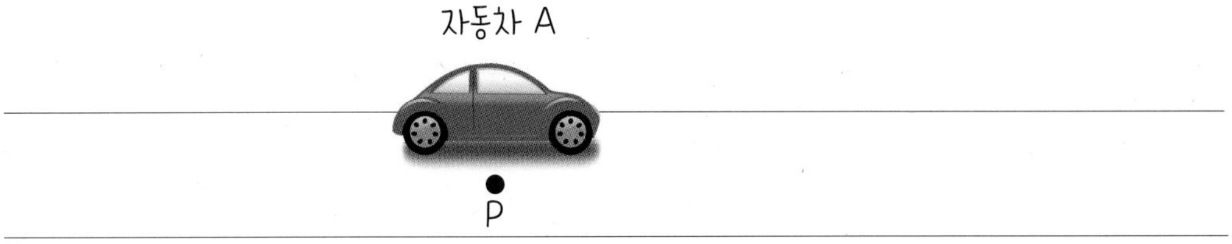

(1) 자동차 B가 출발한지 15초 후에 두 자동차가 만났다면 Q점은 P점으로부터 어느 방향으로 얼마만큼 떨어진 곳인가?

(2) Q점이 P점으로부터 왼쪽 방향으로 100m 떨어진 점이라면, 자동차 B가 A를 추월하게 되는데 걸리는 시간을 구하라.

31 다음 그림은 자율 신경의 작용을 나타낸 것이다.

- ○ 유창성
- ✔ 융통성
- ○ 독창성
- ✔ 정교성

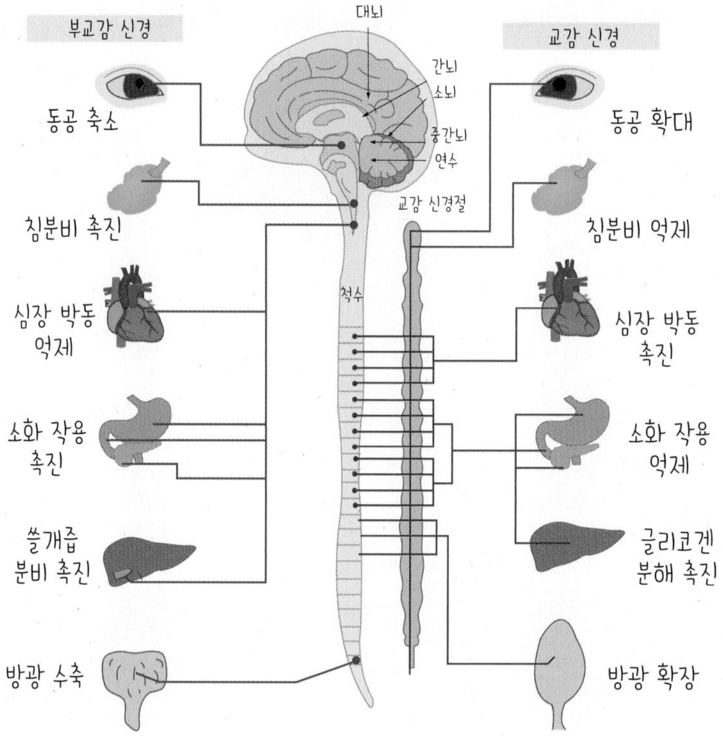

▲ 자율 신경계의 모식도

혈압이나 호흡 등 생체 반응을 이용하여 피의자의 진술의 진위성을 판별하는 장치인 거짓말 탐지기가 상반된 진술과 이해 관계가 얽혀 있는 교통사고 피의자 진술의 진위성을 판별하는데 활용되고 있다. 위의 자료를 참고하여 거짓말 탐지기는 자율 신경계의 어떤 특징을 이용한 것인지 서술하시오.

32

유창성 / 융통성 ✓ / 독창성 / 정교성 ✓

다음 그림은 얼음물로 식힌 사이다를 시험관에 $\frac{1}{3}$ 정도 넣고, 50℃의 물이 담긴 비커에 넣을 때 발생하는 기체의 성질을 알아보는 실험 장치이다. 물음에 답하시오.

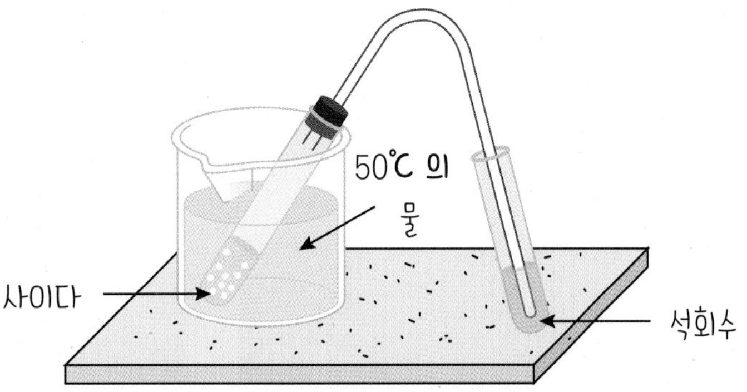

(1) 기체가 발생하기 전에 석회수에 붉은 리트머스 종이를 넣어 보면 색깔은 어떻게 되는가? 또, 그 이유는 무엇인가?

(2) 50℃의 물이 든 비커에 시험관을 넣을 때 시험관 속에서 기체가 발생하는 이유는 무엇인가?

(3) 시험관에서 발생하는 기체를 석회수에 통과시키면 용액에서 어떤 현상이 일어나는가? 또한, 계속해서 기체를 통과시키면 용액은 어떻게 되는가?

(4) 사이다에서 발생하는 기체가 10℃, P기압에서 일정량의 용매에 χ(g), V(ml) 녹는다면, 같은 온도에서 nP 기압으로 압력을 높였을 때, 녹는 기체의 질량(g)과 부피(ml)는 얼마인가?

33 잠수함은 배의 앞부분과 뒷부분에 있는 주부력 탱크에 바닷물을 채워서 잠수함의 무게를 조절하고 압축공기를 빼내거나 불어 넣으면서 부력을 조절하여 잠수와 부상을 한다. 잠수함이 바다 속으로 잠수해야 하는 경우, 주부력 탱크에 바닷물을 많이 채워서 잠수함의 무게를 늘리면 잠수함에 작용하는 부력의 크기보다 바다 아래쪽으로 작용하는 중력이 더 커져서 잠수함은 가라앉게 된다. 잠수함이 물 속에 잠겨 있다가 떠올라야 할 경우에는 주부력 탱크에 압축 공기를 불어넣어 탱크 안의 바닷물을 잠수함 밖으로 배수시킨다. 그러면 잠수함의 무게가 줄어들어 부력이 중력보다 커지게 되며 잠수함은 바다 위쪽으로 떠오르게 되는 것이다.

○ 유창성
✔ 융통성
○ 독창성
✔ 정교성

바다는 장소나 계절에 따라 염분이 조금씩 달라진다. 잠수함의 부력도 염분에 따라 달라지게 된다. 우리나라 동해의 강릉에서 출발한 잠수함이 황해로 이동할 경우, 잠수함의 부력은 어떻게 달라지게 될지 염분의 변화와 함께 서술하시오.

34 아르키메데스의 원리는 물체를 물 속에 넣었을 때 그 물체가 밀어낸 부피의 물 무게에 해당하는 부력을 받는다는 것이다. 물음에 답하시오.

○ 유창성
✔ 융통성
○ 독창성
✔ 정교성

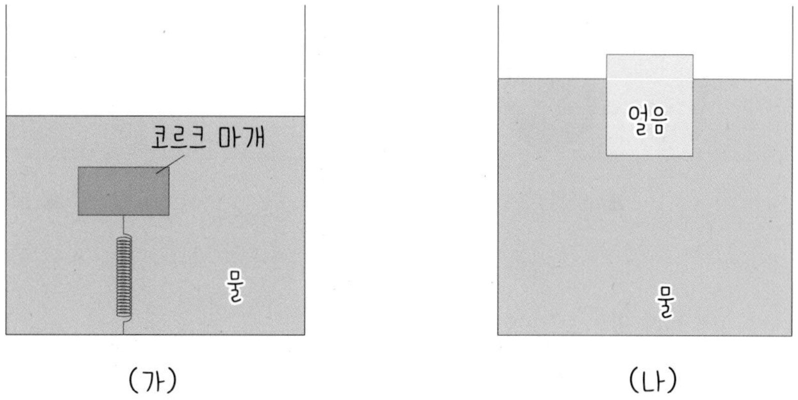

(1) 그림 (가)와 같이 코르크 마개를 용수철로 물컵 바닥에 부착시켰을 때 부력에 의하여 용수철이 약간 늘어날 것이다. 이 컵을 달 표면에 가져가면 용수철이 늘어나는 길이가 지상에서와 비교하여 어떻게 달라질지 서술하시오.

(2) 그림 (나)와 같이 얼음이 떠 있는 경우 달 표면과 지구상에서 얼음이 잠기는 수위의 차이가 있는지, 있으면 어떻게 차이가 나는지 서술하시오.

(3) 그림 (나)에서 얼음이 녹으면 컵의 물의 수위는 어떻게 될지 서술하시오.

35 다음 그림은 우리 몸의 소장과 폐에 대한 설명을 나타낸 것이다.

○ 유창성
✔ 융통성
○ 독창성
✔ 정교성

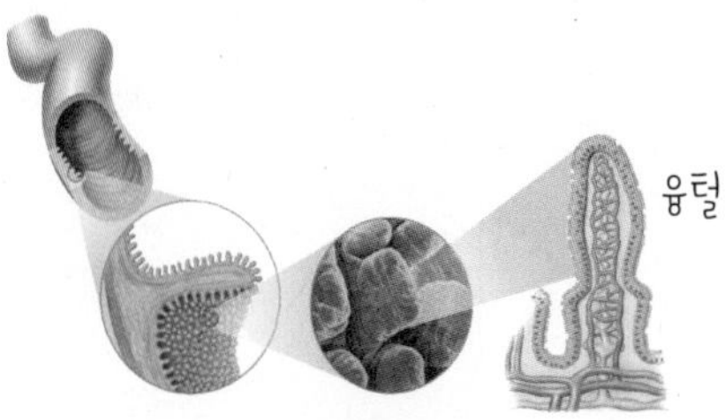

▲ 소장의 융털

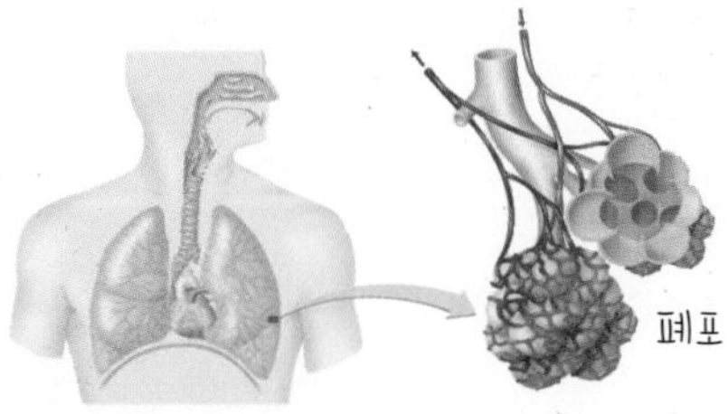

▲ 폐를 이루는 폐포

소장은 안쪽 벽에 많은 주름이 있고, 주름의 표면에는 작은 돌기 모양의 융털이 무수히 많이 돋아나 있다. 융털은 소화된 영양소와 소장 내벽이 접촉하는 면적을 증가시켜 영양소를 효과적으로 흡수할 수 있도록 한다. 융털의 가운데에는 암죽관이 있고, 암죽관은 모세혈관이 그물처럼 둘러싸고 있다.

폐는 약 3억 ~ 4억 개의 폐포로 구성되어 있다. 폐포는 포도송이 모양으로 세기관지의 끝에 붙어 있다. 들숨일 때, 숨을 들이쉬면 흉강의 부피가 증가하게 되면서 폐포는 표면적이 넓어져 공기와의 기체 교환이 효율적으로 일어난다. → 기체 분압 차에 의한 확산(분압이 높은 곳에서 낮은 곳으로)

소장과 폐와 흡사한 원리를 이용하는 식물의 구조와 그 구조의 장점을 쓰시오.

36 황과 산소는 화합하여 다음 표와 같이 A, B 두 가지 화합물을 만든다. 물음에 답하시오.

유창성
융통성
독창성
✓ 정교성

성분 / 종류	황	산소
A	50 %	50 %
B	40 %	60 %

(1) 각 화합물에서 황 1g과 결합한 산소의 질량은 각각 몇 g인가?

(2) 화합물 A의 화학식을 SO_2라고 할 때 화합물 B의 화학식을 구하라.

(3) 산소의 원자량이 16.0이면 황의 원자량은 얼마인가?

대회 기출 유형

37 다음 <보기>는 학생들이 생활 주변에서 볼 수 있는 과학 현상들을 이야기한 내용이다.

- ○ 유창성
- ✓ 융통성
- ○ 독창성
- ✓ 정교성

보기

A : 비행기를 탔는데 가지고 갔던 과자 봉지가 빵빵하게 부풀어 오른 것을 보았어.

B : 어제 엄마가 튀김을 만들어 주셨어. 끓는 기름에 물방울이 떨어졌는데 기름이 튀어서 내 손등이 조금 데었어.

C : 연못에 갔더니 물 위에 소금쟁이가 떠 있는 것을 보았어. 소금쟁이는 어떻게 물에 빠지지 않고 물 위에 떠 있을 수 있을까?

D : 물이 가득 담긴 컵에 종이를 올려놓고 종이를 손으로 잡은 채로 컵을 뒤집은 다음에 종이에서 손을 떼어도 컵 속에 있는 물이 쏟아지지 않았어.

E : 주말에 할머니께서 김치를 담그시는데, 신기한 광경을 보았어. 큰 대야에 물을 넣고 달걀을 넣으셨는데, 물에 소금을 섞어 녹이니까 달걀이 떠올랐어.

이러한 현상들이 나타난 이유를 설명할 때 사용되는 주요 과학적 개념들이 같은 것끼리 모두 연결하시오.

대회 기출 유형

38 상상이는 백화점 옷 매장에 있는 전신 거울을 보면 집에 있는 전신 거울을 볼 때보다 키가 더 크게 보인다는 것을 발견하였다. 왜 그런지 알아보기 위해 거울을 자세히 살펴보았더니 집에 있는 거울은 바닥에 수직으로 세워져 있지만, 백화점 매장에 있는 거울은 약간 기울어져 있었다.

◯ 유창성
◯ 융통성
◯ 독창성
✓ 정교성

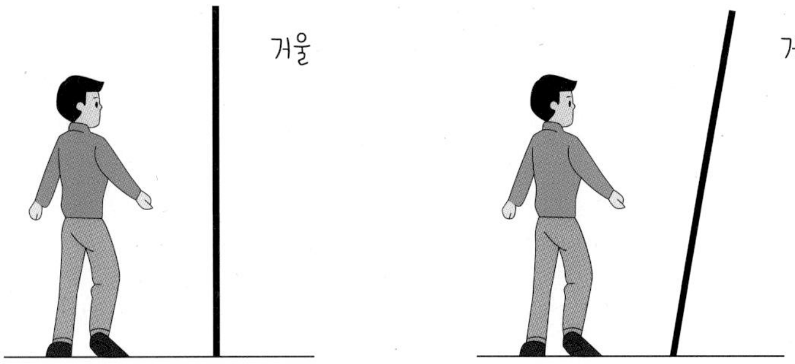

수직으로 세워진 거울과 기울어진 거울에 모습을 비추어 보았을 때 나타나는 현상에 관한 설명으로 옳은 것만을 <보기>에서 있는 대로 고르시오.

보기

(가) : 수직으로 세워진 거울의 경우 사람의 길이와 상의 길이는 같다.

(나) : 기울어진 거울을 통해서 본 상은 기울어져 있는 모습을 나타낸다.

(다) : 기울어진 거울에 다가가면서 관찰하면 상은 가까이 간 거리만큼 뒤쪽으로 멀어진다.

(라) : 기울어진 거울에 나타난 상의 길이는 수직으로 세워진 거울에 의한 상의 길이보다 길다.

(마) : 기울어진 거울에 나타난 상을 바라보는 시야의 각도가 수직으로 세워진 거울의 상을 바라보는 시야의 각도보다 더 크다.

대회 기출 유형

39 다음 그림은 사물에서 망막을 통해 대뇌 피질까지 사람의 시지각(사물의 유사성과 차이성을 구별하는 시간 변별)이 성립되는 과정을 나타낸 것이다.

- ◯ 유창성
- ✔ 융통성
- ◯ 독창성
- ✔ 정교성

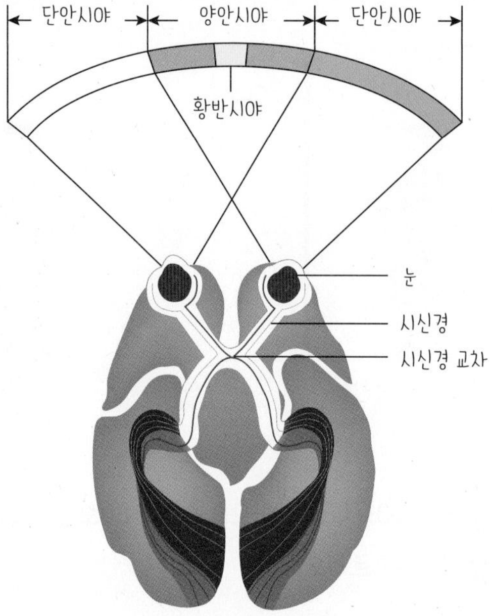

이러한 사람의 시지각 과정에 대한 설명으로 옳은 것만을 <보기>에서 있는 대로 고르고 그 이유를 서술하시오.

보기

ㄱ. 왼쪽 눈으로 들어온 시각 정보는 오른쪽 뇌로만 이동한다.

ㄴ. 시각 정보의 해석은 좌뇌와 우뇌에서 종합적으로 일어난다.

ㄷ. 시세포가 반응하는 모든 정보는 '시교차' 지점에서 교차가 일어난다.

ㄹ. 한쪽 눈만 정상인 사람의 뇌는 시각정보 처리가 뇌의 한쪽에서만 일어난다.

대회 기출 유형

40 다음은 액체 질소를 유리 주전자에 반쯤 넣고 뚜껑을 덮은 후 시간이 지남에 따라 일어나는 변화를 관찰한 결과이다. 액체 질소는 공기 중의 질소를 액화시켜 만든 것으로 끓는점은 −196℃이다.

- 유창성
- 융통성
- 독창성
- ✔ 정교성

A : 액체 질소 안에서 투명한 기포가 매우 빠르게 발생한다.

B : 주전자 주둥이를 통해서 밖으로 하얀 연기 같은 물질이 나온다.

C : 주전자 표면에서 하얀 고체가 생긴다.

D : C에서 생긴 하얀 고체를 떼어 손 위에 놓았더니 액체로 변했다.

이 실험 결과에 대한 설명으로 옳은 것만을 <보기>에서 있는 대로 고르시오. (단, 공기 중에 이산화 탄소를 없다고 가정한다.)

보기

(가) : A는 흡열 과정이다.

(나) : A에서 액체 질소는 끓고 있다.

(다) : B의 하얀 연기는 기화된 질소가 액화된 것이다.

(라) : C는 발열 과정이다.

(마) : B와 C에서 생긴 물질은 서로 다르다.

탐구력 문제

41 무한이는 다음과 같이 아이스크림을 만드는 실험을 하였다.

○ 유창성
✓ 융통성
○ 독창성
✓ 정교성

<실험 과정>

A. 금속 용기에 우유 200ml를 넣은 후, 뚜껑을 덮고 아이스박스에 넣는다.

B. 금속 용기 주변과 밑바닥을 잘게 부순 얼음으로 채운 후, 얼음에 소금을 뿌린다.

C. 약 20분 정도 지난 후, 금속 용기의 뚜껑을 열고, 큰 나무 숟가락으로 금속 용기 안에 생긴 덩어리를 계속해서 저어준다.

<실험 결과>

금속 용기 속에는 아이스크림이 만들어졌고, 금속 용기 밖에 있는 얼음의 질량은 감소하였다.

실험에 따른 각 물질의 상태 변화와 이에 따른 열의 출입을 다음 표의 빈칸에 쓰시오.

물질	상태 변화	열의 출입
소금	( )	( )
우유	( )	( )

탐구력 문제

42 무한이는 콩이 자라는 환경에 대한 실험을 수행하였다.

○ 유창성
✔ 융통성
○ 독창성
✔ 정교성

<탐구 과정>

준비물 : 페트리 접시, 강낭콩, 물, 솜, 비누, 합성 세제

① 페트리 접시 3개에 각각 솜을 깐다.

② 첫번 째 페트리 접시에는 물을 붓고, 두번째 페트리 접시에는 비눗물을, 세번째 페트리 접시에는 합성 세제를 탄 물을 같은 양만큼 넣는다.

③ 각 페트리 접시에 강낭콩을 올려 놓는다.

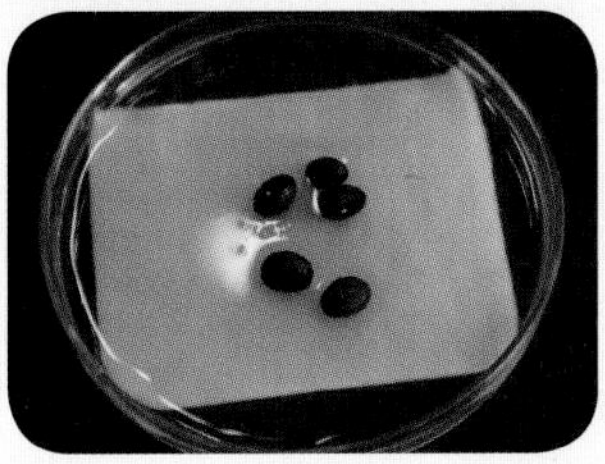
▲ 물

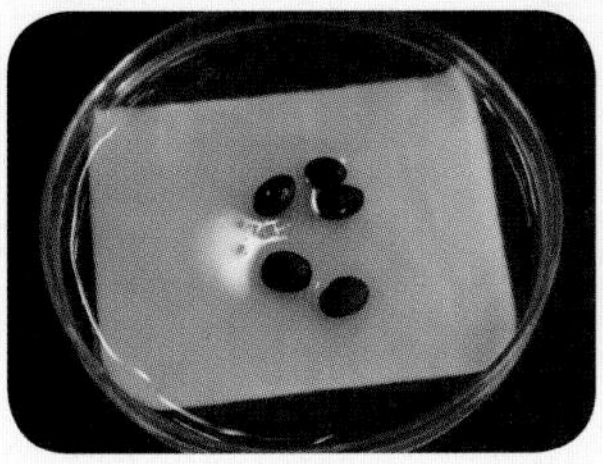
▲ 비눗물

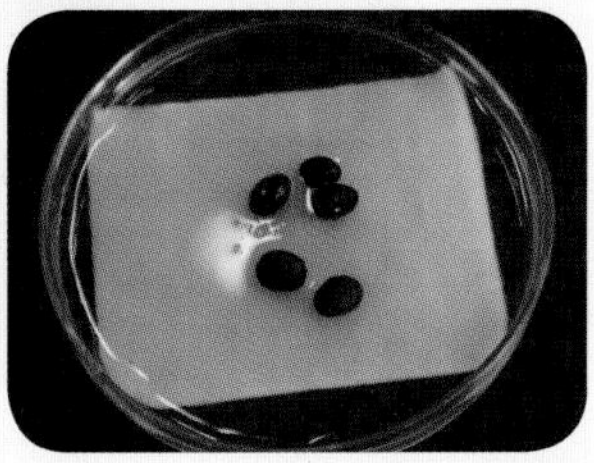
▲ 합성 세제물

④ 페트리 접시를 덮고 햇빛이 들지 않는 곳에 놓은 후 관찰한다.(솜의 물이 마르지 않도록 한다.)

위 실험 과정을 통해 다음 물음에 답하시오.

(1) 무한이가 생각한 가설은 무엇인지 쓰시오.

(2) 실험 결과에 변화를 줄 수 있는 요인을 쓰시오.

(3) 실험 결과를 예상하여 쓰시오.

탐구력 문제

43 무한이는 다음과 같이 빛의 반사와 굴절 실험을 수행하였다. 물음에 답하시오.

◯ 유창성
✔ 융통성
◯ 독창성
✔ 정교성

<탐구 과정>

준비물 : 거울, 각도기, 흰종이, 광학용 물통, 우유, 모기향, 레이저 포인터

(1) 빛의 반사

① 흰 종이에 수직선과 수평선을 90° 되도록 선을 그리고 각도기와 거울을 이용하여 그림과 같이 장치한다.

② 레이저 포인터를 이용하여 한 쪽에서 빛을 비추고 빛이 반사되는 모양을 관찰한다.

③ 각도를 바꿔가면서 관찰하고 빛이 반사되는 모양을 관찰한다.

(2) 빛의 굴절

① 광학용 물통에 물을 반 채우고 채운 물에는 우유를 살짝 타고, 나머지 반쪽 공기에는 모기향 연기를 채운다.

② 그림 (A)와 같이 공기 부분에서 물 쪽으로 레이저 포인터를 이용하여 여러 각도로 빛을 비추면서 입사각과 굴절각을 관찰한다.

③ 그림 (B)와 같이 아래쪽 물 부분에서 공기 부분으로 빛을 입사시켜 입사각과 굴절각을 관찰한다.

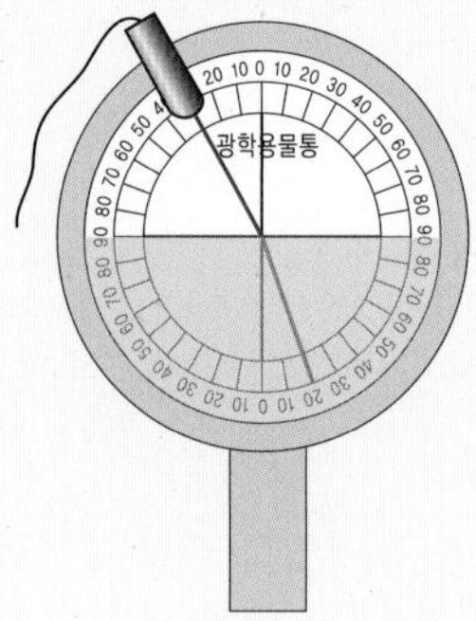

(A)

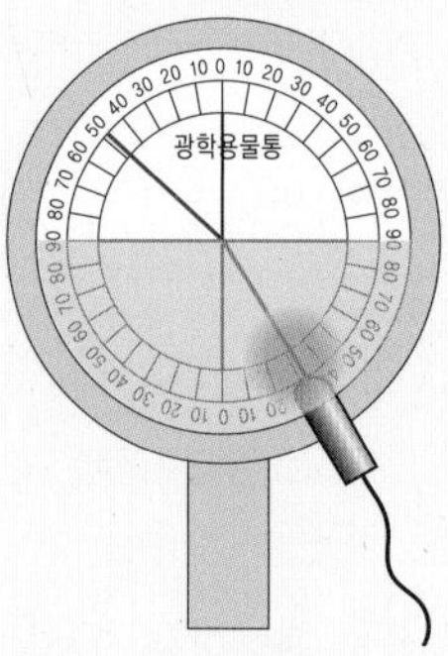

(B)

(1) 우유와 모기향을 넣는 이유는 무엇인가?

(2) 레이저 포인터를 사용하는 이유는 무엇인가?

(3) 빛의 속도는 공기와 물속 중 어디에서 더 빠른지 그 이유와 함께 쓰시오.

(4) 빛의 반사 실험을 통해 알 수 있는 것은 무엇인가?

(5) 빛의 굴절 실험에서 물에서 공기 쪽으로 빛을 입사시킬 때 공기 쪽으로 굴절 광선이 지나갈 수 없는 각이 있는데, 이 각을 무엇이라 하는가?

탐구력 문제

44 상상이는 10원짜리 동전을 이용하여 다음과 같이 황동을 만드는 실험을 하였다. 물음에 답하시오.

유창성
융통성
독창성
✓ 정교성

<실험 과정>

(가) 증발접시에 아연가루 5g을 넣고, 24% 수산화 나트륨 수용액을 $\frac{1}{3}$ 정도 넣어 잘 섞은 후, 10원짜리 동전을 넣는다.

(나) 증발접시를 약 5분간 가열한다.

(다) 동전이 아연으로 코팅되면, 핀셋으로 꺼내 물에 씻는다.

(라) 코팅된 동전을 알코올램프로 가열하면서 색깔 변화를 관찰한다.

(1) 아연으로 도금한 동전은 은색이다. 하지만 1,100℃ 이상의 온도로 가열하면 동전은 원래 색으로 되돌아온다. 다음 자료를 바탕으로 1,100℃ 이상의 온도로 가열하는 동안 코팅된 동전에서 일어나는 변화를 예측하여 서술하시오.

물질	녹는점 (℃)
아연	419
구리	1,084

(2) 10원짜리 동전이 황동으로 바뀐 것인지 확인할 수 있는 방법을 그 이유와 함께 서술하시오.

탐구력 문제

45 무한이는 자를 이용하여 계절별 태양의 남중고도를 계산하는 탐구를 수행하였다. 북반구에서 남중고도는 하루 중 태양의 고도가 가장 높을 때의 고도로서, 태양이 정남에 위치했을 때이다. 공전궤도면은 지구의 자전축과 66.5˚의 각을 이룬다. 우리나라(북위 37˚)에서의 각 절기(춘분, 하지, 추분, 동지 때)에서의 남중고도는 각각 몇˚인지 다음 탐구 과정을 통해 계산하시오.

○ 유창성
☑ 융통성
○ 독창성
☑ 정교성

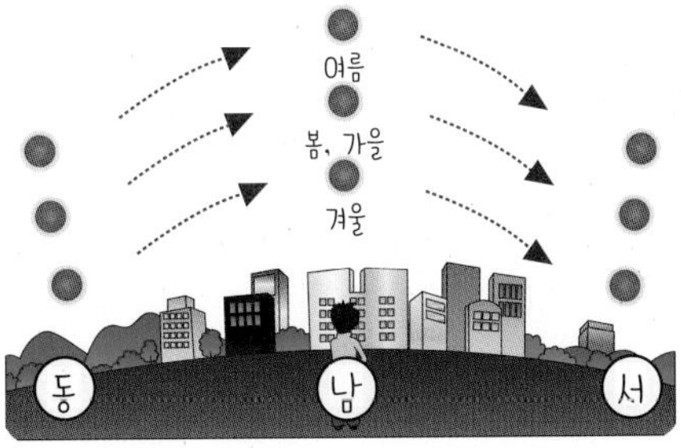

<탐구 과정>

준비물 : 자

① 공전궤도면이 지구의 중심을 통과하도록 하고, 춘분, 하지, 추분, 동지 때 남중한 지구의 자오선을 그린다.

② 각 절기에서 지구의 자전축과 적도를 그려 넣고, 자오선 상에서 관측자의 위치를 그려 넣는다.

③ 관측자의 위치에 들어오는 태양광선을 그려 넣는다.

④ 관측 위치에서 지구 중심까지 선을 그리고 위도를 표시한다.

⑤ 각 절기에서의 수평면과 태양광선이 이루는 각을 계산한다.

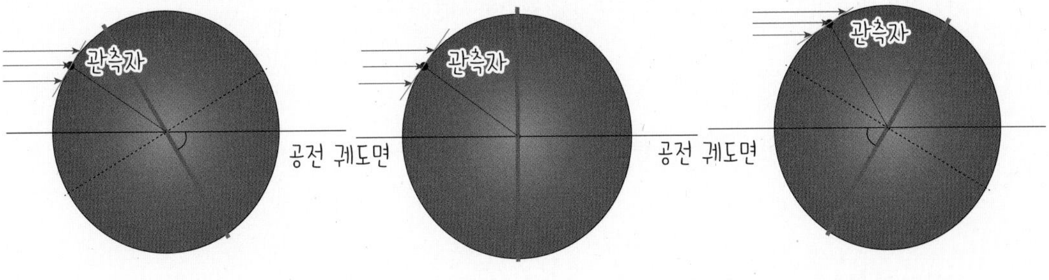

▲ 하지　　▲ 춘 · 추분　　▲ 동지

탐구력 문제

46 알탐이는 다음과 같이 간이 전동기 만들기를 수행하였다. 다음 물음에 답하시오.

- ○ 유창성
- ✔ 융통성
- ○ 독창성
- ✔ 정교성

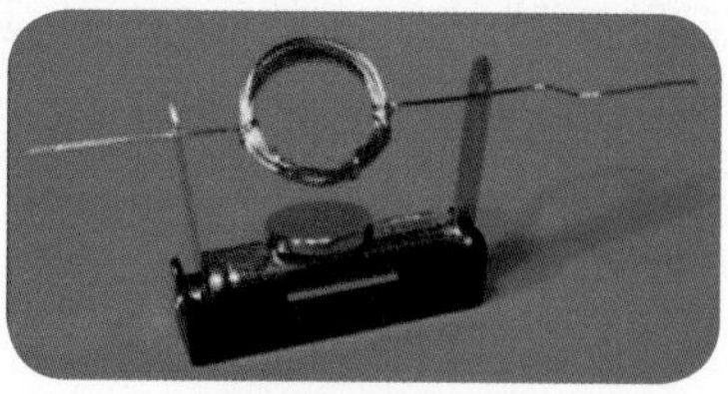
▲ 간이 전동기

▲ 전동기

<탐구 과정>

준비물 : 에나멜선 1m, 사포(커터칼), 클립, 둥근 자석, 전지(중간 크기), 연결 도선, 니퍼

① 에나멜선을 준비하여 지름 약 3cm의 원형 모양으로 10번 정도 감는다.

② 에나멜선이 잘 풀리지 않도록 원의 양쪽에서 한 바퀴 씩 감아서 묶고, 5cm 정도를 남기고 자른다.

③ 양 끝의 에나멜을 2cm 정도 벗겨낸다. 이때 한 쪽은 완전히 벗기고, 다른 한 쪽은 에나멜선의 단면 360° 중 180°(절반)만 벗긴다.

④ 클립 등으로 받침대를 만들고 받침대 사이에 동그란 자석을 고정시킨다.

⑤ 클립에 만든 원형 에나멜선을 자석 위로 오도록 올려놓고 양쪽 클립에 전지를 연결한다.

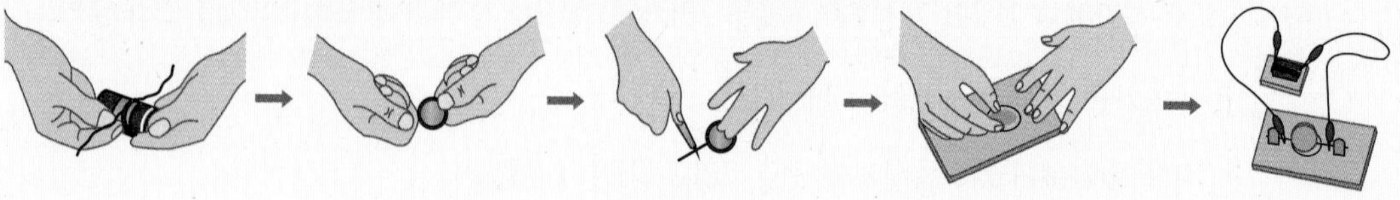

(1) 알탐이가 만든 간이 전동기가 돌아가는 원리를 서술하시오.

(2) 에나멜선 코일이 어떻게 자석의 성질을 띠는지 서술하시오.

(3) 위 탐구 과정에 대한 설명으로 옳은 것만을 <보기>에서 있는 대로 고르시오.

보기

(가) 에나멜선의 감은 횟수를 증가시키면 더 빨리 돈다.

(나) 전지를 직렬로 추가 연결하면 코일의 자기장의 세기가 증가하므로 코일이 더 빨리 회전한다.

(다) 에나멜선의 양 쪽 끝을 모두 벗겨내면 에나멜선이 전자석이 되지 않으므로 회전하지 않는다.

탐구력 문제

47 상상이는 강철솜의 연소 실험을 수행하였다.

- ○ 유창성
- ✓ 융통성
- ○ 독창성
- ✓ 정교성

<탐구 과정>

준비물 : 윗접시 저울, 강철솜, 알코올 램프(또는 점화기), 핀셋

① 윗접시 저울의 양쪽에 수평이 되도록 강철솜을 놓는다.

② 한쪽 접시의 강철솜만 내려놓고 알코올 램프(또는 점화기)를 이용하여 연소시킨다.

③ 연소시킨 강철솜을 윗접시 저울에 올려 연소시키지 않은 강철솜과 비교한다.

①

②

③

다음 물음에 답하시오.

(1) 연소 전후 강철솜의 무게는 어떻게 변할지 그 이유와 함께 쓰시오.

(2) 나무를 연소할 때 물과 이산화 탄소가 발생하는데, 강철솜이 연소할 때에는 물과 이산화 탄소가 발생하는가? 강철솜의 연소와 나무의 연소를 비교하여 서술하시오.

탐구력 문제

48 무한이는 다음과 같은 장치를 설치하여 실험을 수행하였다. 다음 물음에 답하시오.

○ 유창성
✔ 융통성
○ 독창성
✔ 정교성

<탐구 과정>

준비물 : 둥근바닥 플라스크, 온도계, 고무마개, 고무관, 스탠드, 향, 주사기

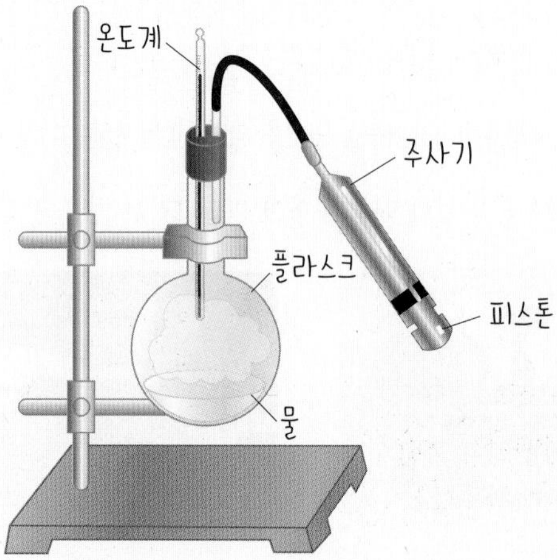

① 그림과 같이 둥근바닥 플라스크에 물을 조금 넣고 온도계를 끼운 고무마개로 플라스크의 입구를 막는다.

② 온도계와 유리관을 끼운 고무마개와 주사기를 고무관으로 연결한 후 플라스크 내부의 처음 온도를 측정한다.

③ 주사기의 피스톤을 잡아당기면서 플라스크 안의 변화를 관찰하고 온도를 측정한다.

④ 주사기의 피스톤을 밀어 넣으면서 플라스크 안의 변화를 관찰하고 온도를 측정한다.

⑤ 플라스크 속에 향 연기를 조금 넣은 후 위의 ③과 ④ 과정을 반복한다.

(1) 이 실험은 어떤 원리를 알아보기 위한 것인지 한 문장으로 정리하여 쓰시오.

(2) 다음 표를 완성하시오.

과정		플라스크 내부 공기의 부피 변화 (늘어난다 , 줄어든다)	기온 변화 (감소 , 증가)	플라스크 속 변화
향 연기를 넣지 않았을 때	피스톤을 잡아당겼을 때			
	피스톤을 밀어넣었을 때			
향 연기를 넣었을 때	피스톤을 잡아당겼을 때			
	피스톤을 밀어넣었을 때			
결과 (향 연기의 역할)				

탐구력 문제

49 다음은 월식에 대한 설명이다. 물음에 답하시오.

○ 유창성
✓ 융통성
○ 독창성
✓ 정교성

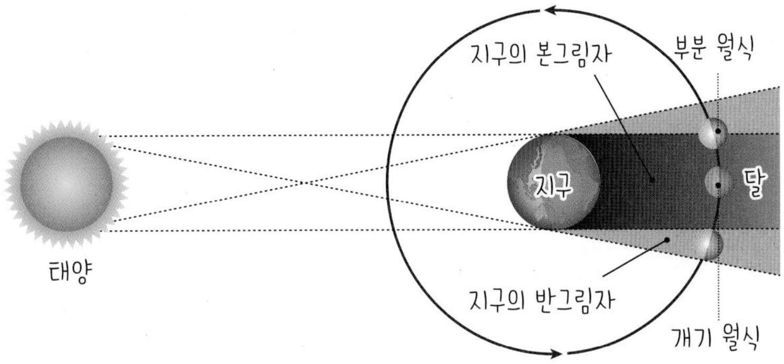

월식은 태양 - 지구 - 달이 일직선 상으로 배열된 상태에서 지구의 그림자 속으로 달(망 상태)이 들어가 가려지는 현상이다. 지속 시간은 최대 1시간 50분 정도이며, 밤에 달을 볼 수 있는 모든 지역에서 관측할 수 있다.

달이 아래 그림과 같이 각 번호 위치에 있을 때 관측자의 눈에 보이는 달의 모습을 <보기>에서 각각 고르시오. (단, 달이 붉게 보이는 현상은 없다고 가정한다.)

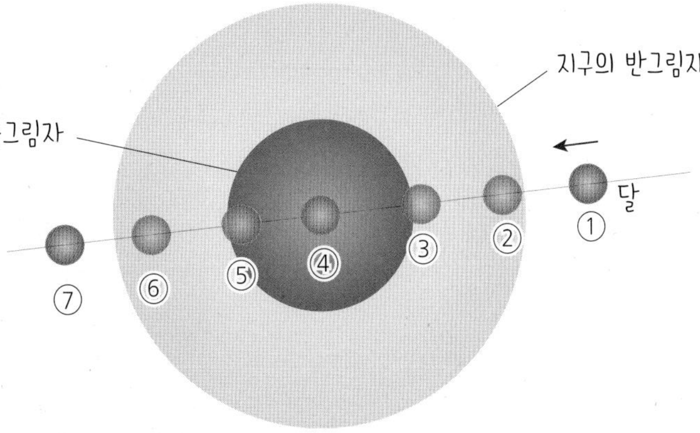

보기

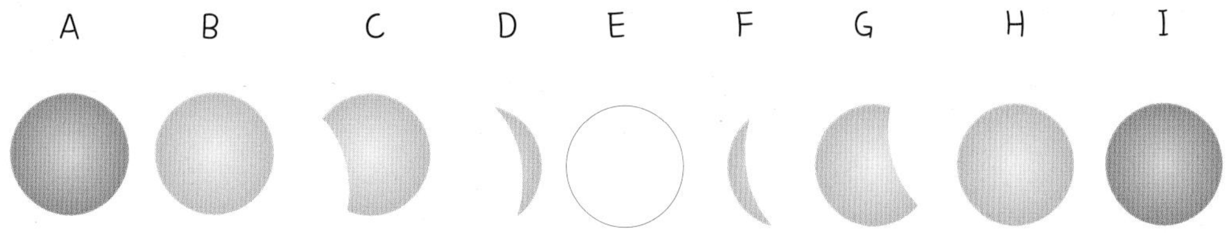

탐구력 문제

50 상상이는 다음과 같이 광합성 산물에 대한 실험을 수행하였다.

- ○ 유창성
- ✓ 융통성
- ○ 독창성
- ✓ 정교성

<탐구 과정>

준비물 : 물풀, 금붕어, 싹튼 콩, BTB 용액, 은박지, 시험관, 고무 마개, 시험관대

① 물에 BTB 용액을 넣어 녹색이 되도록 한다.

② 다섯 개의 시험관 A, B, C, D, E에 BTB 용액을 같은 양씩 넣는다.

③ 각 시험관에 다음 조건을 적용한다.

④ 햇빛이 잘 비치는 창가에 두고 색깔 변화를 관찰한다.(할로겐이나 LED 램프를 켜 두어도 좋다.)

①

A B C D E

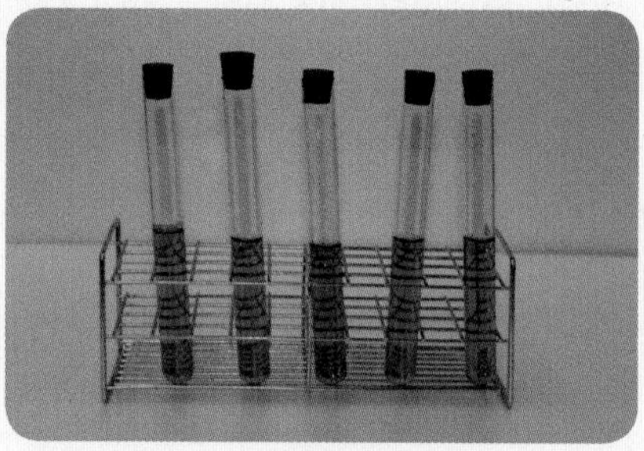

②

시험관	조건
A	아무 조작도 하지 않는다.
B	금붕어를 넣어 준다.
C	물풀을 넣어 준다.
D	물풀을 넣고 은박지로 감싼다.
E	싹이 튼 콩을 넣는다.

③

A B C D E

④

다음 물음에 답하시오.

(1) 시험관 속 이산화 탄소 농도에 따른 BTB 용액의 색 변화를 각각 쓰시오.

← 높음	이산화 탄소 농도	→ 낮음
	초록색	

(2) 시간이 지난 후 각 시험관에서 나타나는 BTB 용액의 색깔을 쓰시오.

구분	A	B	C	D	E
색깔					

(3) 결과를 토대로 A~E를 광합성과 호흡이 일어나는 시험관으로 각각 분류하여 쓰시오.

구분	광합성이 일어나는 시험관	호흡이 일어나는 시험관
시험관		

(4) 실험을 통해 알 수 있는 사실을 <보기>의 단어들이 모두 사용하여 한 문장으로 완성하시오.

보기

빛　　호흡　　광합성　　이산화 탄소

PART IV

심층 면접

나는 면접에서 나의 창의성을
마음껏 발휘할 수 있을까?

단원 살짝 엿보기

01 인성 면접 유형
기출문제를 통한 인성 면접 문제 유형 익히기

02 창의성 면접 유형
기출문제를 통한 창의성(일반, 수학, 과학)면접 문제 유형 익히기

03 토론 면접 유형
기출문제를 통한 토론면접 문제 유형 익히기

[심층 면접 Tip]

① 자기소개서의 내용 숙지가 필요하다. 자기소개서에 쓴 내용과 상반된 내용을 말하거나 외운 내용을 확인하는 것처럼 말하면 다른 영역이 뛰어나도 합격이 어렵다.

② 문장의 어미 사용을 보다 명확하게 사용하는 것이 좋다. '~ 인 것 같습니다.' 보다는 '~ 입니다.' 등의 자신감 있는 표현으로 이야기 하는 것이 좋다.

③ 심층 면접은 정답이 따로 정해져 있지 않은 문제로 창의성과 과제 집착력을 평가하는 것이다. 따라서 틀릴까 봐 머뭇거리지 말고 자신감 있게, 그러면서도 신중하게 생각했다는 인상을 줄 수 있도록 대답하는 태도가 필요하다.

④ 수학 면접의 경우 수학을 배워야 하는 이유, 평소 자신이 배우는 수학이 실생활에 어떻게 활용되는지, 어디에 적용되는지 등의 자신만의 경험을 정리해 보고 이를 숙지해 가는 것이 바람직하다.

⑤ 과학 면접은 과학적 지식을 묻는 질문에서 생활 속에서 과학과 관련 내용을 어떤 동기로 알게 됐는지에 대한 것으로 바뀌고 있고 면접관들은 개성 있는 경험을 듣고 싶어 한다. 선행 개념을 바탕으로 답을 하는 경우, 궁금증에 의해 자발적으로 탐구해 인지했음을 밝히는 것이 좋다.

⑥ 지원자들을 그룹을 지어 특정 주제에 대해 토론을 시키는 방식인 토론 면접의 경우 면접관은 이것을 지켜보면서 여러 지원자들의 지식 수준, 리더쉽, 적극성, 협동성, 발표력, 진실성, 의사소통능력, 표현 능력, 위기 상황에서의 대처능력 등을 평가한다. 따라서 타인의 발언을 경청하고, 어떠한 상황이든지 자신감 있게 행동하고 차분하게 자신의 주장을 논리적으로 이야기하는 것이 좋다. 너무 튀어보이려고 하는 태도나 반대로 너무 소극적인 태도도 바람직하지 않으며, 지나친 흥분이나 과격한 언행도 피해야 한다.

1 인성 면접 유형

영재교육원 기출문제로 구성하였습니다.

01 자기소개를 해보시오.

02 영재교육원에 응시한 이유를 말해보시오. (다른 영재교육원을 다녀본 적이 있는가?)

03 영재교육원에서 어떤 형식, 내용의 교육을 받았으면 좋겠습니까?

04 해당 분야(예를 들어 수학, 물리 등)에 응시한 이유를 말해보시오.

05 자신이 영재라고 생각하는가? 그 이유는 무엇인가? 영재는 어떤 학생을 지칭하는 것일까?

06 다른 친구들과 차별화된 나만의 공부 방법은 무엇인가?

07 친구가 화를 내고 있을 때 풀어줄 수 있는 방법은 무엇인가?

08 영재교육원의 합격유무에 따른 나의 계획은 어떻게 되는가?

09 평소 잘난 척이 심하고 수업시간에 질문을 많이 하여 수업시간을 줄이는 알탐이의 반 아이들과 당신은 알탐이를 매우 싫어한다. 바람이 많이 불고 매우 추운 어느 날, 알탐이가 환기를 한다며 창문을 열었다. 아이들은 창문을 닫으라고 소리를 질렀으나, 당신이 보기에는 환기가 꼭 필요한 상황이었다. 당신은 어떻게 할 것인가?

10 모둠 발표를 준비할 때 내가 친구들에게 줄 수 있는 도움은 무엇인가?

11 실험 도중에 나와 의견(실험 방법이나 내용 등)이 맞지 않아 계속 말다툼을 하는 친구 때문에 말다툼도 하고 싶고 도저히 계속 같이 실험하기 싫어진다면 어떻게 할 것인가?

12 30년 후 나는 어떤 직업을 갖고 있을까? 그 직업이 다른 사람들에게 어떤 도움을 줄 수 있는 지 세 가지 이상 말해보시오.

13 모둠 활동시 혼자서 다 하려고 고집부리는 친구가 있을 때 어떻게 대처할 것인가? 자신의 의견이 무시되어도 괜찮은가?

14 최근 이슈(ISSUE)가 되는 사건은 무엇인가? 그 사건이 일어난 이유는 무엇이라 생각하는가?

15 지금까지 가장 슬프거나 기뻤던 때는 언제인지 그 이유와 함께 말해보시오.

16 주위 사람들(친구들)이 말하는 자신의 장, 단점은 무엇인가? (나에 대한 얘기, 칭찬 등)

17 자신의 장래 희망을 이루기 위해 필요한 습관 3가지를 그 이유와 함께 말해보시오.

18 지금까지 부모님을 제외하고 자신에게 가장 영향을 끼친 사람(롤모델)은 누구인지 그 이유와 함께 말해보시오.

19 다음 글을 읽고 질문에 답하시오.

> 우리 모둠은 역할놀이를 하려고 한다. 그런데 우리 모둠의 일원인 무한이는 역할놀이가 싫다며 그림만 그리고 있다. 선생님께서는 모든 모둠원이 참여하여 역할놀이를 하라고 하셨다. 우리 모둠원들이 무한이에게 함께 하자고 다시 말하자 짜증을 내며 울기까지 하였다. 우리 모둠원들은 어떻게 해야 할지 몰라 그런 무한이를 바라보고만 있었다.

모둠원들이 무한이에게 어떻게 하면 좋을지 이야기해 보시오.

20 요즘 비둘기는 유해동물에 포함되는데, 날개를 다친 비둘기가 길바닥에 있다면 어떻게 하겠는가?

21 다음 주 월요일에 아주 중요한 시험이 있기 때문에 이번 주말에는 그 시험 준비를 반드시 해야 한다. 그런데 이번 주 토요일에 영재교육원 수업이 있다. 당신이라면 어떻게 하겠는지 그 이유와 함께 말해보시오.

22 영재교육원 과제로 프로젝트를 준비해야 한다. 선생님께서는 혼자서 프로젝트를 준비하거나 여러 명이 함께 프로젝트 준비를 해도 된다고 말씀하셨다. 당신은 두 방법 중 어느것이 더 바람직하다고 생각하는지 그 이유와 함께 말해보시오.

23 다음 글을 읽고 질문에 답하시오.

> 상상이네 집에서 경복궁까지 지하철로 서른 정거장이나 가야 한다. 상상이네 집에서 가장 가까운 지하철역은 환승역이라 사람들이 붐벼 자리에 앉아 갈 수 없다. 친구는 앉아 가기 위해 경복궁역 반대 방향으로 두 정거장을 갔가 그 결과 상상이와 친구는 자리에 앉아 갈 수 있었다. 그런데 얼마 지나지 않아 갓난아이를 안은 아주머니가 상상이와 친구의 가운데 앞에 섰다.

당신이 상상이라면 다음 상황을 어떻게 해결하지 말해보시오.

24 좋아하는 과목과 싫어하는 과목을 말하고, 그 이유를 설명하시오.

25 '지는 것이 이기는 것이다.' 라는 말을 자신의 경험을 통해서 말해보시오.

26 영재교육원에 들어오면 좋은 점 3가지를 말해보시오.

27 남에게 도움을 주었던 경험(봉사 활동 등) 중 가장 인상 깊게 기억나는 것은 무엇인가?

28 친한 친구의 장점에 대해서 설명해보시오.

29 내가 지금까지 받아온 영재 수업 중에서 기억에 남는 수업은 무엇인가?

30 다음 글을 읽고 질문에 답하시오.

> 무한이네 학급에서는 체육 대회 때 응원상을 받아 생긴 학급비로 무엇을 할까 회의를 하였다. 결국 교실에서 모두가 함께 쓸 수 있는 휴지를 사서 쓰기로 하였다. 그런데 휴지를 산 지 얼마 되지 않아서 다 써버렸다. 그 이유는 학급 휴지를 쓸 때 아껴 쓰지 않아 개인 휴지를 쓸 때보다 휴지가 빨리 떨어졌기 때문이다.

위 사례와 같은 문제가 나타난 이유와 이를 해결하기 위한 방법을 제시하시오.

31 자기소개서에 기재된 장래희망이 특이한 경우(수학자, 과학자 등이 아닌 경우) 자신의 꿈을 이루는 과정에서 영재교육이 왜 필요하다고 생각하는가?

32 자기소개서에 기록된 내용 중 남들과 다른 부분이 있다면 어떤 것이라 생각하는가? 그리고 왜 그렇게 생각하는지 말해보시오.

33 나의 장점과 단점을 한가지씩 말하고, 장점을 살리기 위한 나의 노력과 단점을 보완하기 위한 나의 노력을 말해보시오.

34 과학 또는 수학이 재미있기 시작한 시기와 그때의 상황을 말해보시오.

2 창의성 면접 유형

영재교육원 기출문제로 구성하였습니다.

01 면접 고사장에 토끼를 최대로 들여놓을 수 있는 방법은?

02 신호등의 3개의 색깔(초록색, 빨간색, 주황색) 중 가장 중요하다고 생각되는 색과 그 이유에 대해 자신의 의견을 제시해보시오.

03 2025년 화성으로 정착민을 보내는 프로젝트에 내가 선발되어 화성에 도착했을 때, 하고 싶은 활동과 그 이유를 5가지 말해보시오.

04 미래의 스마트폰은 어떤 식으로 발전될지 5가지 발전모습과 그 이유를 설명하시오.

05 우리나라 복권위원회는 '로또' 등 복권 사업을 통해 공익사업을 진행하고 있다. 로또는 45개의 자연수 중에서 6개의 자연수를 골라서 6개 이상 맞추면 당첨금을 받게 되며, 숫자를 많이 맞출수록 당첨금이 높아진다. 다음은 로또와 관련된 인터뷰 내용을 정리한 것이다.

A : 역대 1등 번호들 있죠. 이것들을 가지고 분석해서 번호를 고르면 당첨 가능성이 높아져요.

B : 당첨번호는 컴퓨터가 아닌, 아날로그 기계로 무작위 추첨하는 만큼 분석 자료는 전혀 의미가 없어요.

C : 당첨된 사람들 보면 나한테도 당첨 차례가 오지 않을까? 하는 기대심리가 커지는 거 같아요.

D : 로또 당첨이 많이 되었던 '로또 명당'에서 구입하면 당첨 가능성이 높을 거 같아요.

<2015-09-30 OO일보 OOO기자>

인터뷰 내용과 다음 <참고자료>를 토대로 로또 당첨 가능성에 대해 여러 가지 다양한 견해를 5가지 이상 제시하시오.

등위	당첨 내용	당첨 가능성	당첨금 배분 비율
1	6개 번호 일치	$\frac{1}{8145060}$	총 당첨금 중 4등과 5등 금액을 제외한 금액의 75%
2	5개 번호 일치 + 보너스 번호 일치	$\frac{1}{1357510}$	총 당첨금 중 4등과 5등 금액을 제외한 금액의 12.5%
3	5개 번호 일치	$\frac{1}{35724}$	총 당첨금 중 4등과 5등 금액을 제외한 금액의 12.5%
4	4개 번호 일치	$\frac{1}{733}$	50,000원 × (당첨자 수)
5	3개 번호 일치	$\frac{1}{45}$	5,000원 × (당첨자 수)

<참고자료> 로또 당첨 구조 및 당첨금 배분 방법

2 창의성 면접 유형

06 광화문에 있는 세종대왕상을 미국 뉴욕으로 옮기는 방법을 설명해 보시오

07 바퀴 2개와 안장이 있는 물건의 장점에 대해 설명하고, 이 물건에 기능을 추가하여 활용할 수 있는 아이디어를 말해보시오.

08 도구를 이용할 때 본래 사용 목적에 맞추어 이용하지 않고 다른 용도로 사용해본 경험을 3개 이상 말해보시오.

09 다음은 국립공원 대피소 이용 안내 표지판의 내용이다.

산악 대피소는 악천후를 만나거나 몸이 아파 산행을 진행하기 힘들 때 대피하는 장소입니다.

※ 대피소는 고산지에 위치하여 물 공급이 원활하지 못하며, 근처의 샘에서 나오는 지하수는 식수 공급과 자연 보호를 위해 세면, 양치질, 설거지 등을 제한하고 있습니다.

※ 쓰레기는 되가져가야 하므로 비닐봉지를 준비하고 쓰레기가 많이 발생하지 않는 음식물을 준비해야 합니다.

※ 여름철에는 우의나 우산을 준비하며, 겨울철에는 꼭 방한장비를 준비해야 합니다.

※ 안전사고에 대비해 야간 조명등을 준비해야 합니다.

안전을 담당하는 공학자로서 새로운 산악 대피소를 설계하려고 할 때, 산악 대피소를 만들기 위한 설계 요건을 5가지 제시하시오.

10 시청광장에 행사로 인해 많은 사람들이 모여 있는데, 사람 수를 어떻게 셀 수 있을까?

11 고압선이 움직이는 이유를 여러 가지 말해보시오.

2 창의성 면접 유형

12 수학이 재미있어지기 시작한 시기와 그때의 상황을 말해보시오. (언제부터 관심을 갖게 되었나?)

13 수학 교과의 선행은 어디까지 했는가? 어떻게 했는가? 선행 과정 중 가장 흥미로운 내용은 무엇이었는가?

14 수학부문에 대한 노벨상이 없는 것을 알고 있는가? 왜 없다고 들었는가? 그렇다면 수학부문의 최고의 상이 무엇인지 알고 있는가?

15 사탕이 10개, 11개가 놓인 두 접시 A, B 가 있다. 두 명이 차례대로 두 접시 중 한 접시에서만 사탕 두 개를 먹거나 A 접시에서 B 접시로 사탕 하나를 옮기는 게임을 한다. 더 이상 시행할 수 없는 사람이 진다고 할 때, 나중에 시행하는 사람이 반드시 이기는 이유를 설명하시오.

16 그림과 같이 작은 정사각형 모양의 종이 16개를 붙여 큰 정사각형 모양의 종이를 만든 후 1~16까지의 자연수를 적는다. 큰 정사각형 모양의 종이를 좌우 반으로 접은 후 상하 반으로 접는 과정을 반복하였더니 작은 정사각형 하나가 되었다.

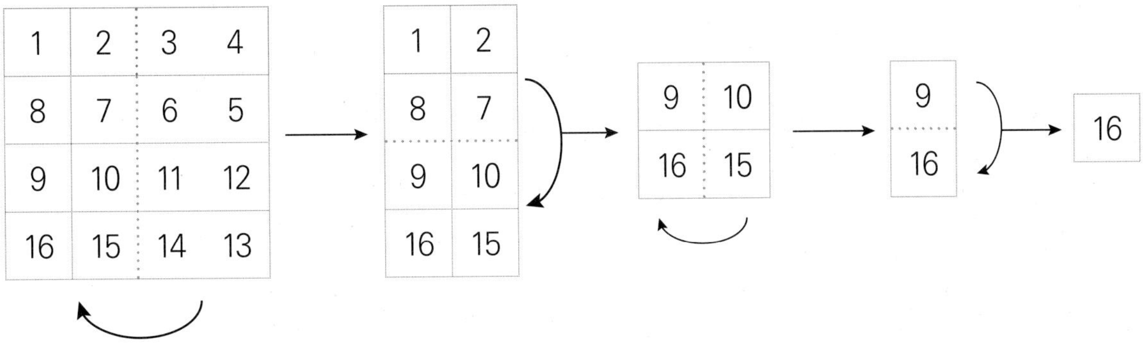

이 과정의 마지막에 얻어진 종이를  과 같이 잘랐을 때, 3 은 어떤 모양으로 잘리는지 설명하시오.

17 20개의 상자에 각각 20개의 금반지가 들어있다. 금반지 1개의 무게는 10g이고, 각 상자에는 모두 200g의 금반지가 있다. 그러나 20개의 상자 중 1개의 상자에는 가짜 금반지가 있다. 가짜 금반지는 1개의 무게가 9g이고, 20개의 무게가 180g이다. 전자저울을 한번만 사용하여 가짜 금반지가 들어있는 상자를 찾을 수 있는 방법을 설명하시오.

18 소설 '개미'에 나오는 수열(말하기 수열)은 1로 시작하여 11(1이 2개), 12(1이 1개, 2가 1개), 1121(1이 2개, 2가 1개, 1이 1개) 이런 방식으로 각 단계의 숫자를 세어서 다음 단계를 만듭니다. 이런 방식으로 6번째까지 하면 6번째 숫자들의 총합은 얼마인지 말해보시오.

19 다음과 같이 <처음 상태>의 표에 1부터 7까지의 수가 한 칸에 한 개씩 들어 있고, 한 칸은 비어 있다. 한 개의 수를 골라 빈칸으로 옮길 수 있는데, 수를 옮겨 <목표 상태>와 같이 왼쪽에서부터 순서대로 1, 2, 3, 4, 5, 6, 7이 되게 하려고 한다. 목표하는 배열로 만들려면 최소 몇 번 이동해야 하는지 설명하시오.

5	7	1	2	6	3		4

<처음 상태>

1	2	3	4	5	6	7	

<목표 상태>

20 정사각형의 한 변을 4등분하고 대각선을 그은 뒤 그림과 같이 색칠하였다. 전체 넓이에 대한 색칠한 부분의 넓이의 비를 가장 작은 자연수의 비로 나타내시오.

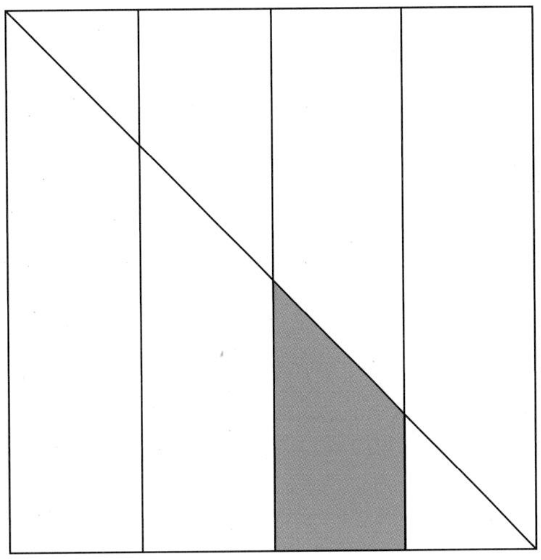

21 1 ~ 100까지의 자연수 중에서 소수의 개수를 찾는 방법을 구하시오.

22 1, 2, 3, 4, 5, 6에서 두 수를 지우고 그 수의 합이나 차를 쓸 수 있다. 예를들면, 1과 3을 택하고 합하면 4가 되므로, 2, 4, 4, 5, 6이 된다. 이런 식으로 숫자가 하나가 남을 때가지 진행한다.

(1) 1을 만들 수 있나? 있다면 예시를 들고 없다면 이유를 설명하시오.

(2) 2를 만들 수 있나? 있다면 예시를 들고 없다면 이유를 설명하시오.

23 요즘 대형마트가 생겨나면서 마트 간 경쟁으로 다양한 할인 행사를 실시하고 있다. 사람들은 할인 행사의 유혹에 이끌려 보다 저렴한 가격으로 물건을 구입하려고 대형마트를 찾는다. 그러나 구입한 물건의 결제금액이 생각보다 많이 나와 당황하는 경우가 많다. 집 근처에 A마트와 B마트가 생겼고 두 마트에서 다음과 같이 빵 할인 행사를 진행하고 있다. A마트는 빵을 '2+1할인' 행사를 하고 B마트에서는 빵을 10% 할인해서 팔다가 20% 더 할인해서 판다. 어느 마트에서 빵을 구입하는 것이 좋은지 수학적 근거를 들어 설명하고, 할인 광고에 현혹되지 않고 올바른 소비생활을 하기 위해서는 어떻게 해야 하는지 자신의 의견을 기술하시오.

정답 및 해설 / 예시 답안
p.157

24 정삼각형 9개로 [그림 1]처럼 하나의 띠를 만들고, 이 띠를 두 번 꼬아서 붙이면, [그림 2]와 같은 노란색(앞면), 파란색(숨겨진 면), 초록색(뒤면) 면을 갖는 정육각형이 만들어진다. 이렇게 6색의 면이 존재하는 정육각형을 만들기 위해서는 [그림 3]의 ① ~ ⑨에 색 배열을 어떻게 하면 좋을지 설명하시오. (단, [그림 3]은 [그림 1]의 뒷면이다.)

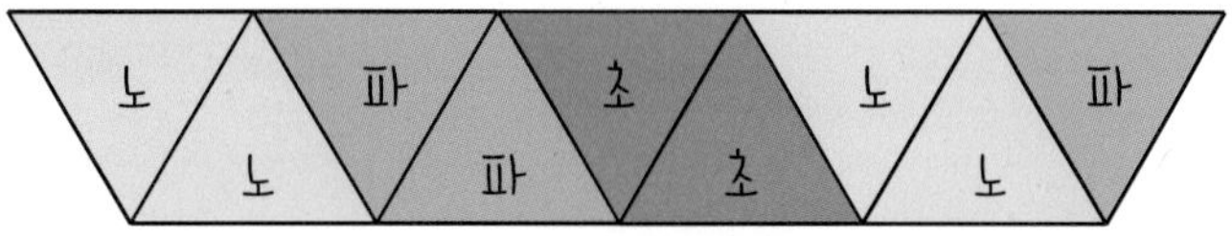

[그림 1]

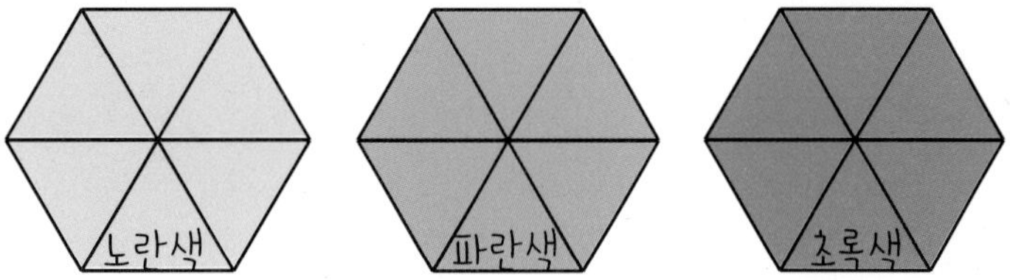

[그림 2]

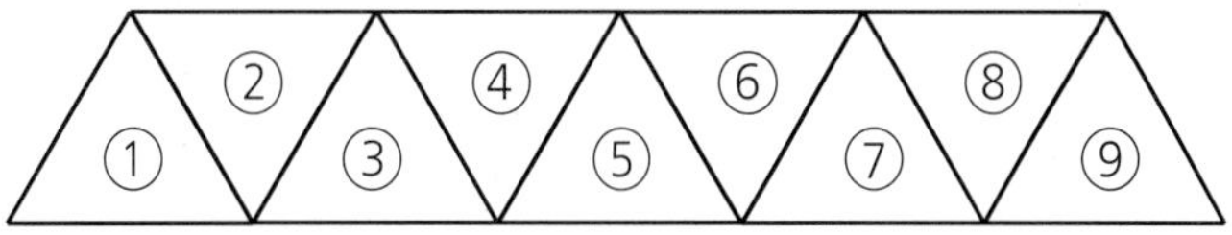

[그림 3]

2 창의성 면접 유형

25 과학이 재미있어지기 시작한 시기와 그때의 상황을 말해보시오. (언제부터 관심을 갖게 되었나?)

26 과학 교과의 선행은 어디까지 했는가? 어떻게 했는가? 선행 과정 중 가장 흥미로운 내용은 무엇이었는가?

27 실험실에서 우리 조만 다른 조와 다른 결과가 나왔다면 어떻게 할것인가?

28 눈 오는 날 아침에 소리를 지르면 평상시보다 어떻게 들리겠는가? 그 이유와 함께 말해보시오.

29 비오는 날과 화창한 날을 비교할 때 비오는 날은 화창한 날에 비해서 소리가 어떻게 들리는지 그 이유와 함께 설명하시오.

30 적도에서 7kg 하는 물건을 극지방으로 가져갔을 때 무게는 어떻게 되는지 그 이유와 함께 설명하시오.

31 다음 그림은 서울에서 약 한 달 간격으로 태양이 떠오르기 시작하는 위치를 나타낸 것이다.

태양이 뜨는 위치가 A → C로 변해갈 때 예상되는 현상을 3가지 이상 쓰시오.

32 가장 좋아하는 과학자는? 그 과학자의 업적에는 무엇이 있는지 말해보시오. (만약 가장 좋아하는 수학자 또는 과학자가 없다면, 생각나는 과학자의 업적을 말하시오.)

33 다음 선생님과 상상이가 나누는 대화를 참고하여 배설물이 화석으로 남을 수 있는 과정을 주변 환경과 관련지어 3가지 이상 설명하시오.

선생님 : 화석은 지질시대에 살던 삼엽충, 암모나이트, 공룡 등 생물의 몸체가 남아있는 것을 말하는데 공룡의 발자국이나 날카로운 발톱으로 긁힌 자국, 식사 흔적 같은 생활 흔적이 암석이나 지층에 남아 있는 것도 화석이라고 할 수 있지.

상상이 : 그럼 그 시대에 살았던 생물들의 배설물도 화석이라고 할 수 있겠네요.

선생님 : 그렇지. 생물들의 배설물의 화석을 분석(糞石)이라고 한단다.

상상이 : 네. 그런데 생물의 뼈나 조개껍데기처럼 딱딱한 부분이 있어야 오랫 동안 지층 속에 보존이 되잖아요. 배설물은 뼈나 껍데기에 비해 아주 무르잖아요. 그래서 화석으로 남기가 어려울 거 같아요.

선생님 : 그렇지. 그렇다고 그리 어려운 일도 아닐걸. 조건만 좋으면 배설물도 화석으로 충분히 남을 수 있단다.

상상이 : 그런가요? 어떻게요?

선생님 : 음……. 어떠한 생체나 흔적들이 화석으로 남기 위해서는 여러 가지 갖춰야 할 조건과 주변 환경의 여건들이 있는데 그러한 것들을 잘 생각해 보렴.

영재교육원 기출

34 다음은 도서 < 과학 동시 >에 실린 글을 나타낸 것이다.

산소

OOO학교 OOO

우리의 보물인 너
우리를 살리는 너

묽은 과산화수소와
이산화망간이 만나면
태어나는 너

감자와 오이로도
만들어지는 너

항상 우리 곁에 머물며
도와주는 너

나도 너처럼
도움이 되고 싶어

너의 이름은
산 - 소 ~

위 글의 형식(6연)과 내용을 이용하여, 산소 대신 이산화 탄소를 주제로 과학적 내용으로 시를 작성하고 과학적 근거를 제시하여 시를 해설하시오.

2 창의성 면접 유형

35 북극곰은 왜 하얀색인가?

36 병원에서는 하얀 가운을 입는다. 그런데 왜 수술할 때에는 초록색 옷을 입을까?

37 태양계의 행성 중 지구에만 생명체가 존재하는 이유에 대해 설명하시오.

38 이산화 탄소가 물에 녹는다는 성질과 산소가 물에 잘 녹지 않는다는 성질이 지구 환경과 생명체의 진화에 어떤 영향을 주었는지를 설명하시오.

39 다음은 스티로폼 구를 이용한 실험이다.

[실험과정]

(가) 스티로폼 구에 구멍을 뚫어 실을 끼운 후 한 쪽 끝에 매듭을 짓는다.

(나) 스티로폼 구에 연결한 실의 한 쪽을 플라스틱 병의 뚜껑 안쪽에 셀로판테이프를 이용해 붙인다.

(다) 하나의 플라스틱 병에는 물을 넣고 스티로폼 구가 매달린 뚜껑을 닫는다. 다른 하나에는 물을 넣지 않고 스티로폼 구가 매달린 다른 뚜껑을 닫는다.

(라) 2개의 플라스틱 병의 뚜껑을 맞대고 테이프로 연결한다.

(마) A와 같이 물이 담긴 병이 위로 가도록 가운데 부분을 잡고 오른쪽으로 확 내밀며 두 스티로폼 구의 모습을 관찰한다.

[실험결과]

B와 같이 물 속(윗쪽 병 속)의 스티로폼 구는 오른쪽으로, 공기 속(아래쪽 병 속)의 스티로폼 구는 왼쪽으로 움직인다.

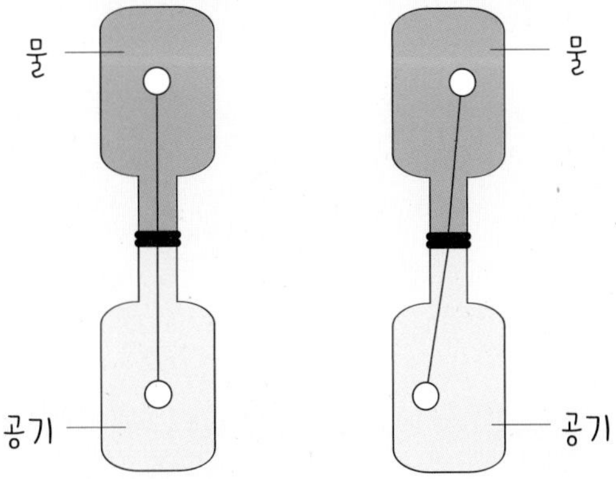

(A) (B)

스티로폼 구의 이동 방향이 위 실험결과와 반대로 나타나게 하기 위한 방법을 제시하고, 그 이유를 과학적으로 설명하시오.

3 토론 면접 유형

영재교육원 기출문제로 구성하였습니다.

01 다음 글을 읽고 질문에 답하시오.

봉사활동은 대가나 목적 없이 선한 의도로 남을 돕거나 사회에 기여하는 활동이다. 문제는 스스로 봉사활동을 하는 학생이 거의 없다는 사실이다. 그래서 중학교에서는 3년 동안 의무적으로 60시간의 봉사활동 시간을 채우는 의무 봉사활동 제도를 실시하여 지식 위주 교육을 보완하고 인성교육을 강화하고자 하고 있다.

학교 교육에서 봉사활동을 의무화한 것에 대한 찬성과 반대 중 자신의 의견을 정하고 그 근거를 제시하시오.

· 자신의 입장 :

· 근거 :

02 다음 글을 읽고 물음에 답하시오.

2010년 처음으로 무인 자동차를 선보인 이후, 전 세계 자동차 회사들은 무인 자동차 자율주행 기술개발에 열을 올리고 있다. 이후 무인 자동차로 100km 자율주행에 성공했고, 이와 관련된 연구들이 활발히 진행됐다. 최근 자율주행기술을 적용하는 도로 주행 테스트가 활발히 시행되어 있으며, 향후 무인 자동차에 적용되는 기술들이 급속하게 발전할 것으로 전망된다.

무인 자동차 상용화에 대한 자신의 생각을 찬성과 반대의 입장을 정하여 타당한 근거를 들어 이야기하시오.

03 다음 글을 읽고 질문에 답하시오.

갑 : 고등학교 입시에서 실시하는 사회적 배려대상자 특별전형제도에 대해서 알고 있니?

을 : 사회적 약자들을 배려하기 위한 제도라고 알고 있는데, 정확하게는 잘 모르겠어. 그게 무슨 제도야?

갑 : 저소득층이나 한 부모 가정의 자녀들에게 실질적인 기회를 주기 위한 제도야. 하지만 난 잘못된 제도라고 생각해.

을 : 왜 그렇게 생각해?

갑 : 일반학생들이 사회적 배려대상자들에 비해 성적이 우수함에도 불구하고 입시에서 불합격될 수 있는 문제가 있어. 난 이런 제도가 왜 필요한지 모르겠어.

을 : 난 그렇게 생각하지 않아. 다수의 일반 학생들에 비해 소수의 사회적 배려대상자들은 기회적인 측면이나 물질적으로 차별을 받아왔다고 생각해. 그렇기 때문에 사회적 배려대상자들에게 우선적으로 혜택을 주는 정책은 필요하다고 생각해.

사회적 배려대상자에게 우선적으로 혜택을 주는 것에 대해 찬성과 반대 중 자신의 의견을 정하고 그 근거를 말해보시오.

04 다음 글을 읽고 과학 기술의 가치중립성에 대해 자신의 입장을 정리해서 발표하시오.

과학 기술의 법칙이나 이론은 개인의 취향이나 가치와 무관하다고 주장하는 사람들이 있다. 이들은 과학 기술이 가치 중립성을 지닌다고 보는 것이다. 예를 들면, 망원경이나 다이너마이트의 발명에 대해 가치 판단을 내릴 수 없다고 본다. 이러한 발명품을 미지의 세계를 탐험하고 지하 광물을 개발하는 데 사용할지 또는 침략 전쟁에 사용할지를 결정하는 것은 과학 기술 자체가 아니라 그것을 사용하는 사람의 선택이라는 것이다.

그러나 이러한 관점을 비판하는 사람은 과학 연구에는 이미 과학자의 주관과 가치가 개입하므로 과학 기술은 가치 판단과 전혀 무관할 수 없다고 주장한다. 과학적 지식이 비록 객관적 사실을 다룰지라도 연구 목적을 설정하거나 이를 실생활에 적용할 때에는 가치 판단이 개입된다. 또한, 다이너마이트가 본래의 개발 의도와 달리 전쟁 무기로 사용된 것처럼 과학 기술을 바람직하지 못한 방식으로 사용할 가능성도 있다.

05 제시문을 읽고 물음에 답하시오.

동물실험이란 교육 혹은 연구의 목적으로 실험동물에 실험처치를 하고 그 결과로서 나타나는 동물의 생체반응을 관찰, 측정, 해석하는 연구 활동이다. 실험에 사용되는 대상은 원생동물에서 포유동물 영장류까지 포함되지만 사람은 제외된다.

사람을 대상으로 하는 연구는 실험을 수행할 대상자를 모집하기가 어렵고 윤리적인 문제가 발생하기 때문에 동물실험이 이루어지고 있다. 이러한 동물실험을 통해 생리적인 현상들에 관한 소중한 정보를 얻었고, 그로 인해 생리학과 의학 분야에 비약적인 발전을 이루었다. 하지만 동물실험에 대한 실태와 학대 현장이 보도되면서 현재 세계적으로 동물실험에 대한 반대 여론이 높아지고 있는 추세이다. 동물실험에 대해서 미국, 영국, 스웨덴, 독일 등에서는 법적으로 규제하고 있다고 한다. 동물실험이 계속되어야 하는가에 대한 의견은 국가마다 학자마다 상이하며 현재까지도 논란이 계속되고 있는 실정이다.

동물실험이 이루어지는 것에 대해 찬성과 반대의 입장 표명하고 그 근거를 두 가지 제시하시오.

정답 및 해설
예시 답안

나의 문제 해결력이 맞는지 체크하고
창의력 점수를 매겨보자.

II
영재성
검사

01 일반 창의성

문제 01 p.22

단원 말미에서 성취도 등급을 확인하세요.

문항 분석 및 **평가표**

◆ 문항 분석 : 곡선과 직선으로 이루어진 미완성 그림을 완성함으로써 융통성, 독창성, 정교성을 평가하는 문제이다.

◆ 평가표

미완성 곡선과 직선의 일부만 들어간 그림일 경우	2점
미완성 곡선과 직선이 모두 들어간 그림일 경우	5점

출제자 **예시 답안**

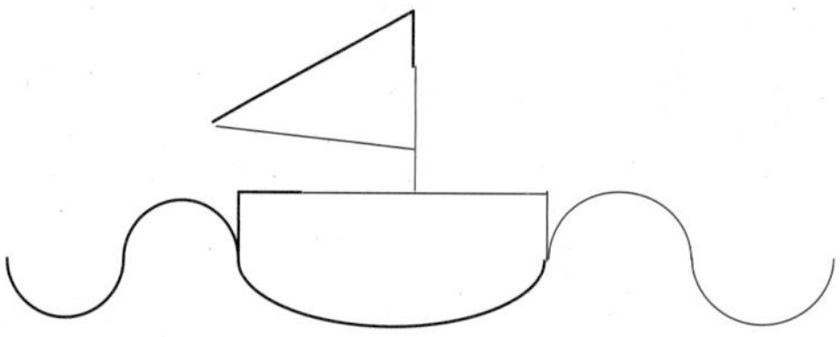

제목 : 바다에 떠 있는 부표

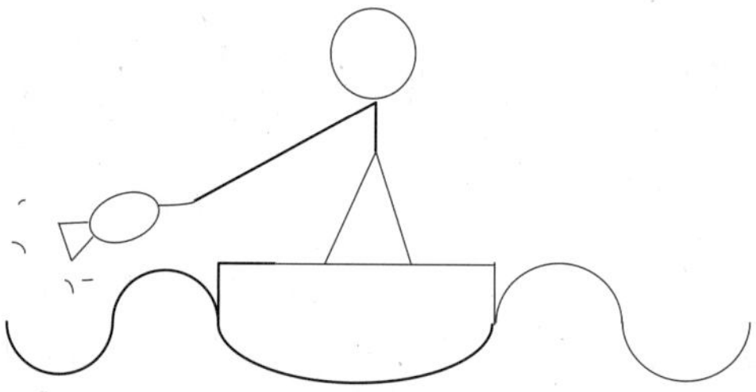

제목 : 강태공

문제 02 p.22

문항 분석 및 **평가표**

◆ 문항 분석 : 곡선과 직선으로 이루어진 그림을 보고 생각나는 이미지를 완성함으로써 융통성, 독창성, 정교성을 평가하는 문제이다.

◆ 평가표

평면상의 단순한 그림일 경우	2점
입체적이며, 단순하지 않은 그림일 경우	5점

출제자 **예시 답안**

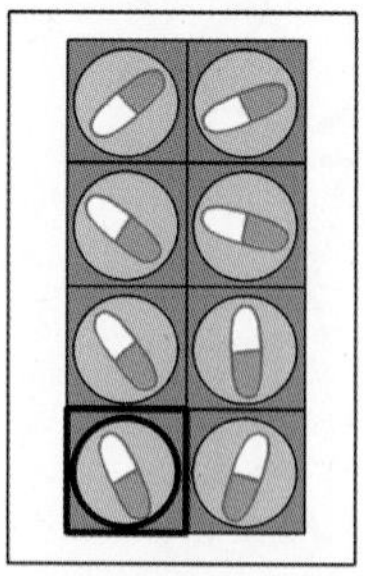

알약통

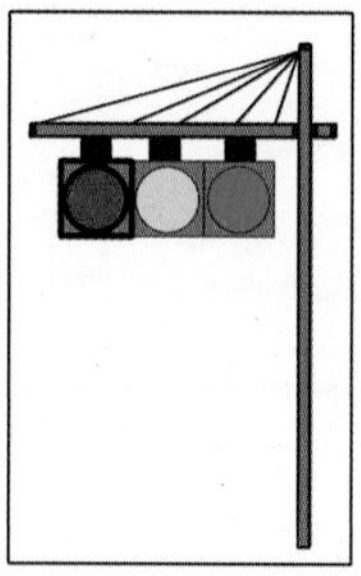

신호등

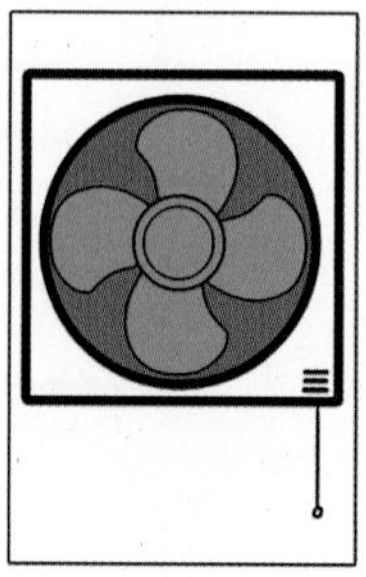

환풍기

보도 블록 위 맨홀

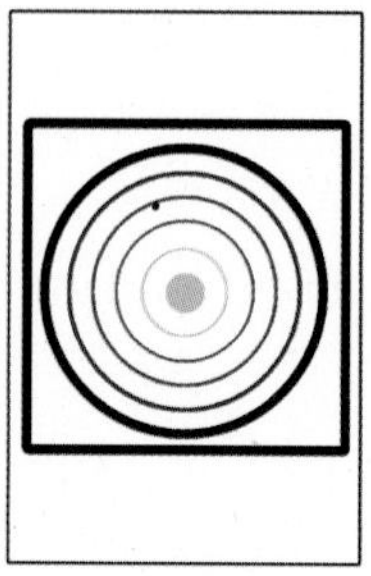

과녁판

화장실 세면대 거울

문제 03 p.23

문항 분석 및 평가표

◆ 문항 분석 : 주어진 도형을 모두 사용하여 그림을 완성함으로써 융통성, 독창성, 정교성을 평가하는 문제이다.

◆ 평가표

고깔모자, 산 등 단순한 그림을 그린 경우	2점
삼각형을 회전시키면서 다양한 그림을 그린 경우	5점

출제자 예시 답안

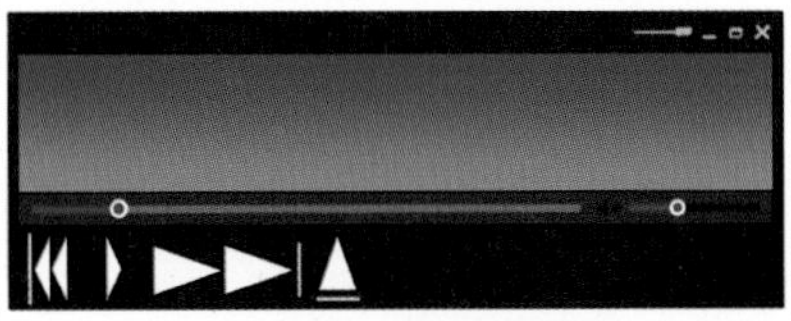

제목 : music 플레이 큐~

제목 : 세쌍둥이 빌딩과 나무

제목 : 맛있는 초코송이와 수박바

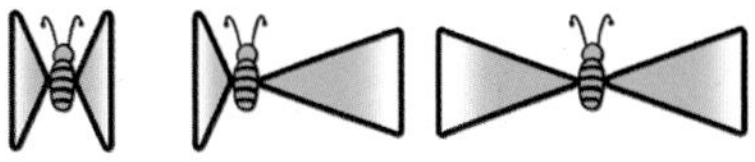

제목 : 돌연변이 나비 날개

문제 04 p.24

문항 분석 및 평가표

◆ 문항 분석 : 단어를 그림으로 표현함으로써 독창성과 정교성을 평가하는 문제이다.

◆ 평가표

(1) ~ (4) 각각 : 의미는 통하지만 글자가 들어간 경우	0.5점
(1) ~ (4) 각각 : 그림만으로 의미가 통하게 표현한 경우	1점
(1) ~ (4) 모두 그림만으로 의미가 통하게 표현한 경우	plus 1점

출제자 예시 답안

(1) 동계 올림픽

(2) 첫사랑

(3) 돈

(4) 세계여행

문제 05 p.24

문항 분석 및 평가표

◆ 문항 분석 : 서로 다른 모양의 도형을 사용하여 그림을 완성함으로써 독창성과 정교성을 평가하는 문제이다.

◆ 평가표

도형을 5개 미만 사용한 경우	2점
도형을 5개 이상 8개 미만 사용한 경우	3점
도형을 10개 이상 사용한 경우	4점
주어진 도형으로 '집'을 잘 표현한 경우	plus 1점

출제자 예시 답안

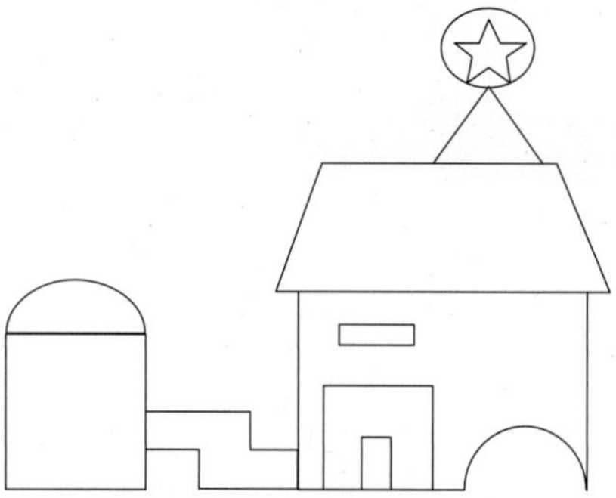

문제 06 p.25

문항 분석 및 평가표

◆ 문항 분석 : 그림을 보고 떠오르는 것을 최대한 많이 찾음으로써 유창성과 독창성을 평가하는 문제이다.

◆ 평가표

3개 미만 찾은 경우	2점
3개 이상 5개 미만 찾은 경우	3점
5개 이상 찾은 경우	5점

출제자 예시 답안

낚싯대, 수영장 계단, 다리가 불편한 할머니, 할아버지께서 짚고 다니는 보호장치(보행보조기), 우산 손잡이/지팡이, 갈고리 등

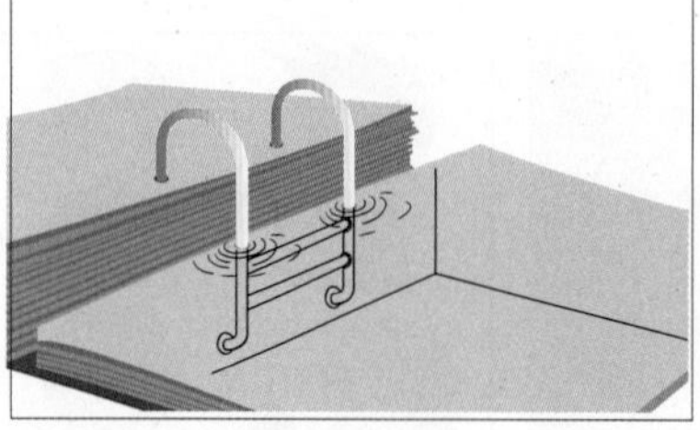

수영장 계단

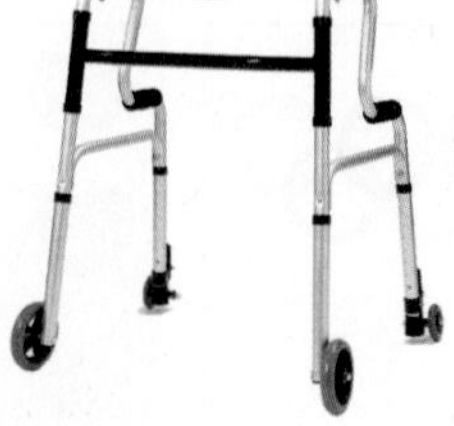

보행보조기

문제 07 p.25

문항 분석 및 평가표

◆ 문항 분석 : 서로 다른 두 그림을 보고 공통적으로 생각나는 것을 최대한 많이 찾음으로써 유창성, 융통성, 독창성을 평가하는 문제이다.

◆ 평가표

3개 미만 쓴 경우	2점
3개 이상 5개 미만 쓴 경우	3점
5개 이상 쓴 경우	5점

출제자 예시 답안

➩ 흐름(시간의 흐름, 음악의 흐름)
➩ 좌우(0시부터 6시와 6시부터 12시, 왼손 악보와 오른손 악보)
➩ 짝꿍(시침과 분침, 음표의 동그라미와 직선)
➩ 리듬, 박자(똑딱똑딱, 음악 소리 및 3/4박자)
➩ 높고 낮음(시침과 분침의 길이, 높은음자리표와 낮은음자리표)

문제 08 p26

문항 분석 및 평가표

◆ 문항 분석 : 그림에서 한글 자음을 찾고, 그 자음이 들어가는 단어를 최대한 많이 찾음으로써 유창성과 독창성을 평가하는 문제이다.

◆ 평가표

찾은 자음의 수 : 3개 미만일 경우	1점
찾은 자음의 수 : 3개 이상일 경우	2점
찾은 단어의 수 : 3개 미만일 경우	1점
찾은 단어의 수 : 3개 이상일 경우	2점
찾은 자음, 단어의 수가 모두 3개 이상일 경우	plus 1점

출제자 예시 답안

➩ 찾은 자음 : ㄱ, ㄴ, ㄷ, ㅅ
➩ 단어 : 교과서, 소독기, 계산기, 낚싯대, 소나기, 수돗가, 수도권, 도서관, 기내식, 가능성, 계산대

문제 09 p27

문항 분석 및 평가표

◆ 문항 분석 : 옛날부터 지금까지 비슷한 용도로 사용하고 있는 물건을 최대한 많이 찾음으로써 유창성을 평가하는 문제이다.

◆ 평가표

3개 미만 쓴 경우	2점
3개 이상 5개 미만 쓴 경우	3점
5개 이상 쓴 경우	5점

출제자 **예시 답안**

옛날 물건	현재의 물건
화로	전기난로
인두와 다듬이	전기다리미, 스팀다리미
가마솥	전기밥솥, 즉석밥
김치보관 항아리(김칫독)	김치냉장고
호롱불	전등
파발, 봉화	휴대폰, 인터넷
주판	전자 계산기
말, 인력거	자동차, 비행기
가채	가발
삿갓	모자
붓	펜

문제 10 p.28

문항 분석 및 **평가표**

◆ 문항 분석 : 서로 다른 두 물체를 함께 사용하여 새로운 물건을 만드는 방법을 최대한 많이 찾음으로써 유창성, 융통성, 독창성을 평가하는 문제이다.

◆ 평가표

3개 미만 쓴 경우	2점
3개 이상 5개 미만 쓴 경우	3점
5개 이상 쓴 경우	5점

출제자 **예시 답안**

이름	용도
양초 도우미	스펀지에 구멍을 뚫고 초를 꽂아 촛대로 사용한다.
향초 목욕	향초를 켜고 샤워 스펀지를 사용하여 하는 목욕 세트 상품
촛농 받이	스펀지를 초에 감아 흘러내리는 촛농을 흡수하도록 한다.
촛농 아트	색깔 초를 사용하여 스펀지에 촛농을 떨어뜨려 색을 입힌 스펀지 장식품

문제 11 p.29

문항 분석 및 **평가표**

◆ 문항 분석 : 독창적인 아이디어를 평가하는 문제이다.

◆ 평가표

직접 글을 써야만 가능한 기능이 아닌 경우	1점
재미있거나 신기한 기능을 탑재한 경우	5점

출제자 예시 답안

- 마우스 연필 (마우스를 잡는 형식으로 된 연필을 만들어 마우스를 움직이면 글씨가 써지도록 한다.)
- 조아 연필 (학생이 좋아하는 캐릭터 모형이 달린 연필)
- 트윙클 연필 (글을 쓸때마다 플래시가 나오도록 한다.)
- 다 듣다 연필 (쓰는 글씨가 녹음되는 기능을 갖는 연필)
- 글만이 (연필로 된 특수 펜으로만 글을 인식하는 태블릿 PC)

문제 12 p.29

문항 분석 및 평가표

◆ 문항 분석 : 이름 속 자음과 모음의 조합을 통해 융통성, 독창성, 정교성을 평가하는 문제이다.

◆ 평가표

조합은 다양하지만, 이름을 알아볼 수 없을 경우	1점
이름을 알아볼 수 있고, 자음 조합이 독특한 경우	5점

출제자 예시 답안

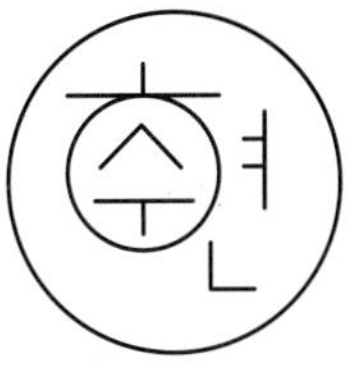
수현

상우

보검

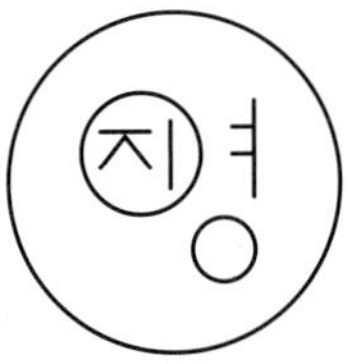
지영

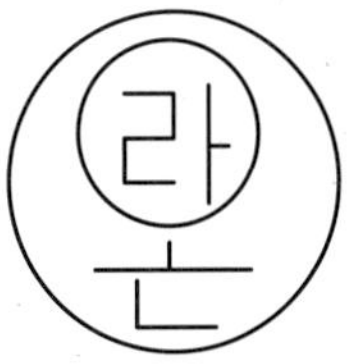
라온

홍하현

문제 13 p.30

문항 분석 및 평가표

◆ 문항 분석 : 유창성, 융통성, 독창성을 발휘하여 단서를 유추하는 문제이다.

◆ 평가표

3개 미만 쓴 경우	2점
3개 이상 5개 미만 쓴 경우	3점
5개 이상 쓴 경우	5점

출제자 예시 답안

- 운동회날 계주를 하는 모습
- '무궁화 꽃이 피었습니다.' 놀이를 하는 모습
- 소매치기를 잡기 위해 경찰과 시민들이 범인을 뒤따라가는 모습
- 연예인을 쫓아가는 팬들의 모습
- 한강에서 수영하는 사람들의 모습
- '꼬리잡기' 놀이를 하는 모습

문제 14 p.30

문항 분석 및 평가표

◆ 문항 분석 : 특정 상황에서 일어날 수 있는 일을 최대한 많이 생각해냄으로써 유창성을 평가하는 문제이다.

◆ 평가표

3개 미만 쓴 경우	3점
3개 이상 쓴 경우	5점

출제자 예시 답안

➾ 두 학생은 전교 1, 2등을 다투는 사이인데, 지난번 시험에서 1등 한 친구가 이번에는 2등을 했기 때문에 (이번에 1등 한 친구가 어깨를 토닥이며 위로해주려고 어깨동무를 하고 있다.)
➾ 친한 친구가 선생님께 꾸중을 듣고 풀이 죽어 하교하고 있기 때문에 (같이 떡볶이 먹으러 가자고 하려고 어깨동무를 하고 있다.)
➾ 왕따로 지내는 친구가 혼자 하교하고 있기 때문에 (같이 가자고 말하려고 어깨동무를 하고 있다.)
➾ 오늘 친구의 생일이기 때문에 (한 턱 쏘라고 말하려고 달려가며 어깨동무를 하고 있다.)

문제 15 p.30

문항 분석 및 평가표

◆ 문항 분석 : 특정 물건만을 가지고 무인도를 빠져나오는 방법을 생각해 냄으로써 유창성, 융통성을 평가하는 문제이다.

◆ 평가표

3개 미만 쓴 경우	2점
3개 이상 5개 미만 쓴 경우	3점
5개 이상 쓴 경우	5점

출제자 예시 답안

➾ 핸드폰으로 전화가 가능하면, 119에 연락하여 구조를 요청한다.
➾ 밤이라면, 핸드폰 플래시를 사용하여 자신의 위치를 알린다.
➾ 야구공을 바다 쪽으로 던져 지나가는 선원에게 자신의 위치를 알린다.
➾ 모자를 흔들어 자신의 위치를 알린다.

문제 16 p.31

문항 분석 및 평가표

◆ 문항 분석 : 미래에 사라지거나 생겨날 직업을 융통성과 독창성을 발휘하여 다양하게 쓰는 문제이다.

◆ 평가표

사라지거나 생겨날 직업을 이유와 함께 5개 미만 쓴 경우	3점
사라지거나 생겨날 직업을 이유와 함께 5개 쓴 경우	5점

출제자 예시 답안

	직업과 그 이유
사라질 직업	사라질 직업은 택배, 음식, 우편 등 배달원이다. 그 이유는 기계를 사용한 무인 시스템의 발달 및 드론의 활용이 높아질 것이므로
	사라질 직업은 환경미화원이다. 그 이유는 로봇으로 대체할 수 있는 가능성이 높아지고 있으므로
	사라질 직업은 상담 직원이다. 그 이유는 로봇으로 직원을 대체할 수 있고, 인터넷을 활용한 상품 구매가 점점 증가하고 있으므로
	사라질 직업은 언론, 뉴스, 스포츠 기자이다. 그 이유는 실시간으로 모든 정보를 개개인이 원하는 때에 스마트 기기로 확인할 수 있게 될 것이므로
	사라질 직업은 농민이다. 그 이유는 농업은 점점 더 기계화 될 것이므로
생겨날 직업	생겨잘 직업은 우주정거장 관리사, 우주공인중개사, 우주여행 가이드이다. 그 이유는 우주에서 살 수 있을 가능성이 높아지고 있으므로
	생겨잘 직업은 오존층 복구사이다. 그 이유는 자외선에 의해 오존층이 점차 파괴되고 있으므로
	생겨잘 직업은 복제기술사이다. 그 이유는 유전자 해독이 가능해졌기 때문에 복제가 상용화될 것이므로 생겨잘 직업은 외계어 통역사이다. 그 이유는 우주와의 소통이 늘어남으로써 UFO, 외계인의 출몰이 증가할 것이므로
	생겨잘 직업은 로봇관리사이다. 그 이유는 가젠제품뿐만 아니라 수술실에서도 로봇의 역할이 커지고 있으므로

문제 17 p.32

문항 분석 및 평가표

◆ 문항 분석 : 특정 물건과 공통점을 갖는 또 다른 물건을 찾음으로써 유창성, 정교성을 평가하는 문제이다.

◆ 평가표

5개 미만 쓴 경우	3점
5개 이상 쓴 경우	5점

출제자 예시 답안

공통점	그 이유
질소 충전 탱크	그 이유는 과자 봉지에는 과자가 부스러지는 것을 방지하기 위해 질소가 많이 들어 있기 때문이다.
풍선	그 이유는 과자 봉지를 손으로 내리치면 터지면서 풍선 터지는 '펑' 하는 소리가 나기 때문이다.
바구니	그 이유는 과자 봉지의 위쪽 입구를 자르면 주머니 모양이 되기 때문에 과자를 계속 담아서 먹을 수 있다.
쓰레기봉투	그 이유는 과자를 다 먹은 과자 봉지는 쓰레기이지만 봉지 안에 쓰레기를 담아 버리면 쓰레기봉투가 되기 때문이다.
튜브	그 이유는 질소가 많이 포함된 과자 봉지는 물속에서 뜨기 때문이다.

문제 18 p.33

문항 분석 및 평가표

◆ 문항 분석 : 모래를 이용한 활동을 찾아냄으로써 유창성, 융통성을 평가하는 문제이다.

◆ 평가표

3개 미만 쓴 경우	3점
3개 이상 쓴 경우	5점

출제자 예시 답안

- 콘크리트 (시멘트는 모래, 자갈, 골재 따위를 적당히 혼합하여 물에 반죽한 혼합물이다.)
- 모래성 (바닷가 해안에 있는 모래에 적절한 물을 첨가하면 모래를 뭉칠 수 있다. → 부산 해운대 모래 축제)
- 모래공예 (스케치한 종이에 색을 입힌 모래를 붙이기, 유리병에 색모래를 쌓아 모래 그림 그리기, 컬러 모래로 도자기 만들기)

모래성

모래공예

문제 19 p.33

문항 분석 및 평가표

◆ 문항 분석 : 어떤 상황이 일어난 이유를 유추함으로써 유창성, 융통성을 발휘하여 푸는 문제이다.

◆ 평가표

5개 미만 쓴 경우	3점
5개 이상 쓴 경우	5점

출제자 예시 답안

- 결제 금액이 잘못되어서(덜 받았거나, 더 받았기 때문에)
- 영수증, 카드, 또는 거스름돈 등을 받지 않고 갔기 때문에

⇨ 휴대폰이나 가방을 두고 갔기 때문에
⇨ 새 신발을 신은 후 신고 왔던 신발은 그대로 두고 갔기 때문에
⇨ 엘리베이터가 고장났기 때문에 이를 알려주기 위해서
⇨ 점원도 엘리베이터를 타고 내려가기 위해서

문제 20 p.33

문항 분석 및 평가표

◆ 문항 분석 : 큰 물체를 작은 곳에 넣을 수 있는 기발한 방법을 찾아냄으로써 유창성, 융통성, 독창성을 평가하는 문제이다.

◆ 평가표

5개 미만 쓴 경우	3점
5개 이상 쓴 경우	5점

출제자 예시 답안

⇨ 기린을 창고형 대형 냉장고에 넣는다.
⇨ 새끼 기린을 냉장고에 넣는다.
⇨ 냉장고의 안과 밖을 바꾸면 밖에 있는 기린이 냉장고 안에 있게 된다. (추운 겨울 밖에 따뜻한 창고를 설치하고, 기린을 밖에 두면 기린은 냉장고 안에 있는 것과 마찬가지이다.
⇨ 냉장고에 거울을 넣은 후 거울에 기린을 비춘다.
⇨ 홀로그램으로 냉장고를 크게 확대하여 기린에게 비춘다.
⇨ 볼록 렌즈를 사용하여 기린의 상이 냉장고 안에 생기도록 한다.

문제 21 p.34

문항 분석 및 평가표

◆ 문항 분석 : 전체의 수를 쉽게 알아내는 방법을 찾아냄으로써 유창성, 융통성, 정교성을 평가하는 문제이다.

◆ 평가표

(1) 채점 기준

3개 미만 쓴 경우	2점
3개 이상 쓴 경우	2.5점

(2) 채점 기준

4가지 미만 쓴 경우	2점
4가지 쓴 경우	2.5점

출제자 예시 답안

(1) 쌀알의 모양과 크기는 모두 같다. 한 홉에 들어 있는 쌀알의 개수는 모두 같다. 쌀 가마니에는 오로지 쌀알만 들어 있다.
(2) 모래밭에서 모래알을 세는 것처럼 셀 수 없어 보이는 전체의 수를 알아내는 일상생활의 예 ⇨ 머리카락의 수, 포도밭에서 수확한 포도알의 수, 꽃밭에 있는 꿀벌의 수, 시위자들의 인원수, 해수욕장에 놀러온 사람들 수 등

문제 22 p.34

문항 분석 및 평가표

◆ 문항 분석 : 자전거의 불편한 점과 그 해결책을 쓰는 문제로써 유창성, 융통성, 독창성을 평가한다.

◆ 평가표

편리한 점과 불편한 점 그리고 그 해결책을 3개 미만 쓴 경우	2점
편리한 점과 불편한 점 그리고 그 해결책을 3개 모두 쓴 경우	5점

출제자 **예시 답안**

	편리한 점	불편한 점과 그 해결책
1	연료가 필요없다. (환경 친화적)	계단 이동이 불편하다. 해결 방법 ⇨ 계단에서는 접어서 들 수 있도록 만든다.
2	간편한 이동수단이다. (걷는 것보다 빠름)	잠금장치가 없으면 잃어버리기 쉽다. 해결 방법 ⇨ 자전거에 GPS를 설치한다.
3	전신운동이 된다.	비나 눈이 올 때 사용하기 곤란하다. 해결 방법 ⇨ 자동차의 썬루프처럼 자전저 안장 뒤쪽에서 우산처럼 펴지는 썬루프를 설치한다.

문제 23 p.35

문항 분석 및 **평가표**

◆ 문항 분석 : SNS 중독을 해결하는 다양한 방법을 작성함으로써 유창성, 융통성을 평가하는 문제이다.

◆ 평가표

해결책을 1개만 쓴 경우	3점
2개 이상 쓴 경우	5점

출제자 **예시 답안**

⇨ 하루에 일정 시간에만 SNS에 접속할 수 있게 설정할 수 있는 시스템을 도입한다.
⇨ 예를 들어 SNS 접속 1시간이면 자동으로 1시간 동안 접속을 할 수 없도록 규정한다.
⇨ 자발적인 의지력이 필요하다.

문제 24 p.35

문항 분석 및 **평가표**

◆ 문항 분석 : 어떤 문제의 기발한 해결 방법을 찾음으로써 유창성,융통성과 독창성을 평가하는 문제이다.

◆ 평가표

3가지 미만 쓴 경우	3점
3가지 이상 쓴 경우	5점

출제자 **예시 답안**

⇨ 사다리를 사용하여 지붕 위로 올라가서 닭을 잡아 내려온다.
⇨ 닭이 좋아하는 먹이를 지붕 아래에 놓고, 닭이 내려와 먹이를 먹을 때 잡는다.
⇨ 재난구조용 드론을 사용하여 닭을 들어올릴 수 있는 구조물을 달아 구조한다.
⇨ 긴 막대기의 끝에 그물 주머니를 달아 닭을 잡는다.
⇨ 지붕 아래쪽에 안전 장치를 놓고(매트, 이불 등) '퍼드득'거리며 뛰어 내릴 수 있도록 소리를 내 유인한다.
⇨ 닭이 무서워서 내려오지 못하는 것 같으므로 닭의 눈을 가려 두려움을 없애준 후 잡는다.
⇨ 바닥에서 지붕으로 연결하는 넓직한 판을 세워 닭이 미끄러져 내려올 수 있도록 한다.

문제 25 p.35

문항 분석 및 **평가표**

◆ 문항 분석 : 큰 나무의 높이를 쉽고 기발하게 측정하는 방법을 찾음으로써 독창성과 정교성을 평가하는 문제이다.

◆ 평가표

방법은 독창적이나 정확도가 떨어지는 경우	3점
독창적이며, 측정 정확도가 우수한 경우	5점

출제자 예시 답안

⇨ 느티나무 전체가 보이도록 느티나무 바로 옆에서 사진을 찍은 후, 상상이의 키와 느티나무의 높이를 자로 잰 후, 비율을 계산하여 느티나무의 높이를 알아낸다.
⇨ 드론을 이용하여 느티나무의 가장 높은 쪽 가지에서 아래를 향하게 줄자를 연결한다.

문제 26 p.36

문항 분석 및 평가표

◆ 문항 분석 : 아이들이 놀이터를 많이 이용할 수 있도록 놀이터를 새롭게 변형하는 방법을 통해 융통성과 독창성을 평가하는 문제이다.

◆ 평가표

1가지를 제시하였으나 독창적인 방법인 경우	3점
2가지를 독창적인 방법으로 제시한 경우	5점

출제자 예시 답안

⇨ 요즘에 많은 인기를 얻고 있는 방탈출 게임과 비슷하게 놀이터에 있는 놀이기구에 적용하면 아이들의 창의력을 키우고 문제 해결력을 키울 수 있다. (미로 게임을 할 수 있도록 그물로 짜여진 놀이기구 등)
⇨ 놀이터의 바닥을 둥글게 만들어서 여름에 물을 받아 물놀이장으로 활용할 수 있다면, 여름철에 아이들이 더위를 피하면서 놀이터의 놀이기구도 자연스럽게 이용할 것이다.
⇨ 놀이터의 놀이기구들에 요즘 아이들이 좋아하는 캐릭터를 그려 넣는다.
⇨ 핸드폰 게임과 놀이터의 놀이기구를 연결시킨다. → 포켓몬고 게임처럼 놀이터에서 놀이기구를 이용하면서 게임 아이템을 얻을수 있는 게임을 만든다.
⇨ 학교에서 숙제를 내준다. → 매일 일기장에 놀이터에서 친구들과 탄 놀이기구에 대해 그리거나, 인증샷을 찍어 붙이도록 하여 일주일에 한번씩 학급 사진전을 열고 상품을 준다.

문제 27 p.36

문항 분석 및 평가표

◆ 문항 분석 : 융통성과 정교성을 발휘하여 발생할 수 있는 문제점을 생각해 내는 문제이다.

◆ 평가표

3가지 미만 쓴 경우	3점
3가지 이상 쓴 경우	5점

출제자 예시 답안

⇨ 각 버스 노선에 대한 정보는 확실하게 나타낼 수 있지만, 찾아가고자 하는 주변 건물과의 연관성이 떨어지므로 오히려 길을 찾는데 어려움이 발생한다.
⇨ 지하철 역은 버스 정류장보다 월등히 적은 수이므로 임의의 직선으로 나타내기 수월하지만, 버스는 노선이 겹치는 경우도 많고 노선이 대부분 곡선이라 지하철 노선도처럼 표현하기 어렵다.
⇨ 서울시에서 운행하는 모든 버스 노선도를 서울시 도로에 표시한다 하더라도 각 정류장뿐만 아니라 찾아가려고 하는 곳을 찾을 때 더 헷갈릴 것이다. (정류장의 이름도 길고 제각각이라 한눈에 찾아보기 어렵다.)

문제 28 p.37

문항 분석 및 평가표

◆ 문항 분석 : 종이컵의 모양이 사진과 같은 이유를 유창성, 융통성, 독창성을 발휘하여 생각해내는 문제이다.

◆ 평가표

3개 미만 쓴 경우	3점
3개 이상 쓴 경우	5점

출제자 예시 답안

- 아래쪽이 좁아 동그란 홀더에 꽂을 때 고정이 쉽다.
- 컵을 여러개 포갤 수 있어 공간 활용도가 높다.
- 컵에 담긴 내용물을 입구가 좁은 곳에 따르기 쉽다.
- 어느 방향으로도 마실 수 있다.
- 손에 쥐었을 때 빠지지 않는다.
- 위쪽이 아래쪽보다 넓어서 고체 및 액체를 넣기 쉽다.
- 둥근 모양이므로 외부로부터 작용하는 힘이 고루 분산되어 쉽게 찌그러지지 않는다.

문제 29 p.37

문항 분석 및 평가표

◆ 문항 분석 : 표정이 바뀌는 이유를 상황과 연관지어 독창적으로 묘사하는 문제이다.

◆ 평가표

3개 미만 쓴 경우	3점
3개 이상 쓴 경우	5점

출제자 예시 답안

- 외국에서 살던 친구가 연락도 없이 갑자기 귀국하여 우리 집에 왔다.
- 밖에 묶어 둔 강아지의 목줄이 풀렸는데, 멀리 도망가지 않고 마당에서 신나게 뛰어놀고 있다.
- 4월인데 내리는 눈을 보고 놀랐다가, 펑펑 내리는 함박눈에 기분이 좋아졌다.

문제 30 p.37

문항 분석 및 평가표

◆ 문항 분석 : 여우에게 GPS를 다는 방법을 융통성과 독창성을 발휘하여 생각해 내는 문제이다.

◆ 평가표

GPS를 여우가 항상 지니고 있기 힘든 경우	3점
GPS를 여우가 항상 지니고 다닐 수 있는 방법인 경우	5점

출제자 예시 답안

- GPS가 달린 목걸이를 여우에게 선물한다.
- GPS가 달린 가방을 여우에게 선물한다.
- GPS가 달린 배지를 여우에게 선물한다.
- 여우에게 쫓길 때 여우가 좋아하는 먹이를 주면서 한번만 놓아달라고 부탁하고, 여우가 좋아하는 먹이에 GPS를 넣어둔다.(여우가 먹이를 먹으면 여우의 움직임을 확인할 수 있다.)

문제 31 p.38

문항 분석 및 평가표

◆ 문항 분석 : 평소 평일과 다르게 집 밖에 차와 사람이 없는 이유를 유창성, 융통성, 독창성을 발휘하여 생각해 내는 문제이다.

◆ 평가표

3개 미만 쓴 경우	3점
3개 이상 5개 미만 쓴 경우	4점
5개 이상 쓴 경우	5점

출제자 예시 답안

- 도로 공사가 있어서 도로를 통제했기 때문이다.
- 차없는 거리로 지정되었기 때문이다.
- 날개달린 자동차가 생긴 이후로 사람들은 자동차를 하늘에서 타기 때문이다.
- 어제 비가 많이 내려 도로가 물에 잠겼기 때문이다.
- 공휴일이라서 사람들이 늦잠을 자기 때문이다.
- 시간은 새벽이고, 바깥에는 논과 밭만 있기 때문이다.
- 창문을 통해 본 바깥에는 바다가 펼져 있어 배만 보이기 때문이다.
- 무한이는 산속 별장에 있고, 지금은 새벽이다.

문제 32 p.38

문항 분석 및 평가표

◆ 문항 분석 : 은둔형 외톨이가 되는 이유를 유창성, 융통성, 정교성을 발휘하여 생각해 내는 문제이다.

◆ 평가표

3개 미만 쓴 경우	3점
3개 이상 쓴 경우	5점

출제자 예시 답안

- 정상적인 사회생활을 하다가 해고를 당했기 때문에
- 믿었던 누군가에게 배신, 사기를 당했기 때문에
- 승승장구하던 사업이 파산되었기 때문에
- 살아갈 의욕을 꺾는 불이의 사고를 당해 충격이 컸기 때문에
- 온라인 게임에 빠져 집 밖으로 나가지 않고 컴퓨터 앞에서만 시간을 보냈기 때문에
- 부모의 이혼 등으로 어려서 가정이 붕괴되거나, 어려서부터 부모의 폭행에 시달렸기 때문에
- 학교에서의 왕따로 인해 마음의 상처가 크기 때문에

문제 33 p.38

문항 분석 및 평가표

◆ 문항 분석 : 무인도에서 단기간 살아야 할 때 가지고 가면 유용할 것을 융통성, 정교성을 발휘하여 생각해 내는 문제이다.

◆ 평가표

이유가 구체적이거나 타당하지 않음	3점
이유가 구체적이고, 타당함	5점

출제자 **예시 답안**

- 통조림 : 유통기한이 길며, 따로 조리를 하지 않아도 먹을 수 있기 때문이다.
- 도감(식물, 동물, 곤충 등) : 먹을 수 있는 것과 먹으면 안되는 것을 구별할 수 있기 때문에 식량을 구할 때 유용할 것이기 때문이다.
- 무인도에서 살아남기 책 : 무인도에서 살 때 유용한 정보가 있기 때문이다.

문제 34 p.39

문항 분석 및 **평가표**

◆ 문항 분석 : 다른 사람과 몸이 바뀌게 될 경우 바뀌고 싶은 대상을 자유롭게 적음으로써 융통성과 정교성을 평가하는 문제이다.

◆ 평가표

바뀌고 싶은 대상과 그 이유가 명확하지 않은 경우	3점
바뀌고 싶은 대상과 그 이유가 명확하게 드러난 경우	5점

출제자 **예시 답안**

- 내가 존경하는 과학자(또는 수학자)와 바뀌어 그 과학자(또는 수학자)의 업적이 탄생하게 된 과정을 알아보고 싶다.
- 엄마(또는 아빠)와 바뀌어 내가 원하는 대로 가족 규칙을 바꾸고 싶다.
- 공부 잘하는 친구와 바뀌어 그 친구가 공부를 잘하는 방법을 알아본다.(공부 습관이나 비법 등)

문제 35 p.39

문항 분석 및 **평가표**

◆ 문항 분석 : 편의점에서 가정상비약의 판매가 허용됨으로써 주는 긍정적인 면을 다양하게 작성함으써 유창성, 융통성을 평가하는 문제이다.

◆ 평가표

3개 미만 쓴 경우	3점
3개 이상 쓴 경우	5점

출제자 **예시 답안**

- 약국이 열지 않는 시간에도 가정상비약을 구입할 수 있다.
- 편의점은 24시간 운영하고, 주위에 가장 많이 있는 가게이므로 가정상비약을 언제 어디서나 구입할 수 있다.
- 약국에서만 가정상비약을 구입할 수 있을 때에는 기득권 세력인 약사들이 자신의 이득을 많이 챙겼는데, 편의점에서 가정상비약을 판매하게 되면서 그 문제점이 감소할 수 있다.

문제 36 p.39

문항 분석 및 **평가표**

◆ 문항 분석 : 곤란한 상황에 처했을 때 대처하는 논리적인 방법을 통해 융통성, 독창성을 평가하는 문제이다.

◆ 평가표

상황1과 상황 2를 따로 따로 해결했을 경우 또는 해야하는 일을 못하거나 포기한 경우	3점
상황1과 2를 자연스럽게 연결시켜 해야하는 일을 모두 해결했을 경우	5점

출제자 예시 답안

[상황 1]

- 머리는 등교할 때 자연적으로 마를 것이고, 아침밥은 오늘 하루 안먹는다고 굶어죽지 않으니 포기하고, 준비물을 먼저 챙긴다. 그리고 동생 유치원 등원은 옆집 아주머니께 부탁을 드리고 얼른 학교로 뛰어간다.
- 준비물 챙기고 머리를 말리기위해 이리저리 돌아다닐 때 식탁에 차려놓은 밥을 한숟갈씩 먹고, 동생과 함께 나와서 머리를 말리면서 밥을 챙겨먹고 동생과 함께 집을 나선다. 집 앞 유치원 통학차를 기다리는 아주머니께 제 동생을 부탁드리고 학교로 뛰어간다.

[상황 2]

- 일단 가까운 화장실에 가서 볼일을 보고, 근처 단골 가게 사장님께 학교까지 태워다 주실 수 있냐고 부탁드린다.
- 선생님께 전화해서 자초지종을 설명드리고, 집으로 가서 얼른 화장실을 들른 후 버스비를 챙기고 학교에 간다.
- 가까운 화장실에 들려 볼일을 보고, 부모님 차를 타고 등교하는 친구에게 전화해서 오늘만 좀 태워다 줄 수 없냐고 부탁한다.

문제 37 p.40

문항 분석 및 평가표

◆ 문항 분석 : 양심우산의 회수율을 높이기 위한 기발한 방법을 찾음으로써 융통성, 독창성을 평가하는 문제이다.

◆ 평가표

실현 가능성이 희박한 경우	3점
실현 가능성이 높은 경우	5점

출제자 예시 답안

- 우산에 GPS를 설치하여 주기적으로 우산을 회수하는 작업을 한다.
- 보증금을 받고 우산을 빌려준다.
- 누구나 잘 보이는 우산 중간에 "이 우산은 내 것이 아닙니다." "제 양심은 이 우산이 제자리에 있을 때 다시 돌아옵니다." 같은 문구를 넣어 평소에는 쓸 수 없도록 한다.
- 이 우산을 본 사람들이 가까운 우산 대여소에 갖다 줄 경우 양심스티커, 배지 등을 부여한다. (양심 스티커 또는 배지가 많이 모이면 영화 등을 무료로 이용할 수 있는 특권을 준다.)

문제 38 p.41

문항 분석 및 평가표

◆ 문항 분석 : 주어진 서로 다른 낱말을 골라 문장을 만듦으로써 융통성, 독창성을 평가하는 문제이다.

◆ 평가표

제시어 중 세 개의 단어가 포함되지 않았거나 문맥이 맞지 않은 경우	3점
세 개의 단어가 들어가고, 문맥이 맞는 경우	5점

출제자 예시 답안

- 나의 장래희망은 의사 또는 축구선수이다.
- 수박 껍데기는 일반 쓰레기통에 버리면 안된다고 친구가 말해줬다.
- 비가 내려 친구와의 축구 시합이 취소되었다.
- 올해는 비가 많이 내렸지만 수박 농사가 잘 되기를 희망한다.
- 의사 선생님께서 수박을 많이 먹으면 화장실을 비 오듯 갈 거라고 하셨다.
- 축구는 나의 친구이자 희망이다.
- 내 친구가 걱정 따위 쓰레기통에 버리고, 희망적인 생각을 하라고 충고해 주었다.

문제 39 p.41

문항 분석 및 평가표

◆ 문항 분석 : 조건에 맞는 글자를 찾음으로써 유창성, 융통성을 평가하는 문제이다.

◆ 평가표

한번 접어서 같은 모양이 되는 글자

10개 미만	2점
10개 이상	2.5점

두 번 접어도 같은 모양이 되는 글자

2개 미만	2점
2개 이상	2.5점

출제자 예시 답안

⇨ 한번 접어서 같은 모양이 되는 글자 :
마, 머, 며, 먀, 미, 모, 무, 뮤, 므, 묘, 보, 뵤, 부, 뷰, 브, 아, 야, 어, 여, 오, 요, 우, 유, 으, 이, 소, 수, 스, 슈, 호, 흐, 효, 후, 타, 터, 텨, 탸, 티, 추, 츄, 츠, 초, 조, 죠, 주, 쥬, 파, 퍄, 퍼, 펴, 포, 표, 푸, 퓨, 프, 피, 웅, 응, 뭄, 몸, 봅, 봄, 봉, 좋, 몽, 믐, 옹, 용, 욤, 옴, 융, 송, 솜, 숨

⇨ 두 번 접어도 같은 모양이 되는 글자 : 응, 믐

문제 40 p.41

문항 분석 및 평가표

◆ 문항 분석 : 모양과 기능의 상호관계에 따른 대체 유무를 판단한 후, 이와 관련된 물건을 찾음으로써 융통성과 정교성을 평가하는 문제이다.

◆ 평가표

모양은 비슷하나 서로 대체할 수 없는 것 또는 서로 다른 모양이지만 대체할 수 있는 것 중 하나만 쓴 경우	2점
모양은 비슷하나 서로 대체할 수 없는 것과 서로 다른 모양이지만 대체할 수 있는 것 모두 1개 이상씩 쓴 경우	5점

출제자 예시 답안

[모양은 비슷하지만 서로 대체하여 사용할 수 없는 것]

⇨ 공 : 구 형태이지만, 축구를 할 때에는 축구공, 야구를 할 때에는 야구공, 골프할 때에는 골프공, 탁구를 할 때에는 탁구공 등 각 스포츠 경기에 어울리는 공의 기능은 제각각이다.

⇨ 알 : 구 형태이지만, 메추리알이 부화하면 메추리, 계란이 부화하면 병아리, 오리알이 부화하면 오리가 되듯이 서로 다른 종의 생명체이다.

⇨ 구 모양의 과일 : 오렌지, 사과, 배, 메론, 포도, 귤 등 구 모양의 과일은 서로 다른 품종이다.

[모양은 다르지만 서로 대체하여 사용할 수 있는 것]

⇨ (로봇)청소기와 빗자루 : (로봇) 청소기와 빗자루의 모양은 다르지만, 청소할 때 먼지를 제거하는 기능이 있으므로 대체하여 사용할 수 있다.

⇨ 잉크젯 프린터와 레이저 프린터

⇨ 쌀에 함께 넣어 짓는 여러 종류의 잡곡들

⇨ 밥과 빵

점수에 따른 성취도 등급

등급	1등급	2등급	3등급	4등급	5등급
평가	160점 이상	130점 ~ 159점	100점 ~ 129점	50점 ~ 99점	49점 이하

총점 200점

II
영재성 검사

02 언어 / 추리 / 논리

1. 언어 / 추리 / 논리 단원의 01 ~ 40번 문제 배점은 각 5점씩이며, 예외인 경우에는 각 문항별 평가표를 참고하면 됩니다.
2. 단원 말미에서 성취도 등급을 확인하세요.

문제 01 p.42

◆ 평가표

빈칸 1개당	0.5점
모든 빈칸을 채운 경우	plus 0.5점

출제자 예시 답안

(1) 백합 - (꽃) - 가루 - (비누) - 방울 - (토마토 / 뱀) - 껍질
(2) 충치 - (예방) - 주사 - (위 / 약) - 국 - (물 / 밥 / 회) - 맛
(3) 자동 - (차) - 유리 - (조각 / 공예) - 작품 - (전시) - 회

문제 02 p.42

◆ 평가표

의미 연관성 없음	0점
의미 연광성 있음	5점

출제자 예시 답안

⇨ 준공과 완공이 같은 의미이며 '공'으로 끝남 → '비'로 끝나며 준비와 같은 의미를 갖는 채비, 구비, 완비가 가능하다.
⇨ 비례식연관 : 준공, 준비 ('준'으로 시작함) → 완공, 완비 ('완'으로 시작함)
⇨ 준공 : 완공 = (완비) : 준비 (비례식 연관성 : '준', '공', '완', '비')

해설 *준비 : 미리 마련하여 갖춤
*채비 : 어떤 일이 되기 위하여 필요한 물건이나 자세
*구비 : 있어야 할 것을 빠짐없이 다 갖춤
*완비 : 빠짐없이 완전히 갖춤

문제 03 p.43

◆ 평가표

의미 연관성 없음	0점
의미 연광성 있음	5점

출제자 예시 답안

⇨ (반대 의미, 보색) → 얇다 : 두껍다 = 파랑 : 주황
⇨ 유의어, 비슷한 색 관계 → 도톰하다/두툼하다/염치없다, 하늘색/남색/감청/바다색
⇨ 문장이나 단어 완성하기 → (예) 이불이 두껍다, 파랑새

해설 * 20색상환(빨강, 다홍, 주황, 귤색, 노랑, 노란연두, 연두, 풀색, 녹색, 초록, 청록, 바다색, 파랑, 감청, 남색, 남보라, 보라, 붉은보라, 자주, 연지) 중 파랑의 보색(반대 색)은 주황이다.
*두껍다(두께가 보통의 정도보다 크다.)의 유의어 ⇨ 도톰하다, 두툼하다, 염치없다.
*얇다(두께가 두껍지 아니하다.)의 유의어 ⇨ 얄팍얄팍하다, 얄따랗다, 얄팍하다.

문제 04 p.43

◆ 평가표

(1) ~ (3) : 3개 미만 쓴 경우	각 0.5점
(1) ~ (3) : 3개 이상 쓴 경우	각 1.5점
(1) ~ (3) 모두 3개 이상 쓴 경우	plus 0.5점

출제자 예시 답안

(1)
⇨ 펭귄, 바다거북 등 육지에서는 느리게 움직이지만, 바다에서는 빨리 헤엄칠 수 있는 동물이다
⇨ 수업 시간, 쉬는 시간 등 학교 생활 : 좋아하는 과목 수업이거나, 수업 내용이 재미있으면 수업 시간이 빨리 지나가 버리는 것 같지만, 좋아하지 않는 수업은 시간이 느리게 가는 것처럼 느낀다. 이처럼 쉬는 시간도 친구들과 놀 무언가가 있으면 빨리 지나가 버리지만, 할 일이 없으면 느리게 가는 것처럼 느껴진다.
⇨ 기차, 전철 등 이동수단 : 안에서 밖을 쳐다보면 천천히 가는 것 같은데, 밖에서 보면 굉장히 빠른 속력으로 달리고 있는 것이다.

(2)
⇨ 고향 : 멀지않아도 자주 가기는 어렵다.
⇨ 친구 : 매일 보며 가깝고 친하게 지내던 친구들도 다른반이 되거나 졸업하면서 연락을 잘 못하면 멀게 느껴져서 연락을 하기 어렵다.
⇨ 친척 : 촌수로는 가깝더라도 자주 만나지 못하게 살게 되면 전혀 모르는 남남처럼 멀게 느껴진다.
⇨ 집이 바로 학교 옆이라도 학교 수업이 끝나기 전까지는 집에 갈 수 없으므로 집이 굉장히 멀게 느껴진다.

(3)
⇨ 급할수록 돌아가라 : 급하다고 서두르면 일을 그르칠 수 있기 때문에 급할수록 천천히 일을 처리하는 것이 오히려 맞을 수 있다.
⇨ 무소식이 희소식이다 : 소식 없이 지내는 친구에게 좋은 일만 있다고 할 순 없다.(걱정할까봐 아프거나 어려운 상황을 말하지 않을 수 있으므로)
⇨ 침묵은 금이다 : 말을 하지 않아도 될 때 말해버려 오해를 살 수 있다. 또는 말을 해야 상대방이 알 수 있는데, 말하지 않으면 오해가 생길 수 있다.

문제 05 p.44

◆ 평가표

① ~ ⑤ : 3개 미만 쓴 경우	각 0.5점
① ~ ⑤ : 3개 쓴 경우	각 1점

출제자 예시 답안

(1) 눈
⇨ 눈이 아프다. (신체 부위)
⇨ 눈에 밟히다. (잊히지 않고 자꾸 눈에 떠오르다.)

⇨ 눈이 높다. (안목이 높다. 정도 이상의 좋은 것만 찾는다.)
⇨ 눈이 내리다. (대기 중의 수증기가 찬 기운을 만나 얼어서 땅 위로 떨어지는 얼음의 결정체)

(2) 발
⇨ 발목을 삐다. (신체 부위)
⇨ 발이 넓다. (사귀어 아는 사람이 많아 활동 범위가 넓다)
⇨ 발(걸음)을 맞춰 걷다.
⇨ 발(실이나 국수 등 가늘고 긴 물체의 가락)을 치다.

(3) 재미
⇨ 재미(즐거운 기분이나 느낌)가 없다.
⇨ 내 친구는 재미교포이다.
⇨ 재미(승려나 사창에 보시로 주는 쌀)를 챙겨 절에 갔다.
⇨ 아버지는 손주 재롱 부리는 재미(좋은 성과나 보람)로 고단함도 잊었다.
⇨ 또 까불고 대들면 재미(어떤 일이나 생활의 형편)없어.

(4) 밟다
⇨ 도두밟다. (오르막길 같은 데에서, 발끝에 무게를 두어 힘들게 밟다. 순우리말)
⇨ 땅을 밟다. (위에 대고 누르다)
⇨ 그의 뒤를 밟다. (몰래 뒤를 따라가다)
⇨ 내가 밟지 않으면 밟히고 말거야. 그러니 반드시 밟고 올라야해. (제압하다)
⇨ 드디어 산 정상을 밟았다. (어떤 곳에 도착하다)

(5) 잘하다
⇨ 노래를 잘하다. (좋고 훌륭하게 하다)
⇨ 기중 잘하다. (' 제일 잘한다'라는 전라도 방언)
⇨ 누가 잘하고 잘못했는지 꼭 밝혀야 한다. (옳고 바르게 하다)
⇨ 또 늦나니, 잘하는 짓이구나. (반어적으로 못마땅하다)
⇨ 무한이는 부모님께 잘한다. (친절히 성의껏 대하다)

문제 06 p.45

◆ 평가표

여러 가지 뜻을 가지고 있는 단어의 수

3개 미만	2점
3개 이상	2.5점

다른 의미의 수

3개 미만	2점
3개 이상	2.5점

출제자 예시 답안

⇨ 눈 : 하늘에서 내리는 눈, 보는 눈(사람의 신체 부위)
⇨ 다리 : 강을 건너는 이동통로, 걷는 다리(사람의 신체 부위)
⇨ 산토끼 : 산에 사는 토끼, 살아있는 토끼, 돈을 주고 구입한 토끼
⇨ 바르다 : 풀, 연고 등을 표면에 붙이다. 생선의 가시를 추려내다. 길이나 선 등이 겉으로 보기에 비뚤어지거나 굽은 데가 없다. 그늘이 지지 않고 햇볕이 잘 들다. 사실과 어긋남이 없다. 말이나 행동 등이 어긋나지 않다.
⇨ 배부르다 : 더 먹을 수 없이 양이 차다. 생활이 넉넉하여 아쉬울 것이 없다. 임신하여 배가 불룩하다. 위아래와 비교하여 가운데가 불룩하다
⇨ 나다 : 길이나 통로 등이 생기다. 신문이나 잡지에 어떤 내용이 실리다. 신체 표면 또는 땅 위에 솟아나다. 문제가 출제되다.
⇨ 감다 : 눈동자를 덮다. 머리를 물로 씻다. 어떤 물체를 다른 물체에 말거나 빙 두르다. 시계태엽이나 테이프 따위를 작동하도록 돌리다.

⇒ 발 : 사람이나 동물의 다리 맨 끝부분, 걸음을 세는 단위, 총알을 세는 단위, 실이나 국수 따위의 가늘고 긴 물체의 가닥

⇒ 타다 : 탈것이나 짐승의 등 따위에 몸을 얹다. 어떤 조건이나 시간, 기회 등을 이용하다. 피부가 햇볕에 오래 쬐어 검은색으로 변하다. 뜨거운 열을 받아 검은색으로 변할 정도로 지나치게 익다. 불씨나 높은 열로 불이 붙어 번지거나 불꽃이 일어나다. 몫으로 주는 돈이나 물건 따위를 받다. 다량의 액체에 소량의 액체 또는 가루 따위를 넣어 섞다. 간지럼 등 육체적 느낌을 쉽게 느끼다.

⇒ 서다 : 사람이나 동물이 발을 땅에 대로 다리를 쭉 뻗으며 몸을 곧게 하다. 결심이나 계획 등이 마음속에 이루어지다. 쳐져 있던 것이 똑바로 위를 향하여 곧게 되다.

⇒ 밑받침 : 밑에 받치는 물건. 어떤 일이나 현상의 바탕이나 근거

⇒ 경주말 : 경주 지역에서 태어난 말. 경주에 나가는 말

⇒ 맞다 : 문제에 대한 답이 틀리지 않다. 오는 사람이나 물건을 예의로 받아들이다. 시간이 흐름에 따라 오는 어떤 때를 대하다. 침이나 주사로 치료를 받다. 외부로부터 어떤 힘이 가해져 몸에 해를 입다. 쏘거나 던진 물체가 어떤 물체에 닿다.

⇒ 무르다 : 물기가 많아서 단단하지 않다. 마음이 여리거나 힘이 약하다. 이미 행한 일을 그 전의 상태로 돌리다. 사거나 바꾼 물건을 원래 임자에게 도로 주고 돈이나 물건을 되찾다.

⇒ 들다 : 빛이나 물 따위가 안으로 들어오다. 손에 가지다. 아래에 있는 것을 위로 올리다. 설명 또는 증명하기 위하여 사실을 가져다 대다. 날이 날카로워 물건이 잘 베어지다.

⇒ 단감 : 단감나무의 열매(단단하고 달콤한 맛이 나는 열매). 벽에 매달아 둔 감

⇒ 되다 : 새로운 신분이나 지위를 가지다. 다른 것으로 바뀌거나 변하다. 어떤 시기, 상태에 이르다. 반죽이나 밥에 물기가 적어 빡빡하다. 일이 힘에 벅차다.

⇒ 짠물 : 바닷물(맛이 짠 물), 젖어있는 물건을 짰을 때 나온 물

문제 07 p.45

◆ 평가표

문장 수 3개 미만	3점
문장 수 3개 이상	5점

출제자 예시 답안

* 너스레 (수다스럽게 떠벌려 늘어놓는 말 또는 짓)를 -놓다, 떨다, 부리다, 피우다, 치다
⇒ 무한이는 너스레로만 들리는 변명을 늘어놓았다.
⇒ 상상이는 너스레를 떨기 시작했다.
⇒ 어린 동생의 너스레에 우리 가족은 모두 크게 웃었다.

* 너스레 (그릇의 아가리나 바닥 또는 흙구덩이에 걸쳐 놓는 막대기로서 그 위에 놓는 물건이 빠지거나 바닥에 닿지 않게 하기 위하여 놓는다.)
⇒ 엄마는 국이 끓어넘치는 것을 막기 위해 냄비 위에 너스레를 올려놓았다.
⇒ 쥐는 고양이를 잡기위해 구덩이를 파고 그 위에 너스레를 올려놓고 천막으로 덮었다.

* 너스레웃음 (너스레를 떨면서 웃는 웃음)
⇒ 무한이는 상상이에게 어제 보았던 마술쇼에 대해 이야기하면서 너스레웃음을 지었다.

문제 08 p.46

◆ 평가표

글자 '만', '원', '만'이 연속된 문장 3개 미만	3점
글자 '만', '원', '만'이 연속된 문장 3개 이상	5점

출제자 예시 답안

⇒ 직각을 만든는 일은 쉽지만 원 만드는 일은 어렵다.
⇒ 천원 만드는 일과 만원 만드는 일은 똑같을 수 있을까?
⇒ 거래처와 오해가 생겼지만 원만하게 해결할 수 있었다.
⇒ 이름이 만원인 친구가 있다. → 엄마, 나 오늘 만원 만나고 갈게요~!

문제 09 p.46

◆ 평가표

각 글자 '팔', '방', '미', '인'에 대한 의미가 일부 포함된 경우	2점
각 글자 '팔', '방', '미', '인'에 대한 의미가 모두 포함된 경우	5점

출제자 예시 답안

- 8개의 방에 있는 아름다운 사람
- 미국을 8번 방문한 사람
- 팔을 방망이로 미친 듯이 두드린것 인정
- 8번 방글방글 미친 듯이 인사하기

해설 * 팔방미인
- 어느 모로 보나 아름다운 사람.
- 여러 방면에 능통한 사람을 비유적으로 이르는 말.
- 한 가지 일에 정통하지 못하고 온갖 일에 조금씩 손대는 사람을 놀림조로 이르는 말.
- 주관이 없이 누구에게나 잘 보이도록 처세하는 사람을 낮잡아 이르는 말.

문제 10 p.46

◆ 평가표

형용사로 3개 미만 표현하고 그 의미에 맞는 이유를 제시함	3점
형용사로 3개 이상 표현하고 그 의미에 맞는 이유를 제시함	5점

출제자 예시 답안

- 잘생긴 : 주위 모든 사람이 나를 보고 잘생겼다고 한다.
- 똑똑한 : 나는 전교 1등을 놓친 적이 없다.
- 부지런한 : 나는 매일 6시에 일어난다.
- 미덥지 않은 : 우리 엄마가 매일 나한테 하시는 말씀이다.
- 재빠른 : 나는 무슨 일은 하든 친구들보다 빠르게 행동으로 옮긴다.
- 웃긴 : 우리반 친구들은 내 모습이 웃기다고 한다.
- 비상한 : 나는 친구들이 생각하지 못하는 아이디어를 내어 선생님을 자주 놀라게 한다.

해설 형용사는 사물의 성질이나 상태를 나타내는 품사이다. 활용할 수 있어 동사와 함께 용언 속한다.

문제 11 p.47

◆ 평가표

이유를 3개 미만 적음	3점
이유를 3개 이상 적음	5점

출제자 예시 답안

- 어린 시절 매우 가난했던 어떤 사람은 성탄절마다 모르는 누군가에게 받았던 도움에 큰 감동을 받았고, 힘을 얻어 가난을 벗어날 수 있었다. 그래서 자신과 같이 어려움 속에서 성탄절을 보내는 사람들에게 힘이 되고자 성금을 내고 있다.
- 어떤 연예인은 성공하더라도 자만하지 않고 어려운 사람들을 돕고자 다짐했었다. 평소 바른 생활로 칭찬이 잦았고, 마침 작품을 성공적으로 마쳐 큰 인기를 얻었는데, 성공하더라도 겸손하겠다고 다짐했기에 언론에 자신의 선행이 알려질까봐 누군지 모르게 거액의 성금을 내고 있다.

➩ 어떤 사람이 성탄절마다 구세군에 많은 성금을 내는 모습이 언론에 포착되지만, 수염과 머리카락이 워낙 길어서 얼굴을 전혀 알아볼 수 없었기 때문이다.

➩ 로또에 당첨된 어떤 사람은 로또 당첨금을 좋은 일에 쓰고 싶어서 주위 사람들에게는 당첨 사실을 숨기고 매년 구세군에 성금을 내고 있기 때문이다.

문제 12 p.47

◆ 평가표

성급한 일반화의 오류를 찾지 못한 경우	3점
잘못된 점(성급한 일반화의 오류)을 그 이유와 함께 적은 경우	5점

출제자 **예시 답안**

반별로 독서량을 조사하여 주는 독서상을 받았다고 평소 독서를 전혀 하지 않는 상상이 자신이 책을 많이 읽은 것이라 한 것은 잘못된 주장이다.

➩ 이유 : 상상이네 반 친구들 중에는 다른 반 학생들보다 상대적으로 독서량이 많은 친구들이 있었기에, 상상이의 독서량과 상관없이 반별 독서량이 우수하게 나온 것이므로 이는 성급하게 일반화를 한 오류라고 할 수 있다.)

문제 13 p.48

◆ 평가표

재미를 주기 위한 유머가 아닌 경우	2점
독특하고, 유머러스한 대답을 한 경우	5점

출제자 **예시 답안**

➩ 늙어서 죽고 싶습니다.
➩ 너무 웃겨서 죽고 싶습니다.
➩ 가장 행복할 때 죽고 싶습니다.
➩ 이 세상 모든 사람들을 모두 웃겨본 후에 죽고 싶습니다.
➩ 백사장의 모래알을 모두 세고 죽고 싶습니다.

문제 14 p.48

◆ 평가표

글을 완성하고 제목을 붙였으나, 앞 뒤 문장과 자연스럽게 연결되지 않은 경우	2점
앞 뒤 문장과 자연스럽게 연결되도록 글을 완성하고 제목을 붙인 경우	5점

출제자 **예시 답안**

➩ 그러던 어느 날 할머니께서 갑자기 돌아가셨고, 무한이는 할머니께서 사탕을 꺼내주시던 항아리를 보고 할머니가 너무 생각나서 (제목 : 그리운 할머니)

➩ 어느날 무한이는 사탕이 너무 먹고 싶은데 할머니께서 계시지 않아 선반 위에 놓인 항아리에서 사탕을 꺼내 먹으려고 까치발을 세우다 그만 항아리가 떨어져 깨지고 말았다. 무한이는 깨진
(제목 : 손이 닿지 않은 곳은 위험해)

➩ 어느날 무한이는 할머니께 사탕을 달라고 말했는데, 할머니께서 항아리에 넣어 둔 사탕이 다 떨어져서 줄 수 없다고 말하자 무한이는 (제목 : 사탕이 먹고 싶었던 무한이)

문제 15 p.49

정답 및 해설 답 월요일, 화요일, 수요일, 금요일, 일요일

해설

	월요일	화요일	수요일	목요일	금요일	토요일	일요일	월요일
더 잘 팔린 만두	고기만두	고기만두	고기만두	김치만두	고기만두	X	고기만두	김치만두

문제 16 p.49

정답 및 해설 답 7일

해설 오전과 오후 모두 비가 온 날은 없었으므로, 하루 중 오전에 비가 오거나 오후에 비가 오는 경우가 있고, 하루종일 비가 오지 않는 경우가 있다. 이를 모두 충족시키는 경우는 총 7일이다.

오전	○	○	X	X	X	X	X
오후	X	X	○	○	○	X	X

문제 17 p.50

정답 및 해설 답 영국, 독일, 스위스, 이탈리아

해설 (가) 프랑스에 간다면 영국에는 가지 않는다고 했으므로 무한이는 프랑스에 가거나 영국에 간다.
(나) 프랑스에 가거나 독일에 간다.
(다) 스위스에 가지 않는다면 독일에도 가지 않는다고 했으므로, 스위스에 간다면 독일에도 간다.
(라) 독일에 가고 이탈리아에 간다고 했으므로 독일에 간다면 이탈리아에도 간다.
(다), (라)에 따르면, 무한이가 스위스에 간다면 독일, 이탈리아에도 간다.
(마)에 따르면, 여행의 첫 목적지가 영국이므로 프랑스에는 가지 않는다.
따라서 무한이는 프랑스에 가지 않고 영국, 독일, 스위스, 이탈리아에 간다.

문제 18 p.50

정답 및 해설 답 C

해설 조건 1 : A는 뉴욕과 파리를 선호한다. ⇨ 도쿄에 가지 않을 것이다.
조건 2 : B는 도쿄와 파리를 가지 않을 것이다. ⇨ 뉴욕에 갈 것이다.
조건 3 : B와 함께 여행을 갈 D도 도쿄와 파리를 가지 않을 것이다. ⇨ 뉴욕에 갈 것이다.
조건 4 : D와 C는 뉴욕과 도쿄를 선호한다. ⇨ B와 D가 뉴욕에 가므로 C는 도쿄에 갈 것이다.
조건 5 : D는 A와 같은 도시를 가지 않을 생각이다. ⇨ B와 D가 뉴욕에 가고, C는 도쿄에 갈 것이므로 A는 파리에 갈 것이다.

	뉴욕	파리	도쿄
A		○	X
B	○	X	X
C		X	○
D	○	X	X

문제 19 p.51

정답 및 해설 답 ㄱ, ㄴ, ㄷ, ㄹ

해설 조건 1, 2를 모두 만족하는 두 개의 조 중 한 개의 조 편성은 다음과 같다.

조장	C	C	C	C
조원	B	B	B	B
	D	D	D	D
	A	E	G	H

조장	F	F	F	F	F	F	F	F	F	F
조원	B	B	B	B	B	B	B	B	B	B
	A	A	A	A	D	D	D	E	E	G
	D	E	G	H	E	G	H	G	H	H

ㄱ ~ ㄹ의 상대방 조 편성은 다음과 같다.

	ㄱ	ㄴ	ㄷ	ㄹ
	E, F, G, H	C, D, E, G	A, C, E, G	A, C, E, H
상대방 조	A, B, C, D	A, B, F, H	B, D, F, H	B, F, D, G

따라서, 조건 1, 2를 모두 만족하는 조 편성은 ㄱ, ㄴ, ㄷ, ㄹ이다.

문제 20 p.51

정답 및 해설 답 D

해설 ⇨ · · · □ > □ > E > C
⇨ B > D
⇨ A > □ > □(성적이 가장 낮은 학생)
따라서 B > D > A > E > C 이다.

문제 21 p.52

정답 및 해설 답 a

해설 1. (라), (마), (바)를 통해 남동생들이 신청하려는 과목을 모두 알 수 있다.
2. (바), (사)를 통해 d의 누나가 과학, c의 누나가 영어를 듣고 있음을 알 수 있다.
3. (아)에서 만약 e의 누나가 미술을 듣고 있다면, c의 누나는 음악을 듣고 있게 되는데, 이는 (라)에 어긋난다. 그러므로 e의 누나는 수학을 듣고 있다.

	과학	수학	미술	음악	영어
누나	d		e	c(모순)	c
남동생	a	b	c	d	e

	과학	수학	미술	음악	영어
누나	d	e	a	b	c
남동생	a	b	c	d	e

문제 22 p.53

◆ 평가표

가능한 경우 : 1가지	3점
가능한 경우 : 2가지	5점

정답 및 해설 답 이(♂) - 김(♀) - 박(♂) - 김(♂) - 박(♀) - 이(♀) 또는 이(♀) - 박(♀) - 김(♂) - 박(♂) - 김(♀) - 이(♂)

해설 1. 조건 (가), (나)에 따르면, 박(♂) - 김(♂) - 박(♀) 또는 박(♀) - 김(♂) - 박(♂)이므로 이(♀)씨가 맨 끝자리에 앉는다.

2. 조건 (다)에 따르면, 이(♀) - ○ - ○ - 박(♂) - 김(♂) - 박(♀) 또는 ○ - ○ - 박(♂) - 김(♂) - 박(♀) - 이(♀)이고, 박(♀) - 김(♂) - 박(♂) - ○ - ○ - 이(♀) 또는 이(♀) - 박(♀) - 김(♂) - 박(♂) - ○ - ○이다.
그러나 조건 (라)에 따르면 이(♀) - ○ - ○ - 박(♂) - 김(♂) - 박(♀)과 박(♀) - 김(♂) - 박(♂) - ○ - ○ - 이(♀)은 성립될 수 없다. 그러므로 ○ - ○ - 박(♂) - 김(♂) - 박(♀) - 이(♀) 또는 이(♀) - 박(♀) - 김(♂) - 박(♂) - ○ - ○이다.

3. 남은 김(♀), 이(♂)를 같은 성의 남매 바로 옆에 앉지 않고, 조건 (라)에 맞게 빈 자리에 앉히면, 이(♂) - 김(♀) - 박(♂) - 김(♂) - 박(♀) - 이(♀) 또는 이(♀) - 박(♀) - 김(♂) - 박(♂) - 김(♀) - 이(♂)이다.

문제 23 p.53

정답 및 해설 답 (가), (라), (마), (바)

해설 ⇨ O형 부모 사이에서는 O형 자녀만 가능하다. → 두 집 중 한 집의 가족은 모두 O형이다.
⇨ AB형은 A형과 B형 부모 사이에서만 가능하다.

혈액형	인원수(명)			
O	3	(나), (사),	부모,	부모 포함 총 인원수
		(다)	자녀 1명	3명 ⇨ 2층 거주
A	1	(가)	부	부모 포함 총 인원수
B	1	(마)	모	4명 ⇨ 1층 거주
AB	2	(바), (라)	자녀 2명	
총 인원수 = 7명				

문제 24 p.54

정답 및 해설 답 학생 C

해설 4명 모두 자신의 모자는 볼 수 없으므로 다른 학생의 모자 색을 보고 자신의 모자를 추리할 수밖에 없다. A와 B는 다른 학생의 모자를 볼 수 없기 때문에 정답을 맞출 수 없다. 답을 맞힐 가능성은 C와 D에게 있지만 B의 모자가 흰색이고 C의 모자가 검정색이므로 남은 모자는 흰색 1개 검정색 1개이다. 따라서 D는 자신의 모자를 맞출 수 없고, D가 정답을 맞추지 못하는 것을 통해 C는 B와 자신의 모자색이 다르다는 것을 유추할 수 있다.

문제 25 p.55

정답 및 해설 답 수진

해설 ⇨ (가), (나)에서 유진이가 수진이와 마주보고 앉아 있는 사람의 왼쪽에 있을 때, (마)에 의해 수영이는 수진이와 마주보고 있다.

⇨ (가), (나)에서 유진이가 수진이와 마주보고 앉아 있는 사람의 오른쪽에 있을 때, (마)에 의해 수영이는 수진이와 마주보고 있다.

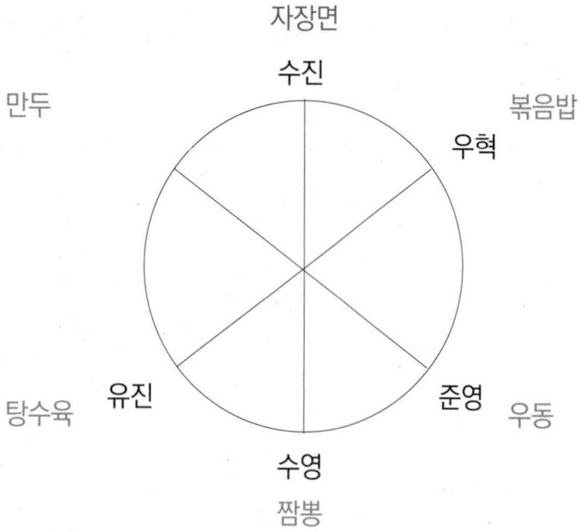

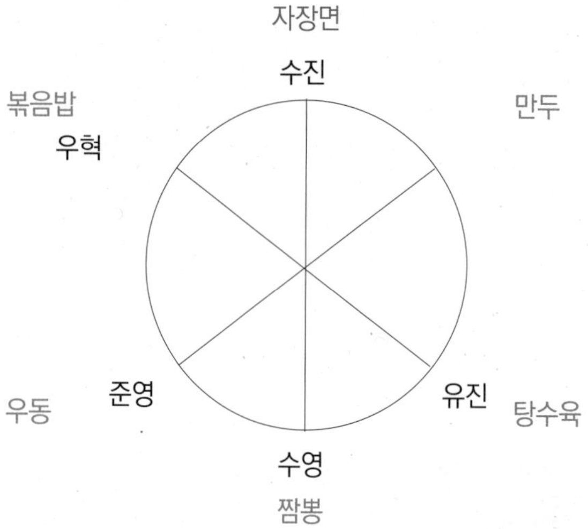

문제 26 p.56

정답 및 해설 답 ②

해설 조건1 ~ 4를 만족시키는 경우는 다음과 같다.

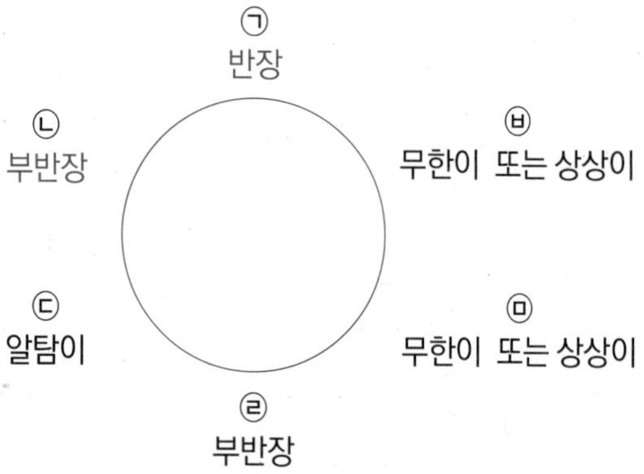

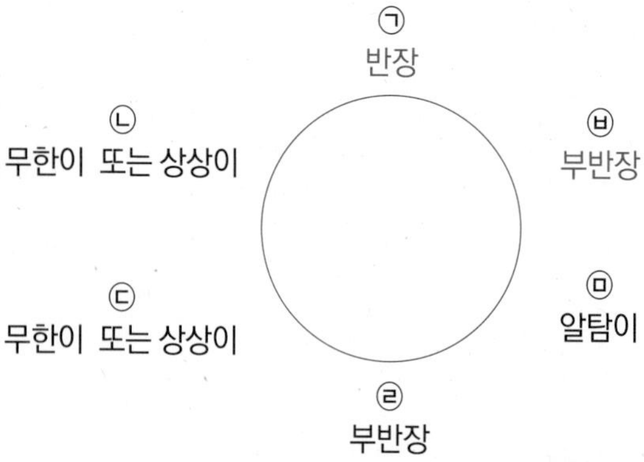

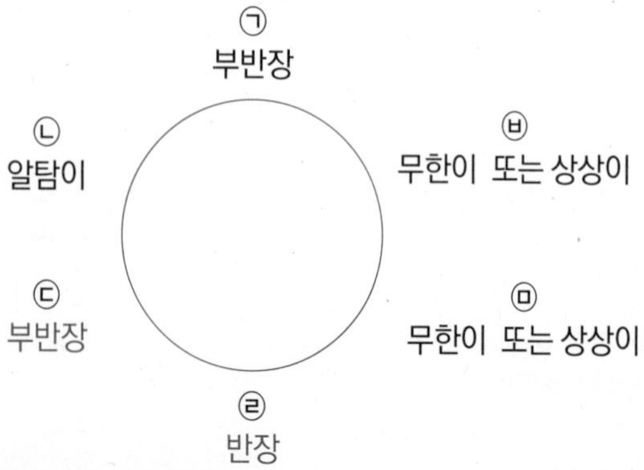

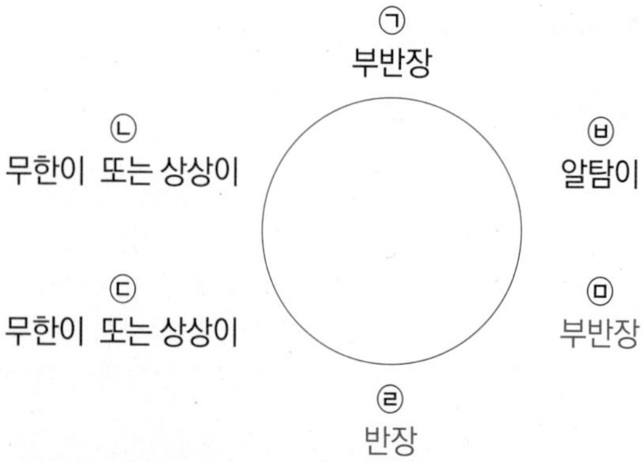

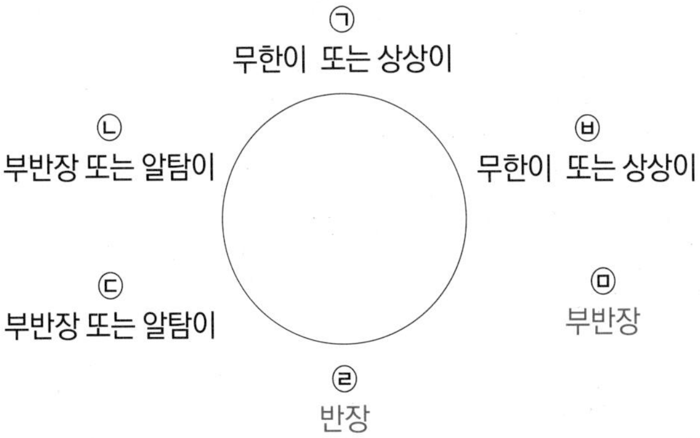

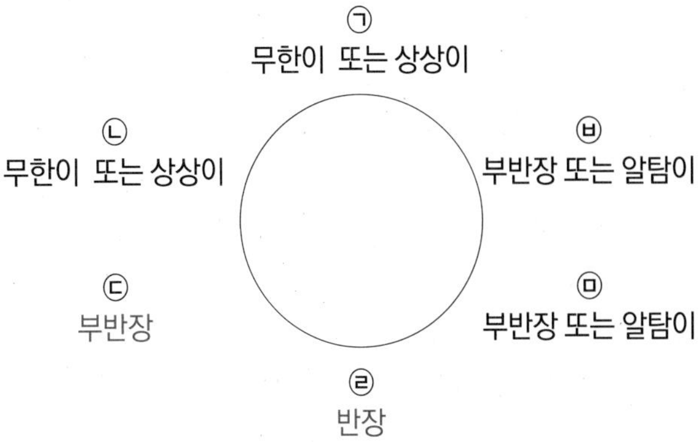

문제 27 p.57

◆ 평가표

2가지 미만 쓴 경우	3점
2가지 이상 쓴 경우	5점

출제자 예시 답안

➯ 두 친구들이 생각하는 예쁜 사람의 기준(주관적 의견, 주관적 차이)이 서로 다르기 때문이다.

➯ 어제 무한이와 상상이가 본 여자는 서로 다른 여자이기 때문이다. (같은 시간에 같이 본 것이 아닐 수 있고, 같은 횡단보도에 있던 또 다른 여자일 수 있다.)

➯ 무한이가 말하는 횡단보도는 상상이가 생각한 횡단보도와 다르기 때문이다. (무한이가 말하는 횡단보도는 드라마 속 횡단보도, 상상이가 생각하는 횡단보도는 실제 횡단보도일 수 있다.)

문제 28 p.57

◆ 평가표

가능한 경우 : 1가지	3점
가능한 경우 : 2가지	5점

정답 및 해설

답 (1) 거짓 (2) 참 (3) 거짓 (4) 참

해설 (1) 모든 그리스의 철학자가 아테네의 시민은 아니므로 플라톤이 아테네의 시민이라고 단정 지을 순 없다.

(2) 연역법 (3) 문장 오류 ➯ '오각형은 평면 위의 도형이다'가 맞는 문장 (4) 연역법

*귀납법 : 특수하거나 개별적인 여러 사실이나 현상으로부터 일반적인 결론을 이끌어 내는 추리의 방법으로서, 경험적인 현상으로부터 원리를 생각해내고 참, 거짓을 판단하는 방법이다. 전제가 모두 참일지라도 그 결론이 반드시 참이라는 보장이 없다는 것이 특징이다.

*연역법 : 전제를 바탕으로 구체적인 결론을 도출하는 추리 방법으로서, 일반적인 원리나 사실을 전제로 하여 개별적이거나 특수한 사실을 결론으로 이끌어 내는 방법이다. '대전제 - 소전제 - 결론'으로 구성된 삼단논법이 대표적이고, 전제에 결론이 나와있다는 것이 특징이다.(논리적인 타당성을 따진다고 해서 귀납법에 비해 논리적이라고 할 수 있다.)

문제 29 p.58

정답 및 해설

답 A는 어느 섬에서 왔는지 알 수 없다. B는 Y섬에서 왔고, C는 X섬에서 왔다.

해설 A, B, C가 어느 섬에서 왔더라도 "나는 Y섬에서 왔다"라고 말할 수 없다. 이는 Y섬에서 왔다면 그 말 자체가 거짓이기 때문이다. A는 Y섬에서 왔다는 말을 할 수 없으므로 B의 말은 거짓말이다. 따라서 B는 Y섬에서 왔고, C는 진실을 말하므로 X섬에서 왔다는 것을 알 수 있다.

문제 30 p.58

정답 및 해설

답 혜선 - 광희 희림 - 수준 명신 - 진영 진주 - 진수

해설 ⇨ 희림, 진영, 진주의 말 → 진영이는 희림, 진주, 혜선이와 짝이 아니므로 명신이와 짝이다.
⇨ 혜선, 진수의 말 → 진수는 혜선, 희림이와 짝이 아니므로 진주와 짝이다.
⇨ 광희의 말 → 희림이는 광희와 짝이 아니므로 수준이와 짝이다.
따라서 광희는 혜선이와 짝이다.

문제 31 p.59

정답 및 해설

답 ㄹ

해설 (가) A종의 모든 공룡은 B종 공룡 중 가장 큰 공룡보다 크고, (다) B종의 모든 공룡은 D종 공룡 중 가장 큰 공룡보다 크므로 A종의 모든 공룡은 D종 공룡보다 크다. 그러므로 ㄱ은 거짓이다. 어떤 C종 공룡은 B종 공룡 중 가장 큰 공룡보다 작으므로 모든 A종 공룡보다 작다. 하지만, 나머지 C종 공룡들이 A종 공룡보다 크다고 언급되어있지 않으므로 ㄴ은 거짓이다.(반드시 참이 될 순 없다.) C종의 일부 공룡이 B종 공룡 중 가장 큰 공룡보다 작다고 했으나 D종 공룡만큼 작다고 언급되어있지 않았으므로 ㄷ도 거짓이다.(반드시 참이 될 순 없다.) A종 공룡 중 가장 작은 공룡은 B종 공룡 중 가장 큰 공룡보다는 크다. 그러나 C종 공룡의 일부는 B종 공룡 중 가장 큰 공룡보다 작다고 하였으므로 어떤 C종 공룡은 가장 작은 A종 공룡보다 반드시 작다.

문제 32 p.59

정답 및 해설

답 ㄹ

해설 녹색 상자와 빨간 상자, 노란 상자의 크기는 정확하게 알 수 없다.
ㄱ. 알 수 없다.(빨간 상자는 파란 상자보다 클 수도 작을 수도 있다.)
ㄴ. 알 수 없다.(남색 상자는 빨간 상자보다 클 수도 작을 수도 있다.)
ㄷ. 파란 상자와 남색 상자는 크기가 같으므로 남색 상자에 들어가는 녹색 상자는 파란 상자에도 들어간다.
ㄹ. 파란 상자와 남색 상자는 크기가 같으므로 파란 상자보다 더 큰 노란 상자는 남색 상자에 들어가지 않는다.

또는

문제 33 p.60

정답 및 해설

답 ㄷ

해설 수영 : (나) > (가), (나) > (다) > (라)
달리기 : (라) > (가) > (나)

ㄱ. (다)는 (나)보다 달리기를 못한다. → 알 수 없다.
ㄴ. (가)는 수영을 가장 못한다. → 알 수 없다.
ㄷ. (라)는 (나)보다 달리기를 잘한다.
ㄹ. 수영을 가장 잘하는 사람은 (다)이다. → (나)이다.

문제 34 p.60

정답 및 해설

답 ㄹ

해설 ➩ A, B, C가 한 층 간격을 두고 살 때 (3, 4, 5층 또는 4, 5, 6층)
➩ A, B, C가 두 층 간격을 두고 살 때 (1, 3, 5층)

6층	E	E
5층	A	A
4층	B	C
3층	C	B
2층	F	F
1층	D	D

6층	B	C
5층	A	A
4층	C	B
3층	E	E
2층	F	F
1층	D	D

6층	F	F	E
5층	A	A	A
4층	D	E	F
3층	B	C	C
2층	E	D	D
1층	C	B	B

문제 35 p.61

정답 및 해설

답 A

해설 A ~ D 중 한 사람의 진술만이 '참'일 경우는 다음과 같다.

	참	거짓
A	○	
B		○
C		○
D		○
➩ A. C의 진술 모순		

	참	거짓
A		○
B	○	
C		○
D		○
➩ 범인 : A		

	참	거짓
A		○
B		○
C	○	
D		○
➩ A, C의 진술 '참' (하나만 '참' 이라는 조건 위배)		

	참	거짓
A		○
B		○
C		○
D	○	
➩ 범인 : B, C (범인은 A ~ D 중 한 명이라는 조건 위배)		

문제 36 p.61

정답 및 해설

답 회색

해설 A ~ C 중 한 가지는 거짓이므로 A, B, C 가 각각 거짓일 때의 경우를 따져보면 다음과 같다.

	A가 거짓일 때	B가 거짓일 때	C가 거짓일 때
A : 검정색이 아니다.	검정색이다.	A는 거짓이다.	A는 '참'이다.
B : 흰색이거나 회식이다.	B는 거짓이다.	검정색이다.	B는 '참'이다. (B도 거짓이면, A도 거짓이므로 A ~ C 중 적어도 하나는 옳고, 적어도 하나는 틀리다는 조건 위배)
C : 흰색이다.	C는 거짓이다.	C는 거짓이다.	흰색이 아니다.
	⇨ A, B, C 모두 거짓이므로 성립 불가	⇨ A, B, C 모두 거짓이므로 성립 불가	⇨ A, B는 '참이고, C 는 거짓이므로 적어도 하나는 옳고, 적어도 하나는 틀리다는 조건 성립 → 상상이의 고양이 털 색깔은 회색이다.

문제 37 p.62

정답 및 해설

답 (1) 나라 (2) 병철 31, 나라 33, 진아 36

해설 병철, 나라, 진아 중 1명만 거짓말을 하지 않으므로 병철, 나라, 진아의 말이 각각 모두 참일 경우를 먼저 생각한다.

			병철의 말 모두 '참'		나라의 말 모두 '참'		진아의 말 모두 '참'
병철	나는 진아보다 가볍다.	병철 < 진아	○		X	○	X
병철	진아의 몸무게는 38kg이다.	진아 = 38kg	○		X	X	X
병철	나라는 진아보다 3kg 더 가볍다.	나라 + 3 = 진아	○			○	○
나라	병철이의 몸무게는 31kg이다.	병철 = 31kg	X	○	○	○	X
나라	병철이와 나는 2kg 차이가 난다.	병철 + 2 = 나라 or 나라 + 2 = 병철	○	X	○	○	X
나라	나는 두 번째로 무겁다.	병철 < 나라 < 진아 or 진아 < 나라 < 병철	○		○	○	X
진아	나는 나라보다 3kg 더 무겁다.	진아 = 나라 + 3	○			○	○
진아	나는 병철이보다 4kg 더 가볍다.	진아 + 4 = 병철	X			X	○
진아	내 몸무게는 36kg이다.	진아 = 36kg	X		X	○	○
			병철 < 나라 < 진아 33 35 38 31 35 38		진아 < 나라 < 병철 29 31 병철 < 나라 < 진아 31 33 36		나라 < 진아 < 병철 33 36 40

문제 38 p.63

정답 및 해설

답 명주

해설 1. 수아와 지희가 강아지를 기른다면, 명주의 반려동물은 고양이이며 지영이의 반려동물은 강아지이다. ⇨ 수아, 지희, 지영의 반려동물이 강아지이므로 지영이의 말은 모순이다.(수아와 반려동물의 색깔이 갈색으로 같을 순 없다)

2. 수아와 지영이가 강아지를 기른다면, 수아와 지영이가 기르는 반려동물의 색이 같을 수 없으므로 모순이다.

3. 수아와 명주가 강아지를 기른다면, 수아의 말이 모순이다.

4. 수아와 혜진, 인정이가 강아지를 기른다면, 명주와 지희, 지영이는 고양이를 기르는 것인데, 인정이와 혜진의 말에 따르면 지희와 지영이의 반려동물이 검은색으로 고양이를 기르는 지희와 지영이의 반려동물의 색이 같게되므로 모순이다.

따라서 수아의 말은 거짓이다. ⇨ 수아는 고양이를 기르고 있고, 명주는 강아지를 기르고 있다.

5. 명주의 말에 따르면 인정이와 지희의 반려동물의 색이 같으므로 만약 인정이가 강아지를 기른다면, 지희는 고양이를 기르고 지희의 말은 거짓이므로 지영이는 고양이를 기른다. ⇨ 혜진와 인정이의 말에 따르면, 지희와 지영이의 반려동물이 검은색이므로 모순이다.(지희와 지영이의 반려동물 고양이가 모두 검은색)

그러므로 인정이는 고양이를 기르고, 지희는 강아지를 기른다.

6. 명주와 지희는 강아지를 기르므로 진실을 말하고 있으며, 수아와 인정이는 고양이를 기르므로 거짓을 말하고 있다. ⇨ 지희의 말이 진실이므로 지영이는 강아지를 기른다. 그러므로 혜진는 고양이를 기른다. 진실을 말하는 지영이의 말에 따르면 지영이와 수아의 반려동물은 갈색이고, 거짓을 말하는 혜진의 말에 따르면, 지희의 반려동물은 검은색이 아니므로 지희의 반려동물은 흰색이다. 진실을 말하는 명주의 말에 따르면 지희와 인정이의 반려동물은 같은 색이므로 인정이의 반려동물도 흰색이다. 즉, 명주와 혜진의 반려동물은 검은색이다

강아지를 기르는 학생	강아지의 털 색	고양이를 기르는 학생	고양이의 털 색
명주		수아	
인정		지희	검은색
혜진		지영	검은색

강아지를 기르는 학생	강아지의 털 색	고양이를 기르는 학생	고양이의 털 색
명주	검은색	수아	갈색
지희	흰색	인정	흰색
지영	갈색	혜진	검은색

문제 39 p.64

정답 및 해설

답 C

해설 1.A의 ①, A의 ③과 C의 ①, C의 ②는 같다. ⇨ 각자 한 참말과 거짓말의 수가 같으므로 A의 ②와 C의 ③은 모두 참말일 수 없으므로 거짓말이다.

2. A의 ①이 참말이라고 가정할 때, B의 ①, B의 ③은 거짓말, C의 ②, D의 ③은 참말이다. ⇨ B가 한 말 중 적어도 두 개는 거짓말이고, A가 한 말 중 적어도 한 번은 참말이다. 네 명이 한 참말, 거짓말의 개수는 같으므로 참말 1개, 거짓말 2개일 것이다.

3. 하지만 이 경우 B의 ②는 참말, D의 ①은 거짓이어야 하므로 모순이다. ⇨ A의 ①은 거짓말이다.

4 A의 ①이 거짓말일 때 B의 ①은 참말, C의 ②은 거짓말, D의 ③은 거짓말이다.

5. 참말과 거짓말이 적어도 1개씩은 있다. ⇨ 참말 2개, 거짓말 1개라면, C, D에서 C의 ①, C의 ③과 D의 ①, D의 ②는 모두 참이어야 하는데, C의 ③과 D의 ②가 동시에 참일 수는 없으므로

참말 1개, 거짓말 2이다.

6. B의 ①이 참말이므로 B의 ②, B의 ③은 거짓말이다. 그리고 B의 ②가 거짓말이므로 D의 ①도 거짓말이다. 따라서 D의 ②는 참말이다. ⇨ D의 ②가 참말일 때 A, B, C의 말은 논리적으로 문제가 없으므로 적임자는 C이다.

문제 40 p.65

◆ 평가표

문장은 성립하나 문맥이 잘 맞지 않은 경우	3점
찬성, 반대에 대한 자신의 의견을 문맥에 맞게 쓴 경우	5점

출제자 예시 답안

[찬성]

⇨ 착한 일도 하고 일상생활에서 각종 편의를 누릴 수 있으므로 1석 2조이다.

⇨ 의식적이라도 착한 일을 하려고 마음먹는 사람들이 증가하므로 지금보다는 덜 각박한 사회가 될 것이다.

⇨ 서로 돕는 사회가 될 수 있으므로 지금처럼 옆집에 누가 사는지도 모르는 사회에서 조금이나마 벗어날 수 있다.

⇨ 착한 일을 하면 뿌듯함을 느끼는데, 이를 보상해주는 제도가 있는 것이므로 무심코 지나갈 수 있는 일도 도와주는 착한 사람이 점점 늘어날 것이다. (선순환이 될 것이다.)

⇨ 착한 일을 자랑할 수 있다.

[반대]

⇨ 착한 일에 대한 난이도를 정하기 어렵고, 그 기준을 정하는 과정에서 의견충돌이 발생한다.

⇨ 착한 일을 순수한 마음으로 하지 않는다.(점수를 받기 위해 억지로 하는 착한 일이 된다.)

⇨ 특정 지역에서만 가입자에 한해서 착한 일에 대한 점수를 주면 다른 지역 사람들을 배척한다는 인식을 심어준다.

⇨ 가입자에 한해서 이루어지는 제도이므로 미가입자는 순수한 마음으로 착한 일을 하더라도 괴리감을 느낄 수 있다. (가입자와 미가입자간 차별 발생)

⇨ 어려운 사람을 도울 수 없는 어려운 처지의 사람들은 남에게 도움을 줄 수 없어 편의를 누릴 기회가 더 줄어들며, 상대적 소외감뿐만 아니라 박탈감을 느낄 수 있다.

⇨ 착한 일에 대한 증거자료가 없으면 점수를 받을 수 없으므로 계획적이며, 의식적으로 하는 착한 일이 되고, 급한 상황에서 즉, 증거자료를 찍을 수 없는 상황이라면 남을 도울 생각을 전혀 하지 않을 수 있어, 진짜 도움이 필요한 상황에서 어려움에 처한 사람은 도움을 받을 수 없다.

⇨ 보여주기식의 선행이 된다.

점수에 따른 성취도 등급

등급	1등급	2등급	3등급	4등급	5등급
평가	160점 이상	130점 ~ 159점	100점 ~ 129점	50점 ~ 99점	49점 이하

총점 200점

03 수리논리

1. 수리논리 단원의 01 ~ 40번 문제 배점은 각 5점씩이며, 예외인 경우에는 각 문항별 평가표를 참고하면 됩니다.
2. 단원 말미에서 성취도 등급을 확인하세요.

문제 01 p.66

◆ 평가표

규칙이 없는 풀이(답만 맞음)	3점
규칙이 있는 풀이	5점

정답 및 해설

답 $\frac{1}{1}+(\frac{1}{2}\times 2)+(\frac{1}{3}\times 3)+(\frac{1}{4}\times 4)+(\frac{1}{5}\times 5)+(\frac{1}{6}\times 6)+(\frac{1}{7}\times 7)+(\frac{1}{8}\times 8)+(\frac{1}{9}\times 9)=9$

문제 02 p.66

정답 및 해설

답 $\frac{2}{11}=\frac{1}{6}+\frac{1}{66}$, $\frac{2}{17}=\frac{1}{9}+\frac{1}{153}$

해설 <보기>와 같은 분수식을 다음과 같이 $\frac{b}{a}=\frac{d}{c}+\frac{f}{e}$ 로 나타냈을 때, b는 항상 2이며, $b=d+f$ 이다. 그리고 d와 f는 항상 1이며, $a\times c=e$이다.

⇨ <보기>의 분수식은 항상 $\frac{2}{a}=\frac{1}{c}+\frac{1}{ac}$ 을 만족하므로 $c=\frac{a+1}{2}$ 이다.

따라서 $\frac{2}{11}$, $\frac{2}{17}$ 는 각각 $\frac{2}{11}=\frac{1}{6}+\frac{1}{66}$, $\frac{2}{17}=\frac{1}{9}+\frac{1}{153}$이다.

문제 03 p.67

◆ 평가표

(1) 또는 (2)만 맞은 경우	3점
모두 맞은 경우	5점

정답 및 해설

답 (1) $5\times[\{(32+4)\div 6\}-2]-20=0$
(2) $(3+9)\div\{(3\times 2)-2\}-3=0$

문제 04 p.67

정답 및 해설 답 9일

해설 무한이가 하루에 접는 종이학의 개수를 A, 상상이가 하루에 접는 종이학의 개수를 B라고 한다면, 12A = 36B이다. ⇨ A = 3B
무한이와 상상이가 함께 종이학을 접을 때 x일 걸린다면, (A + B) × x = 12A 또는 (A + B) × x = 36B이다.
⇨ (A + B) × x = 36B에 A = 3B를 대입하면, 4B × x = 36B이다. 따라서, x = 9일이다.

[다른 풀이]
무한이가 하루에 접는 종이학의 개수를 A, 상상이가 하루에 접는 종이학의 개수를 B, 무한이와 상상이가 함께 종이학을 접을 때 x일 걸린다면,

$\frac{x}{A} = 12$, $\frac{x}{B} = 36$, $\frac{x}{A+B} = ?$ 이다.

$A = \frac{x}{12}$, $B = \frac{x}{36}$ 를 $\frac{x}{A+B}$ 에 대입하면, $\frac{x}{\frac{x}{12}+\frac{x}{36}} = \frac{\frac{x}{1}}{\frac{4x}{36}} = \frac{36x}{4x} = 9$이다. 따라서, x = 9일이다.

문제 05 p.68

◆ 평가표

자연수의 일부만 구한 경우	3점
자연수를 모두 구한 경우	4점
각 자리 숫자의 곱으로 나눈 몫이 가장 큰 것, 나머지가 가장 큰 수를 모두 구한 경우	5점

정답 및 해설 답 31, 52, 73, 94 몫이 가장 큰 수 : 31 나머지가 가장 큰 수 : 94

해설 두 자리의 자연수에서 십의 자리의 수를 A, 일의 자리의 수를 B라고 하면,
10A + B = (A + B) × 7 + 3
10A + B - 7A - 7B = 3
3A - 6B = 3
A - 2B = 1이다.
이를 만족하는 자연수 A, B의 쌍은 (3, 1) (5, 2) (7, 3) (9, 4)이므로 구하는 자연수는 31, 52, 73, 94이다.
31, 52, 73, 94를 각각 각 자리 숫자의 곱으로 나눈 결과는 다음과 같다.
31 ÷ 3 = 10 ··· 1
52 ÷ 10 = 5 ··· 2
73 ÷ 21 = 3 ··· 10
94 ÷ 36 = 2 ··· 22
따라서 각 자리 숫자의 곱으로 나눈 몫이 가장 큰 것은 31, 나머지가 가장 큰 것은 94이다.

문제 06 p.68

정답 및 해설 답 9분

해설 1시간 동안 시침이 움직이는 각도는 360°÷ 12 = 30°이므로 1분 동안 시침이 움직이는 각도는 30°÷ 60 = 0.5°이다.
1시간 동안 분침이 움직이는 각도는 360°이므로 1분 동안 분침이 움직이는 각도는 360°÷ 60 = 6°이다.
시침과 분침은 1분에 5.5°씩 차이가 생긴다. 그러므로 6시 이후 시침과 분침 사이의 각도가 198°가 되는 시각은 36분이다. ($5.5\chi = 198$ ⇨ $\chi = 132 \times \frac{10}{55} = 18 \times 2 = 36$
X 코스와 Y 코스의 셔틀버스가 6시 36분에 만나려면 X 코스의 셔틀버스가 출발 정류장으로 돌아오는 시간인 4분과 Y 코스의 셔틀버스가 출발지로 돌아오는 시간의 최소공배수가 36이어야 한다. 따라서 Y 코스의 셔틀버스가 출발 정류장으로 돌아오는 데 걸리는 시간은 9분이다.

문제 07 p.69

정답 및 해설 답 1, 2, 3, 4층

해설 ⇨ 엘리베이터를 이용할 경우, 각 층을 이동하는데 걸리는 시간 3.5초를 출발하여 도착하기까지의 층 사이의 수만큼 곱하여 계산한다. 그리고 엘리베이터를 탈 때 문이 열리고 닫히는 시간 8초와 내릴 때 엘리베이터의 문이 열리는 4초를 더해야 한다. 그러므로 엘리베이터의 이동 시간 +12초가 엘리베이터를 이용할 때 걸리는 총 시간이다.
⇨ 계단을 이용할 경우, 한 층을 이동하는데 걸리는 시간 6초를 출발하여 도착하기까지의 층 사이의 수만큼 곱하여 계산한다.

이동하는 사이 층 수	엘리베이터를 이용할 때 걸리는 시간 (초)	걸어서 이동할 때 걸리는 시간 (초)
11층	11 × 3.5 + 12 = 50.5	11 × 6 = 66
10층	10 × 3.5 + 12 = 47	10 × 6 = 60
9층	9 × 3.5 + 12 = 43.5	9 × 6 = 54
8층	8 × 3.5 + 12 = 40	8 × 6 = 48
7층	7 × 3.5 + 12 = 36.5	7 × 6 = 42
6층	6 × 3.5 + 12 = 33	6 × 6 = 36
5층	5 × 3.5 + 12 = 29.5	5 × 6 = 30
4층	4 × 3.5 + 12 = 26	4 × 6 = 24
3층	3 × 3.5 + 12 = 22.5	3 × 6 = 18
2층	2 × 3.5 + 12 = 19	2 × 6 = 12
1층	1 × 3.5 + 12 = 15.5	1 × 6 = 6

문제 08 p.69

정답 및 해설 답 600개

해설 대한, 민국, 만세의 풍선 부는 속도는 각자 일정하고, 3명 모두 동일한 개수의 풍선을 불고 있으므로 각자 불어야 하는 풍선의 개수를 A라 할 때, 대한이가 작업을 마쳤을 때 민국이는 (A - 20)개, 만세는 (A - 38)개의 풍선을 불었고, 민국이가 남은 20개를 다 부는 동안 만세는 18(= 38 - 20)개의 풍선을 불었으므로 민국이와 만세가 분 풍선의 개수를 비례식으로 나타내면, (A - 20) : (A - 38) = 20 : 18 ⇨ A = 200이다.
따라서 풍선의 개수 X는 200 × 3 = 600개이다.

문제 09 p.70

정답 및 해설 답 79.4점

해설 17명의 평균보다 16점 높은 점수를 받은 학생의 점수를 A라고 할 때,

$$A = \frac{960 + (74 \times 4)}{16} + 16 \Rightarrow A = 94.5\text{점}$$

$$\text{무한이네 반 학생의 평균 수학 점수} = \frac{960 + 296 + 94.5}{16} = 79.4\text{점이다.}$$

문제 10 p.70

정답 및 해설 답 1개

	A	B
무한	2개	2개
상상	1개	3개

해설 조건 1 - 과일 A의 씨 2개, 과일 B의 씨 1개
조건 3에 따르면, 상상이가 먹은 과일 A의 개수를 x, 무한이가 먹은 과일 B의 개수를 y라고 할 때, 무한이가 먹은 과일 A의 개수는 x +1이다.
조건 2에 따르면, 무한이가 먹은 과일 A, B의 개수는 4개이므로 x + 1 + y = 4이다.
조건 4에 따르면, 무한이가 먹은 과일 A와 B의 개수 식은 x + 1 = y이다.
x +1 + y = 4와 x + 1 = y에 의해 2y = 4이므로 무한이가 먹은 과일 B의 개수는 2개, 과일 A의 개수도 2개이다.(조건 2 충족) 그러므로 상상이가 먹은 과일 A의 개수는 1개, 과일 B의 개수는 3개이다.(조건 2 충족)
따라서 무한이가 먹은 과일에서 나온 씨의 개수는 2 × 2 + 2 × 1 = 6개, 상상이가 먹은 과일에서 나온 씨의 개수는 1 × 2 + 3 ×1 = 5개이다. ⇨ 무한이와 상상이가 과일을 먹고 나온 씨의 개수 차이는 1개이다.

문제 11 p.71

◆ 평가표

(1) 또는 (2)만 맞은 경우	2점
(1), (2) 모두 맞은 경우	5점

정답 및 해설 답 (1) (가) : 69분 20초 (나) : 105분 50초
(2) 139.4kg

해설 (1) ⇨ (가)는 내려갈 때 2분 36초, 올라올 때 4분 20초가 걸리므로 1번 왕복하는 데 총 6분 56초가 걸린다. 그러므로 10번을 반복한 69분 20초 후에 15분의 휴식을 취한다.
⇨ (나)는 내려갈 때 4분 20초, 올라올 때 6분 15초가 걸리므로 1번 왕복하는 데 총 10분 35초가 걸린다. 그러므로 10번을 반복한 105분 50초 후에 15분의 휴식을 취한다.
(2) 산소통은 6시간(360분) 동안 사용이 가능하다.
⇨ (가)는 10번 왕복하는 데 69분 20초가 걸리므로 50번 왕복하면 346분 40초가 걸리고, 남은 13분 20초 동안 1번을 더 갔다 올 수 있으므로 산소통 1개를 사용하여 353분 36초 동안 총 51번을 왕복할 수 있다. → 한 번에 1.8kg의 물체를 가져올 수 있으므로 1.8 × 51 = 91.8kg이다. (346분 40초 + 6분 56초 + 6분 24초 = 360분)
⇨ (나)는 10번을 왕복하는 데 105분 50초가 걸리므로 30번 왕복하면 317분 30초가 걸리고, 남은 42분 30초 동안 4번을 더 갔다 올 수 있으므로 산소통 1개를 사용하여 359분 10초 동안 총 34번을 왕복할 수 있다. → 한 번에 1.4kg의 물체를 가져올 수 있으므로 1.4 × 34 = 47.6kg이다. (317분 30초 + 42분 20초 +10초 = 360분)
따라서 (가)와 (나)가 각각 산소통 1개를 다 쓸 때까지 가져올 수 있는 물체의 양은 91.8 + 47.6 = 139.4kg이다.

문제 12 p.72

◆ 평가표

조건에 만족하는 수 1개	2점
조건에 만족하는 수 2개	3점
조건에 만족하는 수 3개	5점

정답 및 해설

답 26372016, 26372376, 26372736

해설 2 + 6 + 3 + 7 + 2 + 6 = 26이며, 2 + 6 + 3 + 7 + 2 + △ + □ + 6의 값이 9의 배수이므로 2 + 6 + 3 + 7 + 2 + ○ + □ + 6은 27 또는 36이다. 그러므로 △ + □ = 1 또는 10이 되어야 한다.

(1) △ + □ = 1인 경우 ⇨ △ = 0, □ = 1 또는 △ = 1, □ = 0이다.

(2) △ + □ = 10인 경우

⇨ △ = 1, □ = 9 또는 △ = 9, □ = 1

⇨ △ = 2, □ = 8 또는 △ = 8, □ = 2

⇨ △ = 3, □ = 7 또는 △ = 7, □ = 3

⇨ △ = 4, □ = 6 또는 △ = 6, □ = 4

⇨ △ = 5, □ = 5 또는 △ = 5, □ = 5

(3) 조건 1에 의하면 26372△□6이 8의 배수가 되어야 하므로 8로 나누어 떨어져야 한다.(8의 배수는 000으로 끝나거나 끝 세자리 수가 8로 나누어 떨어지는 수이다.) 따라서 조건 1, 2를 모두 충족시키는 수는 26372016, 26372376, 26372736이다.

문제 13 p.72

정답 및 해설

답 5

해설 □ + (□ + 1) + (□ + 2) + ⋯ + (□ + 11) = 126

□ × 12 + (1 + 2 + 3 + 4 + ⋯ + 11) = 126

□ × 12 + (12 × 5 + 6) = 126

□ × 12 + 66 = 126

□ × 12 = 60

□ = 5

문제 14 p.73

◆ 평가표

답만 맞음	3점
최소공배수를 이용하여 풀이함	5점

정답 및 해설

답 오렌지의 개수를 A라고 할 때,

2로 나누었을 때 나머지가 1 이므로 ⇨ 2n(자연수) + 1 = A → A - 1 = 2n

3으로 나누었을 때 나머지가 1 이므로 ⇨ 3n(자연수) + 1 = A → A - 1 = 3n

4로 나누었을 때 나머지가 1 이므로 ⇨ 4n(자연수) + 1 = A → A - 1 = 4n

5로 나누었을 때 나머지가 1 이므로 ⇨ 5n(자연수) + 1 = A → A - 1 = 5n이다.

A - 1은 2, 3, 4, 5의 공배수이다. 2, 3, 4, 5의 최소공배수는 60이므로 A - 1은 60의 배수이다.

A - 1 = 60n(자연수) ⇨ n = 1, 2, 3, 4일 때에는 A는 각각 61, 121, 181, 241이므로 7의 배수가 아니고, n = 5일 때 A는 301로 7의 배수이다. 따라서 오렌지의 개수는 301개이다.

문제 15 p.73

◆ 평가표

3가지 미만	1점
3가지 이상 6가지 미만	3점
6가지	5점

정답 및 해설 답 6가지

해설 ⇨ 20 × 10인 직사각형 5개만으로 이루어진 50 × 20인 벽
⇨ 20 × 10인 직사각형 4개와 10 × 10인 정사각형 2개로 이루어진 50 × 20인 벽
⇨ 20 × 10인 직사각형 3개와 10 × 10인 정사각형 4개로 이루어진 50 × 20인 벽
⇨ 20 × 10인 직사각형 2개와 10 × 10인 정사각형 6개로 이루어진 50 × 20인 벽
⇨ 20 × 10인 직사각형 1개와 10 × 10인 정사각형 8개로 이루어진 50 × 20인 벽
⇨ 10 × 10인 정사각형 10개만으로 이루어진 50 × 20인 벽

문제 16 p.74

정답 및 해설 답 64

해설 물고기의 몸통을 A라고 할 경우,
물고기의 머리 = 8
물고기의 꼬리 = $8 + \frac{1}{2}A$
물고기의 몸통(A) = $8 + \frac{1}{2}A + 8$ ⇨ $\frac{1}{2}A = 16$ ⇨ $A = 32$
따라서 물고기의 전체 길이(머리 + 몸통 + 꼬리)는 8 + 32 + 24 = 64cm이다.

문제 17 p.74

◆ 평가표

5개 미만	2점
5개 이상 7개 미만	3점
7개 이상 10개 미만	4점
10개 이상	5점
괄호 안에 +, −를 넣은 식이 3개 이상일 경우	plus 1점

정답 및 해설 답
⇨ 33 ÷ 33 = 1
⇨ 3 × 3 ÷ 3 ÷ 3= 1
⇨ 3 ÷ 3 + 3 - 3 = 1
⇨ 3 ÷ 3 × 3 ÷ 3 = 1
⇨ (3 ÷ 3) ÷ (3 ÷ 3)= 1
⇨ (3 × 3) ÷ (3 × 3) = 1
⇨ (3 ÷ 3) × (3 ÷ 3) = 1
⇨ - 3 + (3 ÷ 3) + 3 = 1
⇨ (3 + 3 - 3) ÷ 3 = 1
⇨ (3 - 3 + 3) ÷ 3 = 1
⇨ (3 + 3) ÷ (3 + 3) = 1

문제 18 p.75

정답 및 해설 답 1(A) → 2(B) → 5(C) → 10(D) → 21(E) → 42(F) → 85(E)

A×2, B×2+1, C×2, D×2+1, E×2, D×2+1

문제 19 p.75

정답 및 해설

답 규칙 : 각 자리 숫자의 곱이 다음 수
⇨ 899에서 8×9×9는 다음 수 648 ⇨ 648에서 6×4×8은 다음 수 192 ⇨ 192에서 1×9×2는 다음 수 18 ⇨ 18에서 1×8는 다음 수 8

문제 20 p.76

정답 및 해설

답 171

해설 [1, 2, 9] [3, 4, 39] [5, 6, 93] [7, 8, ( )]

1 × 2 × 3 + 3 = 9　3 × 4 × 3 + 3 = 39　5 × 6 × 3 + 3 = 93　7 × 8 × 3 + 3 = 171

문제 21 p.76

정답 및 해설

답 ㉠ : 40 ㉡ : - 37

해설

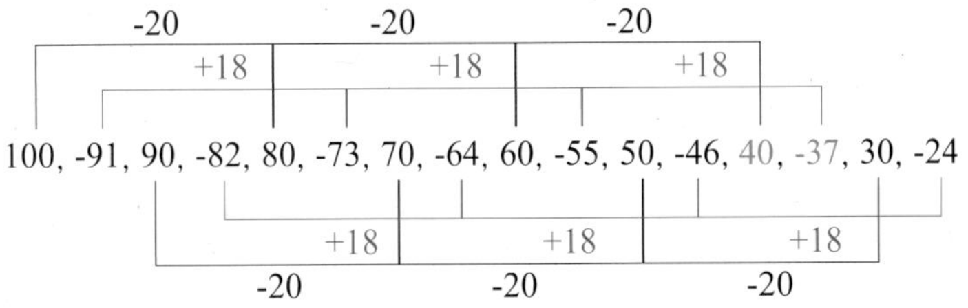

문제 22 p.77

정답 및 해설

답 ㉠ : J ㉡ : W

해설
알파벳 'A ~ Z'를 1부터 숫자로 나타내면, 다음과 같다.

A	B	C	D	E	F	G	H	I	J	K	L	M	N	O	P	Q	R	S	T	U	V	W	X	Y	Z
1	2	3	4	5	6	7	8	9	10	11	12	13	14	15	16	17	18	19	20	21	22	23	24	25	26

B D A E (㉠) G K V S (㉡)를 숫자로 나타내면,
2 4 1 5 (가) 7 11 22 19 (나)이다.
×2 - 3 + 4 ×2 - 3 + 4 ×2 - 3 + 4

⇨ ×2, - 3, + 4이 반복되는 규칙이므로 '가'는 10, '나'는 23이다. 따라서, ㉠은 J, ㉡은 W이다.

문제 23 p.77

정답 및 해설

답 ㉠ : 54 ㉡ : 16 ㉢ : 32 ㉣ : 10

해설

첫 번째 두 번째 수를 곱한 수의 천의 자리와 백의 자리는 세 번째 수, 십의 자리와 일의 자리는 네번 째 수 그리고 세 번째, 네 번째 수에서 각 자리의 수를 모두 더하면 다섯번째 수가 된다.

$45 \times 54 = 2430 \rightarrow 2 + 4 + 3 + 0 = 9$

$26 \times 62 = 1612 \rightarrow 1 + 6 + 1 + 2 = 10$

$48 \times 84 = 4032 \rightarrow 4 + 0 + 3 + 2 = 9$

$37 \times 73 = 2701 \rightarrow 2 + 7 + 0 + 1 = 10$

문제 24 p.78

정답 및 해설 답 바

해설

문자 '가 ~ 하'를 1부터 숫자로 나타내면, 다음과 같다.

가	나	다	라	마	바	사	아	자	차	카	타	파	하
1	2	3	4	5	6	7	8	9	10	11	12	13	14

다 가 나 라 가 나 마 가 나 (㉠)를 숫자로 나타내면,
3 1 2 4 1 2 5 1 2 (A)이다.

⇨ 3, 4, 5 사이에 1과 2가 반복되는 규칙을 가지므로 A는 6이다. 따라서 ㉠은 '바'이다.

[다른 풀이]

문자 '하 ~ 가'를 1부터 숫자로 나타내면, 다음과 같다.

하	파	타	카	차	자	아	사	바	마	라	다	나	가
1	2	3	4	5	6	7	8	9	10	11	12	13	14

다 가 나 라 가 나 마 가 나 (㉠)를 숫자로 나타내면,
12 14 13 11 14 13 10 14 13 (A)이다.
+2 -1 -2 +3 -1 -3 +4 -1 -4

⇨ -1를 기준으로 +2와 -2, +3과 -3, +4와 -4로 진행된 규칙이므로 A는 9이다. 따라서 ㉠은 '바'이다.

문제 25 p.78

정답 및 해설 답 달력 속 숫자는 가로줄에서 1씩, 세로줄에서 7씩 차이가 난다.

가로 3, 세로 3인 테두리에서 정가운데 숫자를 x라고 할 경우, 다음과 같이 x로 9개의 숫자를 모두 나타낼 수 있다.

12	13	14
19	20	21
26	27	28

→

$x - 8$	$x - 7$	$x - 6$
$x - 1$	x	$x + 1$
$x + 6$	$x + 7$	$x + 8$

$(x - 8) + (x + 8) = 2x$, $(x - 7) + (x + 7) = 2x$, $(x - 6) + (x + 6) = 2x$, $(x - 1) + (x + 1) = 2x$이므로 9칸에 존재하는 모든 숫자의 합은 $2x \times 4 + x = 9x$이다.

따라서 가로 3, 세로 3인 테두리에서 정가운데 숫자만 알면 9개의 숫자의 합을 바로 구할 수 있다.

문제 26 p.79

◆ 평가표

(1) 또는 (2)만 맞은 경우	2점
(1), (2) 모두 맞은 경우	5점

정답 및 해설 답 (1) 165개 (2) 무한이

해설

(1) 12×16 크기에서 교차점의 총 개수는 12×16 = 192개이다. 여기에서 무한이가 하나의 교차점을 선택할 경우 그 교차점이 포함된 두 선이 모두 제거된다. 그러므로 상상이가 선택할 수 있는 남은 교차점의 개수는 192 - 12 - 16 + 1(중복되는 교차점, 즉 무한이가 선택한 교차점 제외) = 165개이다.

(2) 무한이가 12×16 크기에서 어떤 교차점 하나를 선택할 경우 상상이가 선택할 수 있는 크기는 11×15이다. 이후에는 무한이와 상상이가 번갈아 한 번씩 교차점을 선택할 경우 차례대로 10×14, 9×13, 8×12, 7×11, 6×10, 5×9, 4×8, 3×7, 2×6, 1×5 크기가 된다. 그러므로 마지막 1×5크기에서 마지막 교차점을 선택하는 차례는 상상이이므로 이 게임에서 이기는 사람은 무한이이다.

문제 27 p.80

정답 및 해설 답 표의 화살표 방향으로 숫자를 더하여 곱셈식의 답을 구한다.

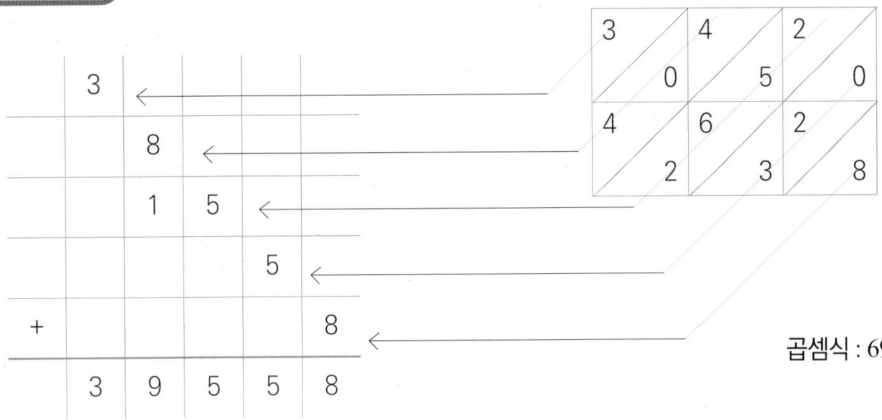

6 × 5	9 × 5	4 × 2
3 / 0	4 / 5	2 / 0
4 / 2	6 / 3	2 / 8
6 × 7	9 × 7	4 × 7

곱셈식 : 694 × 57 = 39558

해설 <보기>는 다음과 같이 두 수(734, 38)의 각 자리수를 곱한 값을 첫 줄 맨 왼쪽 칸부터 채워나간 것이다.

⇨ 곱셈식 734 × 38 = 27892에서 7과 3을 곱한 수 21을 첫 줄 맨 왼쪽 칸에 대각선을 기준으로 2, 1을 차례대로 쓰고, 7과 8을 곱한 수 56은 둘째 줄 맨 왼쪽 칸에 대각선을 기준으로 5와 6를 차례대로 쓴다. 마찬가지로 3과 3을 곱한 수 9는 첫 줄 가운데 칸에 대각선을 기준으로 0, 9를 차례대로 쓰며, 나머지도 동일하게 수행한다.

⇨ 표에서 화살표 방향으로 숫자를 더하여 곱셈식의 답(27892)을 구한다.

7 × 3	3 × 3	4 × 3
2 / 1	0 / 9	1 / 2
5 / 6	2 / 4	3 / 2
7 × 8	3 × 8	4 × 8

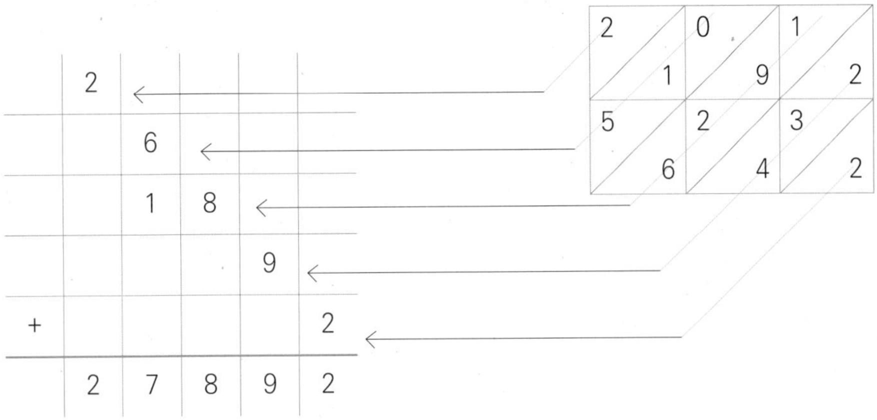

문제 28 p.81

정답 및 해설 답 ㄷ

해설

⇨ 종이접기를 신청한 일부 학생은 피아노도 신청하였다.
⇨ 수학을 신청한 학생들은 모두 영어도 신청하였다.
⇨ 수학을 신청하지 않은 학생들은 모두 피아노를 신청하지 않았다.
따라서 피아노를 신청하면 수학도 신청한다.

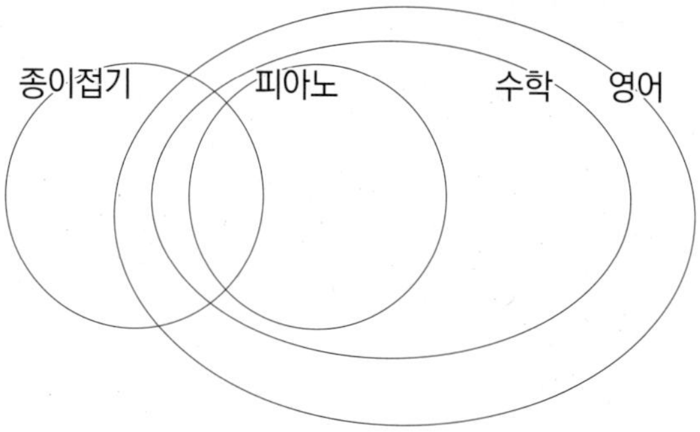

문제 29 p.81

정답 및 해설   답 민수진, 박나영, 조다래, 강민주, 이리나

해설 조건 A, B, D, E에서 '~ 아니면 ~이다' 는 합집합 '또는'을 의미하므로 '또는' 이 거짓이라면 '모두'가 참이다.

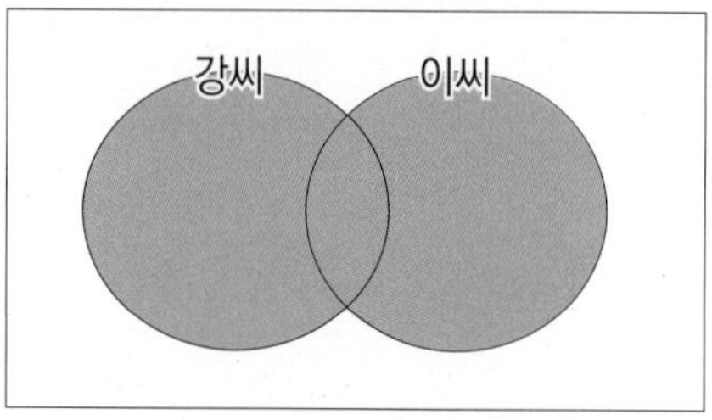

강씨 아니면 이씨

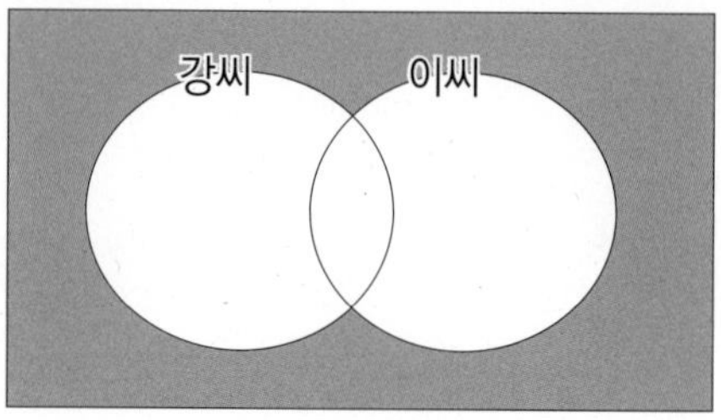

강씨와 이씨가 아니다.

<보기>의 조건이 모두 거짓이므로 각 조건을 참으로 바꾸면 다음과 같다.

조건 A : 수진이는 강씨 아니면 이씨이다. ⇨ 수진이는 강씨, 이씨가 아니다.
조건 B : 강씨인 사람은 나영 아니면 다래이다. ⇨ 나영와 다래는 강씨가 아니다.
조건 C : 나영이는 이씨, 조씨, 민씨 중에 하나이다. ⇨ 나영이는 이씨, 조씨, 민씨가 아니다.
조건 D : 조씨인 사람은 수진이 아니면 민주이다. ⇨ 조씨인 사람은 수진, 민주가 아니다.
조건 E : 이씨인 사람은 다래 아니면 민주이다. ⇨ 이씨인 사람은 다래, 민주가 아니다.

이를 모두 만족하는 결과는 다음 표와 같다. (5명은 서로 다른 하나의 성을 가지고 있다.)

	강	이	민	조	박	
수진	X	X		X	X	민수진
나영	X	X	X	X		박나영
다래	X	X	X		X	조다래
민주		X	X	X	X	강민주
리나	X		X	X	X	이리나

문제 30 p.82

◆ 평가표

2가지 미만	2점
2가지 이상 5가지 미만	3점
5가지 이상	5점

정답 및 해설

답

3 →			1 ↓		
			2 →		2 ↓
↑ 2	← 1				
			2 ↓		← 2
	↑ 3		← 2		

3 →			1 ↓		
			2 →		2 ↓
↑ 3	← 1		2 ↓		← 2
	↑2		← 2		

2 →		1 ↓			
		3 →			2 ↓
↑ 3	← 1		2 ↓		← 2
	↑2		← 2		

2 →		1 ↓			
		3 →			2 ↓
↑ 2	← 1				
			2 ↓		← 2
	↑ 3		← 2		

	2 →		2 ↓		
1 →	↑ 2		2 →		3 ↓
↑ 1		← 2			
		↑ 2			← 3

		3 →			2 ↓
2 →		↑2		2 ↓	← 1
		1 ↓		← 2	
↑ 3		← 2			

문제 31 p.83

◆ 평가표

(1), (2) 각각 답만 맞음	1점
(1), (2) 각각 답과 논리적인 풀이과정을 쓴 경우	2점
(1), (2) 모두 답, 논리적인 풀이과정 쓴 경우	plus 1점

정답 및 해설

답 10자리 수 9876598765의 각 자리 숫자의 합은 70이다. 각 자리 숫자의 합이 45가 되도록 몇 개의 숫자를 빼야 하므로 몇 개의 숫자를 빼든지 빼는 숫자의 합은 25가 되어야 한다.

(1) 가장 큰 수 : 3개의 숫자를 빼야 각 자리 숫자의 합이 25가 되는 가장 큰 수를 만들 수 있으므로 9+8+8 또는 9+9+7이다. 가장 큰 숫자가 되어야 하므로 9를 적게 뺄 때(8+9+8) 가장 큰 수 9765765이다.

(2) 가장 작은 수 : 각 자리 숫자의 합이 25가 되는 가장 많은 개수의 숫자를 빼야 가장 작은 수를 만들 수 있으므로 5+5+6+9 또는 5+5+7+8 또는 5+6+6+8이다. 가장 작은 숫자가 되어야 하므로 9를 포함한 경우일 때(9+5+6+5) 가장 작은 수 876987이다.

문제 32 p.83

정답 및 해설 답 4 2 8 5 1 6 9 7 3 또는 3 7 9 6 1 5 8 2 4

해설 ⇨ 1부터 9까지의 합은 45이다. 조건 2에서 2와 3 사이에 있는 숫자들의 합이 36이라고 했으므로 2와 3 사이에는 4를 제외한 나머지 숫자가 들어 있다는 것 알 수 있다. 즉, 왼쪽 끝과 오른쪽 끝 중 하나는 4이다. 그리고 조건 4에 의해 4 옆에는 숫자 2가 되어야 한다.

⇨ 1과 3 사이에 있는 숫자들의 합이 22이므로, 1의 위치는 2와 3 사이이며, 1 ~ 4 까지의 숫자를 제외한 숫자로 만들 수 있는 경우는 5, 8, 9 또는 6, 7, 9이다. 1과 3 사이에 5, 8, 9가 들어가면 나머지 두 칸에 6과 7이 들어가야 하는데, 이는 조건 4에 어긋나므로 1과 3 사이에는 6, 7, 9가 들어가야 한다. 따라서 1부터 9까지의 숫자 배열은 4 2 8 5 1 6 9 7 3 또는 3 7 9 6 1 5 8 2 4이다.

문제 33 p.84

정답 및 해설 답 3, 6, 9, 12, 15, 27리터(L)

해설 ⇨ 12리터, 15리터의 물통이 있으므로 12, 15, 27리터의 물을 측정할 수 있다.

⇨ 12리터의 빈 물통에 15리터에 가득 찬 물을 담으면 15리터의 물통에는 3리터의 물만 남는다.

⇨ 12리터에 가득 찬 물통을 버리고, 15리터에 남아 있는 3리터를 12리터의 빈 물통에 담고 다시 15리터에 물을 가득 채워 12리터에 담으면 15리터 물통에는 6리터의 물만 남는다.

⇨ 15리터의 빈 물통에 12리터에 가득 찬 물을 담고, 다시 12리터에 물을 가득 채워 15리터에 더 담으면 12리터 물통에는 9리터의 물만 남는다.

따라서, 3, 6, 9, 12, 15, 27리터의 물의 양을 측정할 수 있다.

문제 34 p.84

정답 및 해설 답 2번

해설 ⇨ 황금 9개를 각각 1 ~ 9라고 한 후, 3개씩(1,2,3 / 4,5,6 / 7,8,9) 묶는다.

⇨ 1,2,3 묶음과 4,5,6 묶음을 양팔저울에 올려 놓았을 때 수평이 된다면 1,2,3 묶음과 4,5,6 묶음은 모두 진짜 황금이며, 7,8,9 중에서 가짜 황금이 있다. → 7,8,9에서 7과 8을 양팔저울에 올려 놓았을 때 수평이 된다면 9가 가짜 황금이고 7쪽으로 기울면 7이 가짜 황금, 8쪽으로 기울면 8이 가짜 황금이다.

⇨ 1,2,3 묶음과 4,5,6 묶음을 양팔저울에 올려 놓았을 때 1,2,3 묶음 쪽으로 기울면 1,2,3 중에서 가짜 황금이 있다. → 1,2,3에서 1과 2을 양팔저울에 올려 놓았을 때 수평이 된다면 3이 가짜 황금이고 1쪽으로 기울면 1이 가짜 황금, 2쪽으로 기울면 2가 가짜 황금이다.

⇨ 1,2,3 묶음과 4,5,6 묶음을 양팔저울에 올려 놓았을 때 4,5,6 묶음 쪽으로 기울면 4,5,6 중에서 가짜 황금이 있다. → 4,5,6에서 4와 5를 양팔저울에 올려 놓았을 때 수평이 된다면 6이 가짜 황금이고 4쪽으로 기울면 4가 가짜 황금, 5쪽으로 기울면 5가 가짜 황금이다.

문제 35 p.85

정답 및 해설 답 ⇨ 10개의 상자를 임의로 1에서 10까지의 번호를 붙인다.

⇨ 각 상자에서 붙인 번호에 해당하는 개수만큼 부품을 꺼낸다. (1번 상자에서는 부품 1개를, 2번 상자에서는 부품 2개를, ... 10번 상자에서는 부품 10개를 꺼낸다) → 1 + 2 + 3 + ⋯ + 8 + 9 + 10 = 55

⇨ 55개의 부품을 한꺼번에 저울에 올려 무게를 잰다. 이때, 정상 부품 1개의 무게는 1kg이므로 모두 정상 부품이었다면 55kg이 되어야 하지만, 불량품이 들어 있는 상자에서 꺼낸 부품은 그 개수 × 100g이 모자라게 된다. 즉, 모자라는 무게를 통해 불량품이 든 상자를 찾을 수 있다. 예를 들어 무게가 54kg 200g가 나왔다면 55kg에서 800g이 모자라므로 55개 중 8개의 불량품이 섞인 것이므로 8번 상자가 불량품 상자이다.

문제 36 p.85

정답 및 해설

답 3명

⇒ X도시와 Y도시 사이를 하루 단위로 나눈 장소를 각각 ㄱ, ㄴ, ㄷ, ㄹ, ㅁ, ㅂ, ㅅ이라고 할 때, 상상이와 짐꾼 3명이 각각 5일분의 식량을 가지고 ㄱ에 도착하면 상상이 포함 4명 모두 4일분의 식량이 남는다.

⇒ 3명의 짐꾼 중 한명이 X도시로 되돌아갈 1일분의 식량을 뺀 나머지 3일분의 식량을 각각 상상이와 짐꾼 2명이 나누어 가지면 3명 모두 다시 5일분의 식량을 가지게 된다.

⇒ 남은 3명이 ㄴ에 도착하면 4일분의 식량이 남는다. 이때 2명의 짐꾼 중 한명이 X도시로 되돌아갈 2일분의 식량을 뺀 나머지 2일분의 식량을 상상이와 나머지 짐꾼이 나누어 가지면 2명 모두 다시 5일분의 식량을 가지게 된다.

⇒ 남은 2명이 ㄷ에 도착하면 4일분의 식량이 남고, 짐꾼 한명이 X도시로 돌아갈 3일분의 식량을 뺀 나머지 1일분의 식량을 상상이에게 주면 상상이는 다시 5일분의 식량을 가지게 된다.
따라서 5일분의 식량을 가진 상상이는 ㄷ에서 Y도시까지 갈 수 있다.

문제 37 p.86

정답 및 해설

답 A : 52개, B : 28개, C : 16개

해설 ⇒ 마지막 세 상자에 들어 있는 사탕은 각각 32개이므로 C에서 사탕을 A, B에 넣기 전 사탕의 개수는 다음과 같다.

A : 32 ÷ 2 = 16개
B : 32 ÷ 2 = 16개
C : 32 + 16 + 16 = 64개

⇒ B에서 사탕을 A, C에 넣기 전 사탕의 개수는 다음과 같다.

A : 16 ÷ 2 = 8개
B : 16 + 8 + 32 = 56개
C : 64 ÷ 2 = 32개

⇒ A에서 사탕을 B, C에 넣기 전 사탕의 개수는 다음과 같다.

A : 8 + 28 + 16 = 52개
B : 56 ÷ 2 = 28개
C : 32 ÷ 2 = 16개

문제 38 p.86

정답 및 해설

답 (1) 14개 (2) 110개

해설

(1) 거꾸로 들었을 때 번호가 바뀌지 않는 것

⇒ 십의 자리 숫자가 0, 1, 8 중의 하나이고, 일의 자리와 백의 자리 숫자도 0, 1, 8일 때(3 × 3 = 9) → 000은 만들지 않았으므로 중간 숫자가 0일 때 일의 자리와 백의 자리 수에는 0이 될 수 없다. → 9 - 1 = 8

⇒ 십의 자리 숫자가 0, 1, 8 중의 하나이고, 일의 자리 숫자가 6이면 백의 자리 숫자는 9가 되어야 한다.(일의 자리 숫자가 9이면 백의 자리 숫자는 6이 되어야 한다.) → 3 × 2 = 6
따라서 거꾸로 들었을 때 번호가 바뀌지 않는 번호는 총 14개이다.

(2) 거꾸로 들었을 때 번호가 다른 번호가 되는 것

⇒ 일의 자리 숫자, 십의 자리 숫자, 백의 자리 숫자 모두 0, 1, 6, 8, 9 중 하나이어야 한다. (5 × 5 × 5 = 125) → 000은 만들지 않았고, (1)에서 14개는 거꾸로 보아도 번호가 바뀌지 않는다. → 125 - 1 - 14 = 110
따라서 거꾸로 들었을 때 다른 번호가 되는 번호는 총 110개이다.

문제 39 p.87

◆ 평가표

1개	3점
2개 (단, 대진표의 맨 아래 달리기를 같이 한 학생의 순서만 다르게 한 경우는 제외한다.)	5점

정답 및 해설

답

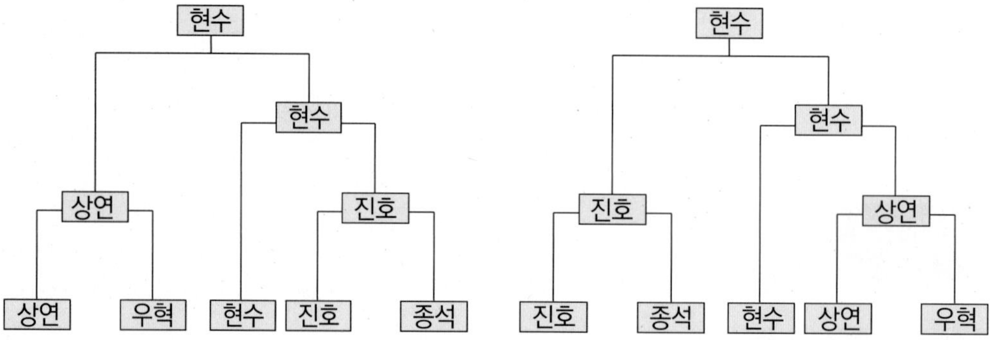

문제 40 p.87

◆ 평가표

'넣을 수 있다'고만 한 경우	0점
'넣을 수 없다'고만 한 경우	3점
넣을 수 없는 이유를 타당하게 설명한 경우	5점

정답 및 해설

답 넣을 수 없다

1단계 - 조건 3 : ㉡ + ㉢ = ㉣ + ㉧

2단계 - 조건 2 : ㉣ + ~~㉤~~ + ㉥ = ㉡ + ~~㉤~~ + ㉨ ⇨ ㉣ + ㉥ = ㉡ + ㉨

3단계 - 조건 1 : ㉦ + ㉧ + ㉨ + ~~㉩~~ = ㉠ + ㉢ + ㉥ + ~~㉩~~ ⇨ ㉦ + ㉧ + ㉨ = ㉠ + ㉢ + ㉥

4단계 - 조건 3의 ㉣ - ㉡ = ㉢ - ㉧을 조건 2의 ㉣ - ㉡ = ㉨ - ㉥에 대입하면,

㉢ - ㉧ = ㉨ - ㉥ ⇨ ㉨ + ㉧ = ㉢ + ㉥이다.

5단계 - 4단계의 결과를 3단계의 결과에 대입하면, ㉦ = ㉠이다. 하지만 ㉦과 ㉠은 서로 다른 수이므로 조건 1, 2, 3을 모두 만족하도록 사각형 10개에 1 ~ 10까지의 수들을 넣을 수 없다.

점수에 따른 성취도 등급

등급	1등급	2등급	3등급	4등급	5등급
평가	130점 이상	100점 ~ 129점	70점 ~ 99점	50점 ~ 69점	49점 이하

총점 200점

04 공간 / 도형 / 퍼즐

문제 01 p.88

단원 말미에서 성취도 등급을 확인하세요.

◆ 평가표

답만 맞음	3점
가로 규칙만 설명 또는 세로 규칙만 설명	4점
가로, 세로 규칙 모두 설명	5점

정답 및 해설

답 ④

세로 방향 ⇨ 색칠한 부분 중 겹치는 부분(교집합)　　가로 방향 ⇨ 색칠한 부분 합침(합집합)

문제 02 p.89

◆ 평가표

답만 맞음	3점
규칙성 설명함	5점

정답 및 해설

답 ③

가로, 세로 3개의 색칠한 부분을 합치면 전체 네모가 채워진다. 또는 가로, 세로 3개 중 하나에서 색칠한 부분의 반전 부분은 나머지 2개에서 색칠한 부분과 같다.

문제 03 p.90

◆ 평가표

답만 맞음	3점
규칙성 설명함	5점

정답 및 해설

답 ⑥

작은 삼각형과 큰 삼각형의 색상 배열 비교 (각 삼각형의 회전)

⇨ 가로 : 각 삼각형 시계 방향 회전

⇨ 세로 : 큰 삼각형은 시계 방향, 작은 삼각형은 반시계 방향으로 회전

문제 04 p.91

◆ 평가표

2개의 선분으로 이등분 되지 않은 경우	0점
이등분 되도록 선분 2개를 긋고, 이웃한 변과 겹치게 색칠한 경우	3점
이등분 되도록 선분 2개를 긋고, 이웃한 변과 겹치지 않게 색칠한 경우	5점

정답 및 해설

답

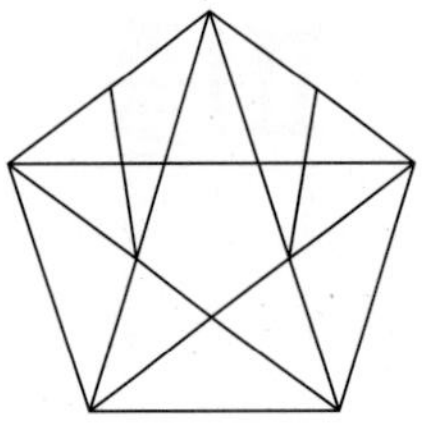

그림 1

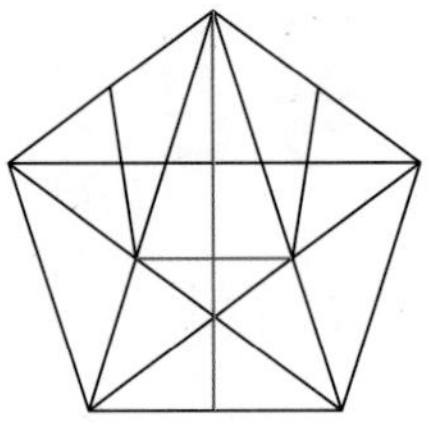

그림 2

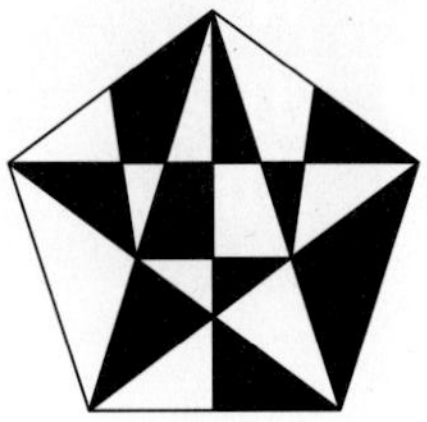

그림 3

해설 ➪ 그림 1에서와 같이 15개의 조각 중 12개의 조각은 넓이가 같은 쌍을 가지고 있고, 나머지 3개의 조각은 넓이가 같은 조각들이 없다.

➪ 그림 2 처럼 선분 2개를 그어 각 조각들을 이등분하면, 조각은 총 20개가 되고 넓이가 같은 조각들은 10쌍이 된다.

➪ 그림 3과 같이 이웃한 변과 색이 겹치지 않도록 하여 넓이가 같은 조각 중 하나에는 색을 칠하고, 나머지 하나에는 색을 칠하지 않으면 된다.

문제 05

p.92

◆ 평가표

5개 미만	3점
5개 이상	5점

출제자 예시 답안

	묶음	공통점
1	○ 8	동그라미가 있는 도형
2	V L ᑎ □ △ ⊥	직선으로 이루어진 도형
3	S ○ C 8	곡선으로 이루어진 도형
4	□ △ ○ 8	막힌 구조로 이루어진 도형 (도형 안을 채워 넣을 수 있는 구조)
5	S V L ᑎ □ △ ○ C 8	펜을 떼지 않고 한번에 그릴 수 있는 도형
6	L □ ○ C	한글 자음 닮은 도형
7	S V ○ C	알파벳을 닮은 도형

문제 06

p.93

◆ 평가표

답만 맞은 경우	3점
규칙을 쓰고 답을 맞춘 경우	5점

정답 및 해설 답

겹쳐진 오각형의 개수	2	3	4	5
점의 개수	2	6	10	14
면의 개수	3	7	11	15

규칙 : 겹쳐진 오각형의 개수가 1개 증가할 때마다 점의 개수와 면의 개수는 각각 4개씩 증가한다.

해설

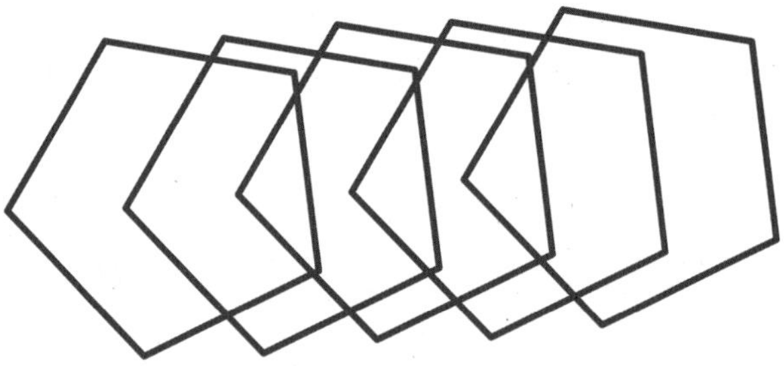

문제 07 p.94

◆ 평가표

(1) 답 맞은 경우	2점
(2) 답만 맞은 경우	2점
(2) 풀이 과정도 함께 쓴 경우	3점

정답 및 해설 답 (1) $2+3+4=9$가지

(2) 2×2 점판일 때 서로 다른 길이의 선분은 2개

3×3 점판일 때 서로 다른 길이의 선분은 $2+3=5$개

4×4 점판일 때 서로 다른 길이의 선분은 $2+3+4=9$개

5×5 점판일 때 서로 다른 길이의 선분은 $2+3+4+5=14$개이므로

…

10×10 점판일 때 서로 다른 길이의 선분은 $2+3+4+5+6+7+8+9+10=54$개이다.

해설 (1)

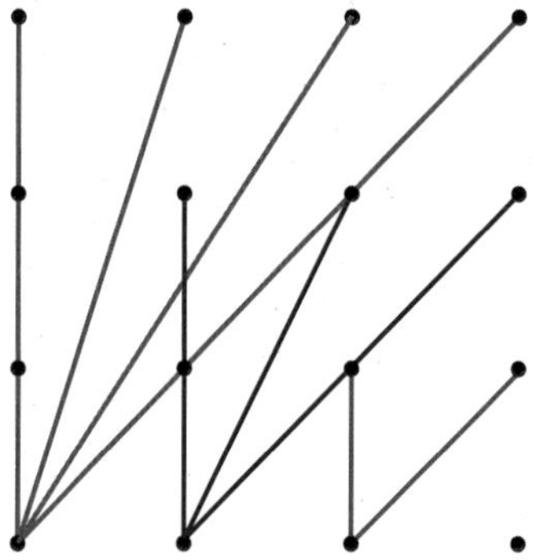

4×4 점판

문제 08 p.95

◆ 평가표

12개 미만	1점
12개 이상 16개 미만	3점
16개	5점

정답 및 해설

답 16개 (6 + 1 + 1 + 2 + 2 + 2 + 2)

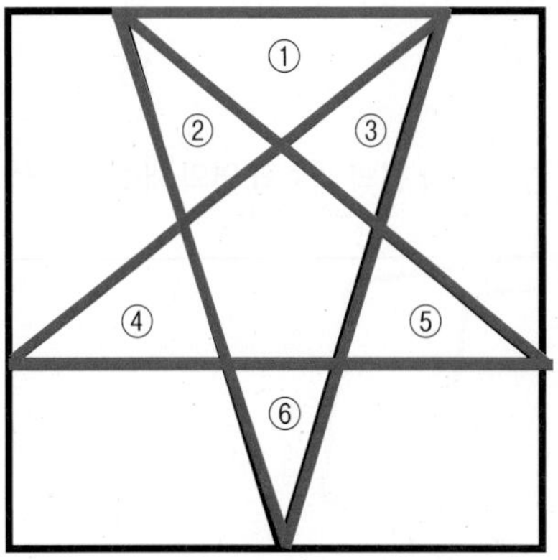

⑦

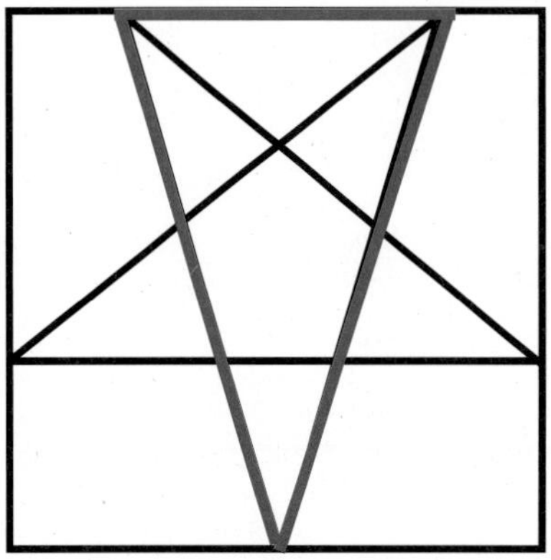

⑧

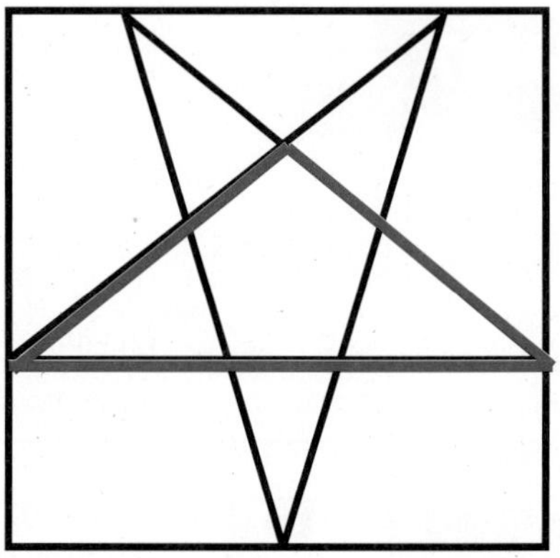

⑨ × 2

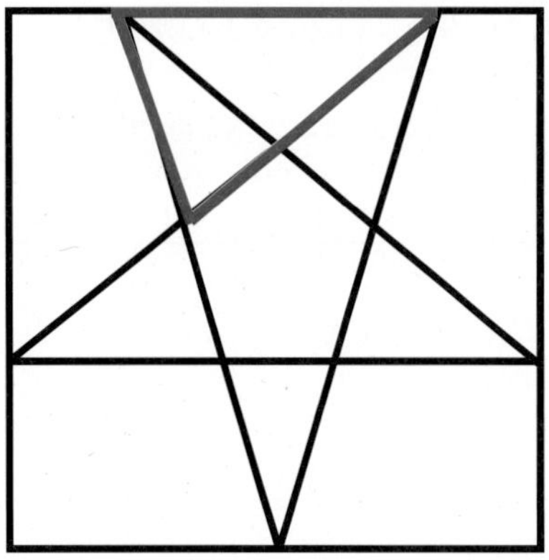

⑩ × 2

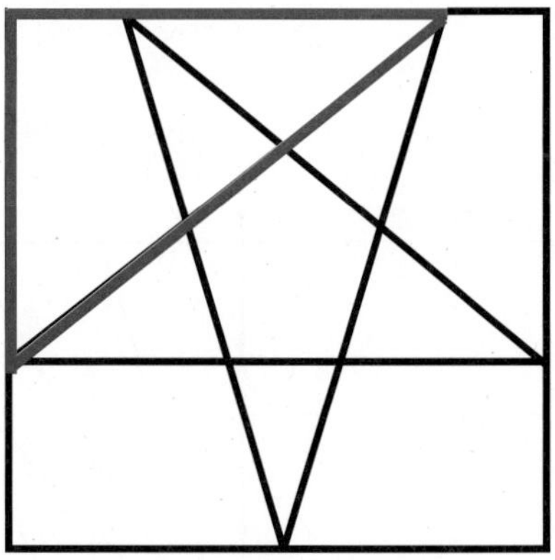

⑪ × 2

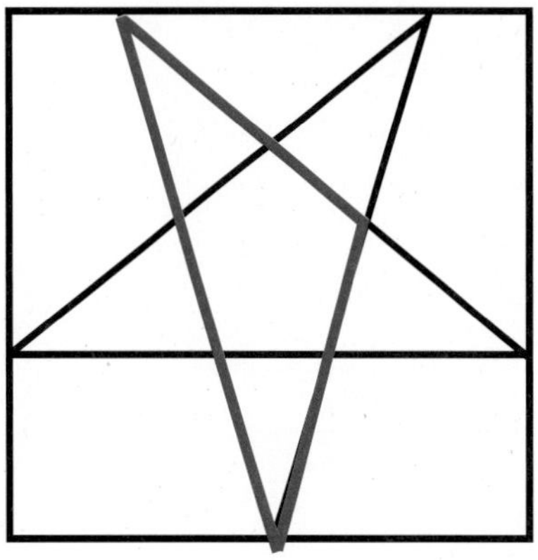

⑫ × 2

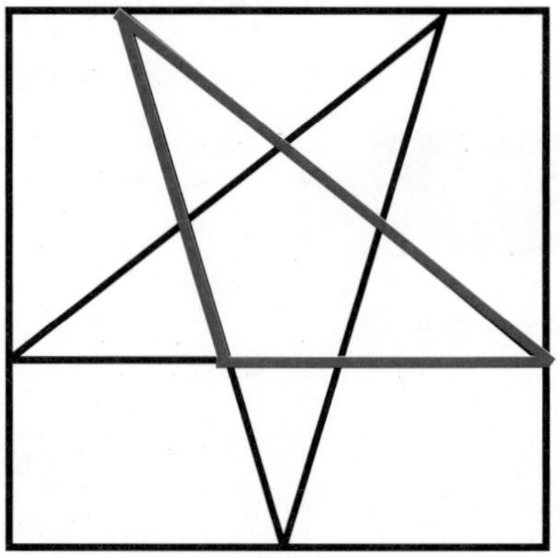

문제 09 p.95

◆ 평가표

답 틀림	0점
답 맞음	5점

정답 및 해설 답 104개

해설 작은 정사각형의 한 변의 길이가 1이므로 색칠한 삼각형의 넓이는 2 × 3 ÷ 2 = 3이다.

1단계 : 삼각형의 밑변의 길이가 2이고, 높이가 3인 삼각형의 밑변은 큰 정사각형의 변 또는 변과 평행한 선 위에 있다.
큰 정사각형에서 길이가 4인 한 변에서 삼각형의 밑변은 3가지가 있고, 한 변마다 높이가 3인 꼭지점은 5가지가 있다.
⇨ 3 × 2 × 5 = 30
큰 정사각형에서 길이가 3인 한 변에서 삼각형의 밑변은 2가지가 있고 큰 정사각형의 변과 평행하여 길이가 3인 한 변에서 삼각형의 밑변 역시 2가지가 있다. 그리고 한 변마다 높이가 3인 꼭지점은 4가지 있다.
⇨ 2 × 2 × 4 × 2 = 32
그러므로 삼각형의 밑변의 길이가 2, 높이가 3인 삼각형 = 30 + 32 = 62개이다.

2단계 : 삼각형의 밑변의 길이가 3이고, 높이가 2인 삼각형의 밑변은 큰 정사각형의 변 또는 변과 평행한 선 위에 있다.
큰 정사각형에서 길이가 4인 한 변에서 삼각형의 밑변은 2가지가 있고, 큰 정사각형의 변과 평행하여 길이가 4인 한 변에서 삼각형의 밑변 역시 2가지가 있으며, 한 변마다 높이가 3인 꼭지점은 5가지가 있는데, 그 중 2가지의 높이는 1단계와 중복되므로 제외한다. ⇨ { 2 × 2 × (5 - 2) × 2 } = 24
큰 정사각형에서 길이가 3인 한 변에서 삼각형의 밑변은 1가지가 있고, 큰 정사각형의 변과 평행하여 길이가 3인 한 변에서 삼각형의 밑변은 3가지가 있다. 그리고 한 변마다 높이가 2인 꼭지점은 4가지인데, 그 중 2가지의 높이는 1단계와 중복되므로 제외한다. ⇨ { 1 × 3 × (5 - 2) × 2 } = 18
그러므로 삼각형의 밑변의 길이가 3, 높이가 2인 삼각형 = 24 + 18 = 42개이다.

따라서 넓이가 3인 삼각형의 개수 = 62 + 42 = 104개이다.

1단계와 2단계에서 중복되는 삼각형 모양의 (예) ▶

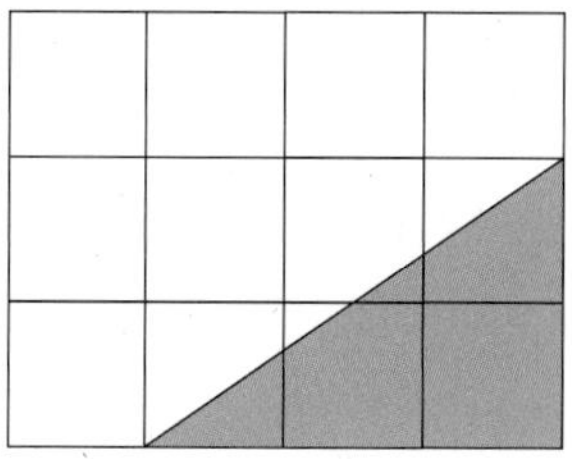

문제 10 p.96

◆ 평가표

(1) 또는 (2)만 맞은 경우	2점
(1), (2) 모두 맞은 경우	5점

정답 및 해설 답 (1) 17개(9+8) (2) 41개(9+8+24)

해설

5

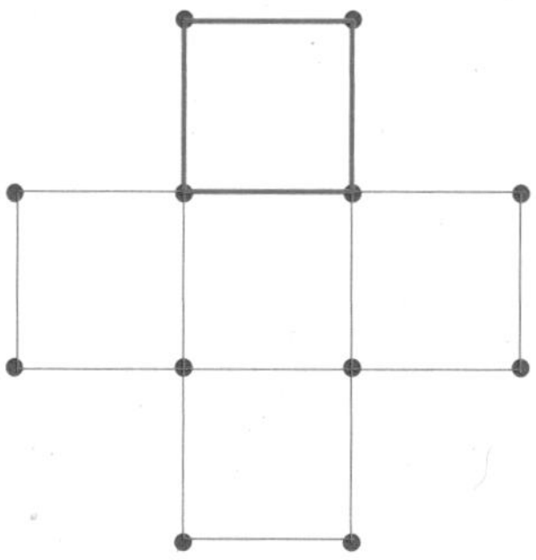

4

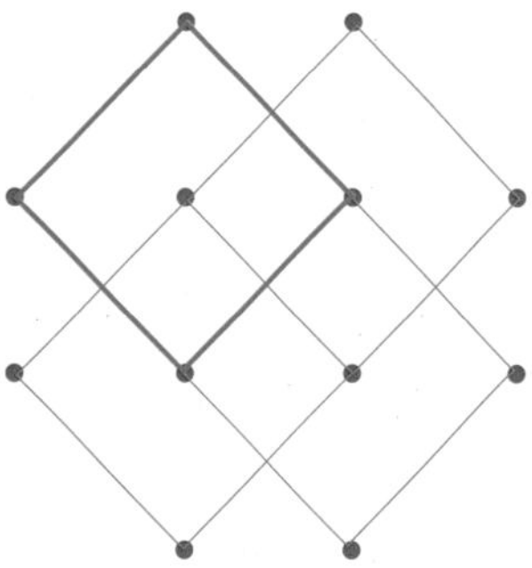

⇨ 정사각형 꼴 = 9개

2 × 2

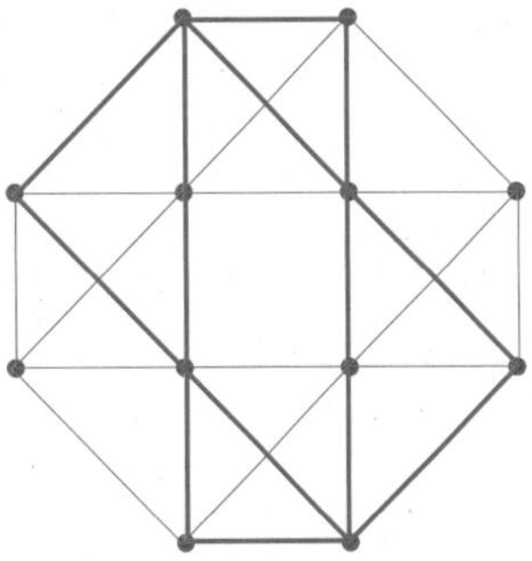

4

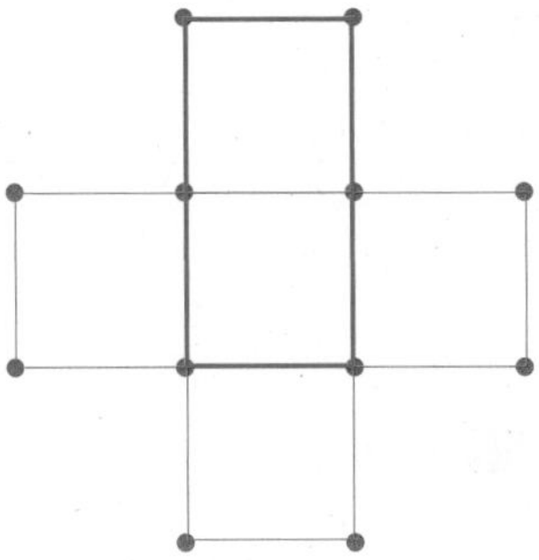

⇨ 정사각형이 아닌 직각사각형 꼴 = 8개

2 × 4

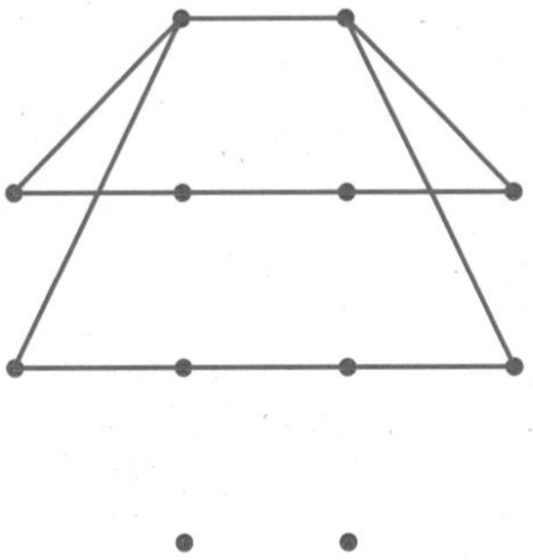

2 × 4

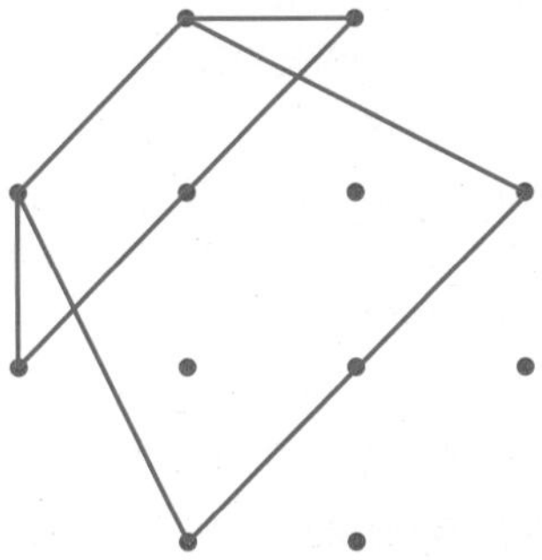

2 × 2

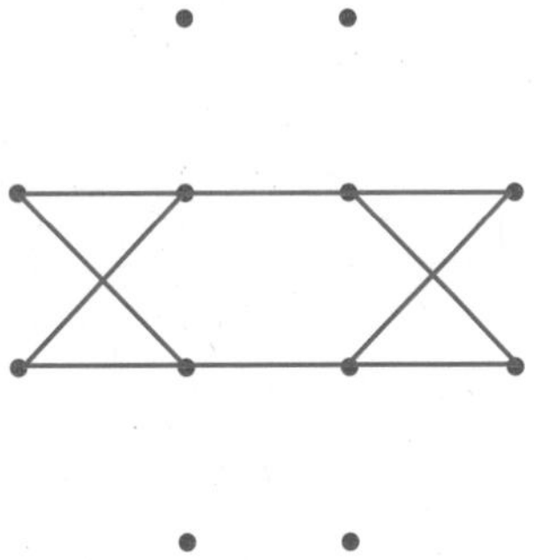

2 × 2

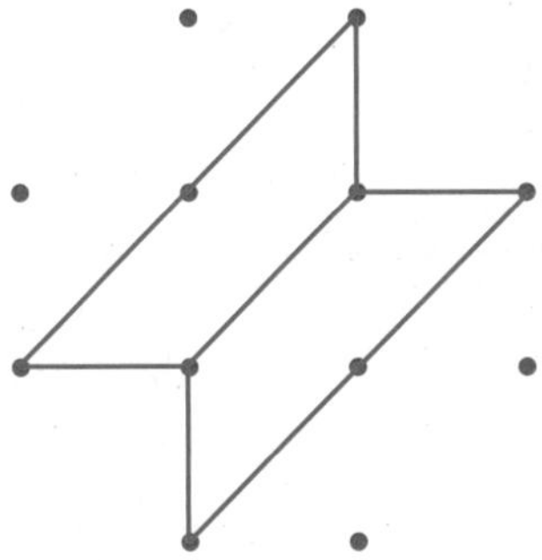

⇨ 등변사다리꼴 = 24개

공간 / 도형 / 퍼즐 단원의 11 ~ 40번 문제 배점은 각 5점씩이며, 예외인 경우에는 각 문항별 평가표를 참고하면 됩니다.

문제 11 p.97

정답 및 해설

답 ④

해설

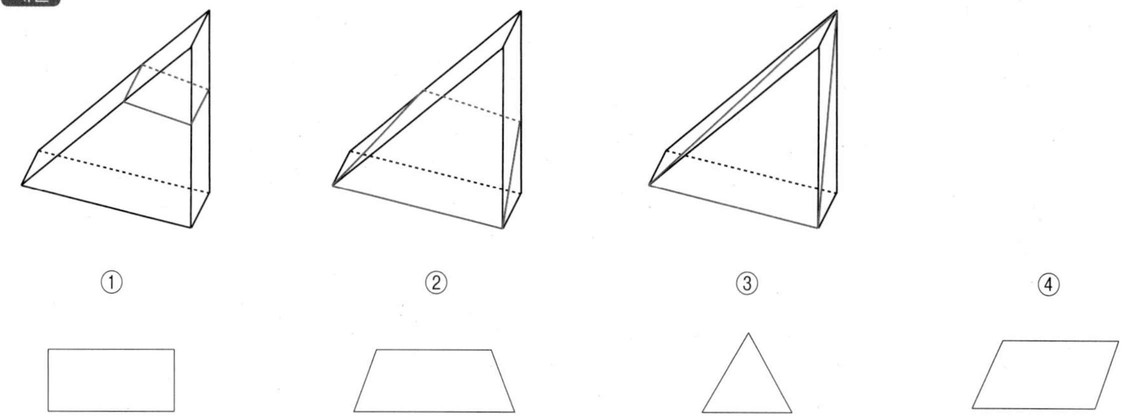

① 밑면이 직사각형이므로 밑면에 평행하게 평면을 자르면 직사각형이 단면으로 나온다.
② 도형을 대각선으로 비스듬하게 평면을 자르면 사다리꼴 형태의 단면이 나온다.
③ 도형의 맨 위 하나의 꼭지점에서 대각선으로 밑면의 반대 꼭지점 2개와 연결하여 평면을 자르면 삼각형의 단면이 나온다.

문제 12 p.98

정답 및 해설 답 ④

해설

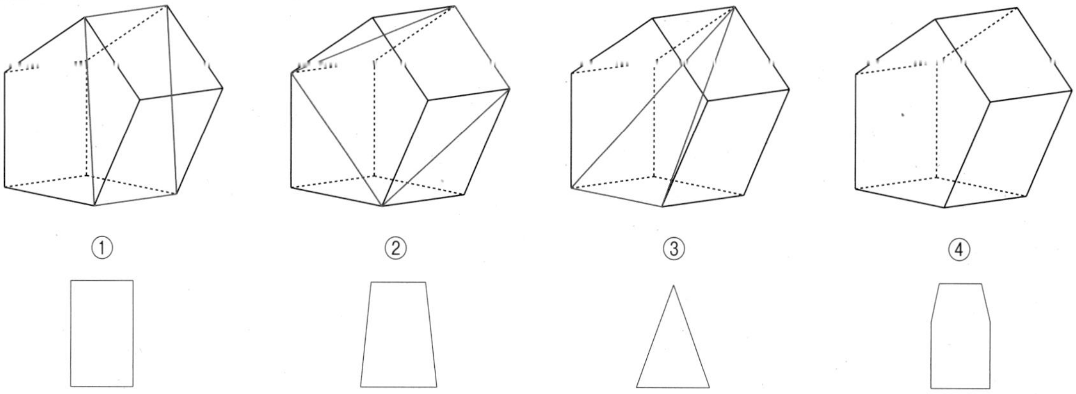

① 밑면과 윗면을 평행하게 평면을 자르면 직사각형이 단면으로 나온다.
② 도형을 대각선으로 비스듬하게 평면을 자르면 사다리꼴 형태의 단면이 나온다.
③ 도형의 윗면에서 하나의 꼭지점에서 대각선으로 밑면의 꼭지점 2개와 연결하여 평면을 자르면 삼각형의 단면이 나온다.

문제 13 p.99

◆ 평가표

찾은 개수 1개	2점
찾은 개수 2개	3점
찾은 개수 3개	4점
찾은 개수 4개	5점

정답 및 해설 답

[틀린 부분]

해설

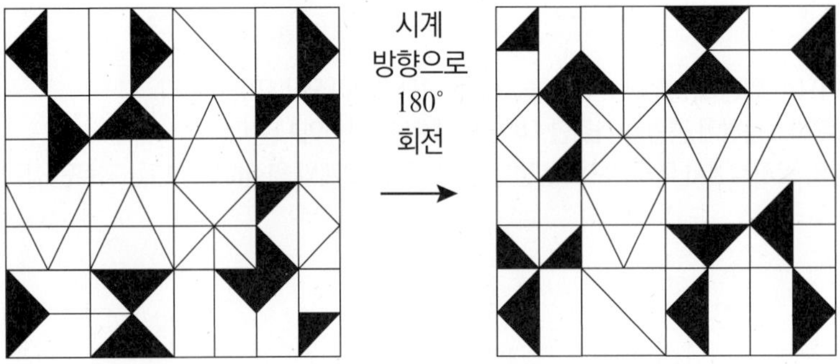

<보기>

문제 14 p.100

정답 및 해설 답

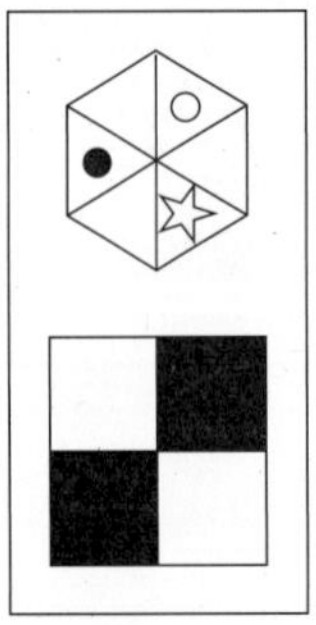

해설 A : 시계 반대 방향으로 90°회전 B : X축 반전(대칭) C : 상하 자리 바꿈 D : Y축 반전(대칭)

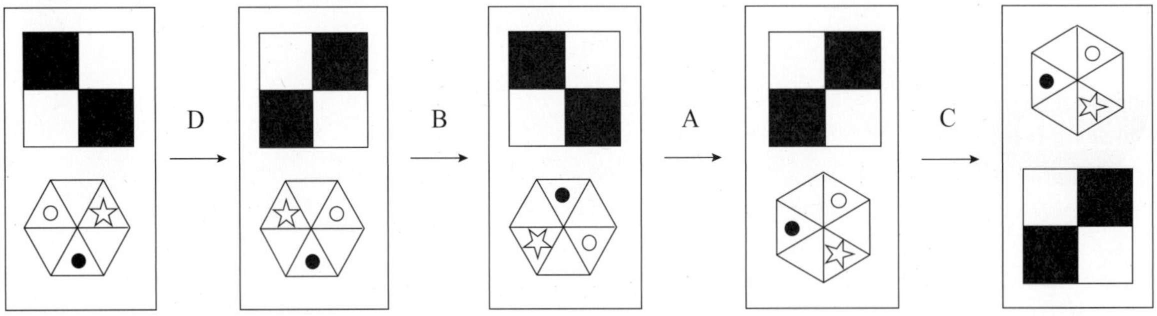

문제 15 p.101

정답 및 해설

답 D

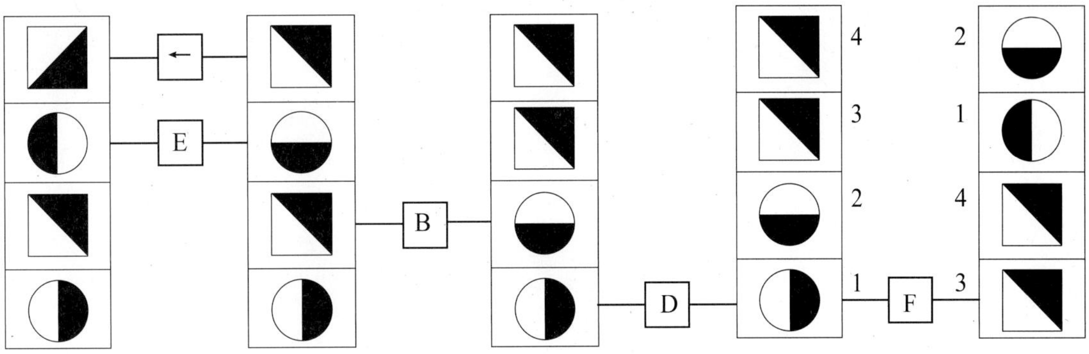

문제 16 p.102

정답 및 해설

답

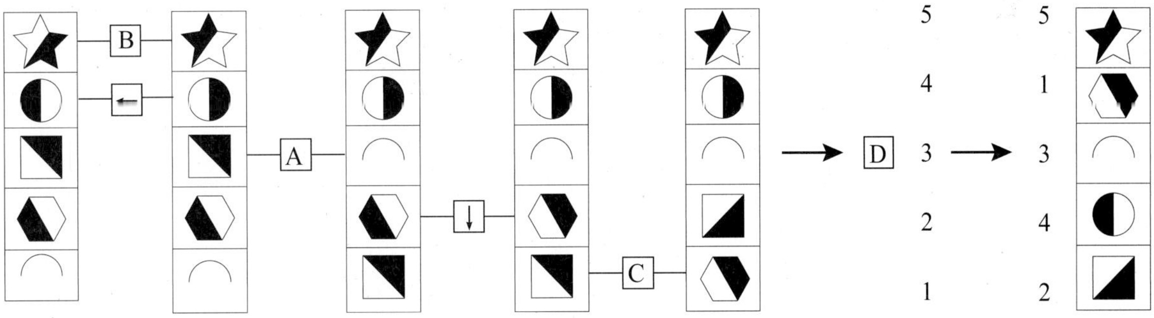

문제 17 p.103

정답 및 해설

답 ⑤

해설 ⇒ 접혀진 종이에서 오려내고 남은 종이를 접었던 순서 반대로 차례대로 펴면서 오려낸 모양을 대칭적으로 그려본다.
→ ②, ⑤

⇒ 오려내고 남은 종이를 펼친 후, 종이를 돌려서 나올 수 있는 모양을 찾는 문제이므로 ⑤이다.

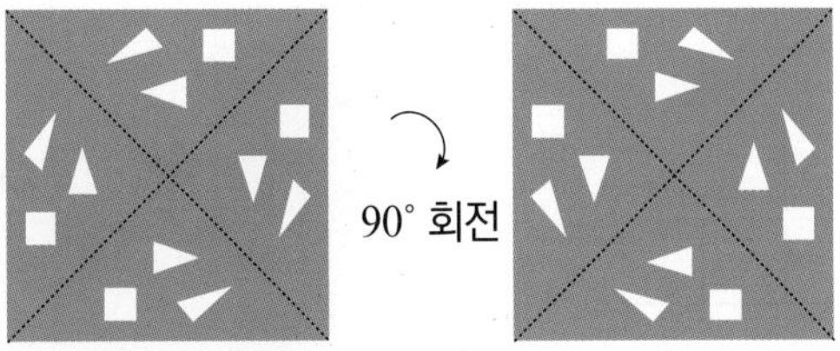

② ⑤

문제 18 p.104

정답 및 해설　답 ②

해설

①　②　③　④　⑤

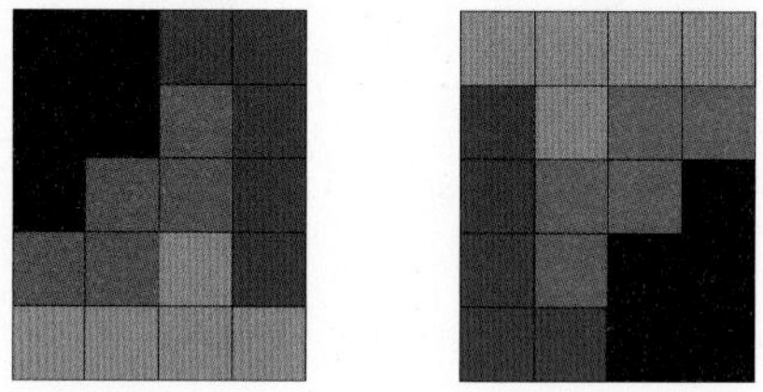

문제 19 p.105

정답 및 해설　답 ②

해설

①　②　③　④　⑤

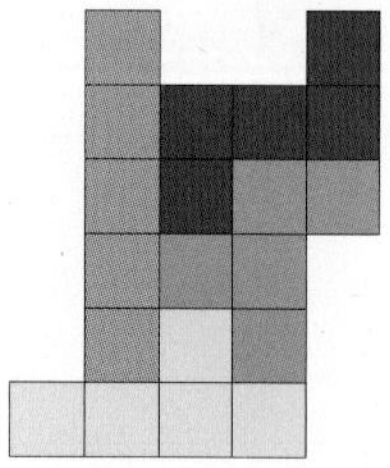

문제 20 p.106

정답 및 해설　답 ④

해설

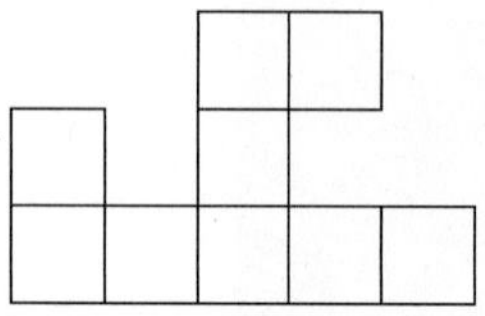

문제 21 p.107

◆ 평가표

겨냥도의 일부만 완성한 경우(점선을 제대로 그리지 않음 포함)	2점
겨냥도를 완성함	5점

정답 및 해설

답

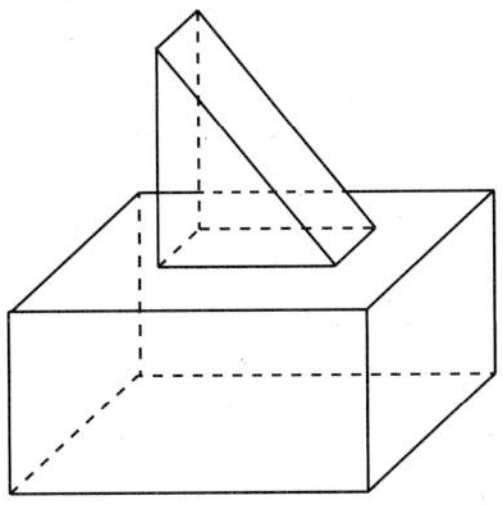

문제 22 p.107

정답 및 해설

답 ④

해설 전개도에서 세 개의 선은 각각 한 면의 대각선이며, 세 개의 선은 서로 연결되어 있다. 따라서 세 개의 선은 정육면체에서 꼭지점으로 연결된 ④번 모양을 이룬다.

문제 23 p.108

◆ 평가표

5개 미만	2점
5개 이상 8개 미만	3점
8개	5점

정답 및 해설

답

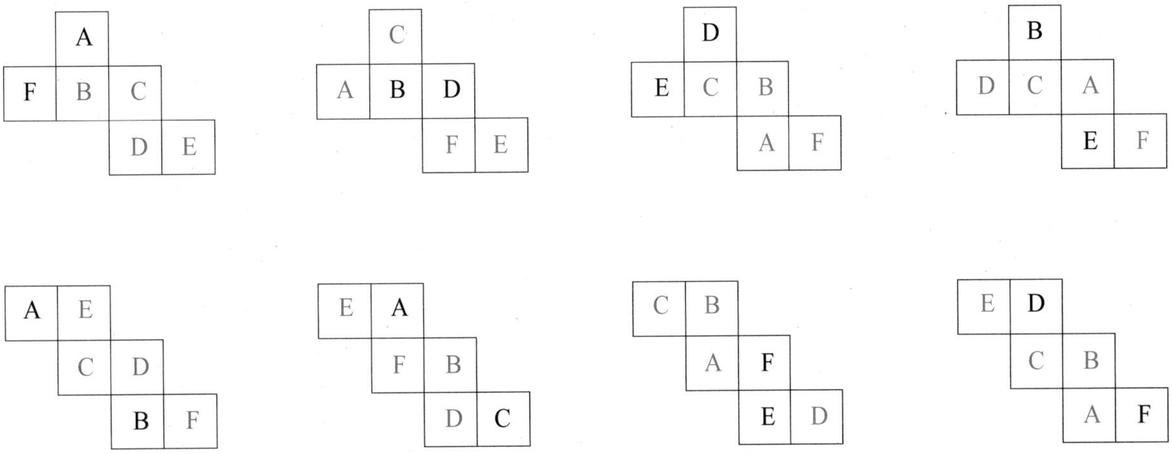

해설 정육면체에서 마주 보는 면의 대응 알파벳 ⇨ A - D　B - E　C - F

문제 24 p.109

정답 및 해설

답 ②

문제 25 p.109

정답 및 해설

답 ②, ④

해설

①

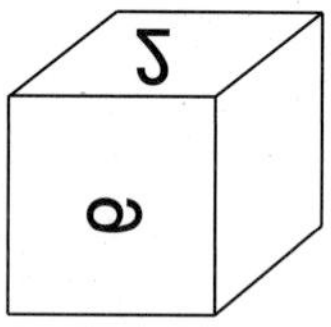

②

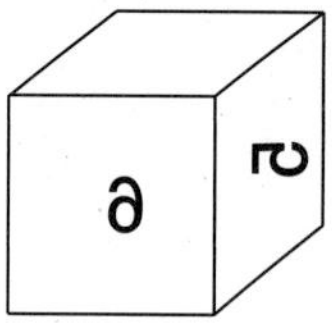

③

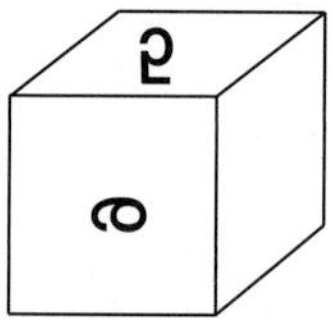

④

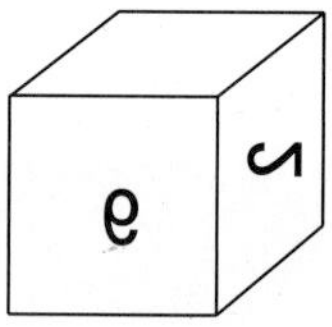

문제 26 p.110

정답 및 해설

답 ①, ④

해설

①

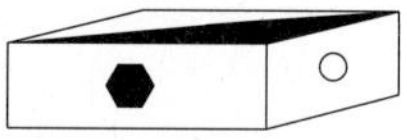

②

③

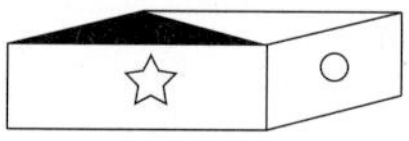

④

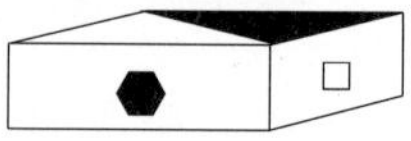

문제 27 p.110

정답 및 해설

답 ③

해설

①

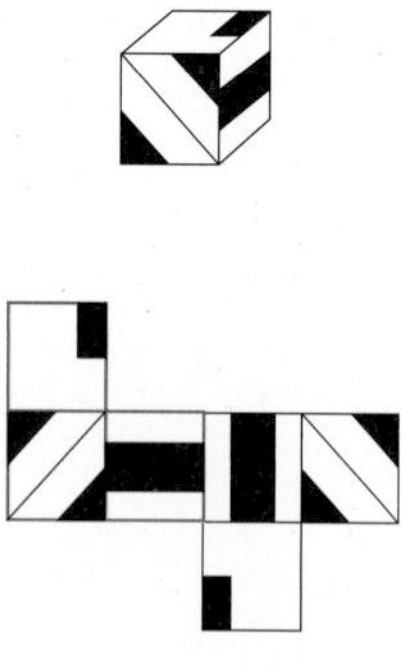

②

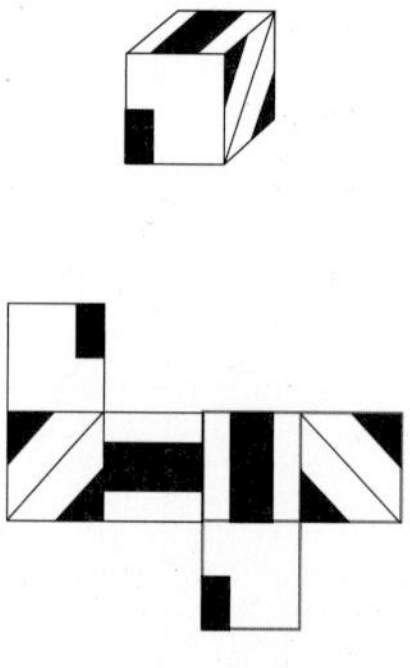

< 문제의 전개도를 시계 방향으로 90° 회전 >

③

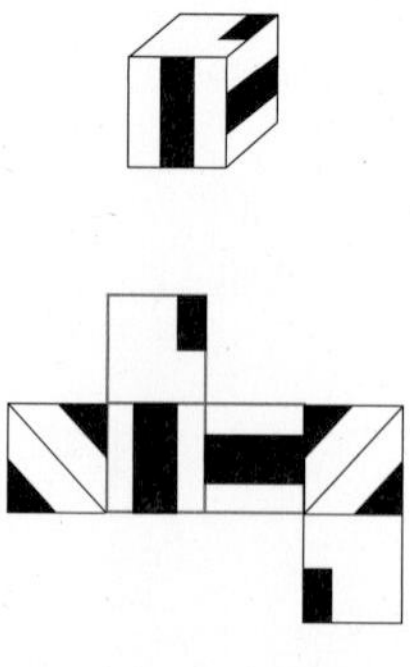

< 문제의 전개도를 반시계 방향으로 90° 회전 >

④

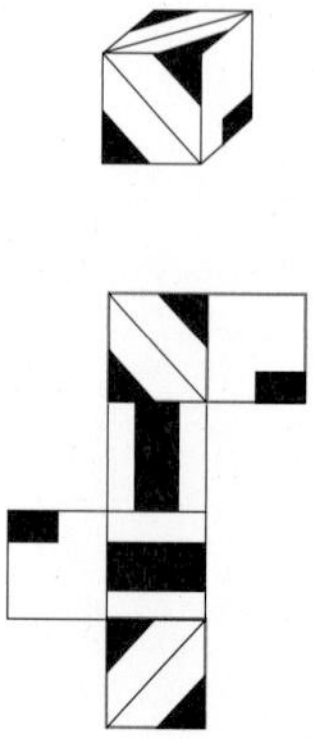

< 문제의 전개도를 180° 회전 >

문제 28 p.111

정답 및 해설 답 4

해설 주사위의 마주 보는 눈의 합이 7일 때, 10개의 주사위의 맞붙여진 면의 두 수의 합이 8이 되기 위해 가능한 조합은 (2, 6) (4, 4) (3, 5)이다.

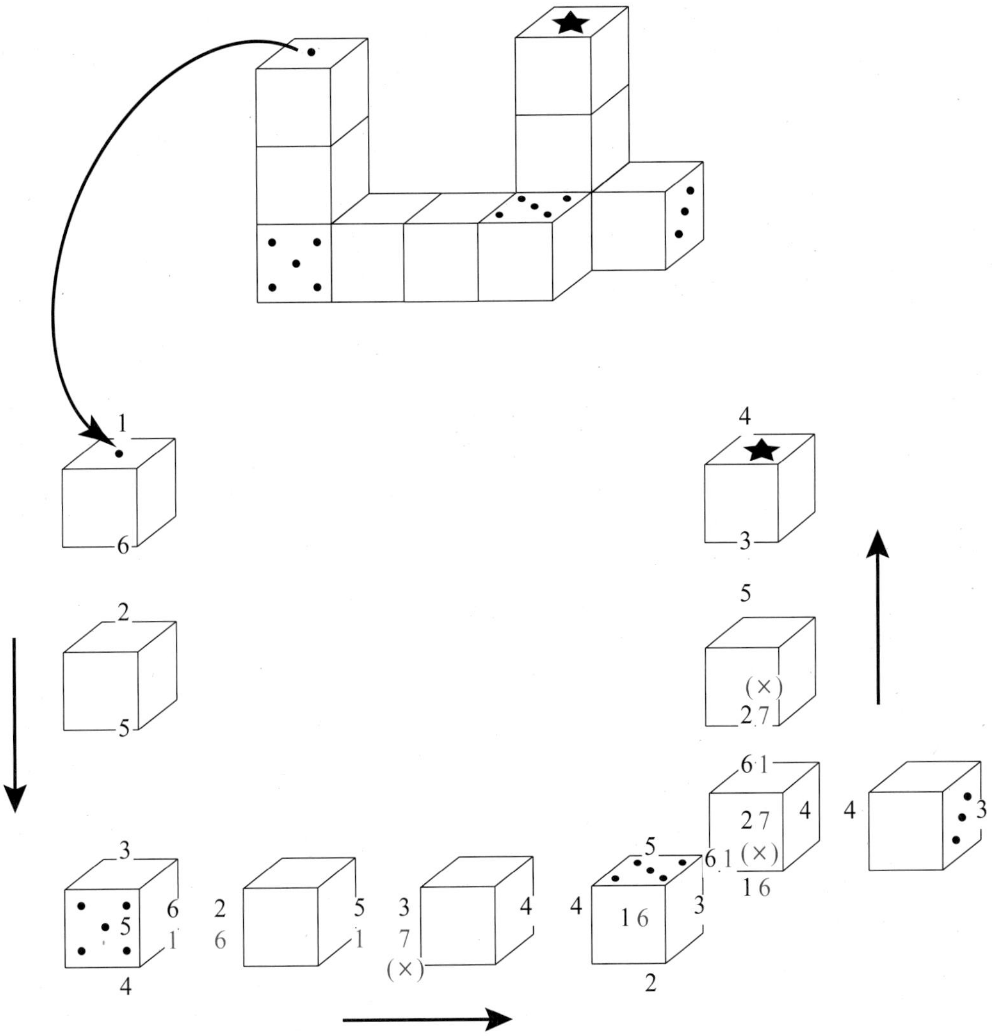

문제 29 p.111

◆ 평가표

5개 미만	2점
5개 이상 8개 미만	3점
8개	5점

정답 및 해설 답 8개

해설 뚜껑이 없는 정육면체이므로 5개의 면으로 이루어진 전개도가 필요하다. 이때, 5개의 면 중 최대 4개까지만 나란하게 연결될 수 있다. 그러므로 한 줄에 나란한 면의 개수가 2, 3, 4개일 때의 전개도가 가능하다.

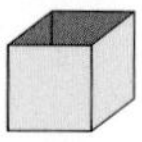

⇨ 나란한 면의 수가 2개일 때 : 1가지

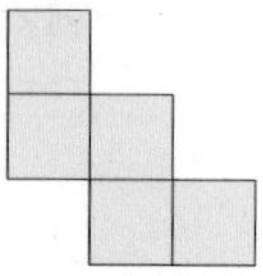

⇨ 나란한 면의 수가 3개일 때 : 5가지

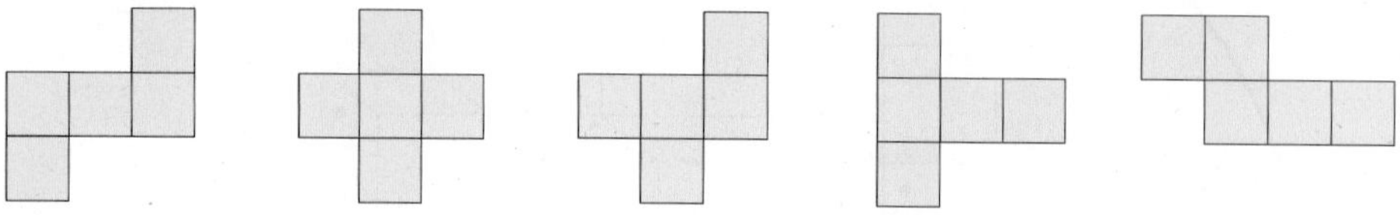

⇨ 나란한 면의 수가 4개일 때 : 2가지

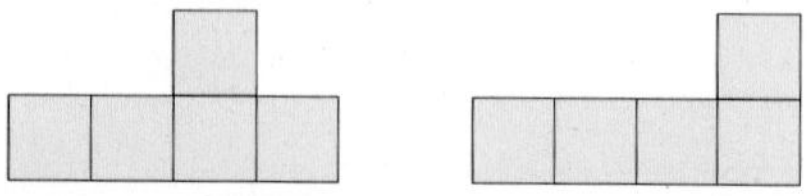

따라서, 뚜껑이 없는 정육면체 모양의 종이상자의 전개도로 가능한 경우는 8개이다.

문제 30 p.112

정답 및 해설

답 2개의 정육면체 전개도 예시

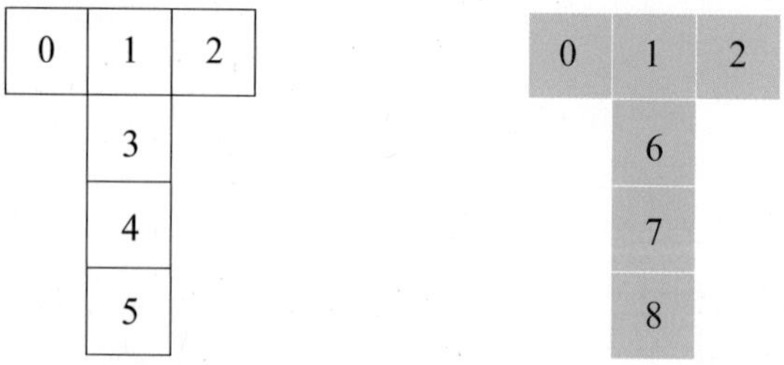

⇨ 정육면체 2개를 이용하여 달력을 만들 수 있다.
⇨ 각 정육면체에 0, 1, 2는 공통으로 포함시킨다.
⇨ 6과 9는 뒤집으면 공통으로 사용할 수 있으므로 하나의 정육면체에만 포함시킨다.
⇨ 3, 4, 5, 6(또는), 9, 7, 8은 각각 정육면체에 3개씩 나누어 적는다.

해설 완성한 2개의 정육면체를 이용한 달력 표기 예시

5일 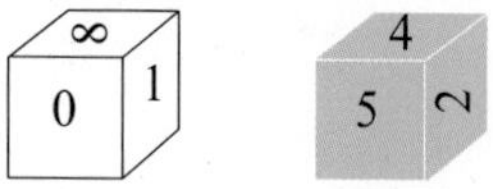

19일 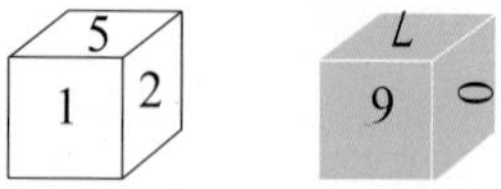

6일 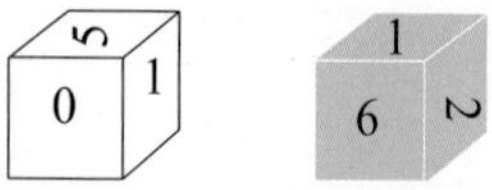

25일 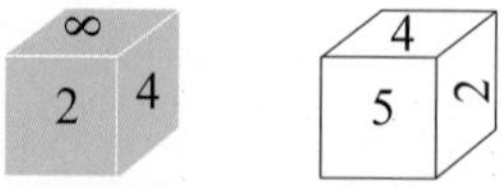

11일 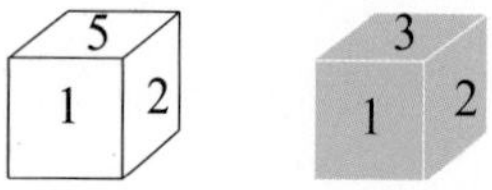

31일 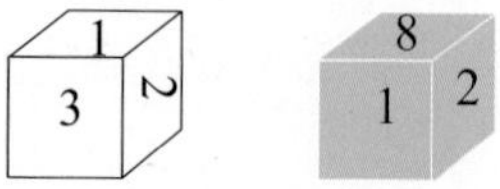

문제 31 p.113

정답 및 해설

답 ①

해설

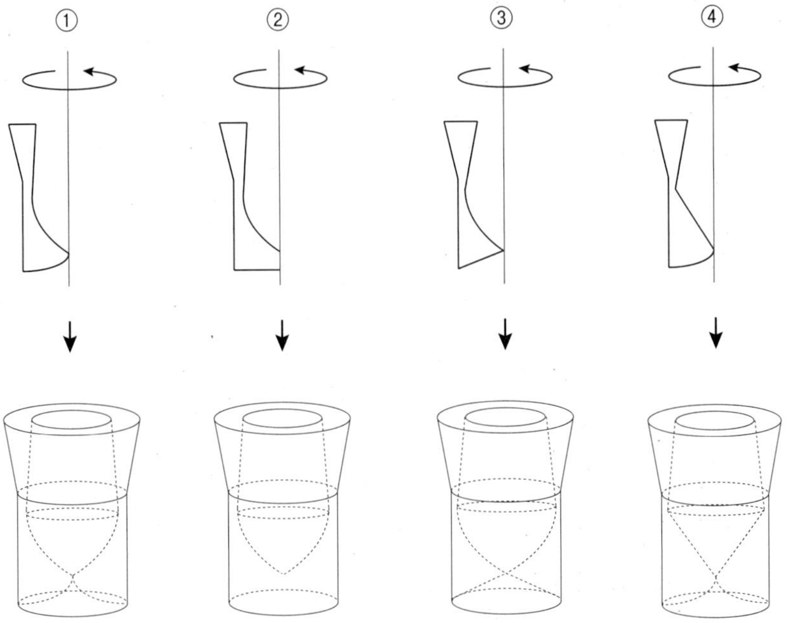

문제 32 p.114

정답 및 해설

답

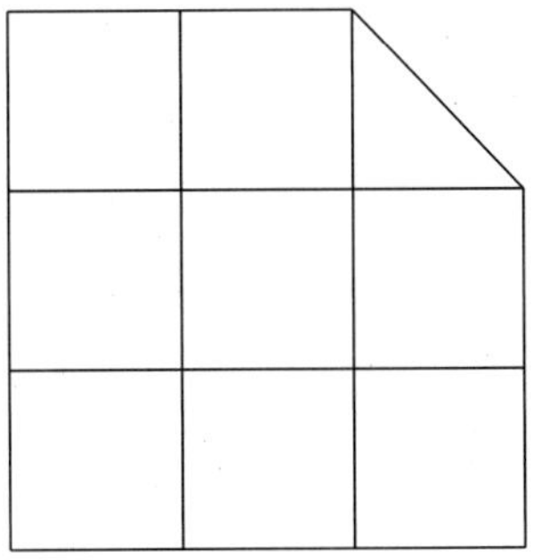

문제 33 p.115

정답 및 해설

답

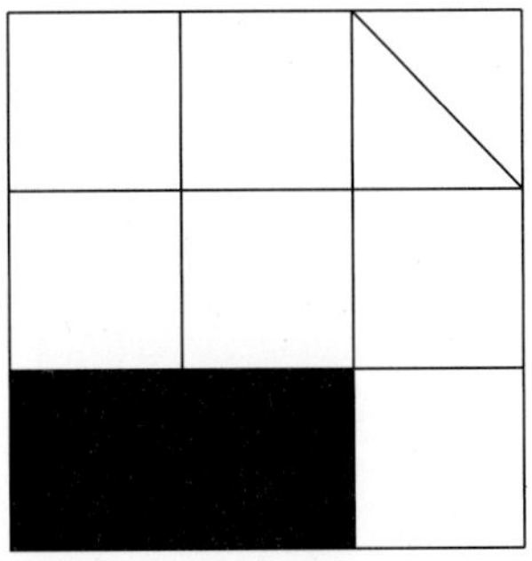

문제 34 p.116

정답 및 해설 답 11개

해설

< 첫 번째 층을 위에서 본 모양 >

< 두 번째 층을 위에서 본 모양 >

문제 35 p.117

◆ 평가표

최소 개수만 구한 경우 또는 최대 개수만 구한 경우	2점
최소, 최대 개수를 모두 구한 경우	5점

정답 및 해설 답 (1) 최소 개수 15개로 만든 쌓기 나무 예시(9가지)

1	1	3
×	1	3
3	2	1

1	1	3
×	2	3
3	1	1

1	2	3
×	1	3
3	1	1

3	1	1
×	1	3
3	2	1

3	1	1
×	2	3
3	1	1

3	2	1
×	1	3
3	1	1

3	1	1
×	1	3
1	2	3

3	1	1
×	2	3
1	1	3

3	2	1
×	1	3
1	1	3

(2) 최대 개수 21개로 만든 쌓기 나무

3	2	3
×	2	3
3	2	3

문제 36 p.118

정답 및 해설 답 90T

해설 ⇨ 겉넓이가 최대가 되도록 쌓기 위해서는 각각의 정육면체의 면이 최대한 서로 닿지 않도록 해야 한다. 아래 그림과 같이 면이 아닌 선이 닿도록 각 층에 정육면체를 놓으면 층에 6개, 2층에 5개, 3층에 4개, 4층에 3개, 5층에 2개, 6층에 1개를 놓는 조건에 충족하면서 겉넓이가 최대가 될 수 있다.

⇨ 정육면체의 전체 개수는 21개이므로 21개의 정육면체의 면의 수는 총 126(21×6)개이다.

⇨ 이 중에서 쌓여 있는 정육면체에서 서로 맞닿는 면의 수를 빼야한다.
정육면체에서 서로 맞닿는 면 : ①~⑩(10개)은 한 면이 닿는 정육면체이며, a~j(10개)는 두 면이 닿는 정육면체이므로 정육면체에서 서로 맞닿는 면의 수는 10 + 10 × 2 = 30이다. → 126 - 30 = 96

⇨ 또한, 바닥과 맞닿는 면의 수도 추가로 빼야한다.
바닥과 맞닿는 면 : A~G(6개)이다. → 96 - 6 = 90

⇨ 정육면체 한 면의 넓이는 T이므로 정육면체 16개로 최대 겉넓이가 되도록 만든 입체의 겉넓이는 90T이다.

[다른 풀이]
정면 겉넓이 + 오른쪽 겉넓이 + 뒤쪽 겉넓이 + 왼쪽 겉넓이 + 위쪽 겉넓이
= 21 T + 21 T + 21 T + 21 T + 6 T
= 90 T

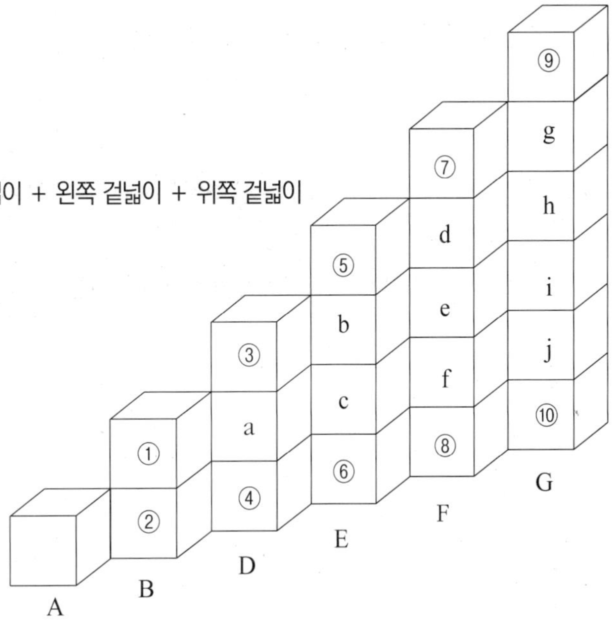

문제 37 p.118

정답 및 해설 답 19개

해설

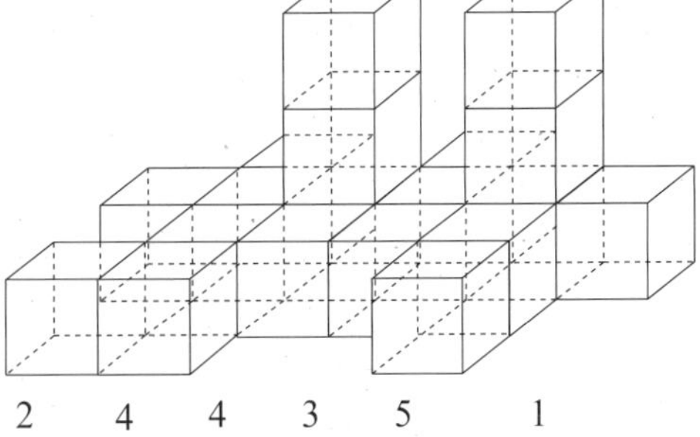

문제 38 p.119

◆ 평가표

3개 미만 맞음	2점
3개 모두 맞음	3점

정답 및 해설

답

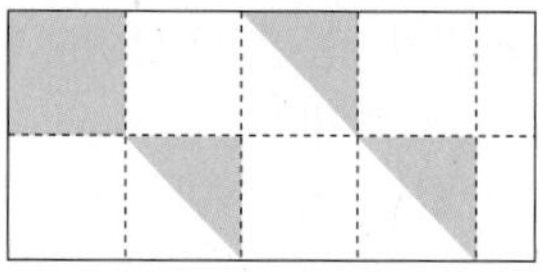

해설

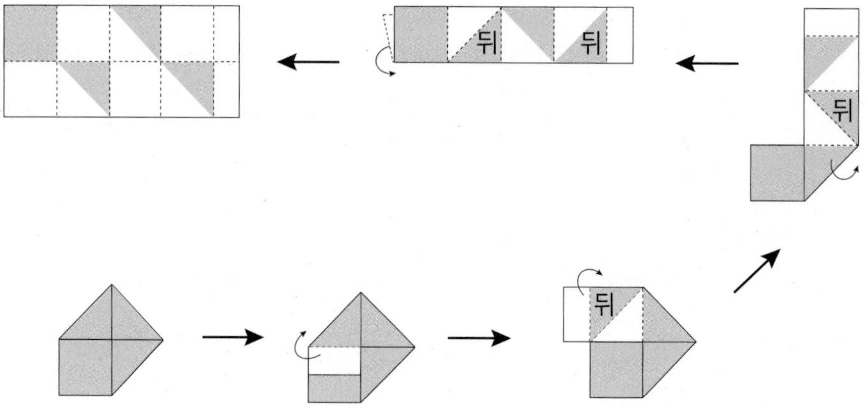

문제 39 p.120

정답 및 해설

답 성냥개비를 11개만 빼내서 도형을 만들 때 사각형이 한 개도 만들어지지 않는 경우 예시

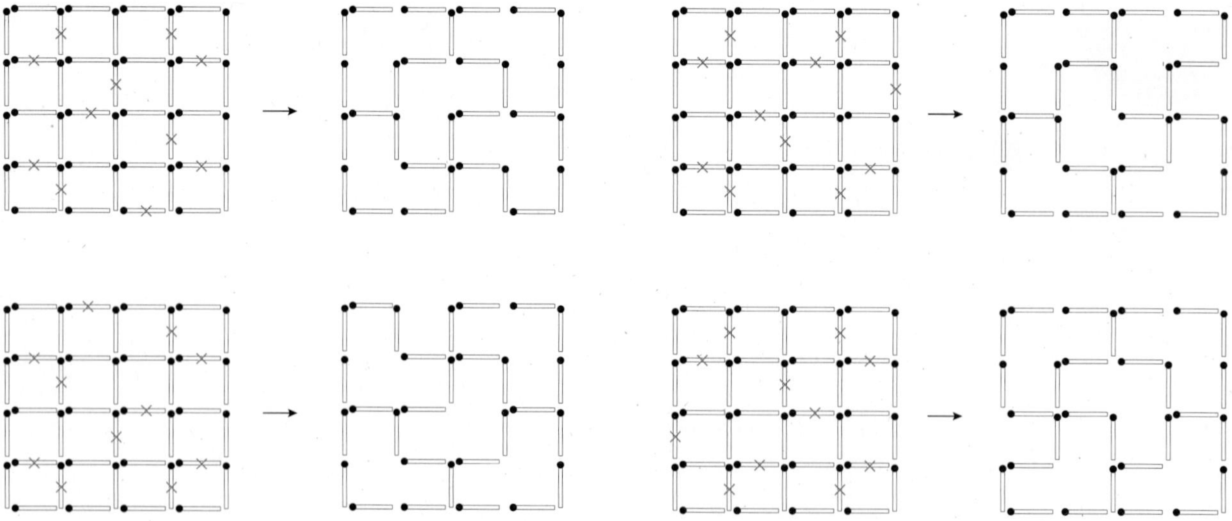

문제 40 p.121

◆ 평가표

찾은 개수 : 1개	2점
찾은 개수 : 2개	3점
찾은 개수 : 3개	4점
찾은 개수 : 4개 이상	5점

정답 및 해설

답 단계별로 삼각형의 개수를 줄여나가는 방법 예시

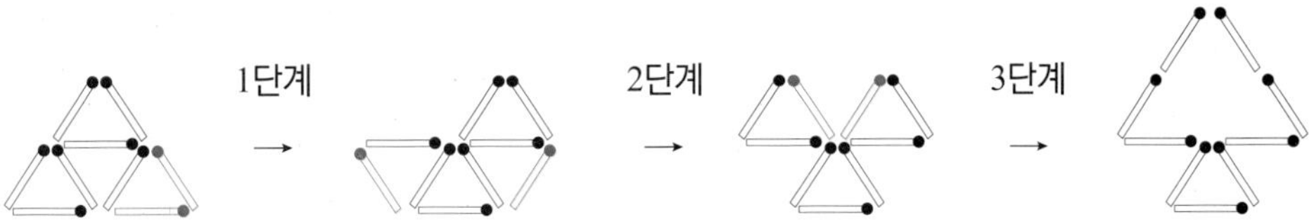

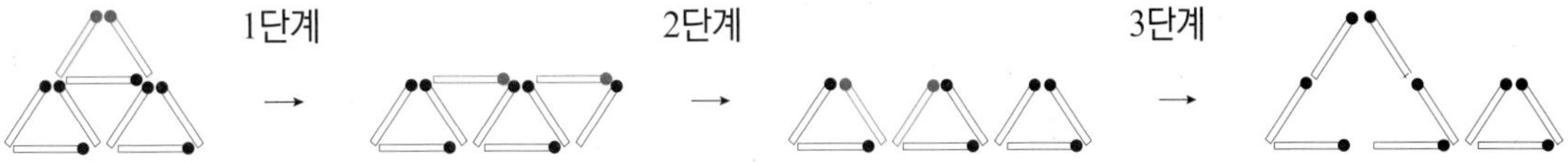

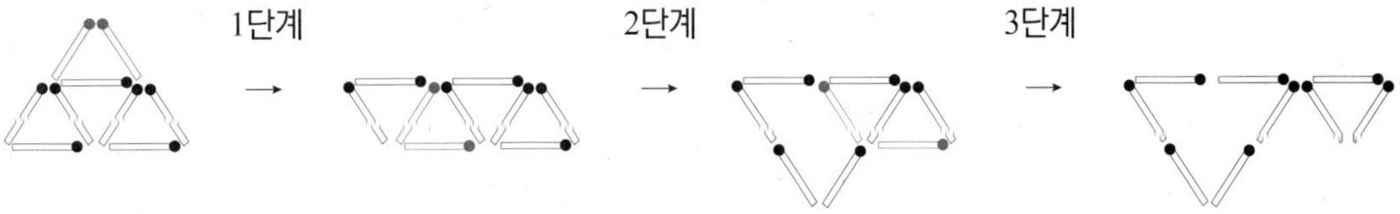

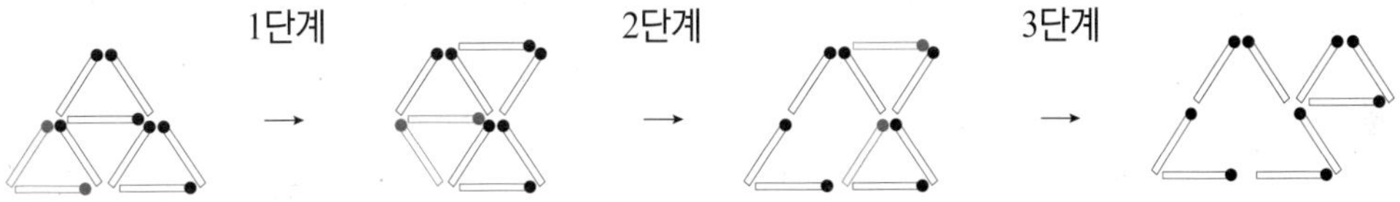

점수에 따른 성취도 등급

등급	1등급	2등급	3등급	4등급	5등급
평가	130점 이상	100점 ~ 129점	70점 ~ 99점	50점 ~ 69점	49점 이하

총점 200점

05 과학 창의성

문제 01 p.122

단원 말미에서 성취도 등급을 확인하세요.

문항 분석 및 평가표

◆ 문항 분석 : 렌즈의 종류를 분류함으로써 정교성을 평가하는 문제이다.

◆ 평가표

답만 맞음(오목, 볼록렌즈 분류)	3점
분류 방법도 설명함	5점

정답 및 해설

답 오목렌즈 : (다), (라)　　볼록렌즈 : (가), (나), (마), (바)

오목렌즈와 볼록렌즈는 빛의 경로로 구별한다. 오목렌즈를 통과한 빛은 퍼지며, 볼록렌즈를 통과한 빛은 모아진다. 오목렌즈는 렌즈의 주변으로 갈수록 두꺼워지고, 볼록즈는 렌즈의 중심으로 갈수록 두꺼워진다.

문제 02 p.122

문항 분석 및 평가표

◆ 문항 분석 : 수심에 따른 고무공의 모양을 통해 정교성을 평가하는 문제이다.

◆ 평가표

공의 모양이 점점 줄어들게 그림만 그린 경우	3점
공의 부피가 줄어드는 이유도 함께 설명한 경우	5점

정답 및 해설

답

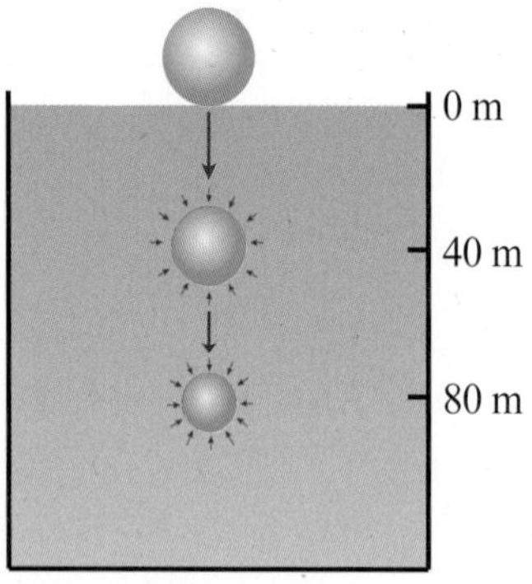

수심 10m당 수압은 1기압씩 증가한다. 수심 0m인 평상시에 느끼는 압력이 1기압이므로 수심 40m에서는 5기압, 수심 80m에서는 9기압이 된다. 온도가 일정하게 유지될 때 압력을 증가시키면 부피는 줄어드는 보일의 법칙에 의해 수심이 깊어질수록 외부의 압력이 증가하므로 고무공은 수축되어 고무공 속 공기의 부피는 줄어들게 된다. 그러므로 수심 80m일 때의 공의 크기는 40m일 때의 공의 크기보다 작다. 또한, 물 속에 들어간 물체는 모든 방향(사방)에서 가하는 압력이 같으므로 같은 크기의 수압을 동시에 받아 원형이 유지된다.

해설 <보일-샤를의 법칙>

⇨ 보일의 법칙 : 온도가 일정할 때 기체의 압력은 부피에 반비례한다.

⇨ 샤를의 법칙 : 압력이 일정할 때 기체의 부피는 온도의 증가에 비례한다.

문제 03 p.123

문항 분석 및 평가표

◆ 문항 분석 : 전기회로의 직렬, 병렬을 구분하여 회로도를 완성함으로써 정교성을 평가하는 문제이다.

◆ 평가표

각 문제당	2.5점

정답 및 해설

답 (1)

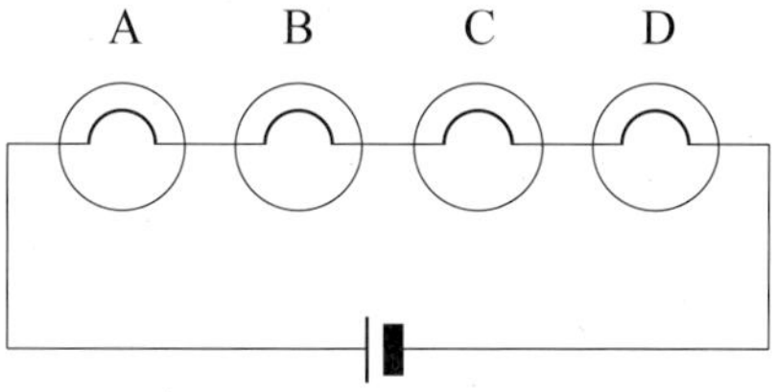

(2)

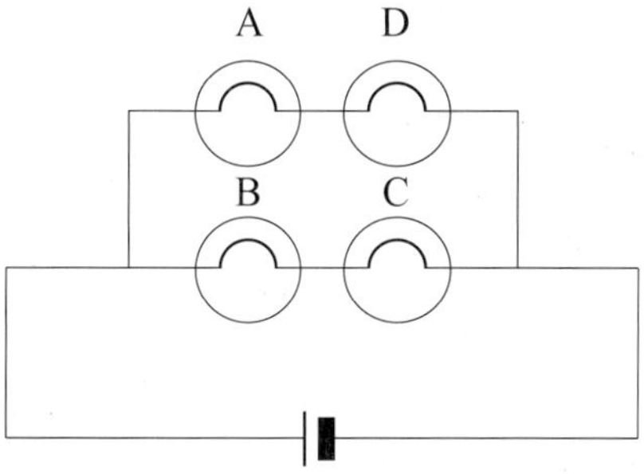

해설 (1) A ~ D 중 어떤 전구를 제거하든지 나머지 모든 전구들이 모두 꺼지므로 각 전구들은 직렬로 연결되어 있다.
(2) A, D를 각각 제거하면 D, A만 각각 꺼지고, B, C를 각각 제거하면 C, B만 각각 꺼지므로 A와 D, B와 C는 각각 직렬로 연결되어 있고, A, D는 B, C와 병렬로 연결되어 있다.

문제 04 p.124

문항 분석 및 평가표

◆ 문항 분석 : 나무토막과 물의 밀도, 부피, 질량 상관관계를 통해 융통성과 정교성을 평가하는 문제이다.

◆ 평가표

나무토막 A ~ F의 위치 일부 맞음	3점
나무토막 A ~ F의 위치 모두 맞음	5점

정답 및 해설

답 ⇨ 나무토막 A, B : (가), (나) 또는 (다)의 위치
⇨ 나무토막 C : (라)의 위치
⇨ 나무토막 D, E, F : (마)의 위치

해설 ⇨ 밀도는 질량을 부피로 나눈 값이다. 나무토막이 잠길 때까지 누른 후 넘친 물의 부피는 나무토막의 부피와 같다고 할 수 있는데, 넘친 물의 질량이 모두 1kg으로 동일하므로, 넘친 물의 부피 역시 모든 나무토막에서 같다.(1kg = 1L = 1000 ml = 1000 cm^3) 그러므로 나무토막의 부피는 A ~ F 모두 동일하다. 그러므로 A ~ F의 밀도는 차례대로 0.45 g/cm^3, 0.77 g/cm^3, 1 g/cm^3, 0.25 g/cm^3, 1.66 g/cm^3, 3.2 g/cm^3이다.
⇨ 나무토막의 질량이 클수록 밀도가 크므로 물에 뜨는 정도는 나무토막의 밀도에 반비례하므로 A부터 F 순으로 (가) ~ (마) 위치와 대응할 수 있다. (물의 밀도 = 1 g/cm^3) 나무토막과 물의 같은 부피당 질량을 비교할 경우 나

무토막의 위치를 가늠할 수 있다. 나무토막의 밀도가 물보다 작은 경우에는 물에 뜨므로 나무토막 A, B는 (가), (나) 또는 (다)의 위치에 있을 수 있고, 나무토막 C는 물과 밀도가 동일하므로 (라)에 위치할 수 있다. 또한, 밀도가 물보다 큰 나무토막 D, E, F는 비커의 바닥에 가라앉아야 하므로 반드시 (마) 위치에 있어야 한다.

문제 05 p.125

문항 분석 및 평가표

◆ 문항 분석 : 일상 생활 속에서 등속 운동, 가속도 운동을 찾아봄으로써 융통성과 정교성을 평가하는 문제이다.

◆ 평가표

(1), (2) : 3가지 미만 쓴 경우	각 1점
(1), (2) : 3가지 이상 쓴 경우	각 2.5점

정답 및 해설

답 (1) ➩ 스키장 리프트는 일정한 속도(등속)로 산사면(빗면)을 따라 위 또는 아래로 이동한다.
➩ 에스컬레이터는 일정한 속도(등속)로 사선을 따라 위 또는 아래로 이동한다.
➩ 사선으로 놓인 컨베이어밸트는 일정한 속도(등속)로 이동한다.
(2) ➩ 놀이공원의 물 미끄럼틀은 물로 인해 빗면이 굉장히 미끄러워 속도가 점점 빨라지면서(가속) 아래로 이동한다.
➩ 스키장 정상에서 스키를 타고 내려갈 때는 눈과 스키 사이가 굉장히 미끄러워 속도가 점점 빨라지면서(가속) 아래로 이동한다.
➩ 잔디 썰매나 눈썰매를 탈 때 썰매와 눈 또는 잔디 사이가 굉장히 미끄러워 속도가 점점 빨라지면서(가속) 아래로 이동한다.
➩ 양 편의 나무 또는 지주대 사이로 튼튼한 와이어를 설치하고 탑승자와 연결된 트롤리(trolley, 일종의 도르래)를 와이어에 걸어 빠른 속도로 반대편으로 이동하여 스릴과 함께 자연을 느낄 수 있는 야외 레포츠인 짚라인(Zipline)은 산사면을 따라 위에서 아래로 가속 운동으로 내려온다.

해설 (1) 빗면 위에 놓인 수조의 수면이 지표면과 나란하게 즉, 평행하게 유지되는 것(지면과 수평)은 물이 다른 가속도를 받지 않고 있기 때문이다. 즉, 수조는 등속 운동을 하고 있는 것이다.
(2) 빗면 위에 놓인 수조의 수면이 빗면과 평행하게 유지되는 것(빗면과 수평)은 수조가 빗면의 방향으로 가속도 운동을 하기 때문에 물이 뒤로 쏠리는 현상이 나타나는 것이다.

문제 06 p.126

문항 분석 및 평가표

◆ 문항 분석 : 에나멜선과 이쑤시개를 사용하여 소금쟁이가 물에 뜨는 원리를 이해함으로써 융통성과 정교성을 평가하는 문제이다.

◆ 평가표

(1) ~ (3) 각각	1.5점
(1) ~ (3) 모두 맞은 경우	plus 0.5점

정답 및 해설

답 (1) 에나멜선을 달팽이 모양으로 감아서 4개의 다리를 만든 후, 이쑤시개에 감아 소금쟁이 모양을 완성한다. 다리를 에나멜선으로 만든 이쑤시개 소금쟁이는 물과 닿는 표면적이 넓어 압력이 작아지므로 물에 떠 있을 수 있고, 물의 표면장력에 의해 물 위를 떠다닐 수 있다.
(2) 물에 후추를 떨어뜨리면 후추는 물 위에 떠서 퍼지는데, 이때 여기에 세제를 떨어뜨리면 세제를 중심으로 후추가 퍼져 나간다. 이와 같은 현상은 세제가 물의 표면장력을 약화시키기 때문이다.
(3) ➩ 이쑤시개에 에나멜선을 감아 만든 소금쟁이의 한쪽 발에만 세제를 묻히면 세제 속의 계면 활성제가 물의 표면장력을 약화시키게 되므로 저절로 앞으로 움직일 수 있다.
➩ 이쑤시개에 에나멜선을 감아 만든 소금쟁이의 한쪽 발에만 수성잉크를 묻히면 수성잉크의 확산으로 인해 저절로 앞으로 움직일 수 있다.

문제 07 p.126

문항 분석 및 평가표

◆ 문항 분석 : 혼합물을 용매, 용질, 용액으로 분류함으로써 융통성과 정교성을 평가하는 문제이다.

◆ 평가표

채워 넣은 빈칸 수 : 5개 미만	1점
채워 넣은 빈칸 수 : 5개 이상 10개 미만	3점
채워 넣은 빈칸 수 : 10개 이상 15개 미만	4점
채워 넣은 빈칸 수 : 15개	5점

정답 및 해설

답

	용매	용질	용액
55% 에탄올	물	에탄올	55% 에탄올
증류수	증류수	X	X
설탕물	물	설탕	설탕물
사이다	물	설탕, 이산화 탄소	사이다
황산구리 수용액	물	황산구리	황산구리 수용액

해설 ➩ 고체와 액체로 이루어진 혼합물(용액)에서 용질은 고체, 용매는 액체이며, 액체와 액체로 이루어진 혼합물(용액)에서 용질은 양이 더 적은 것이고, 용매는 양이 더 많은 것이다.

➩ 증류수는 다른 어떤 액체, 고체를 첨가하지 않은 그 자체로써 용매이므로 용액으로 구분하지 않는다.

문제 08 p.127

◆ 평가표

(1), (2) 각각	2.5점

정답 및 해설

답 (1) ③ (2) 탄산 수소 나트륨, 이산화 탄소

해설 (1) 베이킹파우더의 주성분은 탄산 수소 나트륨이다. 이는 수분과 열을 흡수하여 분해되면서 이산화 탄소를 발생시킨다. 따라서 오븐에 빵을 굽는 ③ 과정이 가장 중요하다.

(2) 분말 소화기에 있는 가루 물질은 탄산 수소 나트륨이다. 물에 넣으면 염기성을 띠기 때문에 페놀프탈레인 용액을 붉게 만들고, 산성인 염산과 반응하면 이산화 탄소를 발생시킨다. 따라서 B에서 가루 물질은 탄산 수소 나트륨이며, 기체 X는 이산화 탄소이다.

문제 09 p.128

◆ 평가표

(1), (2) 각각	2.5점

정답 및 해설

답 (1) ②

(2) 화려한 깃털은 날개를 활짝 펼쳤을 때에만 보이고, 접혀있을 때에는 감쪽같이 보이지 않도록 화려한 깃털을 숨긴다.

해설 (1) 화려한 깃털을 통해 짝짓기 시기에 암컷 공작을 유혹하기 때문이다.

문제 10 p.128

문항 분석 및 평가표

◆ 문항 분석 : 일상생활 속 사물을 이용하여 내 몸의 부피를 측정하는 방법을 찾음으로써 융통성을 평가하는 문제이다.

◆ 평가표

2가지 미만 쓴 경우	2점
2가지 이상 쓴 경우	5점

정답 및 해설

답 ⇒ 욕조에 물을 가득 채운 다음 머리부터 발끝까지 잠수했을 때 욕조 밖으로 흘러 넘치는 물의 양을 측정한다.
⇒ 눈금이 표시되어 있는 직육면체에 물을 가득 담고 그 안에 들어가 잠수했을 때 흘러 넘치고 남은 물의 부피를 측정한다.
⇒ 거푸집을 만들어 부피를 측정한다.
⇒ 몸 석고상을 떠서 석고상 안쪽에 물을 채운 후 눈금 실린더에 부어 부피를 측정한다.

문제 11 p.129

◆ 평가표

(1)	2점
(2) 공통점 또는 차이점 1개당	0.5점
(1), (2) 모두 쓴 경우	plus 1점

정답 및 해설

답 (1) 어떠한 원인으로 인해 바닷물이 볼리비아의 어느 지역으로 흘러들어 왔고, 빙하기를 거쳐 천천히 녹기 시작하면서 지면의 구조가 변해 바닷물이 갇히게 되어 호수가 만들어졌다. 그리고 비가 적고 건조한 기후의 볼리비아의 특성상 물이 증발되면서 소금 결정이 남게 된 것이다.

(2)

	볼리비아의 소금사막 '살라르 데 우유니'	이스라엘의 '사해'
공통점	소금에 의한 높은 염분 때문에 생명체가 살 수 없다.	
	유명한 관광지가 되었다.	
차이점	비가 내리는 양에 따라 모습이 달라진다. 즉, 건기 때에는 사막이 되고, 우기 때에는 호수가 된다.	흘러들어 오는 요르단 강의 양만큼 증발하므로 항상 호수의 형태가 유지된다.
	고산지대에 존재한다.	활화산 지역에 위치한다.

해설 소금사막은 물만 있을 때와는 달리 소금이 같이 있어 하늘과 풍경이 훨씬 더 잘 비친다. 이는 소금사막을 이루고 있는 주성분이 소금결정이기 때문이다.
(2) 볼리비아의 소금사막 '살라르 데 우유니'는 소금 결정으로 이루어진 넓은 사막이고 이스라엘의 '사해'는 소금의 농도가 매우 높아 수영을 전혀 못하는 사람도 쉽게 물에 뜰 수 있는 호수이다. 두 곳은 모두 소금에 의한 높은 염분으로 생명체가 살 수 없지만, 풍경이 아름답거나 물에 쉽게 뜰 수 있다는 장점 때문에 유명한 관광지가 되었다.

문제 12 p.130

◆ 평가표

'마찰력'이라는 단어가 들어간 경우	3점
'마찰력' 감소에 대한 구체적인 상황을 들어 쓴 경우	5점

정답 및 해설

답 ㉠ 얼음을 문지르면 마찰력이 줄어들기 때문에 스톤이 더 멀리 나아갈 수 있기 때문이다.
㉡ ⇨ 얇은 스케이트 날은 빙판을 누르는 압력을 높여 얼음이 녹아 물이 생기면 물 막에 의해 마찰력이 줄어 잘 미끄러진다.
⇨ 워터 슬라이드를 탈 때 물을 흘려보내면 마찰력이 줄어 더 잘 미끄러진다.
⇨ 피젯스피너는 베어링과 기름에 의해 마찰력이 작아 한 번 돌리면 오랫동안 회전한다.

문제 13 p.130

문항 분석 및 평가표

◆ 문항 분석 : 일상생활에서 관성의 원리를 찾음으로써 유창성과 융통성을 평가하는 문제이다.

◆ 평가표

5가지 미만	3점
5가지 이상	5점

정답 및 해설

답 ⇨ 버스, 자동차, 전철 등을 타고 가다가 갑자기 브레이크를 밟으면 몸이 앞쪽으로 쏠린다.
⇨ 줄에 어떤 물체를 매달아서 원을 그리며 돌리다가 줄을 놓으면 물체가 멀리 날아간다.
⇨ 삽으로 흙을 퍼서 던지면 흙만 던진 쪽으로 날아간다.
⇨ 달리기 선수, 스케이트 선수 등 운동 선수들이 결승선을 통과한 후에도 바로 멈출 수가 없다.
⇨ 스키 점프대를 떠난 스키는 계속 날아간다.
⇨ 걷거나 달리다가 돌부리에 걸리면 앞으로 넘어진다.
⇨ 비가 올 때 우산을 쓰고 우산 손잡이를 돌리면 우산 끝에서 빗물이 튕겨 나간다.
⇨ 공을 던지면 몸이 앞으로 기울어진다.
⇨ 컵에 물을 담아 좌우로 몇 번 흔든 후 컵을 탁자에 놓으면, 컵 안의 물은 한동안 좌우로 움직인다.
⇨ 이불을 빨랫줄에 걸고 방망이로 때리면 이불에서 먼지가 떨어진다.

해설 관성은 속도(자신의 운동 상태)를 유지시키려는 작용이다.

문제 14 p.131

문항 분석 및 평가표

◆ 문항 분석 : 레고 블록의 원리를 이해함으로써 융통성과 정교성을 평가하는 문제이다.

◆ 평가표

(1) ~ (3) 각각	1.5점
(1) ~ (3) 모두 맞은 경우	plus 0.5점

정답 및 해설

답 (1) 블록을 쉽게 끼우고 빼는 데 작용하는 힘은 블록 사이에 존재하는 마찰력 때문이다. 마찰력은 마찰계수와 수직항력의 곱이다.
(2) 레고 블록에서 수직항력의 역할을 해주는 것은 블록의 탄성력이다. 탄성계수가 큰 유리나 돌로 만든 블록은 쉽게 빼기 어렵기 때문에 탄성력이 작용하는 플라스틱으로 블록을 만들면 끼우거나 뺄 때 블록의 모양이 조금 변형되면서 쉽게 조립과 분해를 할 수 있다. (레고 블록은 플라스틱이므로 블록을 만들면 끼우거나 뺄 때 블록의 모양이 조금 변형되면서 탄성력이 작용하게 된다.)
(3) ⇨ 한옥, 피라미드, 수원 화성 성곽 : 나무와 돌을 수직으로 지그재그 쌓으면 무너지지 않는다는 것을 이용하여 수직압력, 중력에 의한 압축력을 잘 견디는 건물을 지었다.
⇨ 모듈러 하우스 : 도시형 전원주택으로서 공장에서 만들어 현장에서는 레고처럼 조립하는 모듈러 주택은 거대한 크루즈 선의 선실처럼 규격화된 자재를 사용하여 집을 짓는 방식이다. 기초와 마감을 제외하면 하루 만에도 집을 조립할 수 있다. 이와 같은 조립 주택은 신속하게 지을 수 있어 공사비가 절약되고, 자재도 대부분 재활용할 수 있어 경제적이다. 또한 공장에서 정말하게 제작되어 나오기 때문

에 거의 완벽하게 열의 이동을 차단할 수 있어 뛰어난 친환경성을 자랑하는 미래형 주택이기도 하다.
⇒ DNA, RNA : 염기 사이의 결합

해설 모음과 자음을 조합하여 한글이, 알파벳의 배열로 영어가 만들어졌듯이 같거나 조금씩 다른 블록을 조합하여 다양한 모양을 만들 수 있다.

* 수직항력이란 접촉한 물체 사이에서 수직 위쪽으로 작용하는 힘을 말하는데 보이지도 느껴지지도 않지만 분명히 작용하고 있는 힘이다. 힘은 두 물체 사이에서 항상 쌍으로 작용하며 이 때 한쪽 물체에 작용한 힘을 작용, 다른 한쪽 물체에 작용한 힘을 반작용이라 한다. 물체에 중력이 작용하면 물체는 지면을 작용한 중력 만큼의 힘으로 누르게 되고, 반작용으로 지면은 물체를 수직 위쪽으로 같은 크기의 힘으로 밀어올리는데 이 힘을 수직항력이라 한다.
* 물체의 무게가 무거울수록 마찰력의 크기는 크다. 즉 마찰력은 물체의 무게에 비례한다. 이때 물체에 작용한 중력과 수직항력은 크기가 같기 때문에 마찰력의 크기가 수직항력에 비례한다고 할 수 있다.

문제 15 p.132

문항 분석 및 평가표

◆ 문항 분석 : 액화와 기화의 공통점, 차이점을 비교함으로써 정교성을 평가하는 문제이다.

◆ 평가표

공통점만 쓰거나 차이점만 쓴 경우	2점
공통점과 차이점을 모두 쓴 경우	5점

정답 및 해설

답 [공통점]
⇒ 물의 상태 변화 중 하나이다. (액화는 수증기가 물로 될 때, 기화는 물이 수증기로 될 때이다.)
⇒ 물이 액화될 때, 기화될 때 열에너지의 출입이 있다.
⇒ 물의 성질은 변하지 않는다.
⇒ 상태변화가 일어나는 온도가 같다.

[차이점]
⇒ 액화는 기체가 열을 방출하여 액체로 상태변화, 기화는 액체가 열을 흡수하여 기체로 상태변화이다.
⇒ 액화는 눈에 보이지만, 기화는 눈에 보이지 않는다. (물을 끓이거나, 컵에 얼음을 넣었을 때 서리는 김을 통해 액화는 눈으로 확인할 수 있지만, 기화는 눈으로 확인할 수 없다.)

해설 * 물의 상태 변화 : 얼음(고체) ↔ 물(액체) ↔ 수증기(기체)

문제 16 p.132

문항 분석 및 평가표

◆ 문항 분석 : 얼음이 하얗게 또는 투명하게 되는 이유를 비교함으로써 정교성을 평가하는 문제이다.

◆ 평가표

얼음이 투명하거나 하얗게 보이는 이유를 설명한 경우	2점
물을 완전히 투명하게 얼리는 방법을 쓴 경우	3점

정답 및 해설

답 ㉠ 우리가 흰색을 볼 수 있는 것은 모든 빛이 반사되었기 때문이다.
㉡ ⇒ 얼음을 완전히 투명하게 만들기 위해서는 물을 아주 천천히 얼린다. 물을 얼릴 때 미쳐 빠져나가지 못하는 공기 방울이 없도록 즉, 공기 방울이 밖으로 모두 빠져나갈 수 있도록 천천히 얼린다. 또는 물속에 녹아 있는 공기 방울이 효과적으로 빠져나가도록 돕기 위해서는 물을 한 번 끓여서 완전히 식힌 후 얼리게 되면 투명한 얼음을 만들 수 있다.
⇒ 물을 얼리는 과정에서 막대기로 자주 저어주면 물속에 존재하는 공기가 빠져나가게 되므로 얼음을

투명하게 얼릴 수 있다.
➩ 압력을 낮춰서 물속 기체를 모두 뺀 후 얼린다.

해설 ㉠ 얼음이 흰색으로 보이는 이유 역시 빛이 얼음을 통과하지 못하고 사방으로 반사되기 때문이다. 얼음을 급격하게 빨리 얼릴 경우, 물속에 녹아 있는 공기가 밖으로 미처 빠져나가지 못해 공기 방울이 얼음 속에 갇히게 되는데, 갇힌 공기 방울은 빛을 사방으로 난반사 시켜 얼음이 하얗게 보이는 것이다. 예를 들어 추수를 끝낸 논에 있는 물은 따뜻한 낮에 공기가 모두 빠져나가 갑자기 추워진 날씨에 얼면 하얀(불투명한) 빙판이 된다.

문제 17 p.133

문항 분석 및 평가표

◆ 문항 분석 : 섞인 두 물질을 순수하게 분리하는 방법을 찾음으로써 융통성, 독창성, 정교성을 평가하는 문제이다.

◆ 평가표

설탕을 얻는 방법만 쓴 경우 또는 소금을 얻는 방법만 쓴 경우	2점
설탕, 소금을 얻는 방법을 모두 쓴 경우	5점

정답 및 해설

답 ➩ 소금과 설탕의 용해도 차이에 따른 분리 : 같은 온도에서 소금보다 설탕이 물에 더 잘 녹기 때문에 섞여 있는 소금과 설탕 혼합물을 물에 녹인 뒤 온도를 낮출 때 바닥에 생긴 결정을 건저낼 때 설탕 결정이 소금보다 많다. 이와 같은 과정을 반복한다면 설탕과 소금 혼합물에서 설탕을 분리해 낼 수 있다.

➩ 소금만을 얻는 방법 → 소금과 설탕의 녹는점에 따른 분리 : 소금의 녹는점은 약 800℃이며, 설탕의 녹는점은 약 185℃이므로 섞여 있는 소금과 설탕을 열에 가했을 때 먼저 녹는 것이 설탕이다. (달고나를 만들 때 설탕에 열을 가하면 무색투명하게 녹지만, 소금 위에 새우를 놓고 열을 가해 새우를 익혀도 소금은 녹지 않는다.)

➩ 물에 녹인 후 꿀벌이 설탕을 모두 가져갈 때까지 기다리면, 소금만 남는다.

➩ 섞인 소금과 설탕 혼합물을 현미경으로 관찰하여 결정 모양을 통해 소금과 설탕을 구별한다.

➩ 밀도차에 따른 원심분리 (소금의 밀도 = 2.16 g/cm^3, 설탕의 밀도 = 1.59 g/cm^3)

➩ 설탕과 소금 혼합물을 믹서기로 갈아서 매우 약한 바람에 날려서 멀리 날아가는 것과 덜 날아가는 두 부류로 나눈다.

➩ 설탕과 소금 혼합물을 물에 녹여 수용액 상태로 만든 후, 이온만을 통과시키는 반투과성막(아직 이온만 통과시키는 반투과성막은 없지만, 있다면)을 설치하면 물속에서 나트륨 이온과 염소 이온으로 존재하는 소금을 이온 상태로 존재하지 않는 설탕과 분리할 수 있다.

➩ 설탕과 소금 혼합물을 물에 녹여 수용액 상태로 만든 후, +, - 극을 설치하면 나트륨 이온(Na^+)은 -극 쪽으로, 염소 이온(Cl^-)은 +극 쪽으로 이동한다. 따라서 설탕을 얻을 수 있다.

해설 서로 다른 물질인 설탕과 소금이 섞여 있으므로 혼합물이며, 혼합물의 각 성분의 물리적인 성질 차이를 이용하면 혼합물을 분리할 수 있다. ➩ 소금과 설탕의 용해도와 녹는점을 이용하여 분리할 수 있다.

문제 18 p.133

◆ 평가표

컵의 투명 유무 또는 유리판에 맺히는 물방울 관련 예상이 아닌 경우	1점
빛과 컵의 투명 유무에 따라 유리판에 맺힌 물방울의 차이로 예상 변화를 쓴 경우	5점

정답 및 해설

답 무게와 크기가 같은 플라스틱 컵과 종이컵의 큰 차이점은 투명 유무이다. 플라스틱 컵은 투명하기 때문에 빛이 투과할 수 있지만, 불투명한 종이컵은 빛이 통과할 수 없다. 그러므로 빛을 받은 투명한 플라스틱 컵은 종이컵보다 온도가 높아지므로 플라스틱 속의 포도 주스는 증발이 활발하게 일어나게 되어 유리판에 맺힌 물방울이 많아진다. 따라서 플라스틱 컵 속의 주스는 종이컵 속의 주스보다 양이 조금 적게 된다.

문제 19 p.134

◆ 평가표

북극여우의 모습을 온도 변화와 관련 없이 설명함	0점
북극여우의 모습 변화를 추운 환경과 관련지어 설명함	5점

정답 및 해설

답 지구의 환경이 변하면 자연 환경에서 적응하며 살아가는 동물들의 모습 역시 점차 변하게 된다. 여우의 경우 추운 북극에 사는 여우와, 더운 사막에 사는 여우의 경우도 모습이 정반대이다. 사막여우는 몸집이 작고 귀와 같은 말단의 크기가 크지만, 북극여우는 몸집이 크고 귀와 같은 말단의 크기가 작다. 이와 같이 모습이 다르게 변하는 이유는 북극의 추운 환경에 적응하기 위해서는 에너지를 몸에 충분하게 저장하고 몸속 열에너지가 밖으로 빠져나가는 것을 최대한 막기 위한 것이다. 따라서 지구 온난화가 계속 진행된다면, 북극의 온도는 계속 높아지게 되므로 추운 환경이 점차 줄어들게 되어 북극여우의 몸집은 점점 작아지고, 귀와 같은 말단 부위는 점점 커지게 될 것이다.

문제 20 p.134

문항 분석 및 평가표

◆ 문항 분석 : 해파리의 피해 및 퇴치 방법에 대한 다양한 방법을 제시함으로써 유창성과 융통성을 평가하는 문제이다.

◆ 평가표

㉠, ㉡ : 3개 미만 쓴 경우	각각 1점
㉠, ㉡ : 3개 이상 쓴 경우	각각 2점
㉠, ㉡ 둘다 3개 이상 쓴 경우	plus 1점

정답 및 해설

답 ㉠ ⇨ 물고기의 먹이인 소형 플랑크톤을 잡아먹어 물고기의 생존을 위협하기 때문에 해양생태계 먹이사슬을 파괴한다.

⇨ 해안가로 밀려온 해파리들은 사람을 쏘아 혈압을 떨어뜨리고 알레르기를 일으키며, 심한 경우 사망에 이르게 한다.

⇨ 해파리가 그물에 대량으로 걸려 올라오면 어획량이 감소한다. → 조업에 지장을 초래한다.

⇨ 원자력발전소에서는 원자로의 열을 식히는 냉각수로 해수를 이용하는데, 해파리가 원자력발전소의 취수구(강, 호수 등에서 상수도, 발전용수로 등으로 물을 끌어들이는 입구)를 틀어막으면 원자력발전소의 가동이 멈춰야 하는 상황이 발생하여 막대한 손실이 발생한다. → 이물질 유입을 막기 위해 취수로에 쳐놓은 망에 해파리들이 달라붙어 냉각수 유입을 가로 막아 냉각수가 원활히 유입되지 못하면서 원전 가동이 중단되는 사태까지 벌어져 원전정지와 발전량 감소 등 엄청난 손실이 발생했다.

㉡ ⇨ 쥐치, 개복치, 거북이, 연어, 고등어, 병어, 상어, 참치 등과 같은 해파리의 천적을 방류한다.

⇨ 해파리는 지구 온난화로 인해 수온이 상승할 때 증가하므로 해수 온도가 상승하는 시간에 해파리가 상습적으로 나타나는 곳에 집중적으로 그물 또는 망을 이용하여 해파리 수거 작업을 진행한다.

⇨ 해파리의 위치를 파악할 수 있는 드론과 같은 무인 비행선, 해파리가 많이 모일 수 있도록 대형 그물로 유인하는 로봇 등을 이용하여 그물로 해파리 떼로 몰고 지나가면, 부드러운 외피를 갖는 해파리는 그물에 걸리거나 스치면서 조직이 찢어져 죽는다.

⇨ 바다 연안으로 몰려오는 해파리를 향해 고압세척기(적은 양의 물을 수압 펌프를 이용하여 순간적으로 고압의 물을 내보내는 청소기)를 작동시킨다.

⇨ 기포발생장치로 만든 공기방울을 해파리가 삼키도록 한다. → 몸속 빈 공간에 들어간 공기방울에 의해 해파리는 물 위로 떠오르게 되는데, 이때 해파리를 걷어낸다.

문제 21 p.135

◆ 평가표

장점, 단점 : 3가지 미만	각각 1점
장점, 단점 : 3가지 이상	각각 2점
장점, 단점 모두 3가지 이상 쓴 경우	plus 1점

정답 및 해설

답 [장점]

⇨ 지구 온난화의 주범인 온실가스 중 이산화 탄소의 배출량이 경유에 비해 적다.
⇨ 식물로부터 얻을 수 있으므로 지속적으로 생산 가능하여 에너지 자원의 고갈 문제을 해결할 수 있다.
⇨ 폐식물기름 등 폐자원을 이용한 연료이므로 환경 오염을 감소시킬 수 있다.
⇨ 바이오 디젤 연료는 연소 시 위해 가스 및 황산의 배출이 적어 산성비의 주범인 황산화물을 거의 배출하지 않는다.
⇨ 바이오 디젤은 바다 등 수중에 유출되었을 때 경유보다 약 4배 정도 빠르게 분해된다.

[단점]

⇨ 식물성 기름이므로 오래 저장하는 경우 변질 위험이 크다. (변질이 쉽다)
⇨ 엔진을 부식시키는 특징이 있으므로 엔진이 쉽게 고장난다.
⇨ 인류의 식량자원을 이용한 연료이므로 식량 자원의 불평등이 초래된다. 즉, 빈민국과의 식량 부족 편차가 커진다.
⇨ 바이오 디젤에 필요한 식물을 재배하기 위해 넓은 토지의 확보가 필요하며, 기후 변화에 따른 식물의 생산량 변동이 발생하므로 가격의 안정성이 보장되지 않는다.

문제 22 p.135

문항 분석 및 평가표

◆ 문항 분석 : 미세먼지로부터 몸을 보호할 수 있는 창의적인 방법을 고안함으로써 융통성과 독창성을 평가하는 문제이다.

◆ 평가표

실현 가능성이 없거나 과학적 타당성 부족	2점
실현 가능성이 있거나 과학적 타당성 있음	5점

정답 및 해설

답 ⇨ 산소통을 매고 다닌다.
⇨ 미세먼지가 통과할 수 없는 필터를 마스크에 부착시켜 착용한다.
⇨ 미세먼지 마스크를 쓰고 있으면서 수분 보충을 위한 물이나 음료수를 먹을 수 있게 빨대 통로를 만든다.
⇨ 미세먼지는 지름이 10㎛ 이하(초미세먼지는 지름이 2.5㎛ 이하)이며, 식물의 기공은 약 2.5㎛이므로 식물은 공기를 흡수할 때 미세먼지뿐만 아니라 초미세먼지도 함께 흡수할 수 있다. 따라서 식물을 항상 몸에 지니고 다닌다.

문제 23 p.136

문항 분석 및 평가표

◆ 문항 분석 : 산에서 길을 잃었을 때 마을을 찾아가는 여러 가지 방법을 과학적으로 생각함으로써 유창성, 융통성, 정교성을 평가하는 문제이다.

◆ 평가표

3개 미만	3점
3개 이상 6개 미만	4점
6개 이상	5점

정답 및 해설

답 ⇨ 밤이라면 북극성이나 북두칠성이 있는 방향이 북쪽이다.
⇨ 낮이라면 그림자는 북쪽을 향하며 그림자가 이동하는 방향은 서쪽에서 동쪽이다.
⇨ 낮이라면 시침이 태양을 향하게 하고, 이때 시침과 시계의 12시 방향이 이루는 각을 이등분하는 선이 남쪽을 가리킨다. 또는 나뭇가지를 바닥에 수직으로 꽂고 시침과 그림자를 일치시키되 시침이 그림자가 시작되는 부분을 향하게 한다. 이때 시침과 시계의 12시 방향이 이루는 각을 이등분하는 선이 남쪽이다.)
⇨ 밑동이 잘린 나무가 있다면 나무의 나이테를 관찰한다. 일조량이 적으면 나무의 성장이 느리므로 나이테의 간격이 좁은 방향이 북쪽이다.
⇨ 나뭇가지와 나뭇잎은 일조량이 많은 곳에 많으므로 가지가 많이 뻗어 있거나 잎이 상대적으로 많이 달린 쪽이 남쪽이다.
⇨ 이끼는 그늘지고 습한 곳에 서식하므로 흙이 쌓인 곳에서 이끼가 많이 낀 쪽이 해가 잘 들지 않는 북쪽이다.
⇨ 봄이라면 북쪽 산사면에는 진달래가, 남쪽 산사면에는 철쭉이 주로 자생한다. (진달래는 음지식물과 비슷한 성질이 있어 가끔씩 햇빛이 들고, 습기가 많은 곳에서 잘 자라므로 햇빛을 받는 시간이 긴 남쪽 사면보다는 햇빛 쪼이는 시간이 짧은 북쪽 사면에 많이 피어있다.)
⇨ 산 인근에 위치한 집은 겨울철에 일조량이 많고, 산바람을 막아 보온성을 높이기 위해 남향으로 집을 짓는 경우가 많으므로 산 아래를 내려다볼 때 창문이 향하는 곳이 남쪽일 가능성이 크다.

문제 24 p.136

문항 분석 및 평가표

◆ 문항 분석 : 월식 때 달의 위치에서 관찰할 수 있는 다양한 현상을 통해 유창성과 융통성을 평가하는 문제이다.

◆ 평가표

3개 미만	3점
3개 이상	5점

정답 및 해설

답 ⇨ 달이 태양이 가리는 일식과 같은 현상이 일어난다. (달에서 봤을 때 지구가 태양을 완전히 가린다.)
⇨ 태양빛이 지구에 완전히 가려지면 관측자가 있는 달은 완전히 어두워진다.
⇨ 태양빛이 지구에 완전히 가려지면 태양 주변에 존재하는 코로나를 관찰할 수 있다.
⇨ 태양빛이 지구에 완전히 가려지면 태양빛 때문에 보이지 않던 태양 뒤에 존재하는 별이 보인다.
⇨ 태양이 지구에 의해 완전히 가려지면 태양면에 드리워지는 지구의 그림자를 볼 수 있게 되므로 이를 통해 지구가 둥글다는 사실을 확인할 수 있다.

문제 25 p.137

문항 분석 및 평가표

◆ 문항 분석 : 우주에서 의사소통할 수 있는 방법을 다양하게 제시함으로써 유창성과 융통성을 평가하는 문제이다.

◆ 평가표

3개 미만	3점
3개 이상	5점

정답 및 해설

답 ⇨ 수화로 의사소통을 한다.
⇨ 종이에 써서 의사소통을 한다.
⇨ 몸동작으로 의사소통한다.
⇨ 우주복 또는 헬멧을 서로 맞대어 의사소통을 한다.
⇨ 두 우주 비행사 모두 우주선에 헬멧을 대고 의사소통을 한다.
⇨ 소리를 글로 바꾸는 장치를 사용한다.

문제 26 p.137

문항 분석 및 평가표

◆ 문항 분석 : 지구 온난화로 빙하가 녹았을 때의 장점과 단점을 다양하게 비교함으로써 유창성, 융통성, 정교성을 평가하는 문제이다.

◆ 평가표

장점, 단점 : 3가지 미만	각각 1점
장점, 단점 : 3가지 이상	각각 2점
장점, 단점 모두 3가지 이상 쓴 경우	plus 1점

정답 및 해설

답 [장점]

⇨ 북극 주변에 매장되어 있는 지하자원의 개발이 쉬워진다.

⇨ 북극으로 가는 항로가 생기므로 운송비가 적게 들 것이다.

⇨ 북극에서 서식하는 다양한 생물종(이끼, 어류, 조류 등)을 얻을 수 있다. (종의 다양성을 확보할 수 있다.)

[단점]

⇨ 기후의 변화로 인한 이상 현상이 발생하여 태풍, 홍수, 가뭄 등 자연재해가 더 빈번하게 발생할 것이다.

⇨ 빙하나 눈은 빛을 반사하는데, 빙하가 녹게 되면 태양 빛이 더 흡수되므로 지구 온난화는 더 가속화되어 심각해질 것이다. (악순환)

⇨ 염분이 없는 빙하가 녹으면 바닷물의 염도가 낮아지므로 해류의 흐름이 원활하게 일어날 수 없게 되어 극지방과 적도 지방을 잇는 열순환이 제대로 일어나지 않아 지구 전체의 기후 변화에 영향을 끼친다.

⇨ 북극 지역에 갇혀 있는 메테인이 공기 중으로 배출되므로 온실효과를 일으키는 메테인으로 인해 지구 온난화는 더 심각해질 것이다.

해설 지구 온난화로 인해 북극해의 빙하가 녹으면 해수의 담수화 작용으로 인해 물의 밀도가 낮아진다.

문제 27 p.138

문항 분석 및 평가표

◆ 문항 분석 : 달의 위치에 따른 착시현상이 일어나는 이유를 밝히는 방법을 통해 융통성, 독창성, 정교성을 평가하는 문제이다.

◆ 평가표

실현 가능한 실험이 아닌 경우	1점
실현 가능한 실험인 경우	2점
장점, 단점 모두 3가지 이상 쓴 경우	plus 1점

정답 및 해설

답 ⇨ 달이 뜰 때 일찍 나가서 크기가 같은 자 2개를 준비하고 한 자에는 속이 동그랗게 뚫린 토큰을 자와 직각으로 붙인다. 자 두 개를 붙이지 말고 이어서 눈에 가져다가 댄다. (토큰 붙인 자는 뒤에 놓는다.) 자의 길이를 조절하면서 토큰 안에 달이 딱 들어오게 한다. 그 상태에서 자를 접착시킨다. 시간이 지나 달이 지평선쯤 갔을 때 접착시킨 기구로 크기가 어떠한지 잰다.

⇨ 레이저를 사용하여 지평선 가까이 있는 달과 높이 뜬 달의 크기를 잰다.

⇨ 정밀한 CCD 디지털 카메라로 높이 뜬 달과 지평선 가까이 뜬 달의 크기를 컴퓨터로 분석한다.

⇨ 전자 감광기로 두 위치에 있는 달 주위의 1m정도 까지를 분석해서 빛의 양을 알아본다. (만약 하늘 높이 뜬 달이 밝아서 그렇다면, 달 주위의 빛이 많을 것이고, 그렇지 않다면 같을 것이다.)

해설 지평선 가까이에는 산이나 건물 등이 있기 때문에 지평선 가까이에 있는 달은 비교 대상이 없는 중천에 뜬 달보다 커보인다.

문제 28 p.139

◆ 평가표

3개 미만	3점
3개 이상	5점

정답 및 해설

답 [민들레 씨 / 낙하산]

⇨ 민들레 씨는 털이 달려 있어 멀리 날아가며, 천천히 떨어진다. 이와 같은 민들레 씨의 성질을 이용하여 낙하산을 발명하였다.

[단풍나무의 씨앗 / 프로펠러]

⇨ 단풍나무의 씨앗은 얇고 납작한 날개처럼 생겨 바람을 타고 멀리까지 퍼져 나갈 수 있으며, 빙글빙글 돌면서 천천히 떨어진다. 이와 같은 원리를 이용하여 프로펠러를 발명하였다.

[방패 모양의 비늘을 가진 상어의 피부 / 전신 수영복]

⇨ 상어의 피부를 덮은 비늘에는 뾰족한 돌기가 있어서 까칠하며, 상어는 이 돌기를 통해 빨리 헤엄칠 수 있다. 이는 상어가 헤엄칠 때 이 돌기가 주변에 있는 물의 소용돌이를 없애주기 때문에 빨리 앞으로 나아갈 수 있는 것이다. 이와 같은 상어의 피부를 통해 아이디어를 얻어 물의 저항을 최소화시킬 수 있는 전신 수영복을 발명하였다.

[도마뱀붙이(도마뱀의 발바닥) / 접착제]

⇨ 도마뱀붙이의 발가락 바닥의 작은 주름은 뻣뻣한 털로 덮여 있다. 발가락 한 개에 약 50만 개의 털이 있으며, 도마뱀붙이 한 마리는 발바닥 전체에 나노 빨판을 약 10억 개 갖고 있어 천장에 매달려 걸어 다닐 수 있다. 이 원리에서 힌트를 얻어 접착제를 발명하였다.

[물방개 / 산소통]

⇨ 물방개는 공기를 들이마셔 날개의 옆에 모아두었다가 조금씩 이용하고, 다 이용하면 다시 물 위로 나와 공기를 들이마신다. 이와 같은 물방개의 호흡법을 모방하여 산소통을 발명하였다.

문제 29 p.140

◆ 평가표

장점, 단점 : 3가지 미만	각각 1점
장점, 단점 : 3가지 이상	각각 2점
장점, 단점 모두 3가지 이상 쓴 경우	plus 1점

정답 및 해설

답 [장점]

⇨ 사람이 직접 운전을 하지 않아도 된다. (사람이 직접 하는 운전 시간이 줄어든다.)

⇨ 무인 자동차에 탑승한 사람들은 모두 이동 중에 다른 일을 할 수 있어 시간을 효율적으로 사용할 수 있고, 편안하게 이동할 수 있다.

⇨ 자동차 운전 면허를 준비하는 시간을 아낄 수 있다.

⇨ 인간의 실수로 인한 교통사고가 줄어든다. 즉, 음주운전, 졸음운전으로 인한 사고율이 감소한다. 또한, 무인 자동차는 거리의 신호 체계와 연동되기 때문에 사고율이 감소한다.

[단점]

⇨ 인공지능에 입력되지 않은 상황(새로 설치되거나 수정된 도로 표지판, 차선 등)에 대한 업데이트가 제대로 이루어지지 않으면 대체 능력이 없어 사고가 발생한다.

⇨ 돌발 상황 등 급박한 상황에서는 인공지능의 판단보다 인간의 판단 능력이 더 필요할 수 있다. 즉, 무인 자동차의 미비점을 보안하는 데 시간이 오래 걸린다. (윤리적인 측면 - 예를 들어 어느 쪽을 선택하더라도 인명피해가 불가피할 경우 즉, 사고가 날 수밖에 없는 상황에는 어느 쪽을 선택하는 것이 옳은 것인지에 대한 객관적인 판단이 어렵다.)

⇨ 사고의 책임이 누구에게 있느냐에 대한 논쟁이 발생한다. (차에 탑승한 사람인지, 무인 자동차를 제조한 회사인지에 대한 판단)

⇨ 네트워크 연결의 오류로 인해 해킹 발생 가능성이 높아진다. 또는 정보 교환이 원활하지 못할 경우 앞차와의 정보 교환이 할 수 없어 정보 파악이 늦어진다.

해설 무인 자동차(자율주행자동차)는 운전자 또는 승객의 조작 없이 자동차 스스로 운행이 가능한 자동차로서 운전 중에 필요한 사람의 판단 능력을 기계가 대신 맡아서 운전을 하는 기술이다.

문제 30 p.141

◆ 평가표

소리가 들리지 않음에 대한 이유를 쓰지 않은 이유	3점
이유까지 쓴 경우	5점

정답 및 해설

답 음악 소리가 들리는 않는다.
➾ 이유 : 소리는 매질의 진동 때문에 생긴다. 하지만 진동을 전해줄 매질인 공기가 없으면 소리가 들리지 않는다. 그러므로 공기가 없는 달에서는 소리가 전달되지 않는다.

해설 소리의 전달은 호수에서 물결이 전달되는 것과 비슷한 방식으로 이루어진다. 잔잔한 호수에 돌을 던지면 물결이 생기는데, 이때 물결이 옆으로 퍼져 나갈 뿐 물은 움직이지 않는다. 소리도 이와 같이 파동을 따라 전해진다. 다만 물결과 달리 매질이 공기라는 점이 특징이다. 예를 들어 북을 쳐서 공기를 진동시키면 공기에 성긴(소) 부분과 빽빽한(밀) 부분 이 되풀이되면서 공기의 파동(음파)이 생긴다. 이 파동이 고막을 자극하면 청신경을 통해 우리에게 소리가 전달되는 것이다. 달에는 이런 파동을 전달할 매질이 없기 때문에 아무리 큰 소리를 친다고 해도 들리지 않는다.

문제 31 p.141

문항 분석 및 **평가표**

◆ 문항 분석 : 융통성, 정교성을 발휘하여 얼음이 든 컵에 김이 서리는 이유를 쓰는 문제이다.

◆ 평가표

김서림은 수증기의 응결이라는 내용이 포함되지 않음	0점
타당한 증명 실험을 설명함 (김서림은 수증기의 응결이라는 내용을 포함)	5점

정답 및 해설

답 ➾ 상온에 둔 콜라와 컵을 준비하여 컵에 콜라를 담은 상태에서 입구를 막아 질량을 측정한다. 일정 시간 동안 냉장고에 두었다가 꺼내 유리컵 표면에 김이 서리도록 한다. 김이 서린 후에 컵 표면을 닦아낸 후 질량을 다시 측정한다. 이때, 질량은 처음 쟀을 때보다 감소하였다면 무한이의 말이 맞지만, 질량이 처음과 같은 경우 컵에 맺히는 김서림은 공기 중에 존재하는 수증기가 응결한 것이라는 것을 확인할 수 있다.
➾ 상온에 있던 컵을 냉장고에 넣어 차갑게 한 후, 상온에 꺼내두면 컵 표면에 김이 서리는 것을 통해 김서림은 공기 중에 존재하는 수증기가 응결하여 나타나낸 것임을 확인할 수 있다.

해설 수증기는 투명한 기체이기 때문에 눈으로 관찰할 수 없으므로 컵 표면에 서린 김은 수증기가 아니라 물을 뜻한다. 얼음에 의해 공기 중 수증기의 온도가 급격하게 낮아져서 물방울이 되어 유리컵의 표면에 매우 작은 물방울로 맺히기 때문에 하얗게 김이 서리는 것이다.(차가운 액체가 들어 있는 컵 표면에 생기는 김서림은 매우 작은 물방울이다.) 이는 컵과 접촉하는 표면의 온도가 낮아져서 공기 중의 수증기가 응결한 현상이다.

문제 32 p.142

문항 분석 및 **평가표**

◆ 문항 분석 : 실험 과정을 통해 알 수 있는 사실을 찾음으로써 유창성, 융통성을 평가하는 문제이다.

◆ 평가표

3개 미만	3점
3개 이상	5점

정답 및 해설

답 ⇨ 닭 콜레라에 걸린 닭의 피에는 닭 콜레라균이 들어있다.
⇨ 닭 콜레라균은 인위적으로 대량 배양할 수 있다.(실험에 사용된 닭 콜레라균은 인공 배양함)
⇨ 며칠 동안 방치된 닭 콜레라균의 독성은 점차 약화된다.
⇨ 독성이 약화된 닭 콜레라균은 닭 콜레라를 예방하는 백신으로 작용한다.
⇨ 콜레라 증세를 보이다 회복된 후 닭 콜레라 균을 주사한 결과 닭 콜레라에 걸리지 않았으므로 콜레라 증세를 보인 후 회복된 닭에는 닭 콜레라균을 기억하는 세포가 있다.
⇨ 독성이 약화된 닭 콜레라균은 닭에게 면역력을 길러준다.
⇨ 독성이 약화된 닭 콜레라균에 노출되었던 닭은 닭 콜레라균을 기억하는 세포에 의해 면역력이 생겨 맹독성의 닭 콜레라균을 주사하여도 닭 콜레라에 걸리지 않는다.

해설 [파스퇴르의 닭 콜레라 예방 백신 개발]
파스퇴르는 닭 콜레라에 걸린 후 살아남은 닭은 닭 콜레라에 다시 걸리지 않게 된다는 사실과 공기 중에 장기간 노출시킨 닭 콜레라균의 배양은 독성이 약화되어 닭에 주사해도 병을 잘 일으키지 못하게 된다는 사실을 발견하고, 약화시킨 닭 콜레라균이 예방 백신의 역할을 할 것이라는 가설을 세우고 실험을 통해 검증하였다.

문제 33 p.143

◆ 평가표

3개 미만	3점
3개 이상	5점

정답 및 해설

답 ⇨ 탄수화물의 필요성이 줄어들기 때문에 곡식의 필요성이 줄어든다.
⇨ 밤이면 감자나 고구마를 캐먹기 위해 산 아래로 내려오는 멧돼지의 출현이 감소한다.
⇨ 초식동물 등의 가축 사육이 수월해진다.
⇨ 식물을 섭취할 때 얻은 엽록체를 소화시키지 않고 소화관 주변의 세포 안으로 따로 보내고, 세포에 자리 잡은 엽록체는 수 주~수 개월 동안 죽지 않고 광합성을 할 수 있으면, 포도당을 직접 만들어 사용할 수 있으므로 먹이를 찾아다니지 않아도 된다. 실제로 바다에 사는 갯민숭달팽이 종류는 이미 엽록체를 체내에 저장하고 일정 기간 동안 먹이 없이 광합성을 하면서 살 수 있다는 보고가 있어 연구 중에 있다.
⇨ 먹이를 따로 먹지 않아도 되는 동물이 나타나 생물의 먹이사슬이 바뀐다.
⇨ 동물이 식물을 먹지 않아 식물이 급격하게 번식하여 생태계가 파괴된다. (먹이 그물의 파괴)
⇨ 대기 중 산소 농도가 증가한다.
⇨ 동물성 플랑크톤이 광합성으로 산소를 합성함으로써 바닷속 산소 농도가 증가한다.

해설 동물은 식물로부터 에너지를 얻거나 또는 식물의 에너지를 흡수한 다른 동물로부터 에너지를 얻는다.

문제 34 p.143

문항 분석 및 평가표

◆ 문항 분석 : 융통성, 정교성을 발휘하여 밀폐된 곳에서 식물이 살아갈 수 있는 방법을 쓰는 문제이다.

◆ 평가표

3개 미만	3점
3개 이상	5점

정답 및 해설

답 ⇨ 밀폐된 상자 속에서 식물이 잘 성장하기 위해서는 상자에 햇빛이 잘 통과할 수 있도록 투명해야 하며, 햇빛이 잘 드는 곳에 위치해야 한다.
⇨ 식물이 살아가는 데 필요한 적절한 온도가 유지되어야 한다.
⇨ 식물에 충분한 양의 물이 주기적으로 공급될 수 있도록 호스를 연결하여야 한다.

해설 식물은 잎에 존재하는 엽록체에서 물과 이산화 탄소, 햇빛을 이용하여 광합성을 함으로써 스스로 영양분인 포도당과 산소를 만들며, 포도당과 산소를 이용하여 살아가는 데 필요한 에너지를 만든다. 에너지를 만드는 과정에서는 다시 이산화 탄소와 물이 생성된다. 이와 같은 과정을 반복하면서 식물은 외부의 도움 없이 밀폐된 공간 안에서도 살아갈 수 있다.

문제 35 p.144

◆ 평가표

문장은 성립하나 문맥이 잘 맞지 않은 경우	3점
찬성, 반대에 대한 자신의 의견을 문맥에 맞게 쓴 경우	5점

출제자 예시 답안

[찬성]
⇨ 동물실험의 궁극적인 목적은 인간의 삶의 질 향상에 있다. 인간이 사용하여야 하는 새로운 약이나 제품을 먼저 실험하여 위험성과 효과를 시험하는 데에 동물을 사용하는 데, 동물실험을 하지 않은 경우 이 실험을 수행할 수 없게 되어 인간에게 필요한 의약품과 다른 제품을 개발하는 데 어려움을 겪게 된다. 그 결과 잠재적으로 발생할 크고 많은 피해는 인간에게 고스란히 돌아오게 된다. 또한 동물실험이 금지될 경우에는 새로운 의약품을 실험하기 위해서 오직 인간을 대상으로만 진행할 수밖에 없는데, 효과가 완전히 증명되지 않은 의약품으로 인해 발생하게 될 문제를 인간이 떠안는 것은 비효율적이다.

[반대]
⇨ 동물실험의 문제점은 인간의 효용만을 위해 동물이 무조건적으로 희생된다는 사실이다. 과학과 의약품의 발전도 중요하지만, 그 과정에서 인간과 아무 관계가 없는 동물이 인간을 위해서라는 명목으로 희생된다는 것은 윤리적인 문제가 된다. 또한, 동물실험 결과 안전한 의약품이라고 하더라도 동물에게는 나타나지 않는 부작용이 인간에게 나타날 수 있기 때문에 인간에게 바로 적용할 수 없다. 즉, 동물실험을 전적으로 신뢰할 수 없기 때문에 결국에는 생체실험이 필요하기 때문이다. 그러므로 신뢰할 수 없는 실험을 하면서 동물들을 희생시키는 일은 비효율적이다.

문제 36 p.145

◆ 평가표

(1) 채점 기준

답의 일부만 고른 경우	2점
모두 맞은 경우	2.5점

(2) 채점 기준

3가지 미만 쓴 경우	2점
3가지 쓴 경우	2.5점

정답 및 해설

답 (1) ㄱ, ㄴ, ㄹ, ㅁ, ㅂ, ㅅ, ㅇ
(2) [예시]
⇨ 손을 이용하여 "벽 걷기"를 한다.
⇨ 달 위에 있는 것처럼 걷기("우주 비행사 걷기") 또는 땅에 누워 한 팔을 공중으로 뻗고 반대 다리를 뒤로 두기("죽은 벌레 자세")
⇨ 팔과 다리를 바닥을 향해 내리고 곰처럼 팔 다리를 이용하여 걷는 "곰 기어가기"를 한다.
⇨ 바닥에 앉아서 팔과 손을 뒤로 두고 무릎은 굽히고 발은 바닥에 두고 바닥 위로 몸을 들어 위를 보고 걷는 "게 걷기"를 한다.

해설

(1) ㄱ. 비상 탈출 훈련 : 우주선에 비상이 생겼을 때 탈출하기 위한 훈련을 한다.
ㄴ. 생존 훈련 : 불모지에서 생존하는 훈련으로서 우주선 불시착에 대비하여 훈련한다.
ㄷ. 우주는 공기가 없어 무중력 상태이다.
ㄹ. 중력가속도 훈련 : 중력가속도를 높여서 훈련을 한다.
ㅁ. 기압 적응 훈련 : 기압을 순식간에 낮춰서 훈련을 한다.
ㅂ. 우주 환경 훈련 : 물속에 우주복을 입고 들어가 훈련한다.
ㅅ. 폐쇄 환경 적응 훈련 : 모듈안에서 1주일간 지내면서 훈련한다.
ㅇ. 무중력 훈련 : 비행기를 높게 띄웠다가 떨어뜨려 무중력 상태를 만들어 적응 훈련을 한다.

(2) 우주에는 중력이 존재하지 않기 때문에 공기가 없다. 우주 환경에서 적응하기 위해서는 근력과 마음대로 자기 몸을 가눌 수 있는 조정력이 필요하다. 지구보다 중력이 작은 환경에서는 지구에서처럼 걸을 수 없고, 손과 발을 이용하여 한 곳에서 다른 곳으로 밀고 당겨 움직여야 한다. 그러므로 우주선 안에서 움직이거나 선외 활동(우주 비행 중에 우주선 밖으로 나와 활동하는 일)을 할 때 강력한 근력과 조정력이 우주 비행사의 우주 움직임을 돕는다.

문제 37 p.146

◆ 평가표

과학적 타당성이 전혀 없음	0점
연구 방법을 과학적 타당성 있게 제시함 (공룡과 유사한 동물의 성대 또는 목뼈를 이용함, 공룡의 종류에 따라 다른 소리를 냈다는 의견 제시 등)	5점

출제자 **예시 답안**

- 공룡과 가장 유사한 현존 동물인 파충류의 성대 모양과 목뼈를 공룡의 뼈에 적당히 변형시켜 만든 모형에 공기를 불어넣으면 소리가 날 것이다. 혀와 입모양은 소리를 변형시키는데 중요한 역할을 한다. 혀의 모양은 턱뼈로 추측하고 입 또한 이빨이나 두개골 화석에서 유추하면 어떤 종류의 소리를 몇 가지나 낼 수 있는지 추측할 수 있다.
- 육식공룡은 사냥감을 위협하기 위해 크고 떨리는 소리를 내야 할 것이다. 반면 초식공룡은 그럴 필요가 없다는 점에서 조금이나마 추측해 볼 수 있다. 공룡은 크기만 컸지 그리 발달되지 않았다. 현재 파충류의 성대에서 몇 가지 단순화되어 있을 것이라 추측할 수 있다. 파충류 중에서도 고등생물과 하등생물의 성대의 차이점을 보고 그 연장선상에 공룡의 성대를 유추한다. 성대가 크면 클수록 진동도 클 것이므로 공룡의 크기에 따라 그 떨림을 조정한다.

문제 38 p.147

◆ 평가표

과학적 타당성이 전혀 없음	0점
연구 방법을 과학적 타당성 있게 제시함	5점

출제자 **예시 답안**

- 공기를 튜브에 담아 가져가서 깃발 앞에서 열어 성조기가 펄럭이게 한다.
- 깃발 속에 튜브를 넣고 꿰맨 후 필요한 방향으로 나올 수 있게 통로를 낸다. 그리고 고압의 가스를 분사시켜 펄럭이게 한다.(우주선의 자세 제어 로켓처럼) 이때, 낮은 온도에서 액화되어 안개처럼 보일 수도 있으므로 헬륨을 써서 최대한 보이지 않게 한다.
- 깃발 속에 늘어나지 않는 가느다란 풍선을 넣고 가스를 넣는데 여러 개의 풍선 중 하나만 불어 넣어 지도록 파이프를 설계한다. 그리고 모터로 파이프를 돌려 일정 시간마다 다른 풍선으로 가스가 옮겨 들어가도록 한다. 그러면 반복적으로 깃발이 움직여 펄럭일 것이다.
- 물이 성조기 외부의 펌프와 물주머니를 통과하면서 펄럭이는 것처럼 보인다. (땅속 펌프장치)
  ① 5 ~ 6초의 시간 간격을 두고 한 번씩 물을 밀어올린다.
  ② 처음에는 10L, 두 번째는 5L, 세 번째는 7L 등

문제 39 p.148

◆ 평가표

3개 미만	3점
3개 이상	5점

정답 및 해설

답 ⇨ 달이 차고 기울을 기준으로 한 달을 정하는 '음력'이 사라질 것이다.
⇨ 달의 주기에 따라 이동하거나 짝짓기를 하는 동물들이 혼란을 겪게 될 것이다.
⇨ 달과 관련된 노래 등 예술 활동과 달의 연구가 사라질 것이다.
⇨ 햇빛의 일부를 달 표면이 반사하여 생기는 달빛(달에서 지구로 비치는 빛)이 없어 지금보다 밤이 더 많이 어두워질 것이다.
⇨ 달과 태양의 인력에 의해 발생하는 밀물과 썰물은 태양의 인력보다 달의 인력의 영향을 더 크게 받아 작용한다. 따라서 달이 사라지면 바다의 밀물과 썰물은 매우 약해지거나 없어질 것이다. → 바다의 움직임이 느려지므로 갯벌의 면적이 좁아져 조개 등 해산물을 얻기 어려워진다.(갯벌 이용에 지장을 초래한다.)
⇨ 조석(지구의 바다가 태양과 달이 지구에 미치는 기조력에 의해 오르내리는 현상)의 흐름은 지구의 자전을 느리게 만드는 역할을 하는데, 달이 없으면 조수의 흐름이 약해지므로 지구의 자전 속도는 현재보다 빨라질 것이다.
⇨ 지구에서 볼 때 태양의 광구가 달에 의해 전부 또는 일부 가려지는 현상인 일식(태양 - 달 - 지구), 지구가 달과 태양 사이에 위치하여 지구의 그림자에 달이 가려지는 현상인 월식(태양 - 지구 - 달)이 사라질 것이다.

문제 40 p.149

◆ 평가표

3개 미만	3점
3개 이상	5점

정답 및 해설

답 ⇨ 엠퍼러 화산군이 형성된 후 하와이 열도가 형성되었다.
⇨ 현재 열점은 로이히 수중 화산이 있는 하부에 존재한다. (현재 화산 활동은 주로 하와이 섬에서 일어난다.)
⇨ 북서쪽에 위치한 화산일수록 해구에 가까워진다. (하와이 열도의 섬들은 열점에서 마그마가 분출하여 형성된 화산섬이다. 해양판은 해령에서 형성되어 해구 쪽으로 이동한다.)
⇨ 태평양 판의 이동 방향은 약 4천 3백만 년 전에 북북서에서 서북서 방향으로 바뀌었다. (화산섬과 해산들의 배열과 생성 연령을 볼 때, 현재 태평양 판의 이동 방향은 서북서 방향이며, 4,200만 년 전 이전에는 북북서 방향이었다.)
⇨ 미드웨이 섬이 형성된 이후 태평양 판의 평균 이동 속도는 약 10 cm/년이다. (태평양 판의 이동을 따라 약 2,700만 년 동안 이동하여 하와이 섬으로부터 약 2,700 km 떨어진 현재의 위치에 있는 것이므로 미드웨이 섬이 형성된 이후 태평양 판의 평균 이동 속도는 $\frac{270,000,000\ \text{cm}}{27,000,000\ \text{년}}$ = 10cm/년이다.)

점수에 따른 성취도 등급

등급	1등급	2등급	3등급	4등급	5등급
평가	130점 이상	100점 ~ 129점	70점 ~ 99점	50점 ~ 69점	49점 이하

총점 200점

II 영재성 검사

모의고사

제 1 회

단원 말미에서 성취도 등급을 확인하세요.

문제 01 p.150

◆ 평가표

그림과 제목의 어울림 정도 (하)	5점
그림과 제목의 어울림 정도 (중)	7점
그림과 제목의 어울림 정도 (상)	10점

출제자 **예시 답안**

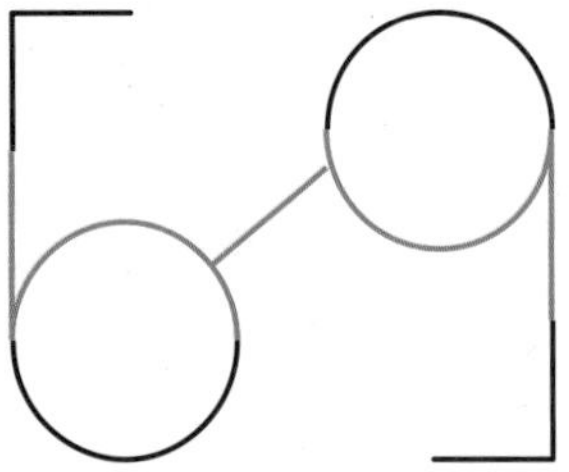

제목 : 안경다리가 꺾인 내 안경

문제 02 p.151

◆ 평가표

3가지 미만 쓴 경우	6점
3가지 이상 쓴 경우	10점

출제자 **예시 답안**

- 현재 무인자동차에 대한 연구가 활발하므로 곧 어느 정도 상용화도 가능하게 될 것이다. 그러므로 무인자동차로 즐기는 자동차 경주가 생겨날 수 있다.
- 드론의 활성화로 사람을 태울 수 있을 정도의 드론이 만들어져 하늘을 나는 자동차로 발전할 것이다.
- 하늘을 나는 자동차의 발명으로 인해 세계를 투어 할 수 있는 여행 패키지가 생겨날 것이다.
- 수소와 산소의 화학 반응을 이용한 연료전지 자동차가 생겨날 것이다.

문제 03 p.152

◆ 평가표

답 틀림	0점
답 맞음	10점

정답 및 해설

답 ㄴ

해설 ㄱ. 3개의 방에 2명씩 들어갈 경우 빈 방은 하나가 남는다.
ㄴ. 6명이 4개의 방에 한 명씩 들어가면 남은 2명은 누군가와 함께 방을 써야 하므로 2명이 같이 쓰는 방은 항상 2개이다.
ㄷ. (가)를 제외한 5명이 3개의 방에 2명, 2명, 1명으로 나누어 들어갈 경우 (가)는 혼자 방을 쓸 수 있다.
ㄹ. (다), (라)가 한 방에 들어가고, (가)를 제외한 3명 중 2명이 각각 한 방씩 들어가면 (가)는 누군가와 같은 방을 써야한다.

문제 04 p.153

◆ 평가표

답 틀림	0점
답 맞음	10점

정답 및 해설

답 ⇨ 운동 선수와 남자 아이가 먼저 다리를 건넌다. (운동 선수, 남자 아이 = 2분)
⇨ 운동 선수가 손전등을 들고 원래 자리로 돌아온 후 (운동 선수 = 1분)
⇨ 엄마와 노인이 함께 다리를 건넌다. (엄마, 노인 = 10분)
⇨ 엄마와 노인이 건너 온 후 남자 아이가 손전등을 들고 원래 위치로 돌아오기 위해 다리를 건넌다. (남자 아이 = 2분)
⇨ 남자 아이와 운동 선수가 함께 다리를 건너 온다. (남자 아이, 운동 선수 = 2분)
따라서 네 명의 사람은 17분 안에 다리를 건널 수 있다. (2분 + 1분 + 10분 + 2분 + 2분 = 17분)

문제 05 p.154

◆ 평가표

답 틀림	0점
답 맞음	10점

정답 및 해설

답

⇨ 전자계산기에 표시되는 숫자 중 A와 같이 가로선이 모두 존재하는 것은 2 3 5 6 8 9이므로 이들 숫자 중에 두 자리 자연수를 계산한 것이다.

⇨ B와 같이 세 자리의 숫자에서 백의 자리는 7, 일의 자리 수는 4밖에 없으며, 십의 자리 수는 2, 3, 5, 6, 8, 9가 가능하다.

⇨ 두 자연수의 일의 자리 숫자를 곱했을 때 결과 값의 일의 자리 수가 4가 되기 위한 경우는 (2, 3), (2, 5), (2, 6), (2, 8), (2, 9), (3, 5), (3, 6), (3, 8), (3, 9), (5, 6), (5, 8), (5, 9), (6, 8), (6, 9), (8, 9) 중 3과 8 또는 6과 9이다.

⇨ (□3, □8), (□6, □9)를 곱했을 때 결과 값의 백의 자리 수가 7이 나오는 경우는 26, 29뿐이다.
따라서 <보기>의 A, B로 가능한 계산식은 26 × 29 = 754 또는 29 × 26 = 754 두 가지이다.

문제 06 p.155

◆ 평가표

답 틀림	0점
답 맞음	10점

정답 및 해설

답 37

해설

⇨ G = 9, C = 8이므로 D + E = 8이다. → D와 E가 될 수 있는 수(D, E)는 (1, 7), (2, 6), (3, 5), (4, 4), (7, 1), (6, 2), (5, 3)인데, 서로 다른 숫자여야하므로 (4, 4)는 제외한다. 일의 자리 수 2개를 더하면 일의 자리 수 또는 십의 자리 수 10 ~ 18이 나오는데, E가 1일 때에는 식이 성립하지 않으므로 8 + E = 10 + D(십의 자리 수)이다.

		A	B	8	1
+		A	B	~~7~~	7
	F	B	9	1	8

⇨ D + E = 8에서 D = 8 - E를 8 + E = 10 + D에 대입하면, 8 + E = 10 + 8 - E → 2E = 10 → E = 5이다. (D = 3)

		A	B	8	3
+		A	B	5	5
	F	B	9	3	8

⇨ 2B + 1 = 9이므로 B는 4이며, 일의 자리 수 2개를 더하여 19미만의 수가 나오므로 F는 1이다. 따라서 A는 7이다.

		A	4	8	3
+		A	4	5	5
	1	B	9	3	8

A = 7, B = 4, C = 8, D = 3, E = 5, F = 1, G = 9이므로 A + B + C + D + E + F + G = 37이다.

문제 07 p.156

◆ 평가표

찾은 개수 : 3개	4점
찾은 개수 : 4개	6점
찾은 개수 : 5개	8점
찾은 개수 : 6개	10점

정답 및 해설

답

[틀린 부분]

해설

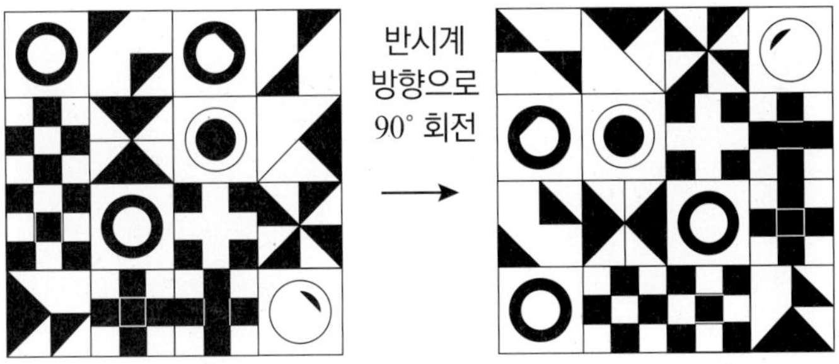

<보기>

문제 08 p.157

◆ 평가표

3개 미만 맞음	5점
3개 맞음	8점
4개 맞음	10점

정답 및 해설

답

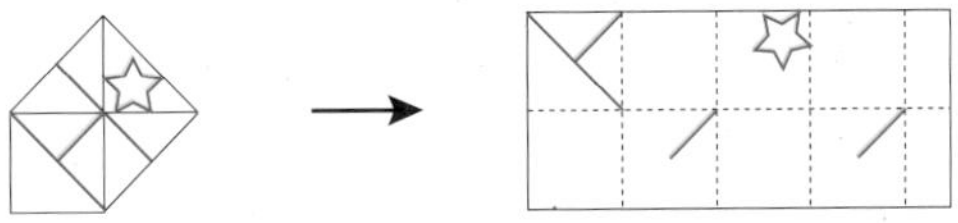

해설

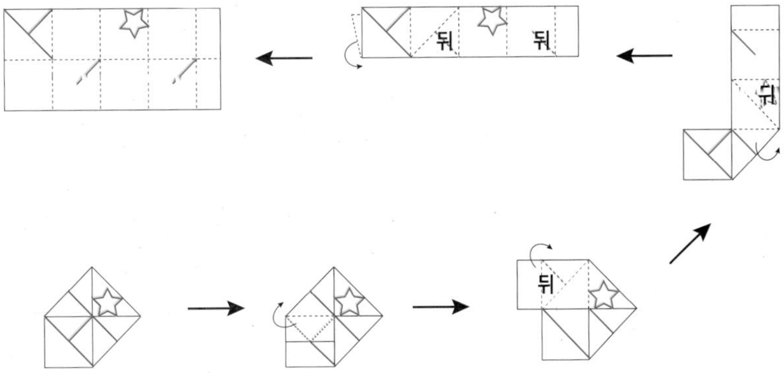

문제 09 p.158

◆ 평가표

5개 미만	5점
5개 이상	10점

정답 및 해설

답

- 보습제나 핸드크림을 자주 발라 피부의 건조함을 막는다.
- 적정 습도를 유지하기 위해 실내에 분무기를 사용하여 공기 중에 물을 수시로 뿌리거나, 가습기를 틀어놓거나, 젖은 빨래를 널어둔다. 또는 어항이나 화분을 둔다.
- 면 소재의 속옷을 착용하고, 합성섬유 또는 털 소재의 옷을 입을 때에는 안에 면 소재의 옷을 입는다.
- 옷장에는 합성섬유나 털 소재의 옷을 면 소재의 옷과 교대로 걸어 놓는다. 또는 옷과 옷 사이에 신문지를 넓게 펴 껴 넣는다.
- 정전기로 치마 또는 바지가 말려 올라감을 방지하기 위해서 다리 또는 스타킹에 로션 등 크림을 바른다.
- 섬유 유연제를 스프레이 통에 담아 외출 시 옷에 자주 뿌려준다.
- 차문을 여닫을 때에는 동전 또는 열쇠로 차체를 툭툭 친 후 여닫으며, 물건을 잡을 때에는 손가락 끝

으로 물건을 살짝 건드린 다음에 잡는다.
⇒ 세탁할 때 식초를 넣어서 헹군다.

문제 10 p.159

◆ 평가표

3개 미만	5점
3개 이상	10점

정답 및 해설

답

⇒ 자외선에 노출되면 집먼지 진드기를 모두 죽일 수 있으므로 햇빛이 가장 강한 오후 2 ~ 3시에 침구를 자주 말린 후, 진공청소기로 침대의 매트리스 구석구석의 먼지를 빨아들인다.
⇒ 집먼지 진드기는 고온의 물에서는 살 수 없으므로 55 ~ 60℃의 물에 베개나 이불을 주기적으로 세탁한다.
⇒ 이불과 침대 매트리스를 빨래 건조대에 걸어놓은 후 방망이로 두드린다.
⇒ 침구에는 집먼지 진드기가 뚫고 올라오지 못하도록 하는 진드기 방지 커버를 씌운다.
⇒ 소독용 알코올을 침구에 자주 뿌린다.

점수에 따른 성취도 등급

등급	1등급	2등급	3등급	4등급	5등급
평가	80점 이상	65점 ~ 79점	50점 ~ 64점	25점 ~ 49점	24점 이하

총점 100점

제 2 회

문제 01 p.160

단원 말미에서 성취도 등급을 확인하세요.

◆ 평가표

장래 목표와 관련 없는 그림이거나 제목과 어울리지 않음	5점
장래 목표와 관련된 그림이며, 제목과 어울림	10점

출제자 예시 답안

제목 : 천문학자의 하루

문제 02 p.161

◆ 평가표

① ~ ④ : 2개 미만 쓴 경우	각 1점
① ~ ④ : 2개 이상 쓴 경우	각 2점
① ~ ④ 모두 2개 이상 쓴 경우	plus 2점

출제자 예시 답안

① 빨대	본래 용도 이외 사용 방법
1	1 ~ 2cm씩 잘라 쿠션에 솜 대신 넣어 사용한다.
2	빨대를 세로로 칼집을 내어 전선을 고정시키는 데 사용한다.
② 탁구공	본래 용도 이외 사용 방법
1	여러 개를 연결하여 모빌을 만든다.
2	탁구공 표면에 그림을 그리거나 색을 칠한 후, 투명 병에 담아 인테리어 장식으로 사용한다.
③ 나무젓가락	본래 용도 이외 사용 방법
1	나무젓가락을 분리하지 않은 상태에서 조금 남은 치약 끝에 꽂아 치약을 알뜰하게 짜 쓰는 데 사용한다.
2	실이나 줄에 연결된 인형을 움직이게 하는 조정 역할에 사용한다.
④ 생수병	본래 용도 이외 사용 방법
1	다 먹은 생수병(페트병)에 물을 가득 채워 아령 대신 사용한다.
2	페트병을 반으로 잘라 서랍속 물건을 정리, 수납하는 데 사용한다.
3	형광 염료를 페트병에 물과 함께 넣어 인테리어 장식으로 사용한다.

문제 03 p.162

◆ 평가표

답 틀림	0점
답 맞음	10점

정답 및 해설

답 ㄴ, ㄷ, ㄹ

해설 ⇨ 수도 순서 : (다) - (나) - (가) - (라)
⇨ A ~ D가 살던 순서 : B - C - A - D
· A는 수도가 (가)인 나라에 살았다.
· B는 수도가 (다)인 나라에 살았다.
· C는 수도가 (나)인 나라에 살았다.
· D는 수도가 (라)인 나라에 살았다.
ㄱ. (가)는 A가 살았던 나라의 수도이다.
ㅁ. A가 살았던 나라는 D가 살았던 나라 전 시기에 존재했다.

문제 04 p.163

◆ 평가표

100자 내외로 문장을 썼으나 문맥의 앞뒤가 잘 맞지 않음	5점
자신의 의견을 문맥에 맞게 100자 내외로 쓴 경우	10점

출제자 예시 답안

유튜브와 같은 무료 배포 콘텐츠가 활성화됨에 따라 저작권에 대한 기준이 모호해지고 있으며, 불법 다운로드에 대한 제재도 쉽지 않은 상태이므로 저작자에 대한 독점적인 권리를 어느 정도 보장해 줄 수 있는 제도가 있어야 나중에 더 큰 문제를 막을 수 있을 것이라 생각한다.

문제 05 p.164

◆ 평가표

답 틀림	0점
답 맞음	10점

정답 및 해설

답 221

해설

1					1				
2				1	3	1			
3			1	3	5	3	1		
4		1	3	5	7	5	3	1	
5	1	3	5	7	9	7	5	3	1
·					·				
·					·				
·					·				
·					·				
10					…				

1	1
2	$1+4=1+4\times1$
3	$1+4+8=1+4\times(1+2)$
4	$1+4+8+12=1+4\times(1+2+3)$
5	$1+4+8+12+16=1+4\times(1+2+3+4)$
·	·
·	·
·	·
·	·
10	$1+4\times(1+2+3+4+\cdots+10)$ $=1+4\times(10\times5+5)$ $=1+4\times55$ $=1+220$ $=221$

문제 06 p.165

◆ 평가표

답 틀림	0점
답 맞음	10점

정답 및 해설

답 A = 9, B = 3, C = 8, D = 5, E = 1, F = 2

해설

				8	=	5	-	1	x	2
9	÷	3	=	8	-	5	=	1	+	2
9	=	3	+	8	-	5	+	1	+	2
9	-	3	=	8	-	5	x	1	x	2
9	+	3	=	8	+	5	-	1		

⇨ 8 = 5 - 1 × 2
⇨ 9 ÷ 3 = 8 - 5 = 1 + 2
⇨ 9 = 3 + 8 - 5 + 1 + 2
⇨ 9 - 3 = 8 - 5 × 1 × 2
⇨ 9 + 3 = 8 + 5 - 1

문제 07 p.166

◆ 평가표

답 틀림	0점
답 맞음	10점

정답 및 해설 답 3D

해설 다음과 같이 E부터 거꾸로 거슬러 가면 시작하는 버튼을 찾을 수 있다.

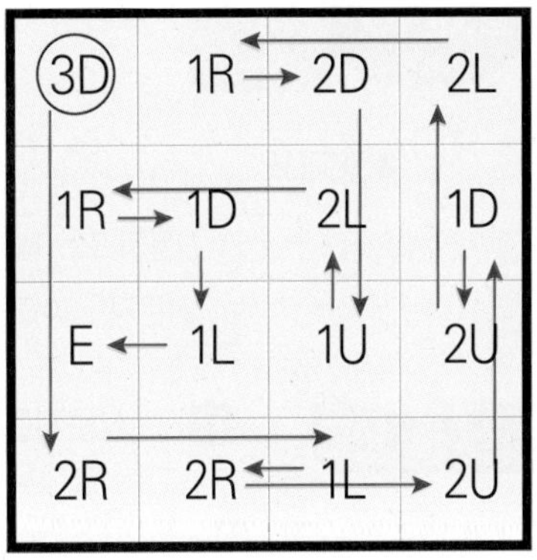

문제 08 p.107

◆ 평가표

답 1개 맞음	5점
답 모두(2개) 맞음	10점

정답 및 해설 답 ③  ⑤ 

해설

① ② ③ ④ ⑤

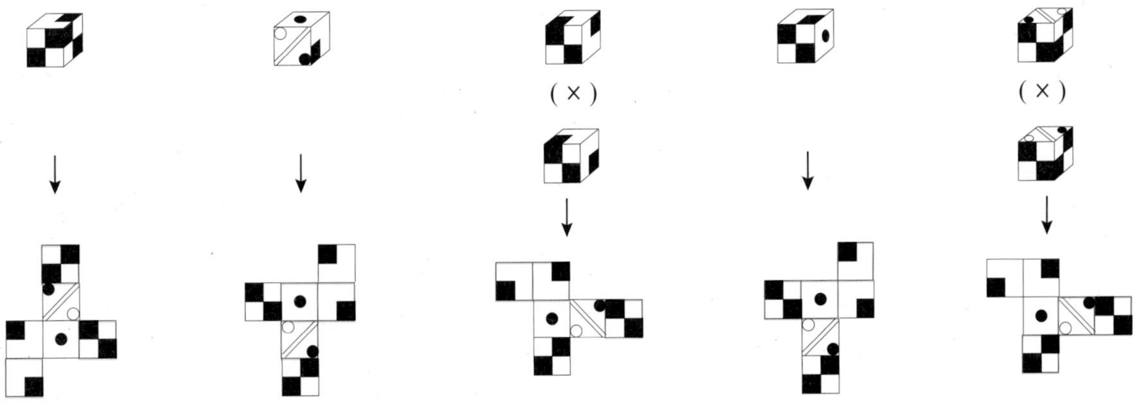

< 문제의 전개도를 시계 방향으로 90° 회전 >
< 문제의 전개도를 반시계 방향으로 90° 회전 >
< 문제의 전개도를 180° 회전 >
< 문제의 전개도를 반시계 방향으로 90° 회전 >
< 문제의 전개도를 180° 회전 >

문제 09 p.168

◆ 평가표

도움이 되지 않는다는 답만 할 경우	5점
도움이 되지 않는 타당한 설명까지 쓴 경우	10점

정답 및 해설

답 안면홍조는 얼굴 피부 혈관이 늘어나면서 혈류량이 많아지기 때문에 붉어지는 현상이다. 사우나 또는 찜질방은 고온 건조한 장소이므로 혈액순환이 활발해지면서 피부 표면에 존재하는 혈관이 확장되어 늘어나기 때문에 피부는 더욱 붉어진다. 따라서 안면홍조가 발생했을 때에는 사우나에서 목욕을 하거나, 찜질방에 들어가는 것을 삼가야 한다.

해설 안면홍조를 예방하기 위해서는 외출 시 자외선 차단제를 꼼꼼하게 바르고, 마스크를 착용하여 찬공기와 바람으로부터 피부를 보호할 수 있도록 한다. 또한, 자극적인 음식(술, 담배, 뜨거운 음식 등)을 피해야 한다.

문제 10 p.169

◆ 평가표

신문지 또는 테이프를 붙이는 이유만 쓴 경우	5점
신문지, 테이크 붙이는 이유를 모두 쓴 경우	10점

정답 및 해설

답 ⇨ 신문지를 붙이는 이유 : 태풍은 바람에 의한 진동과 소리에 의한 공명을 일으키며, 공명은 물체의 진동을 증대시키므로 물체의 탄력이 작을수록 공명으로 인한 피해가 크다. 유리창에 물에 젖은 신문지를 붙이면 진동의 일부가 신문지로 흡수되므로 유리창의 파손을 줄일 수 있다. 신문지를 유리창에 붙일 때에는 젖은 신문을 최대한 유리창과 빈틈없이 밀착되도록 붙이고, 물이 마르지 않도록 지속적으로 물을 뿌려주어야 효과를 볼 수 있다.

⇨ 테이프를 붙이는 이유 : 테이프를 창문에 ×자로 붙이면 유리창의 탄력이 증가하므로 강한 바람의 진동에 깨지지 않고 버틸 수 있다.(유리창의 탄력 증가로 강한 바람에 휘어져도 되돌아올 수 있다.) 다만, 테이프를 붙일 때에도 유리창 틀과 유리창 사이에 빈 공간이 생기지 않도록 꼼꼼하게 붙여야 한다. 빈 공간에 바람이 들어오면 유리창이 흔들리므로 테이프를 붙인 효과를 보기 힘들며, 유리창이 깨질 위험이 여전히 높기 때문이다.

점수에 따른 성취도 등급

등급	1등급	2등급	3등급	4등급	5등급
평가	80점 이상	65점 ~ 79점	50점 ~ 64점	25점 ~ 49점	24점 이하

총점 100점

III 창의적 문제해결력

01 창의적 문제해결 수학

1. 창의적 문제해결 수학 단원의 01 ~ 50번 문제 배점은 각 5점씩이며, 예외인 경우에는 각 문항별 평가표를 참고하면 됩니다.
2. 단원 말미에서 성취도 등급을 확인하세요.

문제 01 p.172

◆ 평가표

6개 미만 찾은 경우	0점
6개 이상 12개 미만 찾은 경우	3점
모두 찾은 경우	5점

정답 및 해설 답 12, 18, 20, 28, 32, 44, 45, 50, 63, 75, 98, 99

해설

1단계 : 약수의 개수가 6이 되는 경우 ⇨ 1보다 큰 수 한 개 또는 두 개 이상을 곱하여 6이 되는 경우 : 6 또는 2×3

2단계 : 6개의 약수를 가지는 수(6 또는 2×3)를 소인수분해 형태로 나타내면 A^5 또는 $A \times B^2$이다. (A와 B는 2 이상의 서로 다른 자연수)

3단계 : 1에서 100까지의 자연수 중에서 2단계의 형태로 나타낼 수 있는 수는 다음과 같다.

A^5 형태의 수	$2^5 = 32$		
$A \times B^2$ 형태의 수	$2 \times 3^2 = 18$	$2 \times 5^2 = 50$	$2 \times 7^2 = 98$
	$3 \times 2^2 = 12$	$3 \times 5^2 = 75$	
	$5 \times 2^2 = 20$	$5 \times 3^2 = 45$	
	$7 \times 2^2 = 28$	$7 \times 3^2 = 63$	
	$11 \times 2^2 = 44$	$11 \times 3^2 = 99$	

문제 02 p.172

정답 및 해설 답 34개

해설

1단계 :

1!	
(1 + 2)!	$= 3! = 1 \times 2 \times 3$
(1 + 2 + 3)!	$= 6! = 1 \times 2 \times 3 \times 4 \times 5 \times 6$
(1 + 2 + 3 + 4)!	$= 10! = 1 \times 2 \times 3 \times 4 \times 5 \times 6 \times 7 \times 8 \times 9 \times 10$
⋯	⋯
(1 + 2 + 3 + 4 + ⋯ + 8 + 9)!	$= 45! = 1 \times 2 \times 3 \times 4 \times 5 \times 6 \times 7 \times 8 \times 9 \times 10 \times \cdots \times 44 \times 45$

2단계 : $1 \times 10 = 10$이므로 연속된 0의 개수는 2×5의 개수와 같다. n!을 소인수분해하면 2가 5보다 많으므로 5의 개수를 구하면 다음과 같다.

			5의 개수
1!	=	1	0 개
3!	=	1 × 2 × 3	0 개
6!	=	1 × 2 × 3 × 4 × 5 × 6	1 개
10!	=	6! × 7 × 8 × 9 × (2× 5)	2 개
15!	=	10! × 11 × 12 × 13 × 14 × (3× 5)	3 개
21!	=	15! × 16 × 17 × 18 × 19 × (4× 5) × 21	4 개
28!	=	21! × 22 × 23 × 24 × (5 × 5) × 26 × 27 × 28	6 개
36!	=	28! × 29 × (6× 5) × 31 × 32 × 33 × 34 × (7× 5) × 36	8 개
45!	=	36! × 37 × 38 × 39 × (8× 5) × 41 × 42 × 43 × 44 × (9× 5)	10 개
			총 34개

문제 03 p.173

정답 및 해설

답 45쌍

해설

1단계 : 33은 3×11이며, 괄호 안의 연속하는 세 자연수의 합은 항상 3의 배수이므로 괄호 안의 연속하는 세 자연수의 합이 11의 배수인 경우 33의 배수이다.

2단계 : 괄호 안의 연속하는 세 자연수의 합은 (가운데 수) $\times$ 3이므로 가운데 수가 11의 배수이면 괄호 안의 연속하는 세 자연수의 합은 33의 배수가 된다.

3단계 : 괄호 안의 연속하는 세 자연수 중 가운데 수가 11의 배수인 경우는 다음과 같다.

(10, 11, 12)	(21, 22, 23)	(32, 33, 34)	(43, 44, 45)	⋯	(494, 495, 496)

그러므로 괄호 안의 연속하는 세 자연수의 합이 33의 배수인 경우는 $495 = 11 \times 45$이다. ⇨ 45쌍

문제 04 p.173

◆ 평가표

1개 찾은 경우	3점
2개 찾은 경우	4점
3개 찾은 경우	5점

정답 및 해설

답

1단계 : 원의 겹치는 부분의 수를 왼쪽부터 각각 A, B, C, D라고 할 때, 5개의 원의 수의 합은 다음과 같다.

$(1 + 2 + 3 + 4 + \cdots + 8 + 9) + A + B + C + D = 5 \times \square$ ($\square$는 각 원 안의 수의 합)

$(10 \times 4 + 5) + A + B + C + D = 5 \times \square$

$45 + A + B + C + D = 5 \times \square$이며, $A + B + C + D$로 가능한 경우는 10, 15, 20, 25, 30이다.

2단계 : $A + B + C + D = 10$일 때, $5 \times \square = 55$이므로 $\square = 11$이다.

각 원의 수의 합이 11이 되도록 넣으면 다음과 같다.

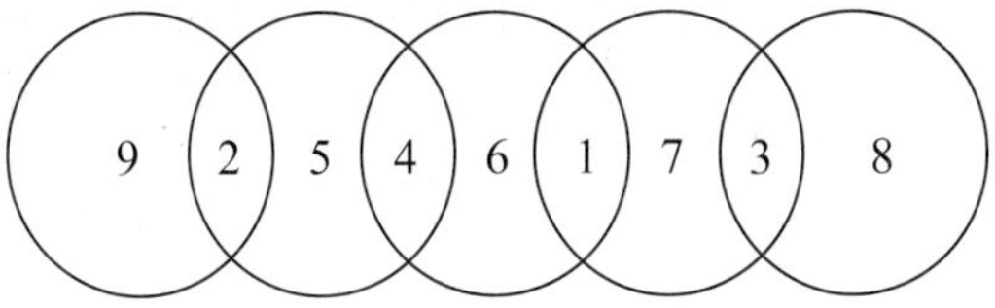

3단계 : $A + B + C + D = 15$일 때, $5 \times \square = 60$이므로 $\square = 12$이지만, 이 조건에 맞도록 원 안에 수를 넣을 수 없다.

4단계 : $A + B + C + D = 20$일 때, $5 \times \square = 65$이므로 $\square = 13$이다.

각 원의 수의 합이 13이 되도록 넣으면 다음과 같다.

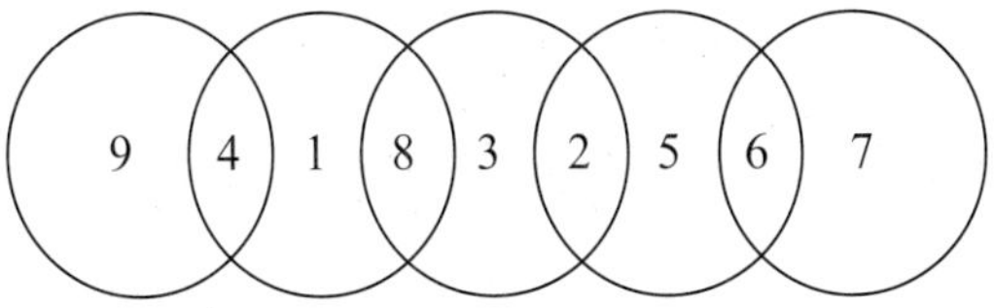

5단계 : $A + B + C + D = 25$일 때, $5 \times \square = 70$이므로 $\square = 14$이다.

각 원의 수의 합이 14가 되도록 넣으면 다음과 같다.

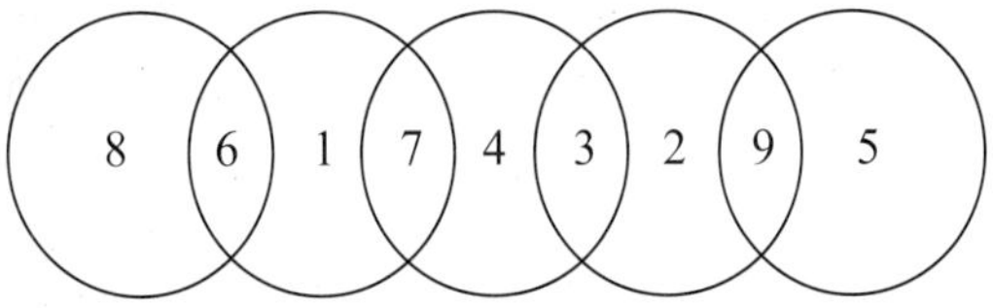

6단계 : $A + B + C + D = 30$일 때, $5 \times \square = 75$이므로 $\square = 15$이지만, 이 조건에 맞도록 원 안에 수를 넣을 수 없다.

문제 05

p.174

정답 및 해설

답 $A = 1\frac{7}{12}$, $B = \frac{11}{24}$, $C = 1\frac{1}{3}$

해설

1단계 : 각 면의 네 꼭지점의 수의 합이 모두 같으므로 서로 다른 면에 있는 평행한 두 모서리의 두 꼭지점의 수의 합은 같아야 한다.

2단계 :

$A + \frac{1}{4} = \frac{1}{3} + 1\frac{1}{2}$ ⇨ $A + \frac{1}{4} = \frac{1}{3} + \frac{3}{2}$ ⇨ $A + \frac{3}{12} = \frac{4}{12} + \frac{18}{12}$ ⇨ $A = 1\frac{7}{12}$

$B + \frac{1}{4} = \frac{1}{3} + \frac{3}{8}$ ⇨ $B + \frac{6}{24} = \frac{8}{24} + \frac{9}{24}$ ⇨ $B = \frac{11}{24}$

$C + \frac{1}{4} = \frac{1}{3} + 1\frac{1}{4}$ ⇨ $C + \frac{1}{4} = \frac{1}{3} + \frac{5}{4}$ ⇨ $C + \frac{3}{12} = \frac{4}{12} + \frac{15}{12}$ ⇨ $C = 1\frac{1}{3}$

문제 06 p.175

정답 및 해설 답 15

해설

1단계 : 일곱 개의 수는 각각 세 번 또는 네 번 더해진다.

⇨ 세 번 더해지는 수 : A, B, C, D, E, F, G

⇨ 네 번 더해지는 수 : B, C, D, G

2단계 : $3 \times (A + B + C + D + E + F + G) + (B + C + D + G) = 7 + 10 + 8 + 10 + 7 + 5 + 8$

(B + C + D + G)에 해당하는 'D' 위치의 수는 10이므로

$3 \times (A + B + C + D + E + F + G) + 10 = 55$이다.

따라서, $A + B + C + D + E + F + G = 15$이다.

문제 07 p.176

정답 및 해설 답 n = 7, A = 5, B = 4, C = 5

해설

1단계 : n진법의 수일 때, 일의 자리의 숫자가 0이므로 일의 자리로 받아내림을 해야하며, 십의 자리의 숫자 2는 4보다 작으므로 앞자리에서 받아내림을 해야하므로 $n + 2 - 1 - 4 = 4$ ⇨ $n = 7$이다. 따라서 칠진법의 뺄셈이다.

2단계 : 차례대로 받아내림을 하여 계산하면 다음과 같다.

		7		7		
	3	1	6	1	7	
	~~4~~	~~2~~	~~0~~	~~2~~	0	(7)
−	1	A	1	4	B	(7)
	2	3	C	4	3	(7)

따라서 A는 5, B는 4, C는 5이다.

문제 08 p.176

정답 및 해설 답 1024

해설

1단계 : 모든 카드에는 0을 쓸 수 있으므로 $0000000000_{(2)}$이 가능하다. → $0_{(2)}$

2단계 : 모든 카드에는 1을 쓸 수도 있으므로 $1111111111_{(2)}$이 가능하다.

⇨ 각 카드에는 0 또는 1을 쓸 수 있으므로 $2 \times 2 \times 2 \times 2 \times 2 \times 2 \times 2 \times 2 \times 2 \times 2 = 210 = 1024$개의 이진법의 수를 만들 수 있다.

문제 09 p.177

◆ 평가표

(1) ~ (4) 각각	1점
(1) ~ (4) 모두 맞은 경우	plus 1점

정답 및 해설

답 (1) $\frac{n(n+1)}{2} = 16000 + x$

(2) 180

(3) x는 2의 배수이어야 한다.

(4) 전체 페이지 : 180, 찢어진 페이지 : 71, 72, 73, 74

해설

(1) 이 책은 양면으로 인쇄되었으므로 전체 페이지는 짝수이며, 전체 쪽 수를 n, 찢어진 쪽들의 번호의 합을 x라 하면 전체 쪽 수의 합은 다음과 같다.

$$\frac{n(n+1)}{2} = 16000 + x$$

(2) $n(n+1) = 32000 + 2x$에서

178 × 179	= 31862
n (n + 1)	= 32000 + 2x
179 × 180	= 32220

이므로 n은 180이상이다. 즉, 전체 페이지는 180쪽 이상이다.

(3) x는 연속하는 네 수의 합이므로 2의 배수이어야 한다.

(4) $n = 180$일 때, $180 \times 181 = 32000 + 2x$에서 x는 290이며, 연속하는 네 수의 합이 290 인 경우는 $71 + 72 + 73 + 74$이다.

➪ $n = 182$일 때, $182 \times 183 = 32000 + 2x$에서 x는 홀수 653이므로 조건에 맞지 않다.

➪ $n = 184$ 이상일 때에는, x가 1020 이상이 되므로 찢어진 페이지가 전체 페이지의 범위를 벗어난다. 그러므로 전체 페이지는 180쪽이며, 찢어진 페이지는 71, 72, 73, 74쪽이다.

문제 10 p.178

정답 및 해설

답

해설

1단계 : 4 ×4 칸의 각 칸이 갖는 값은 다음과 같으며, 이는 오진법을 나타낸 것이다.

5^3	5^2	5	1
5^3	5^2	5	1
5^3	5^2	5	1
5^3	5^2	5	1

2단계 : 십진법 527을 오진법으로 나타내면 다음과 같다.

5	527	···	
5	105	···	2
5	21	···	0
	4	···	1

⇨ $4102_{(5)} = (4 \times 5^3) + (1 \times 5^2) + (0 \times 5^1) + (2 \times 5^0)$이다.

문제 11 p.179

정답 및 해설 답 26개

해설

1단계 : 연속하는 세 수를 n, n + 1, n + 2라 하면, 그 합은 $n + (n + 1) + (n + 2) = 3n + 3 = 3(n + 1)$이므로 연속하는 세 수의 합은 항상 3의 배수이다.

2단계 : <보기>와 같이 40개의 덧셈식 중 연속수의 개수가 3의 배수인 것(40 ÷ 3 = 13 ··· 1)은 13개이다. (연속수의 개수 : 3, 6, 9, 12, 15, 18, 21, 24, 27, 30, 33, 36, 39)

3단계 : 1+ 2 = 3이므로 (1 + 2)에 개수가 3의 배수인 연속수를 더한 값도 3의 배수이다. 그러므로 연속수의 개수는 13개이다. (연속수의 개수 : 2, 5, 8, 11, 14, 17, 20, 23, 26, 29, 32, 35, 38)

따라서, <보기>의 40개의 덧셈식 중 덧셈 결과가 3의 배수인 수는 모두 26개이다.

문제 12 p.179

정답 및 해설 답 48, 49, 50

해설

1단계 :

세 수의 곱	$(n - 1) \times n \times (n + 1)$
세 수의 합	$(n - 1) + n + (n + 1) = 3n$

연속하는 세 수의 합은 중간 수의 3의 배수이므로 세 수의 곱이 세 수의 합으로 나누어떨어지려면 $(n - 1) \times (n + 1)$은 3의 배수이어야 한다.

2단계 : 연속하는 세 수의 곱이 그 세 수의 합으로 나눈 몫이 200의 배수가 된다고 했으므로 몫 $\frac{(n - 1) \times (n + 1)}{3}$이 200의 배수이므로 $(n - 1) \times (n + 1)$은 600의 배수이다.

3단계 : 600의 배수가 $(n - 1) \times (n + 1) = n^2 - 1$ 꼴인 경우는 $600 \times 4 = 49^2 - 1$에서 n = 49이다.

600의 배수	n^2	$n^2 - 1$
600	$25^2 = 625$	624
1200	$35^2 = 1225$	1224
1800	$43^2 = 1849$	1848
2400	$49^2 = 2401$	2400
···	···	···

그러므로 (n - 1), n, (n + 1)은 48, 49, 50이다. 따라서 가장 작은 세 수는 48, 49, 50이다.

문제 13 p.180

정답 및 해설 답 (A , B) = (1, 3), (3, 9), (6, 10)

해설

1단계 : 분모와 분자 사이의 공약수가 1뿐이어서 더 이상 약분되지 않는 분수를 기약분수라고 하는데, 기약분수에서 분모가 4, 20, 25, 50, 100 인 경우 소수로 나타내면 소수점 아래 둘째 자리까지 나온다. <보기>에 주어진 식을 기약분수로 나타내면 분모로 가능한 경우는 4뿐이다.

2단계 : 1부터 10까지의 수 중에서 $\frac{\square}{4}$ 형태의 (A + B)로 가능한 것은 4, 8, 12, 16이다.

3단계 : ⇨ A + B가 4일 때, 두 수가 1, 3라면 $\frac{1\times3}{1+3}$ = 0.75이다.

⇨ A + B가 8일 때에는 소수점 아래 둘째 자리까지 나오는 경우가 없다.

⇨ A + B가 12일 때, 두 수가 3, 9라면 $\frac{3\times9}{3+9}$ = 2.25이다.

⇨ A + B가 16일 때, 두 수가 6, 10이면 $\frac{6\times10}{6+10}$ = 3.75이다.

문제 14 p.180

정답 및 해설 답 (1, 3, 2), (2, 6, 4), (7, 9, 4), (3, 9, 6), (7, 11, 6), (4, 12, 8)

해설

1단계 : C는 12 이하의 짝수이므로 2, 4, 6, 8, 10, 12 중 하나이다.

2단계 : ⇨ C가 2일 때, $A^2 + 2C^2 = B^2$ 은 $A^2 + 8 = B^2$ 이며, 가능한 A, B, C 쌍은 (1, 3, 2)이다.

⇨ C가 4일 때, $A^2 + 2C^2 = B^2$ 은 $A^2 + 32 = B^2$ 이며, 가능한 A, B, C 쌍은 (2, 6, 4), (7, 9, 4)이다.

⇨ C가 6일 때, $A^2 + 2C^2 = B^2$ 은 $A^2 + 72 = B^2$ 이며, 가능한 A, B, C 쌍은 (3, 9, 6), (7, 11, 6)이다.

⇨ C가 8일 때, $A^2 + 2C^2 = B^2$ 은 $A^2 + 128 = B^2$ 이며, 가능한 A, B, C 쌍은 (4, 12, 8)이다.

⇨ C가 각각 10, 12일 때에는 가능한 A, B, C 쌍은 존재하지 않는다.

따라서 $A^2 + 2C^2 = B^2$ 을 만족하는 쌍은 (1, 3, 2), (2, 6, 4), (7, 9, 4), (3, 9, 6), (7, 11, 6), (4, 12, 8) 모두 6쌍이다.

문제 15 p.181

정답 및 해설 답 $\frac{2017}{1009}$

해설

1단계 : 각 괄호 안의 덧셈식을 통분하면, $\frac{1}{1\times3}+1=\frac{1+3}{1\times3}=\frac{4}{1\times3}=\frac{2^2}{1\times3}$

$\frac{1}{2\times4}+1=\frac{1+8}{2\times4}=\frac{9}{2\times4}=\frac{3^2}{2\times4}$

$\frac{1}{3\times5}+1=\frac{1+15}{3\times5}=\frac{16}{3\times5}=\frac{4^2}{2\times4}$ 이다.

통분한 분수의 분자는 분모의 두 수 사이의 수의 제곱인 규칙을 갖는다.

2단계 : $(\frac{1}{1\times3}+1)\times(\frac{1}{2\times4}+1)\times(\frac{1}{3\times5}+1)\times\cdots\times(\frac{1}{2016\times2018}+1)$

$$\frac{2^2}{1\times3}\times\frac{3^2}{2\times4}\times\frac{4^2}{3\times5}\times\cdots\times\frac{2017^2}{2016\times2018}=\frac{2\times2017}{1\times2018}=\frac{2017}{1009}$$

문제 16 p.181

정답 및 해설 답 1

해설

$=\frac{1}{2}+\frac{1}{6}+\frac{1}{12}+\frac{1}{20}+\frac{1}{30}+\frac{1}{42}+\frac{1}{7}$

$=\frac{1}{2}+\frac{1}{2\times3}+\frac{1}{3\times4}+\frac{1}{4\times5}+\frac{1}{5\times6}+\frac{1}{6\times7}+\frac{1}{7}$

$=\frac{1}{2}+(\frac{1}{2}-\frac{1}{3})+(\frac{1}{3}-\frac{1}{4})+(\frac{1}{4}-\frac{1}{5})+(\frac{1}{5}-\frac{1}{6})+(\frac{1}{6}-\frac{1}{7})+\frac{1}{7}$

$=\frac{1}{2}+\frac{1}{2}$

$=1$

문제 17 p.182

◆ 평가표

6개 미만 찾은 경우	3점
모두 찾은 경우	5점

정답 및 해설 답 102564, 128205, 153846, 179487, 205128, 230769

해설

1단계 : 여섯자리 수 ABCDEF를 4로 곱했을 때 FABCDE가 되기 위해서는, A ≠ 0, F ≠ 0이어야하며, A는 1 이상의 수, F는 4 이상의 수이다.

2단계 :

F가 4일 때, $102564\times4=410256$

F가 5일 때, $128205\times4=512820$

F가 6일 때, $153846\times4=615384$

F가 7일 때, $179487\times4=717948$

F가 8일 때, $205128\times4=820512$

F가 9일 때, $230769\times4=923076$

문제 18 p.183

정답 및 해설　답 2525

해설

1단계 : $S(1) = 0$

$S(2) = \frac{1}{2}$

$S(3) = \frac{1}{3} + \frac{2}{3} = \frac{3}{3} = 1 = \frac{2}{2}$

$S(4) = \frac{1}{4} + \frac{2}{4} + \frac{3}{4} = \frac{6}{4} = \frac{3}{2}$

$S(5) = \frac{1}{5} + \frac{2}{5} + \frac{3}{5} + \frac{4}{5} = \frac{10}{5} = 2 = \frac{4}{2}$

$S(6) = \frac{1}{6} + \frac{2}{6} + \frac{3}{6} + \frac{4}{6} + \frac{5}{6} = \frac{15}{6} = \frac{5}{2}$ 이므로 $S(n) = \frac{n-1}{2}$ 규칙을 갖는다.

2단계 : $S(1) + S(2) + S(3) + S(4) + \cdots + S(100) + S(101)$

$= 0 + \frac{1}{2} + \frac{2}{2} + \frac{3}{2} + \frac{4}{2} + \frac{5}{2} \cdots + \frac{99}{2} + \frac{100}{2}$

$= \frac{1}{2} \times (1 + 2 + 3 + 4 + \cdots + 99 + 100)$

$= \frac{1}{2} \times 101 \times 50$

$= 2525$

문제 19 p.183

정답 및 해설　답 70

해설

1단계 : 서로 다른 모양의 정사각형

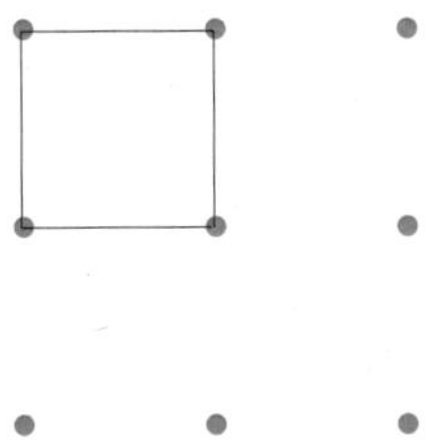

4개

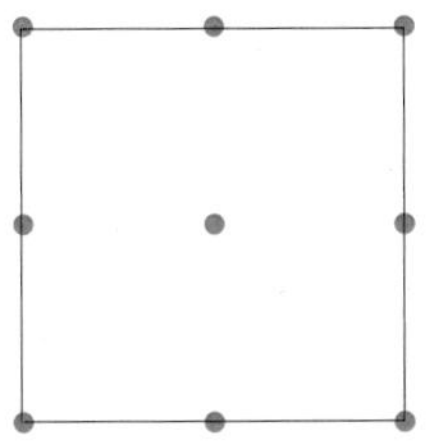

1개

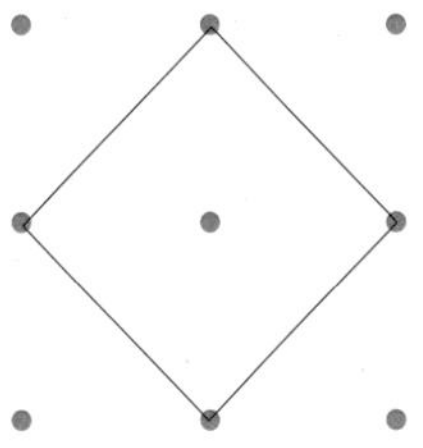

1개

2단계 : 정사각형이 아닌 직사각형

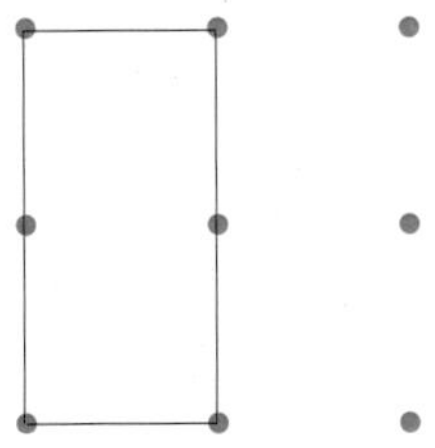

4개

3단계 : 직사각형이 아닌 평행사변형

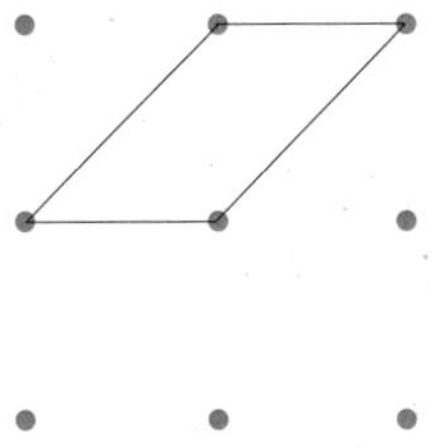

8개

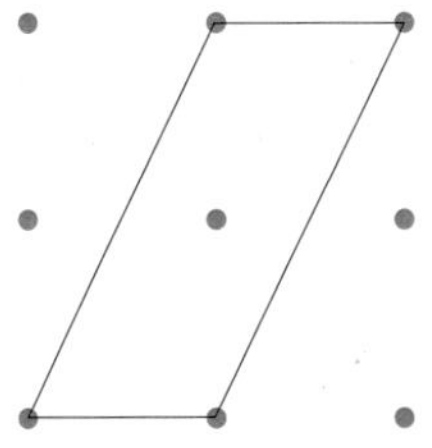

4개

4단계 : 평행사변형이 아닌 사다리꼴

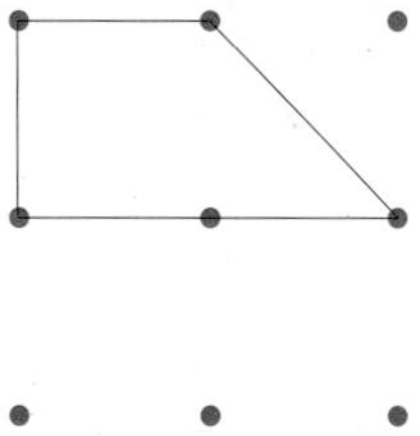

16개

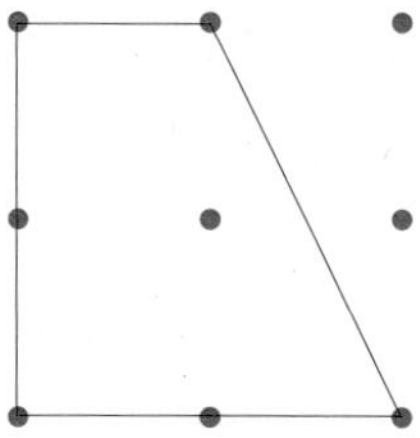

8개

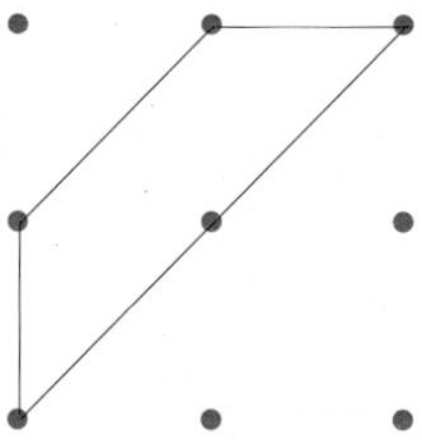

4개

5단계 : 사다리꼴이 아닌 사각형

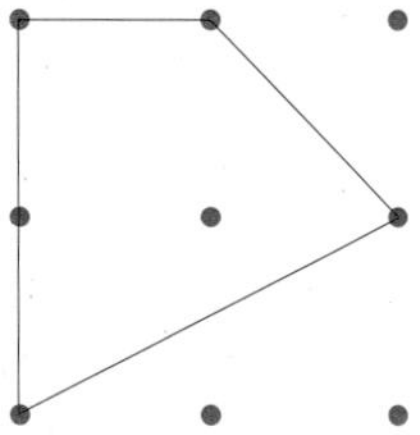

8개

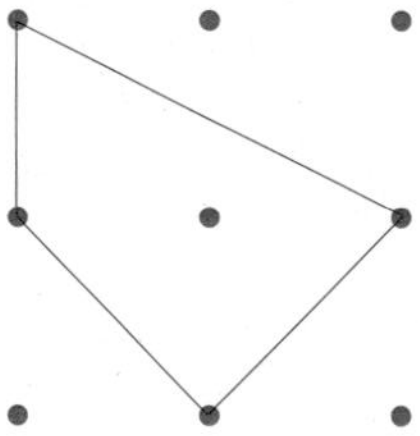

8개

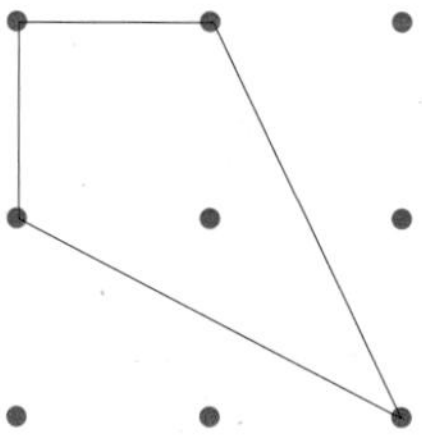

4개

오목 사각형의 예 ▶

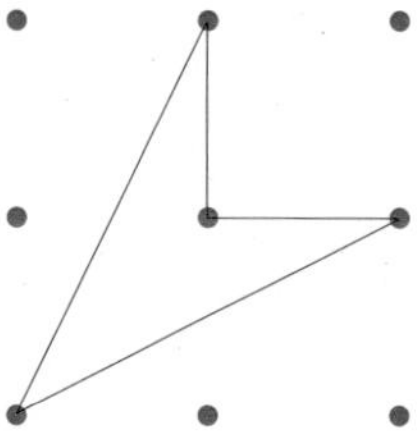

문제 20 p.184

정답 및 해설 답 6

해설

1단계 : 정육면체의 한 변의 길이가 1이라고 할 경우 <보기>의 입체도형(4개의 정육면체로 구성)의 높이는 3이므로 32개의 정육면체로 이루어진 입체도형의 높이 방향으로만 들어갈 수 있다.

2단계 : 32개의 정육면체로 이루어진 입체도형의 앞면에는 <보기>의 입체도형을 어떠한 방향으로 하더라도 맨 윗줄의 한 칸이 항상 비어있게 되므로 <보기>의 입체도형을 4개 넣을 수는 없다.

⇨ 다음과 같이 3개를 넣을 수 있다.

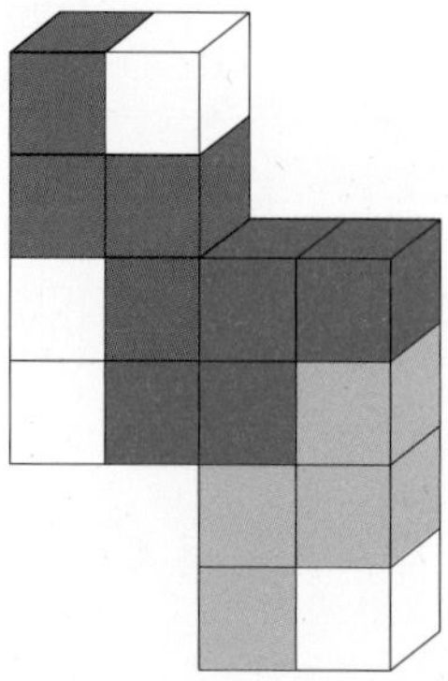

그러므로 32개의 정육면체로 이루어진 입체도형에는 <보기>의 입체도형이 최대 6개 포함되어 있다.

문제 21 p.185

정답 및 해설 답 41개

해설

한 면 이상 페인트가 칠해진 블록의 개수는 겉에서 보이는 블록의 개수이다.

단계	보이는 블록의 개수	
1	1	= 1
2	1 + 4	= 5
3	1 + 4 + 8	= 13
4	1 + 4 + 8 + 12	= 25
5	1 + 4 + 8 + 12 + 16	= 41

문제 22 p.186

정답 및 해설 답 14

해설

1단계 : 작은 정육면체의 한 면의 넓이를 1이라 할 때, A와 같이 작은 정육면체 2개를 떼어내어도 겉넓이는 같지만, B와 같이 정육면체를 3개 떼어내면 면이 2개 줄어든다.

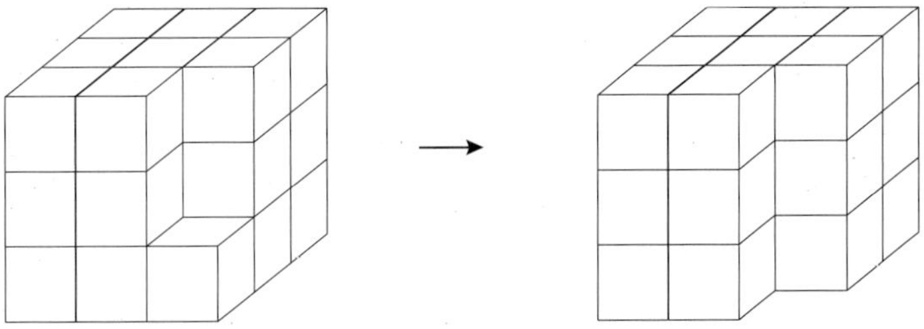

<A> <B>

2단계 : C와 같이 작은 정육면체를 12개 떼어내면 면이 8개 줄어든다.

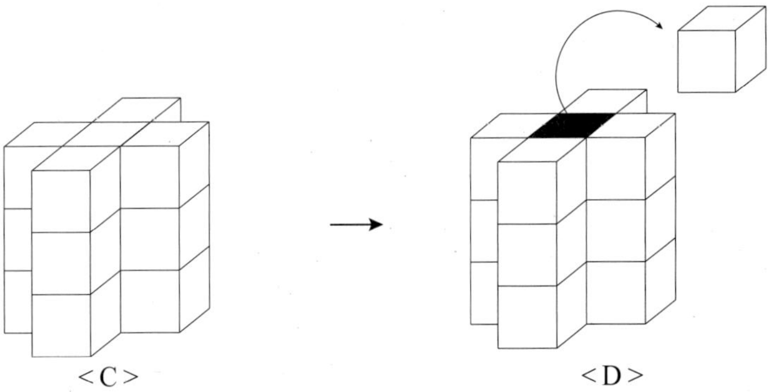

<C> <D>

3단계 : D와 같이 가운데 쌓기나무를 한 개 떼내면 안쪽의 옆면이 4개 늘어나므로, 가운데 쌓기나무를 2개 빼내면 옆면이 총 8개 늘어나므로 (가)의 겉넓이와 같아진다.

그러므로 작은 정육면체 쌓기나무를 12 + 2 = 14개까지 뺄 수 있다.

문제 23 p.187

정답 및 해설　답 35

해설

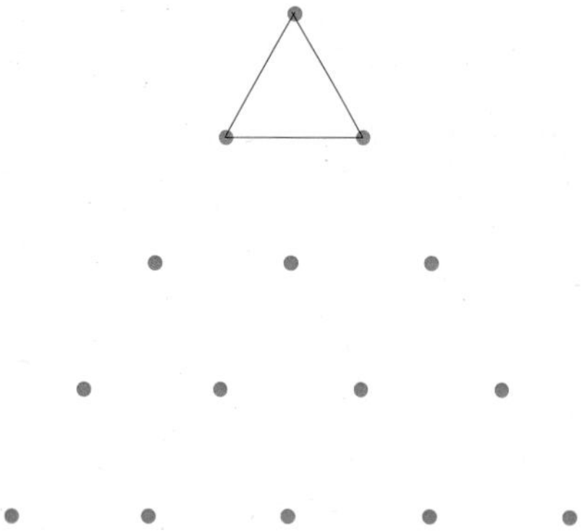

16개

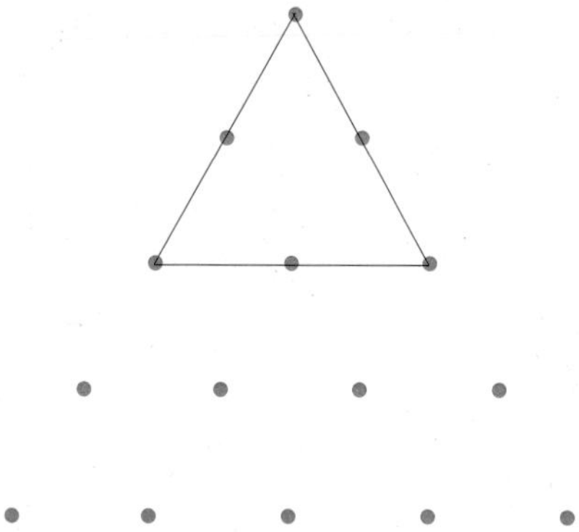

7개

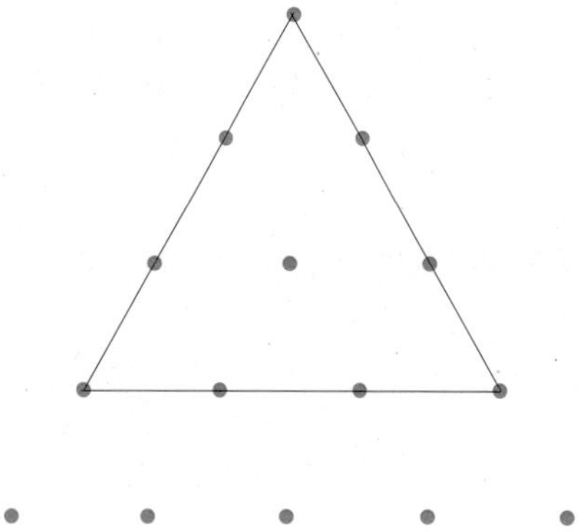

3개

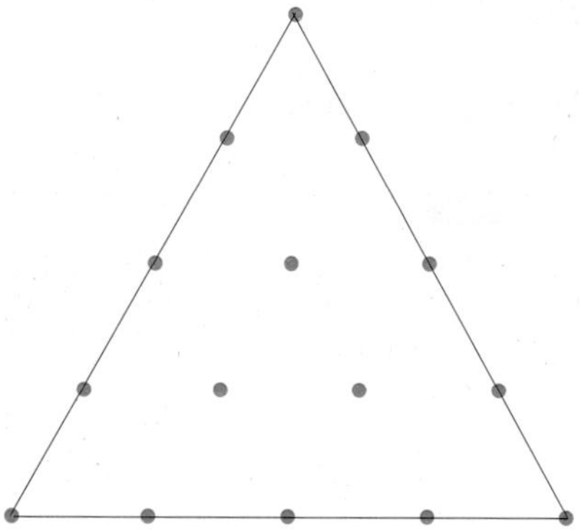

1개

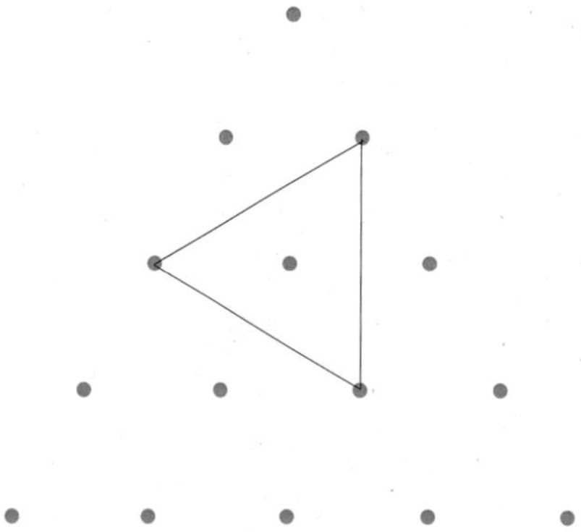

6개

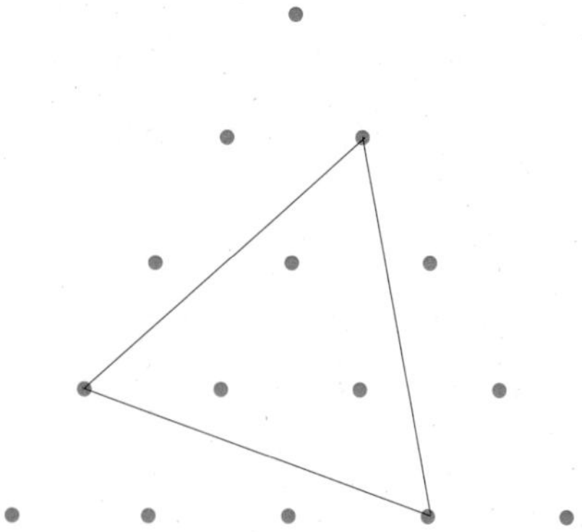

2개

문제 24 p.188

정답 및 해설 답 8

해설

1단계 : 마름모는 네 변의 길이가 모두 같은 사각형이므로, 선분 AD = 선분 AF = 선분 DE = 선분 EF이고, 선분 DE는 선분 AF와 평행하다.

2단계 : 각 B가 공통인 △ABC와 △DBE에서 선분 DE와 선분 AF는 평행 선분이므로 각 BED = 각 ACB이다. 그러므로 △ABC와 △DBE는 닮은꼴이다.

3단계 : 선분 BD를 x라 하면,

선분 BD : 선분 BA = 선분 DE : 선분 AC에서

$x : 12 = 12 - x : 6$

$6x = 144 - 12x$

$18x = 144$

$x = 8$

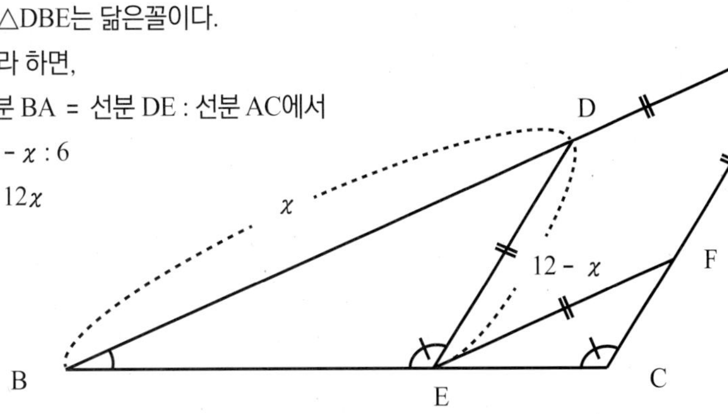

문제 25 p.189

정답 및 해설 답 18분

해설

1단계 : 원의 둘레의 길이를 1이라고 할 때, 무한이가 원형 트랙을 한 바퀴 도는 데 12분 걸리므로 속력은 $1 \div 12 = \frac{1}{12}$이며, 상상이가 원형 트랙을 한 바퀴 도는 데 18분 걸리므로 속력은 $1 \div 18 = \frac{1}{18}$이다.

2단계 : 무한이와 상상이의 속력 차이는 $\frac{1}{12} - \frac{1}{18}$ 이며, 무한이와 상상이는 원형 트랙의 서로 반대 방향에서 즉, 반 바퀴 차이가 나는 지점에서 각각 시계 방향으로 달리므로 무한이가 상상이를 따라잡으려면 무한이는 상상이보다 원형 트랙 둘레의 절반($\frac{1}{2}$)을 더 달려야 한다.

그러므로 $\frac{1}{2} \div (\frac{1}{12} - \frac{1}{18}) = \frac{1}{2} \div (\frac{3}{36} - \frac{2}{36}) = \frac{1}{2} \div \frac{1}{36} = \frac{1}{2} \times \frac{36}{1} = 18$이다.

따라서, 13분 후에 무한이는 상상이를 따라잡을 수 있다.

문제 26 p.190

정답 및 해설 답 물감 A의 1kg당 가격 : 2800원, 물감 B의 1kg당 가격 : 1800원

해설

1단계 : 물감 A와 물감 B를 1 : 4로 섞은 물감은 1kg당 2000원이므로 물감 A 1kg과 물감 B 4kg을 섞은 5kg의 가격은 2000 × 5 = 10000원이며, 물감 A 2kg과 물감 B 8kg 을 섞은 10kg의 가격은 20000원이다.

2단계 : 물감 A와 물감 B를 2 : 3으로 섞은 물감은 1kg당 2200원이므로 물감 A 2kg과 물감 B 3kg 을 섞은 5kg의 가격은 2200 × 5 = 11000원이다.

3단계 : 1단계에서 물감 A 2kg과 물감 B 8kg을 섞은 가격은 20000원,

2단계에서 물감 A 2kg과 물감 B 3kg을 섞은 가격은 11000원이므로 물감 B 5kg의 가격은 9000원이다. 즉, 물감 B 1kg의 가격은 1800원이다.

4단계 : 1단계에서 물감 A 1kg과 물감 B 4kg 을 섞은 가격은 10000원이므로 물감 A 1kg의 가격은 2800원이다.

따라서 물감 A의 1kg당 가격은 2800원, 물감 B의 1kg당 가격은 1800원이다.

문제 27 p.190

정답 및 해설

답 '초급 문제' : 20문제 '고급 문제' : 30문제

해설

1단계 : 한 사람만 푼 문제는 '고급 문제'이므로 만약 세 사람이 푼 문제가 모두 '고급 문제'라면 무한, 상상, 알탐이 세 사람이 푼 문제는 30 × 3 = 90문제가 되므로 40문제가 더 많다. 그러므로 50문제에는 '초급 문제'와 '고급 문제'가 섞여 있다.

2단계 : '초급 문제'가 1문제 늘어나면, '고급 문제'는 3문제 줄어드므로 전체 문제수는 2문제 줄어든다.

따라서 '초급 문제'는 40 ÷ 2 = 20문제이며, '어려운 문제'는 50 - 20 = 30문제이다.

문제 28 p.191

정답 및 해설

답 첫째 날 사용한 물의 양 : 18kg, 둘째 날 사용한 물의 양 : 24kg
셋째 날 사용한 물의 양 : 12kg, 물통의 무게 : 2kg

해설

1단계 : 통 안에 들어 있는 물의 양을 x라고 할 때, 3일 동안 사용한 물의 양은 다음과 같다.

	사용한 물의 양 (kg)	남은 물의 양 (kg)
첫째 날	$\frac{1}{3}x$	$\frac{2}{3}x$
둘째 날	$\frac{2}{3}x \times \frac{2}{3}$	$\frac{2}{3}x \times \frac{1}{3}$
	(첫째 날 + 둘째 날) 사용한 물의 양 $= \frac{1}{3}x + \frac{2}{3}x \times \frac{2}{3}$ $= \frac{7}{9}x$	
셋째 날	$\frac{7}{9}x \times \frac{3}{7} - 6$	0

2단계 : 셋째 날 사용한 물의 양은 둘째 날까지 사용하고 남은 물의 양과 같으므로

$$\frac{7}{9}x \times \frac{3}{7} - 6 = \frac{2}{3}x \times \frac{1}{3} \Rightarrow \frac{3}{9}x - 6 = \frac{2}{9}x \Rightarrow \frac{1}{9}x = 6 \Rightarrow x = 54$$

즉, 통 속에 들어 있는 물의 양은 54kg이다.

따라서, 첫째 날 사용한 물의 양 $= \frac{1}{3}x = \frac{1}{3} \times 54 = 18$kg,

둘째 날 사용한 물의 양 $= \frac{2}{3}x \times \frac{2}{3} = \frac{2}{3} \times 54 \times \frac{2}{3} = 24$kg,

셋째 날 사용한 물의 양 $= \frac{2}{3}x \times \frac{1}{3} = \frac{2}{3} \times 54 \times \frac{1}{3} = 12$kg,

물통의 무게는 56kg $- x =$ 56kg - 54kg = 2kg이다.

문제 29 p.192

정답 및 해설

답 (1) 화 (2) 토 (3) 금

해설

(1) 금요일을 $2 + 7A$, 일요일을 $4 + 7B$라고 한다면, 금 + 일 = $(2 + 7A) + (4 + 7B) = 6 + 7(A+B) = 6 + 7C$이다. $6 + 7C$는 화요일을 나타낼 수 있으므로 '금 + 일 = 화' 이다.

(2) 목요일은 $1 + 7D$, 월요일은 $5 + 7C$로 나타낸다면, 목 - 월 = $(1 + 7D) - (5 + 7C) = -4 + 7(D - C) = -4 + 7(D - C - 1) + 7 = 3 + 7(D - C - 1)$이다. $D - C - 1$은 정수이므로 $3 + 7B$로 나타낼 수 있고, $3 + 7B$는 토요일을 나타내므로 '목 - 월 = 토'이다.

(3) 화요일을 $6 + 7B$, 월요일을 $5 + 7C$로 나타낸다면, 화 × 월 = $(6 + 7B) \times (5 + 7C) = 30 + 42C + 35B + 49C = 2 + 7(6C + 5B + 7C + 4)$이다. $6C + 5B + 7C + 4$는 정수이므로 $2 + 7A$로 나타낼 수 있고, $2 + 7A$는 금요일을 나타내므로 '화 × 월 = 금'이다.

문제 30 p.193

정답 및 해설

답 120L

해설

1단계 : 아래쪽 수도꼭지에서 나가는 물의 양은 각각 1분에 10L이므로
24분 동안 수도꼭지 2개에서 나가는 물의 양은 $10 \times 24 \times 2 = 480$L이다.
8분 동안 수도꼭지 3개에서 나가는 물의 양은 $10 \times 8 \times 3 = 240$L이다.

2단계 : 24분과 8분 동안 나가는 물의 양의 차이는 240L이며, 이는 16분 동안 위쪽 수도꼭지에서 물탱크로 들어온 물의 양이다. 그러므로 위쪽 수도꼭지에서 물탱크로 1분 동안 들어온 물의 양은 $240 \div 16 = 15$L이다.

3단계 : 24분 동안 위쪽 수도꼭지에서 물탱크로 들어온 물의 양은 $15 \times 24 = 360$L이므로 표시선까지의 용량은 $480 - 360 = 120$L이다.
8분 동안 위쪽 수도꼭지에서 물탱크로 들어온 물의 양은 $15 \times 8 = 120$L이므로 표시선까지의 용량은 $240 - 120 = 120$L이다.

따라서, 물탱크의 표시선까지의 용량은 120L이다.

문제 31 p.194

정답 및 해설

답

		★		★
			★	★
★	★			
★			★	
	★	★		

문제 32 p.195

정답 및 해설

답 최소 개수 : 12개, 최대 개수 : 15개

해설

최소 개수 ⇨ 1단계 : (나)와 (다)는 서로 겹치는 부분이 많으므로 (나)를 180° 돌려 (다)와 겹친다.

2단계 : (가)는 어느 방향으로 돌려도 귀퉁이 한 칸만 겹친다.

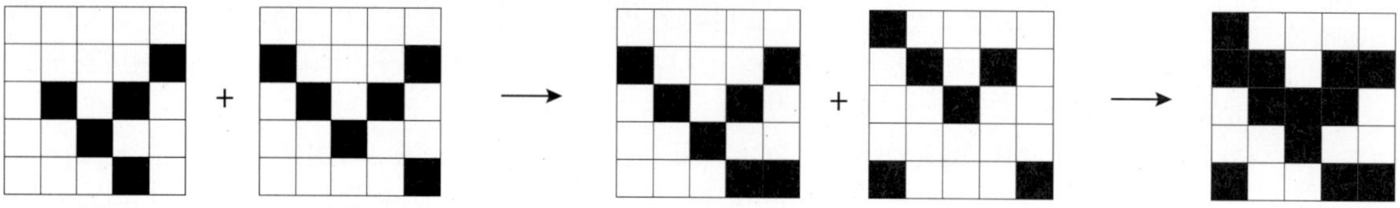

(나) (다) (가)

따라서 (가), (나), (다)를 겹칠 때, 칠해진 칸의 최소 개수는 12개이다.

최대 개수 ⇨ 1단계 - (나)와 (다)는 겹치는 부분이 2군데 뿐이다.

2단계 - (가)를 시계 반대 방향으로 돌려 겹치면 5칸이 더 칠해진다.

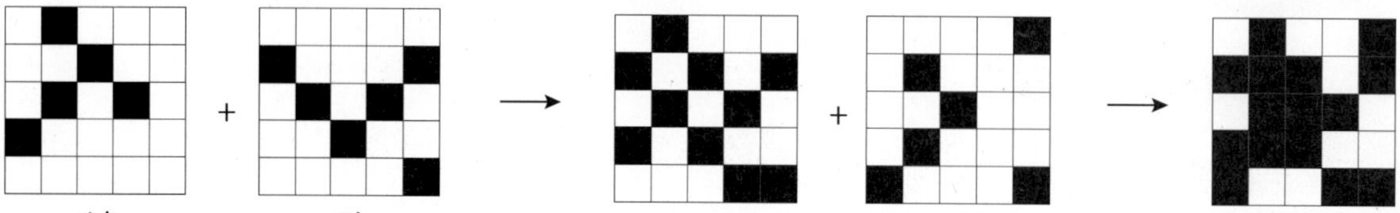

(나) (다) (가)

따라서, (가), (나), (다)를 겹칠 때, 칠해진 칸의 최대 개수는15개이다.

문제 33 p.196

정답 및 해설

답 3m가 넘지 않는다.

해설

1단계 : 다음과 같이 한 변의 길이가 1인 정삼각형의 세 변의 중점을 이으면 넓이가 같은 정삼각형이 4개 만들어진다. 즉, 어떤 정삼각형의 넓이의 $\frac{1}{4}$ 배인 정삼각형은 한 변의 길이가 $\frac{1}{2}$ 배이다.

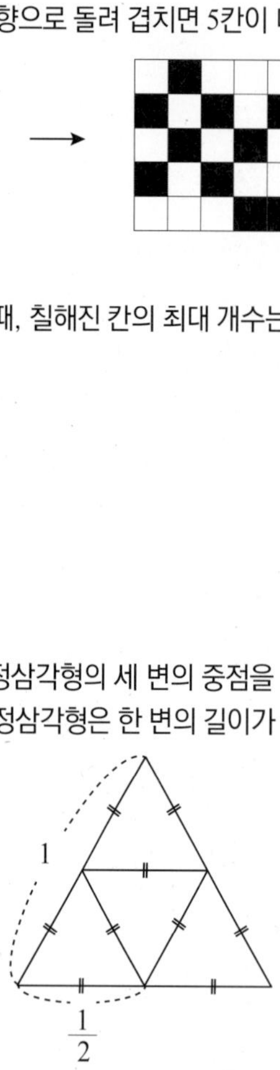

2단계 : 오른쪽으로 붙여 나가는 정삼각형의 밑변의 길이는 $1, \frac{1}{2}, \frac{1}{4}, \frac{1}{8}, \frac{1}{16}, \frac{1}{32}, \cdots$ 이다.

3단계 : $1 + \frac{1}{2} + \frac{1}{4} + \frac{1}{8} + \frac{1}{16} + \frac{1}{32} + \cdots = S$라 할 때,

$2S = 2 + 1 + \frac{1}{2} + \frac{1}{4} + \frac{1}{8} + \frac{1}{16} + \cdots$ 이므로

$2S - S = (2 + 1 + \frac{1}{2} + \frac{1}{4} + \frac{1}{8} + \frac{1}{16} + \cdots) - (1 + \frac{1}{2} + \frac{1}{4} + \frac{1}{8} + \frac{1}{16} + \frac{1}{32} + \cdots) \fallingdotseq 2 = S$ 이다.

즉, $1 + \frac{1}{2} + \frac{1}{4} + \frac{1}{8} + \frac{1}{16} + \frac{1}{32} + \cdots$ 은 1보다 작은 값이므로 밑변의 길이의 합은 2m를 넘지 않는다.

문제 34 p.197

정답 및 해설 답 검은 바둑돌 : 100개, 흰 바둑돌 : 81개

해설

1단계 : 두 번째, 세 번째, 네 번째 모양을 45° 회전시키면, 다음과 같다.

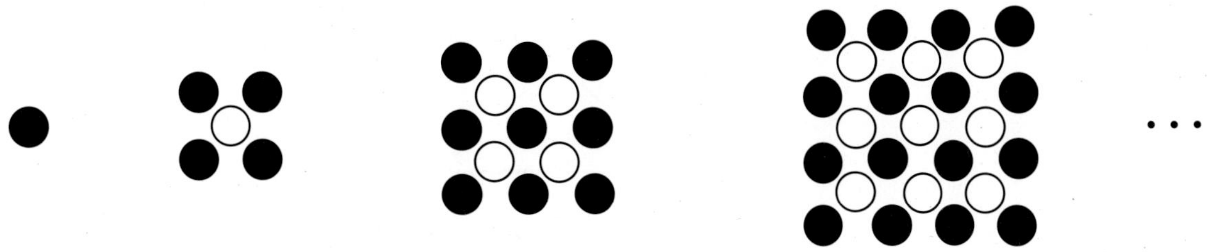

2단계 : n번 째 모양의 검은 바둑돌은 한 변이 n개인 정사각형 모양이고, n번 째 모양의 흰 바둑돌은 한 변이 (n - 1)개인 정사각형 모양이다.

3단계 : n번 째 모양의 검은 바둑돌의 개수는 n^2, n번 째 모양의 흰 바둑돌의 개수는 $(n-1)^2$이다.

따라서, 열번 째 모양에 사용된 검은 바둑돌은 $10^2 = 100$개, 흰 바둑돌은 $(10-1)^2 = 81$개이다.

문제 35 p.198

정답 및 해설 답 385개

해설

1단계 : 정사각형의 선분의 길이의 합은 다음과 같은 규칙성을 갖는다.

	선분의 길이의 합 (m)
(가) - 첫 번째	$4 + 2 \times 0 = 4$
(나) - 두 번째	$4 + 2 \times 1 = 6$
(다) - 세 번째	$4 + 2 \times 2 = 8$
(라) - 네 번째	$4 + 2 \times 3 = 10$
···	
n 번째	$4 + 2 \times (n-1)$

2단계 : n 번째 도형의 선분의 길이의 합이 20m라면, $4 + 2 \times (n - 1) = 20$ ⇨ $n = 9$이다. 그러므로 10 번째 도형의 선분의 길이는 20m를 넘는다.

따라서, 10 번째 도형은 다음과 같으며, 크고 작은 정사각형의 개수는 $10^2 + 9^2 + 8^2 + 7^2 + 6^2 + \cdots + 3^2 + 2^2 + 1^2 = 385$이다.

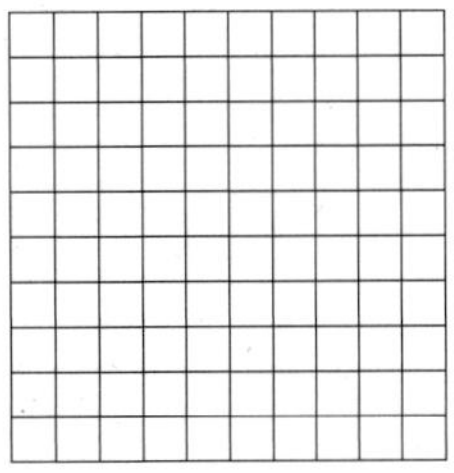

문제 36 p.199

정답 및 해설 답 7개

해설

1단계 : 정육면체에서 선분 DG를 한 변으로 하고 삼각형 BDG와 합동인 삼각형은 삼각형 DGE이며, 이는 정삼각형이다. 이와 같이 정육면체의 각 면에서 대각선을 한 변으로 하면서 삼각형 BDG와 합동인 삼각형(정삼각형)은 2개씩 있다.

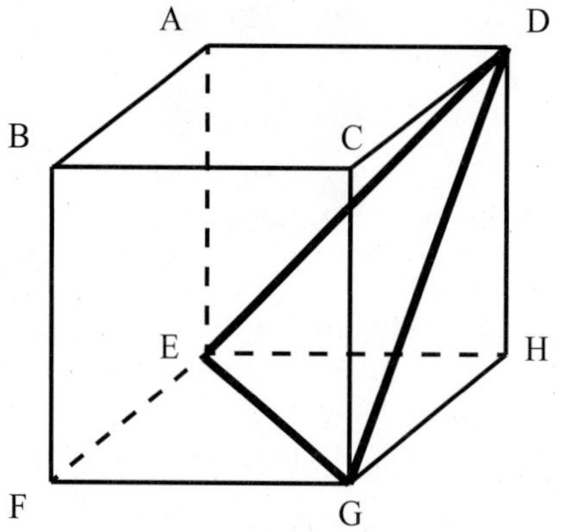

2단계 : 정육면체의 여섯 변에는 선분 DG와 길이가 같은 대각선이 2개씩 있으므로 삼각형 BDG와 합동인 삼각형은 2 × 12 = 24개(삼각형 BDG 포함)이다.

3단계 : 2단계에서 구한 삼각형 24개는 같은 삼각형이 세 번씩 중복된 개수이다. (예를 들어 삼각형 BDG에서 대각선 DG는 대각선 BD, 대각선 BG를 각각 한 변으로 하는 정삼각형에 각각 포함되므로 대각선 DG, BD, BG는 각각 세 번씩 중복되어 계산된다). 그러므로 삼각형 BDG와 합동인 각 삼각형의 개수는 24 ÷ 3 = 8개(삼각형 BDG 포함)이다.

따라서, 삼각형 BDG와 합동인 삼각형은 8 - 1 = 7개이다.

문제 37 p.200

◆ 평가표

(1) ~ (4) 각각	1점
모두 맞은 경우	plus 1점

정답 및 해설 답 (1) 1 (2) + (3) ÷ (4) 3 ×

해설

(가) ◈ (나) = (다)는 다음과 같은 규칙성을 갖는다.

			규칙성
2 ◈ 8 = 3	➪	8 ÷ 2 ÷ 2 ÷ 2 = 1	$2^3 = 8$
2 ◈ 32 = 5	➪	32 ÷ 2 ÷ 2 ÷ 2 ÷ 2 ÷ 2 = 1	$3^3 = 27$
3 ◈ 27 = 3	➪	27 ÷ 3 ÷ 3 ÷ 3 = 1	$3^3 = 27$
4 ◈ 16 = 2	➪	16 ÷ 4 ÷ 4 = 1	$4^2 = 16$
…		…	
(가) ◈ (나) = (다)			(가)$^{(다)}$ = (나)

(1) $A^{\square}$ = A이므로 (A ÷ A = 1) A◆A = 1이다.

(2) A◆ (B × C) = χ라고 한다면, A^{χ} = B × C이므로 $A^{\chi} = A^{\omega} \times A^{\chi-\omega}$로 나타낼 수 있다. ($B = A^{\omega}$, $C = A^{\chi-\omega}$)

$B = A^{\omega}$, $C = A^{\chi-\omega}$을 A◆B $\square$ A◆C에 대입하면, A◆A^{ω} $\square$ A◆$A^{\chi-\omega}$이므로 $\omega \square \chi - \omega$이다.

그러므로 A◆ (B × C) = A◆B $\square$ A◆C

$\chi = \omega \square \chi - \omega$

따라서 $\square$은 +이다. 즉, A◆ (B × C) = A◆B + A◆C

(3) A◆ B = α, A◆ C = β라고 한다면, A^{α} = B, A^{β} = C이므로

A◆ (B $\square$ C) = $\alpha - \beta$

$A^{\alpha-\beta}$ = B $\square$ C이다.

$A^{\alpha-\beta}$은 $A^{\alpha} \div A^{\beta}$이고, $A^{\alpha} \div A^{\beta}$ = B ÷ C이므로 $\square$은 ÷이다. 즉, A◆ (B ÷ C) = A◆ B - A◆ C이다.

(4) (2)에서 A◆ (B × C) = A◆B + A◆C이므로

A◆ (B × B × B) = A◆B + A◆B + A◆B

A◆ (B × B × B) = 3 × (A◆B)이다.

따라서 $\square\square$ 은 3 ×이다. 즉, A◆ (B × B × B) = 3 × (A◆B)

문제 38 p.201

정답 및 해설 답 아리랑 쓰리랑

해설

1단계 : 덧셈으로 연결된 각 식은 각각 한글 한 글자를 의미하고, 초성은 분자를, 중성을 분모를 종성은 자연수를 나타낸다.

2단계 : 한글 자음과 모음은 다음과 같은 순서의 규칙을 갖는다.

1	4	7	10	13
ㄱ	ㄴ	ㄷ	ㄹ	ㅁ
2	5	8	11	14
ㅂ	ㅅ	ㅇ	ㅈ	ㅊ
3	6	9	12	
ㅋ	ㅌ	ㅍ	ㅎ	

1	2	3	4	5
ㅏ	ㅓ	ㅗ	ㅜ	ㅡ
6	7	8	9	10
ㅑ	ㅕ	ㅛ	ㅠ	ㅣ

그러므로 암호문 $\frac{8}{1} + \frac{10}{10} + (\frac{10}{1} \times 8) + \frac{5^2}{5} + \frac{10}{10} + (\frac{10}{1} \times 8)$ 은 "아리랑 쓰리랑" 을 나타낸다.

문제 39 p.202

정답 및 해설 답 75°

해설

1단계 : ∠AOB + ∠BOC + ∠COA = 180°이며, ∠AOB : ∠BOC : ∠COA = 3 : 4 : 5이므로

$$\angle AOB = 360^{\circ} \times \frac{3}{3+4+5} = 90^{\circ}$$

$$\angle BOC = 360^{\circ} \times \frac{4}{3+4+5} = 120^{\circ}$$

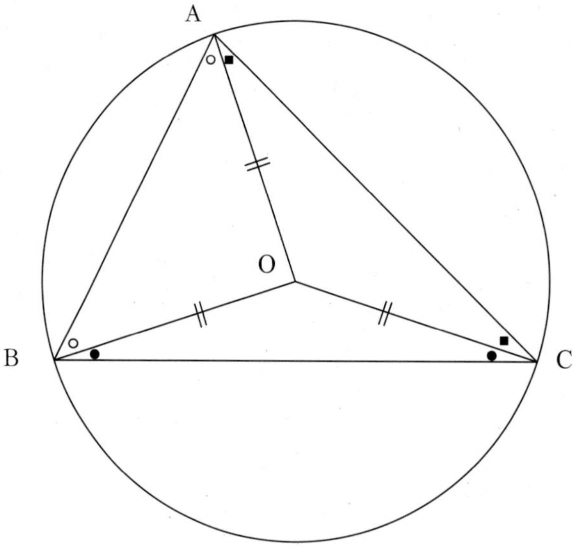

2단계 : 삼각형의 외심에서 각 꼭지점에 이르는 거리는 같으므로

삼각형 ABO와 삼각형 BCO는 각각 변 AO = 변 BO, 변 BO = 변 CO인 이등변 삼각형이다.

그러므로 ∠ABO = (180° - ∠AOB) ÷ 2 = (180° - 90°) ÷ 2 = 45°

∠OBC = (180° - ∠BOC) ÷ 2 = (180° - 120°) ÷ 2 = 30°

∠ABC = ∠ABO + ∠OBC이므로 ∠ABC = 45° + 30° = 75°

문제 40 p.203

정답 및 해설 답 15°

해설

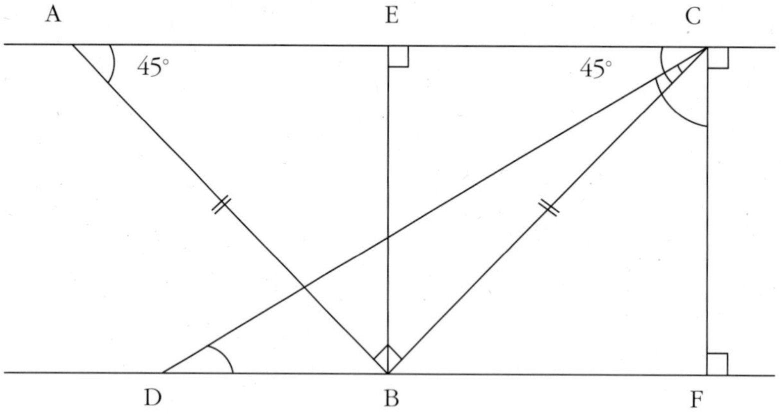

1단계 : 삼각형 ABC에서 선분 AB = 선분 BC이며, ∠ABC는 90°이므로 ∠BAC와 ∠ACB는 각각 45°이다.

2단계 : 삼각형 ABC는 직각이등변삼각형이므로 B에서 선분 AC에 수선을 그으면 선분 AE = 선분 CE = 선분 BE (E는 외심)이다. 그러므로 선분 BE = x라 하면 선분 AC = $2x$, 선분 CD는 $2x$이다.

3단계 : C에서 직선 BD에 수선의 발 F를 내리면, 선분 CF = x이다.

4단계 : 삼각형 CDF에서 ∠ CFB = 90°, 선분 CD : 선분 CF = $2x : x = 2 : 1$ 이므로 ∠ DCF = 60°, 각 CDF = 30° 이다.

따라서, ∠ CDF와 ∠ ACD가 엇각(∠ CDF = ∠ ACD = 30°)이라는 것을 이용하면, ∠ BCD = ∠ ACB - ∠ ACD = 60° - 45° = 15°이다.

[다른 풀이] ∠ ACD + ∠ DCF - ∠ BCD = 90°

45° + 60° - ∠ BCD = 90°

∠ BCD = 105° - 90

= 15°

문제 41 p.204

정답 및 해설 답 5 cm

해설

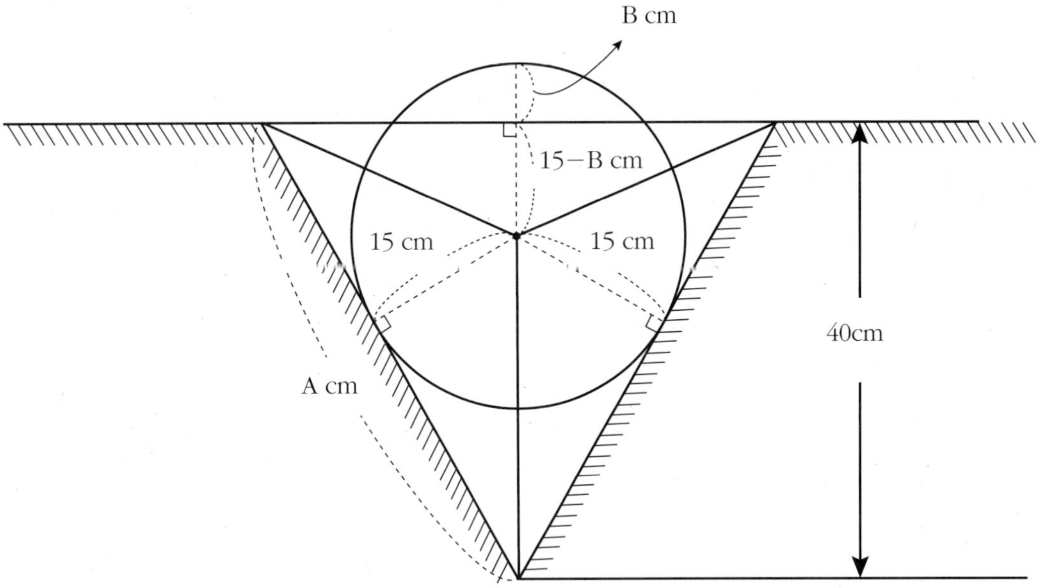

1단계 : 정삼각형 모양으로 파인 땅의 한 변의 길이를 A라고 할 때, 정삼각형의 넓이는 $\frac{1}{2} \times A \times 40 = 20A(cm^2)$이다.

2단계 : 파이프 원의 중심에서 정삼각형의 세 꼭지점에 선분을 이어 정삼각형을 세 부분으로 나누고, 파이프가 땅 위로 나온 길이를 B 라고 할 때, 나누어진 세 삼각형은 밑변이 A, 높이는 각각 (15 - B)cm, 15cm, 15cm이며, 세 삼각형의 넓이의 합은 $\frac{1}{2} \times A \times \{(15 - B + 15 + 15cm\}(cm^2) = \frac{A}{2}(45 - B)$이다.

3단계 : 1단계에서 구한 정삼각형의 넓이와 2단계에서 세 삼각형의 넓이는 같으므로

$$20A(cm^2) = \frac{A}{2}(45 - B)(cm^2)$$

$$40 = 45 - B$$

$$B = 5$$

따라서, 파이프가 땅 위로 나온 부분의 높이는 5cm이다.

문제 42 p.205

정답 및 해설 답 48

해설

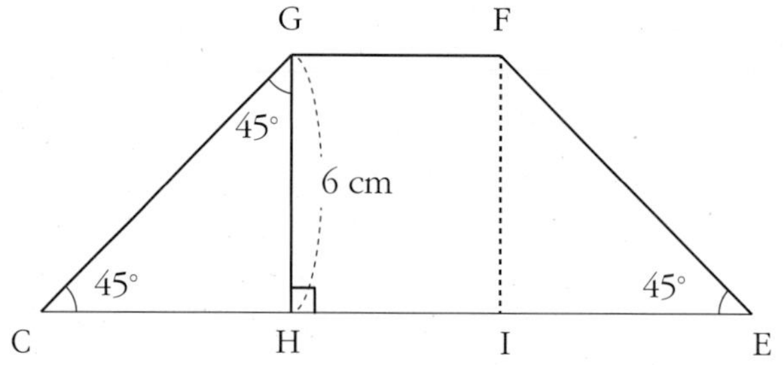

1단계 : 사다리꼴 GCEF에서 △GCH와 △FIE는 직각 이등변삼각형이므로 선분 CH = 선분 GH = 선분 FI = 선분 EI = 6cm이므로 선분 IH = 5cm이다.

2단계 : 두 사각형의 겹쳐진 부분이 최대가 되기 위해서는 다음과 같아야 한다. (색칠된 부분은 두 사각형이 최대로 겹쳐진 부분이다.)

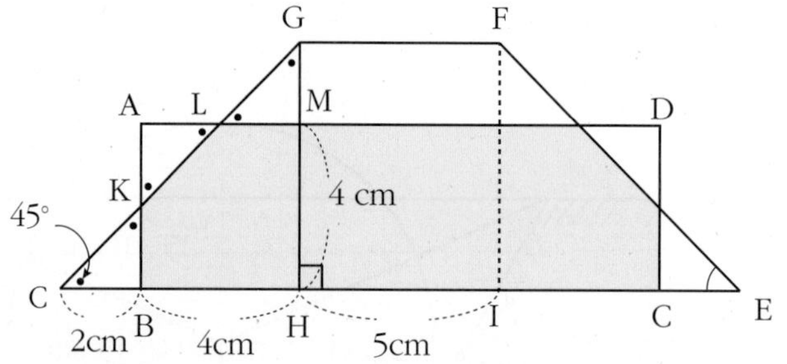

△KCB와 △GLM 역시 직각 이등변삼각형이므로 선분 CB = 선분 KB = 2cm이며, 선분 AK = 선분 AL = 2cm이다.

따라서 색칠된 부분의 넓이 = $(13 \times 4) - (\frac{1}{2} \times 2 \times 2 \times 2) = 52 - 4 = 48\,(cm^2)$

문제 43 p.206

정답 및 해설 답 $\frac{19}{2}$

해설

1단계 : 점 E와 점 F를 잇는 보조선을 그리면 다음과 같다.

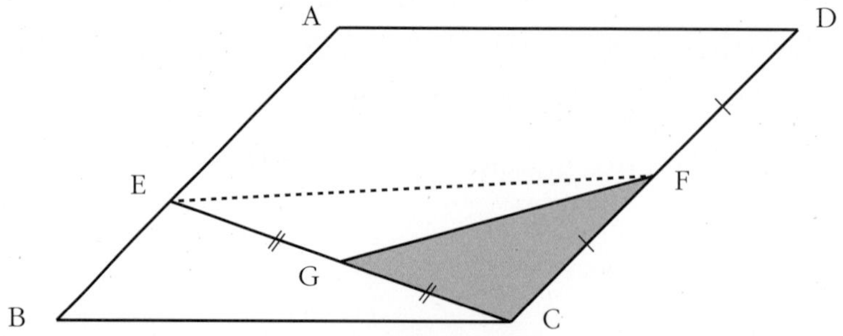

□ABCD는 평행사변형이며, 선분CF = 선분DF이므로 △CEF = $\frac{1}{4}$ □ABCD = $\frac{1}{4} \times 76 = 19$이다.

2단계 : △EGF와 △FGC는 높이가 같으며, 선분 EG = 선분 CG이므로

△GCF = $\frac{1}{2}$ × △CEF = $\frac{1}{2} \times 19 = \frac{19}{2}$ 이다. 따라서 △GCF의 넓이는 $\frac{19}{2}$ 이다.

문제 44 p.207

정답 및 해설 답 $8\pi \times (n + 6)$

해설

1단계 : 원기둥을 n번 자르면 (n+1)개의 원기둥이 만들어지므로 잘린 수수깡의 밑면(윗면 포함)은 모두 $2 \times (n+1)$개이다.

2단계 : 잘린 수수깡의 옆넓이의 합은 원래 수수깡의 옆넓이와 같으므로

잘린 수수깡의 겉넓이의 합 = 잘린 수수깡의 밑면(윗면 포함) + 원래 수수깡의 옆넓이

잘린 수수깡의 겉넓이의 합

= {잘린 수수깡의 밑넓이 × 2 × 잘린 원기둥의 개수 } + (수수깡의 밑면 둘레 × 자르기 전 수수깡의 높이)

$= \{\pi 2^2 \times 2 \times (n+1)\} + \{(2 \times \pi \times 2) \times 10\}$

$= \{8\pi \times (n + 1)\} + 40\pi$

$= 8n\pi + 8\pi + 40\pi$

$= 8n\pi + 48\pi$

$= 8\pi \times (n + 6)$

문제 45 p.208

정답 및 해설 답 281

해설

1단계 : 2학년 5명 중에서는 3명, 4명 또는 5명을 뽑을 수 있다.

2단계 : 2학년 5명 중에서 3명이 뽑히면 1학년 6명 중에서는 3명이 뽑힌다.

2학년 5명 중 3명을 뽑는 경우 ⇨ ${}_5C_3 = \frac{5\times4\times3}{3\times2\times1} = 10$

1학년 6명 중 3명을 뽑는 경우 ⇨ ${}_6C_3 = \frac{6\times5\times4}{3\times2\times1} = 20$

그러므로 2학년에서 3명, 1학년에서 3명이 뽑히는 경우는 ${}_5C_3 \times {}_6C_3 = 200$가지이다.

3단계 : 2학년 5명 중에서 4명이 뽑히면 1학년 6명 중에서는 2명이 뽑힌다.

2학년 5명 중 4명을 뽑는 경우 ⇨ ${}_5C_4 = \frac{5\times4\times3\times2}{4\times3\times2\times1} = 5$

1학년 6명 중 2명을 뽑는 경우 ⇨ ${}_6C_2 = \frac{6\times5}{2\times1} = 15$

그러므로 2학년에서 4명, 1학년에서 2명이 뽑히는 경우는 ${}_5C_4 \times {}_6C_2 = 75$가지이다.

4단계 : 2학년 5명 중에서 5명이 뽑히면 1학년 6명 중에서는 1명이 뽑힌다.

2학년 5명 중 5명을 뽑는 경우 ⇨ ${}_5C_5 = \frac{5\times4\times3\times2\times1}{5\times4\times3\times2\times1} = 1$

1학년 6명 중 1명을 뽑는 경우 ⇨ ${}_6C_1 = \frac{6}{1} = 6$

그러므로 2학년에서 5명, 1학년에서 1명이 뽑히는 경우는 ${}_5C_5 \times {}_6C_1 = 6$가지이다.

따라서, 1학년 6명, 2학년 5명 중에서 토론 대회에 나갈 6명을 뽑을 때 적어도 2학년이 3명 뽑히는 경우의 수는

200 + 75 + 6 = 281가지이다.

문제 46 p.209

정답 및 해설 답 $\frac{11}{120}$

해설

1단계 : 카드는 모두 16장(8×2), 5가 아닌 카드는 14장(7×2)이며, 다섯번 째에 처음으로 5가 선택되려면 1 ~ 4회까지는 1, 2, 3, 4, 6, 7, 8이 선택되어야 한다.

2단계 : 처음에 5가 아닌 카드가 선택될 확률 = $\frac{14}{16}$ = $\frac{7}{8}$ 이다.

3단계 : 처음에 5가 아닌 카드 1장을 선택했으므로 카드는 모두 15장이며, 5가 아닌 카드는 13장이다.
그러므로 두번 째에 5가 아닌 카드가 선택될 확률 = $\frac{13}{15}$ 이다.

4단계 : 처음과 두번 째에 5가 아닌 카드를 선택했으므로 남은 카드는 14장이며, 이 중에서 5가 아닌 카드는 12장이다.
그러므로 세번 째에 5가 아닌 카드가 선택될 확률 = $\frac{12}{14}$ = $\frac{6}{7}$ 이다.

5단계 : 세번 째까지 5가 아닌 카드를 선택했으므로 남은 카드는 13장이며, 이 중에서 5가 아닌 카드는 11장이다.
그러므로 네번 째에 5가 아닌 카드를 선택될 확률 = $\frac{11}{13}$ 이다.

6단계 : 네 번째까지 5가 아닌 카드를 선택했으므로 남은 카드는 12장(16 - 4)이며, 이 중에서 5인 카드는 2장이므로 다섯 번 째에 5가 적힌 카드를 선택할 확률 = $\frac{2}{12}$ = $\frac{1}{6}$ 이다.

다섯 번째까지 카드는 뽑을 때 각각은 서로 영향을 끼치지 않으므로 동시에 일어날 확률

$$= \frac{7}{8} \times \frac{13}{15} \times \frac{6}{7} \times \frac{11}{13} \times \frac{1}{6} = \frac{11}{120}$$

문제 47 p.210

정답 및 해설 답 5 : 1

해설

1단계 : (가)팀은 1승 2무, (나)팀은 무승부가 없으므로 (가)팀은 (나)팀에 이겼으며, (다)와 (라)팀과는 무승부이다.

2단계 : 1승 1무 1패인 (다)팀은 (가)팀과 무승부이므로 (나)와 (라)팀과는 1승 1패이다.

3단계 : (라)팀은 득점이 0점이며, (가)팀과 무승부이므로 (다)팀과는 무승부이거나 1패인데, (다)팀은 (라)팀과 무승부일 수 없기 때문에 (다)팀과 (라)팀의 경기에서 (다)팀이 이겼다.

4단계 : (다)팀은 1승 1무 1패인데, (가)팀과는 무승부, (라)팀에는 이겼으므로 (나)팀에는 졌다.

5단계 : (라)팀은 득점이 0점이므로 (나)팀과의 경기는 무승부이거나 1패이지만, (나)팀은 무승부가 없으므로 (라)팀에 이겼다. 그러므로 (나)팀은 2승 1패, (라)팀은 1무 2패이다. 또한, (라)팀은 득점이 0점이고, (가)팀과는 무승부이므로 (가) : (라) = 0 : 0이다.

6단계 : 문제에서 (나) : (라) = 1 : 0이므로 (다) : (라) = 2 : 0이며, (라)팀을 제외한 세 팀의 골득점 상황은 다음과 같다.

- (가)팀 : 1승 1무 (득점 : 7, 실점 : 4)
- (나)팀 : 1승 1패 (득점 : 6, 실점 : 5)
- (다)팀 : 1무 1패 (득점 : 4, 실점 : 8)

(가)팀과 (다)팀은 무승부이므로 (가) : (다)는 0 : 0, 1 : 1, 2 : 2, 3 : 3, 4 : 4인데, 이 중에서 (가) : (다) = 3 : 3일 때 (가) : (나) = 4 : 1이며, (나) : (다) = 5 : 1이 되므로 세 팀의 골 득점과 실점에 만족한다.

문제 48 p.211

정답 및 해설 답 상상이

해설

1단계 : <보기>의 수 배열에서 3개의 수와 수 사이(홀수 1개와 짝수 2개 또는 홀수 2개와 짝수 1)에 + 또는 - 부호를 쓸 경우는 다음과 같이 홀수와 짝수가 결정된다.

1 + 2 + 3 = 6 (짝수)	2 + 3 + 4 = 9 (홀수)
1 + 2 - 3 = 0 (짝수)	2 + 3 - 4 = 1 (홀수)
1 - 2 + 3 = 2 (짝수)	2 - 3 + 4 = 3 (홀수)
1 - 2 - 3 = -6 (짝수)	2 - 3 - 4 = -9 (홀수)

2단계 : 수와 수 사이에 + 또는 - 부호를 넣어 계산한 결과가 홀수인지 짝수인지에 대한 것은 + 또는 - 부호의 위치, 개수에 의한 것이 아니고, 홀수의 개수에 의한 것이다. ⇨ 홀수의 개수가 짝수이면 계산 결과는 짝수, 홀수의 개수가 홀수이면 계산 결과도 홀수가 된다.

3단계 : 1부터 17까지의 수에서 홀수의 개수는 총 9개로 홀수이므로 수와 수 사이에 + 또는 - 부호와는 관계없이 계산 결과는 홀수가 된다. 그러므로 항상 상상이가 이긴다.

문제 49 p.212

정답 및 해설 답 1000m

해설

1단계 : 모든 선분의 길이의 합을 x(m)라고 할 때,

$x = 500 + 250 + 125 + 62.5 + 31.25 + \cdots$ ㉠ 이다.

2단계 : ㉠의 식에 $\frac{1}{2}$ 을 곱하면,

$\frac{1}{2} \times x = 250 + 125 + 62.5 + 31.25 + \cdots$ ㉡이다.

3단계 : ㉠ - ㉡ = $\frac{1}{2} \times x = 500$이다. 따라서 $x = 1000$(m)이다.

문제 50 p.213

정답 및 해설 답 69 : 61

해설

1단계 : 큰 직삼각형을 이루는 크기가 다른 9개의 서로 다른 정사각형의 가장 작은 것부터 $A_1, A_2, A_3, A_4, \cdots A_9$라 하고 A_1의 한 변의 길이를 a, A_2의 한 변의 길이를 b라고 할 때, 9개의 서로 다른 크기의 정사각형의 한 변의 길이는 다음과 같이 나타낼 수 있다.

⇨ A_3의 한 변의 길이 = a + b

⇨ A_4의 한 변의 길이 = a + (a + b) = 2a + b

⇨ A_5의 한 변의 길이 = (a + b) + (2a + b) = 3a + 2b

⇨ A_6의 한 변의 길이 = (2a + b) + (3a + 2b) = 5a + 3b

⇨ A_7의 한 변의 길이 = b + (a + b) + (3a + 2b) = 4a + 4b

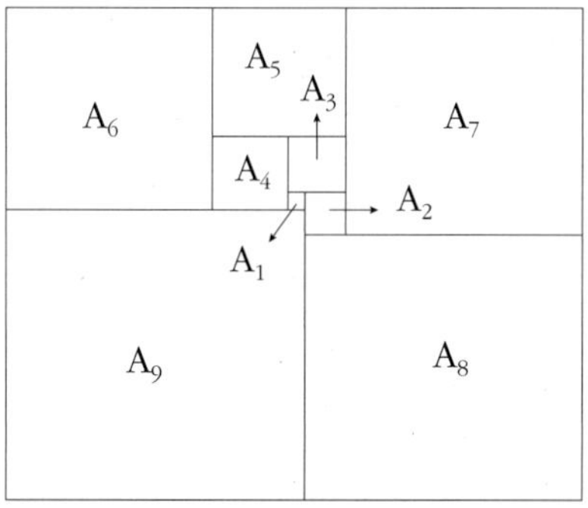

⇨ A_8의 한 변의 길이 = b + (4a + 4b) = 4a + 5b

⇨ A_9의 한 변의 길이 = a + (2a + b) + (5a + 3b) = 8a + 4b

2단계 : 큰 직사각형의 가로의 길이, 세로의 길이는 다음과 같이 나타낼 수 있다.

⇨ 가로의 길이 : $A_5 + A_6 + A_7 = (3a + 2b) + (5a + 3b) + (4a + 4b) = 12a + 9b$ … ㉠

또는 $A_8 + A_9 = (4a + 5b) + (8a + 4b) = 12a + 9b$ … ㉠

⇨ 세로의 길이 : $A_6 + A_9 = (5a + 3b) + (8a + 4b) = 13a + 7b$ … ㉡

또는 $A_7 + A_8 = (4a + 4b) + (4a + 5b) = 8a + 9b$ … ㉢

이때 세로의 길이 ㉡은 ㉢과 같으므로 $13a + 7b = 8a + 9b \rightarrow 5a = 2b \rightarrow a = \frac{2}{5}b$ … ㉣

3단계 : ㉣을 ㉠에 대입하면, $12a + 9b = 12 \times \frac{2}{5}b + 9b = \frac{24}{5}b + 9b = \frac{69}{5}b$

㉣을 ㉡ (또는 ㉢)에 대입하면, $13a + 7b = 13 \times \frac{2}{5}b + 7b = \frac{26}{5}b + 7b = \frac{61}{5}b$이므로

큰 직사각형의 가로의 길이 : 세로의 길이 $= \frac{69}{5}b : \frac{61}{5}b = 69 : 61$이다.

점수에 따른 **성취도 등급**

등급	1등급	2등급	3등급	4등급	5등급
평가	210점 이상	180점 ~ 209점	150점 ~ 179점	100점 ~ 149점	99점 이하

총점 250점

02 창의적 문제해결 과학

문제 01 p.214

단원 말미에서 성취도 등급을 확인하세요.

문항 분석 및 평가표

◆ 문항 분석 : 어항을 들고 줄타기하는 모습에서 사람의 무게와 줄이 사람을 떠받치는 힘을 비교함으로써 융통성과 정교성을 평가하는 문제이다.

◆ 평가표

힘이 같지 않다고 함	0점
힘의 평형을 설명함	5점

정답 및 해설

답 사람의 무게와 줄이 사람을 떠받치는 힘은 같다.

해설 줄을 타고 있는 사람은 줄 위에서 균형을 잡고 있으므로 힘의 평형을 이룬 상태이다. 따라서 줄은 중력 방향으로 늘어져 있지만 힘의 평형이 유지되는 한 즉, 줄이 끊어지지 않는 한 사람의 무게와 줄이 사람을 떠받치는 힘의 크기는 같다.

문제 02 p.215

문항 분석 및 평가표

◆ 문항 분석 : 용매에 용질이 녹는 과정에서 일어나는 현상을 통해 융통성을 평가하는 문제이다.

◆ 평가표

(1), (2) 각각	2점
(1), (2) 모두 맞은 경우	plus 1점

정답 및 해설

답 (1) ④ (2) ④

해설 (1) 고체는 분자들이 서로 인력이 작용하여 결합하고 있다. 금속 분자들은 서로 강하게 결합하고 있으나 소금이나 설탕의 경우 분자 간 결합이 약하므로 물 분자가 분자 사이로 들어갈 수 있다. 따라서 소금이나 설탕이 물에 녹으면 물에 섞여 눈에 보이지 않는 상태가 된다. 컵 속에 설탕을 넣고 숟가락을 휘젓게 되면 설탕 분자와 물 분자가 만나는 횟수가 증가하므로 설탕 분자 사이에 물 분자가 더 잘 들어가게 되므로 더 빨리 녹는다.
(2) 물체에 일을 해주면 물체에 해 준 일의 양만큼 물체의 에너지가 증가한다. 따라서 물의 온도 변화를 알면 한 일의 양을 측정할 수 있다. 물이 흩어지는 모양이나 돌아가는 모양들을 측정하기는 어렵다.

문제 03 p.216

문항 분석 및 평가표

◆ 문항 분석 : 발화 조건을 활용하여 융통성과 정교성을 평가하는 문제이다.

◆ 평가표

(1), (2) 각각	2점
(1), (2) 모두 맞은 경우	plus 1점

정답 및 해설

답 (1) 물이 끓는 동안 물은 100℃가 유지되고, 종이냄비도 100℃가 유지되는데, 종이의 발화점은 100℃보다 높기 때문에 종이냄비에는 불이 붙지 않는 것이다.

(2) 종이 냄비의 윗쪽 모서리는 물이 닿지 않으므로 불꽃을 크게 할 경우 열이 물에 전달되지 않고 종이에 전달되어 종이의 온도가 계속 올라가게 된다. 종이의 발화점(약 450℃)만큼 온도가 올라가게 되면 종이 냄비에 불이 붙게 되는 것이다.

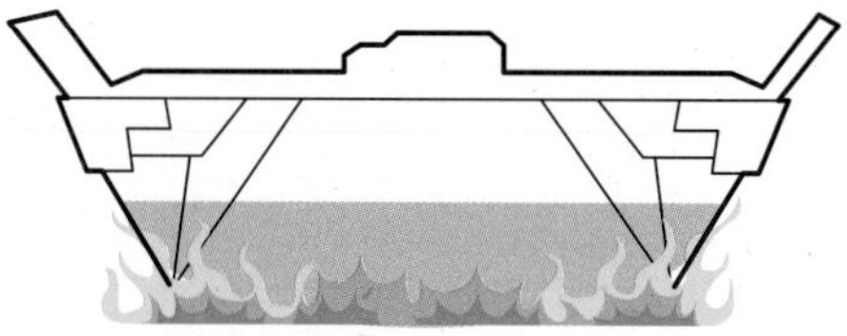

(o)

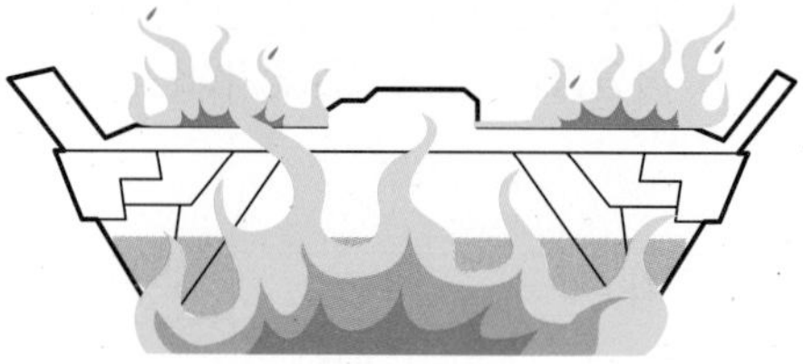

(×)

해설 발화 조건 즉, 물질이 타기 위해서는 탈 물질, 공기 중의 산소, 발화점 이상의 온도가 필요하다. 종이 안의 물은 열을 흡수하여 끓는점인 100℃에 도달하고, 100℃에서 수증기로 변하기 위해서는 더 많은 열이 필요하다. 따라서 물이 모두 증발될 때까지 100℃가 유지되는 것이다. 종이의 발화점은 약 450℃이므로 종이냄비 안의 물이 모두 증발할 때까지는 종이냄비 바닥에 불이 붙지 않는 것이다.

문제 04 p.217

문항 분석 및 평가표

◆ 문항 분석 : 간이 온도계 측정 장치로 유리한 조건을 찾음으로써 융통성, 독창성, 정교성을 평가하는 문제이다.

◆ 평가표

(1), (2) 각각	2점
(1), (2) 모두 맞은 경우	plus 1점

정답 및 해설

답 (1) A (2) C

해설 (1) 물보다 더 빨리 가열되는 공기는 팽창하여 빨대 속에서 빨리 위로 밀려 올라가므로 A의 눈금 간격이 B, C보다 넓다.

(2) 액체와 기체의 팽창 정도의 차이 때문에 C는 눈금 간격이 좁고, A는 눈금 간격이 넓다.

*보통 온도계는 C와 같이 눈금 간격이 좁게 만든다.(온도의 편차를 최소화하기 위해서)

문제 05 p.218

문항 분석 및 평가표

◆ 문항 분석 : 화산재가 태양빛을 차단하는 이유를 찾음으로써 융통성과 정교성을 평가하는 문제이다.

◆ 평가표

성층권의 특징 설명 부족	2점
성층권의 특징(안정한 대기층, 대류현상 없음)을 함께 설명함	5점

정답 및 해설

답 대류권과 달리 성층권은 높이에 따라 기온이 올라가는 안정적인 대기층이므로 강수에 의한 대류현상이 일어나지 않는다. 따라서 성층권까지 올라간 화산재가 지상으로 쉽게 떨어지지 않았기 때문이다.

해설 화산재는 태양 빛을 반사시키므로 대기의 투과율이 감소하게 되어 지표에 도달하는 태양 복사 에너지의 양이 감소하게 되므로 기온이 내려간다.

문제 06 p.219

문항 분석 및 평가표

◆ 문항 분석 : 조건에 따른 금속 나트륨 조각의 반응에 따른 결과를 통해 융통성과 정교성을 평가하는 문제이다.

◆ 평가표

(1) ~ (5) 각각	1점

정답 및 해설

답 (1) 금속 나트륨 조각의 표면이 공기 중의 산소와 반응해서 산화 나트륨으로 변하기 때문이다.
(2) $4Na + O_2 \rightarrow 2Na_2O$
(3) 수소(H_2)
(4) 금속 나트륨이 물과 반응하여 염기성 물질을 만들기 때문이다.
(5) $2Na + 2H_2O \rightarrow 2NaOH + H_2$

문제 07 p.220

◆ 평가표

(1) ~ (3) 각각	1.5점
(1) ~ (3) 모두 맞은 경우	plus 0.5점

정답 및 해설

답 (1) 1kg (2) 25.5cm (3) 500g

해설 (1) 용수철에 전혀 힘이 작용하지 않고 있으므로, 추의 무게가 그대로 나타난다.
(2) 용수철이 추를 끌어당기는 힘 = 550g (저울이 추를 떠받치는 힘 = 450g)이다.
550g일 때 늘어난 길이를 x cm라고 하면, 1000g일 때 10cm이 늘어나므로 ⇨ $1000 : 550 = 10 : x$
$\therefore x = 5.5$cm ⇨ 용수철의 길이 = 20 + 5.5 = 25.5cm
(3) 용수철의 늘어난 길이가 5cm이며, 이 때 끌어당기는 힘은 500g이다. 그러므로 저울의 눈금 ⇨ 1000 - 500 = 500g

문제 08 p.221

◆ 평가표

(1), (2) 각각	2점
(1), (2) 모두 맞은 경우	plus 1점

정답 및 해설

답 (1) 비타민 D
(2) 햇빛을 통해 체내에서 합성되는 비타민 D는 낮의 길이가 짧은 겨울철에 결핍될 가능성이 크다. 비타민 D는 인과 칼슘의 대사를 좌우하는 호르몬이므로 결핍될 경우 골격이 약해진다. 즉, 뼈의 밀도가 감소되어 쉽게 부러질 수 있게 된다.

문제 09 p.222

◆ 평가표

맞은 개수 : 1	1점
맞은 개수 : 2	2점
맞은 개수 : 3	3점
맞은 개수 : 4	4점
모두 맞은 경우	plus 1점

정답 및 해설

답 A : ㄹ B : ㄷ C : ㄴ D : ㄱ

해설 ⇨ A : 같은 원소로 된 이성분 화합물에서의 원자수 비교

H_2O → 산소(O) 1개에 결합하는 수소(H)의 개수는 1개이다.

H_2O_2 → 산소(O) 1개에 결합하는 수소(H)의 개수는 2개이다.

⇨ B : $H_2 + I_2 \rightarrow 2HI$

1 : 1 2 (기체 부피비)

⇨ C : $2H_2 + O_2 \rightarrow 2H_2O$ (H = 2g, O = 16g)

4g 32g 36g 이므로

수소 기체 2g은 산소 기체 16g과 반응하므로 반응하지 않고 남는 것은 산소 16g이다.

⇨ D : $S + O_2 \rightarrow SO_2$

32g 32g 64g

문제 10 p.223

◆ 평가표

(1) ~ (3) 답만 맞은 경우	각 0.5점
(1) ~ (3) 답에 대한 타당한 이유도 함께 쓴 경우	각 1점
(1) ~ (3) 모두 맞은 경우	plus 1점

정답 및 해설

답 (1) 스피카, 청색에 가까울수록 표면 온도가 높으며, 적색에 가까울수록 표면 온도는 낮다.

(2) 크리거 60, 겉보기 등급이 클수록 어둡게 보이는 별이므로 지구에서 볼 때 가장 어둡게 보이는 별은 크리거 60이다.

(3) 스피카, 겉보기 등급에서 절대 등급을 뺀 값이 (+)값으로 클수록 거리가 멀리 떨어진 별이다. (별까지의 거리는 절대 등급을 통해 알 수 있다.)

해설 (1) 별의 색깔에 따라 표면 온도가 변한다.(O/B/A/F/G/K/M - 청색/청백색/백색/황백색/황색/주황색/적색)

(2) 실제로는 가장 밝지만 가장 멀리 있는 별의 경우 겉보기 등급(육안으로 보는 밝기)은 크고, 절대 등급은 작다.

(3) 겉보기 등급에서 절대 등급을 뺀 값(겉보기 등급 - 절대 등급)을 거리 지수로 정의한다. 거리 지수가 0일 경우 별까지 거리는 10pc이며, 0보다 클 경우 10pc보다 멀리 있는 별이다.

문제 11 p.224

문항 분석 및 평가표

◆ 문항 분석 : 생태계 파괴(변화)와 생태게 평형이 회복되는 과정을 통해 융통성과 정교성을 평가하는 문제이다.

◆ 평가표

(1) 답 맞음	1점
(2), (3) - 문제에 대한 이유가 타당한 경우	각각 2점

정답 및 해설

답 (1)

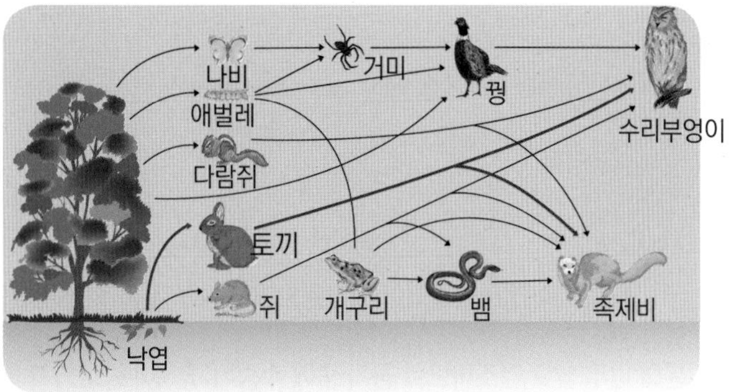

(2) 다람쥐, 애벌레 등과 같은 초식 동물인 토끼는 풀과 나뭇잎을 먹으므로 풀과 나뭇잎의 수가 감소하고, 토끼, 다람쥐, 애벌레(1차 소비자) 등의 수도 감소할 것이다. 또한 토끼, 다람쥐, 애벌레의 수가 감소함에 따라 그 다음 단계의 거미, 개구리, 수리부엉이, 뱀, 족제비(2, 3차 소비자) 또한 먹이가 부족해진다. 1, 2, 3차 소비자의 수가 감소하게 되면 다시 풀과 나뭇잎이 자라면서 생태계의 평형이 회복된다. 결국 이 생태계는 먹이 그물이 더 복잡해진 상태가 되어 보다 안정적이게 된다.

(3) 수리부엉이가 멸종되면 토끼, 다람쥐, 꿩을 잡아먹을 포식자가 없어지게 되므로 일시적으로 토끼, 다람쥐, 꿩의 수가 증가하게 되면서 풀과 나뭇잎이 부족하게 되어 1차 소비자들의 먹이 경쟁이 심해질 것이다. 결국 1차 소비자의 개체수가 감소하고, 풀과 나뭇잎의 수가 증가하여 다시 생태계의 평형을 되찾게 된다.

문제 12 p.225

◆ 평가표

(1), (2) 각각	2점
(1), (2) 모두 맞은 경우	plus 1점

정답 및 해설

답 (1) B, 물통을 수직으로 들어올리고 있으므로 두 힘의 합력도 수직 방향이 되어야 한다. 그림에서 30°의 각도로 힘을 작용하고 있는 B의 수직 방향 분력이 더 크다. 따라서 B가 더 큰 힘으로 물통을 들고 있다.

(2) 물체가 올라올수록 두 힘 사이의 각이 점점 커지며, 두 힘 사이의 각이 커질수록 합력은 작아진다. 따라서, 물체가 올라올수록 큰 힘을 주어야 한다.(두 사람의 손에 작용하는 힘의 크기가 점점 커진다.)

문제 13 p.226

◆ 평가표

(1), (2) 각각	1점
(3) 답 맞음	2점
(1) ~ (3) 모두 맞은 경우	plus 1점

정답 및 해설 답 (1) 1.5기압 (2) 1.8기압 (3) 2기압

해설 $P_1V_1 + P_2V_2 = PV$

(1) 콕 A를 열어 3기압, 1L의 기체와 1기압, 3L의 기체가 섞이게 되면 기체의 부피는 4L가 된다.

$P_1V_1 + P_2V_2 = PV$에서 $3 \times 1 + 1 \times 3 = P \times 4$ ⇨ $P = 1.5$

(2) $P_1V_1 + P_2V_2 = PV$에서 $1 \times 3 + 3 \times 2 = P \times 5$ ⇨ $P = 1.8$

(3) $P_1V_1 + P_2V_2 + P_3V_3 = PV$에서 $1 \times 3 + 2 \times 3 + 3 \times 1 = P \times 6$ ⇨ $P = 2.0$

문제 14 p.227

◆ 평가표

(1), (2) : 서술 타당함	각 2점
(1), (2) 모두 맞은 경우	plus 1점

정답 및 해설 답 (1) 눈은 빙정에 수증기가 승화되어 달라붙으면서 상하 운동을 통해 싸락눈, 함박눈 등 다양한 종류의 눈이 형성된다.

(2) 기온이 너무 낮고 건조하므로 공기 중에 수증기가 적어 승화되기 어렵다. 승화된 것은 빙정에 골고루 달라붙어 밀가루같은 가는 눈이 형성된다.

해설 (1) 눈(빙정이 자라는 것)의 형태를 결정짓는 가장 큰 역할을 하는 것은 온도와 습도이다. 상대적으로 습도가 높고 덜 추울 때에는 함박눈이 내리고, 건조하고 추운 날에는 하얀 밀가루가 내리듯이 곱고 부드러운 눈이 내린다.

문제 15 p.228

◆ 평가표

(1), (2) 각각	2점
(1), (2) 모두 맞은 경우	plus 1점

정답 및 해설 답 (1) 150m (2) 900m

해설 (1) A와 B의 속력이 같아지는 순간은 B가 출발하고 30초가 지난 후이다. 30초 동안에 A와 B의 이동거리 S_A, S_B는 그래프 하단의 면적이므로

$S_A = \frac{(10 + 15) \times 30}{2} = 375m$, $S_B = \frac{15 \times 30}{2} = 225m$이다. 따라서 자동차 A와 B의 속력이 같아졌을 때, 자동차 A는 B보다 150m 앞선다.

(2) A와 B의 이동 거리가 같아지는 지점(나란하게 달리는 지점)은 그래프 하단의 면적이 같은 때이므로 B의 속력이 A보다 10m/s(A의 처음 속력과 같은 값)만큼 빨라지는 곳이므로 60초 후이다.

문제 16 p.229

◆ 평가표

(1) ~ (2) 각각	1점
(1) ~ (4) 모두 맞은 경우	plus 1점

정답 및 해설

답 (1) 쥐의 체온은 주변의 온도에 관계없이 일정(항온성)하고, 도마뱀의 체온은 주변의 온도에 따라 변한다(변온성).

(2) ⇨ 땀을 흘려 체온을 올린다.

⇨ 음식을 섭취하여 에너지를 얻는다.

⇨ 열의 발산을 방지하기 위한 털이나 깃털을 가지고 있다.

(3) 쥐와 같은 항온 동물은 항상 일정한 체온을 유지하기 위해 주변의 온도에 따라 대사율이 영향을 받는다. 쥐는 항상 25 ~ 30℃ 정도의 체온을 유지하는데, 이보다 주변의 온도가 낮아지거나 높아지면 체온을 유지하기 위해 대사율이 증가한다. 하지만 도마뱀과 같은 변온 동물은 주변의 온도가 높아질 때 체온도 함께 상승하므로 대사율도 함께 높아진다.

(4) 곰은 항온 동물로 일정한 체온을 유지하기 위해 겨울잠을 잘 필요가 없다. 단지 겨울철에 먹이를 구하기 어렵기 때문에 겨울잠을 자는 것이다. 그러나 개구리는 변온 동물로 체온 조절이 불완전하여 주변의 온도에 큰 영향을 받기 때문에 굴을 파고 들어가 활동을 멈추고 겨울잠을 자는 것이다.

해설 (1) 쥐는 항온 동물, 도마 뱀은 변온 동물이다.

문제 17 p.230

◆ 평가표

(1), (2) 각각	2점
(1), (2) 모두 맞은 경우	plus 1점

정답 및 해설

답 (1) 남은 아연의 양 0.02g, 발생하는 수소 기체의 부피 252ml (2) 0.08g

해설 (1) 아연 0.40g에 염산 100ml를 가했을 때 210ml의 기체(최대치)가 발생하므로 아연 0.1g은 염산 25ml와 반응한다.

⇨ 남은 염산 20ml와 반응하는 아연(Zn)의 양은 다음과 같다.

$x : 20 = 0.1 : 25 \rightarrow x = 0.08g$ ∴ 남은 아연의 양 = 0.1g - 0.08g = 0.02g

⇨ 발생하는 수소 기체의 부피는 다음과 같다. $100 : 210 = 120 : y$ ∴ $y = 252$(ml)

⇨ 발생하는 수소 기체의 부피를 구하는 또다른 방법은 다음과 같다.

$0.48 : y = 0.4 : 210$ ∴ $y = 252$(ml)

(2) 염산 수용액 50ml에 들어 있는 순수한 염산의 양을 x라고 하면 물을 넣어 100ml로 혼합한 용액 중의 10ml에 실제 사용하는 염산이 5ml 들어있다.

⇨ 아연 0.40g에 염산 100ml를 가했을 때 210ml의 기체(최대치)가 발생하므로 염산 5ml에 최대로 반응하는 아연의 양은 다음과 같다.

$5 : x = 100 : 0.4 \rightarrow x = 0.02g$ ∴ 반응하지 않고 남은 아연의 양 = 0.1g - 0.02g = 0.08g

문제 18 p.231

◆ 평가표

(1), (2) 각각	2점
(3) 답 맞음	1점
(1) ~ (3) 모두 맞은 경우	plus 1점

정답 및 해설

답 (1) 저녁 6 ~ 7시 경의 모습이다. (2) 음력 7 ~ 8일 경 (3) ①, ②, ④

해설 (1) 저녁 7시경에 해는 서쪽에서 지고 있으므로 태양이 진 후 보름달은 동쪽, 상현달은 남쪽, 초승달은 서쪽 하늘에서 뜬다.

(2) 이 시각에 남쪽 하늘에 가장 높이 떠서 나타나는 달은 상현달(반달)이며, 음력 7 ~ 8일 경에 볼 수 있다.

(3) ①, ④ 달은 지구 주위를 공전하기 때문에 매일 서에서 동으로 위치가 옮겨간다. 달은 매일 50분씩 늦게 뜨는데, 지구가 자전하여 24시간 후에 같은 자리로 돌아왔을 때, 그 시간 동안 달은 지구 주위를 공전(달은 하루에 지구 둘레를 13° 공전)하였기 때문이다. ② 달은 공전 주기와 자전 주기가 같으므로 태양 빛을 받는 부분이 바뀌어 달의 모양이 바뀌어도 지구에서 관측되는 달표면의 모양은 항상 같다

문제 19 p.232

◆ 평가표

(1) 답 맞음	2점
(2), (3) 각각	1점
(1) ~ (3) 모두 맞은 경우	plus 1점

정답 및 해설

답 (1) 지상에서는 더운 공기가 대류작용으로 상승하여 산소가 있는 찬공기가 불꽃 쪽으로 유입되어 계속 탈 수 있지만 무중력 상태에서는 대류가 일어나지 않으므로 불꽃 쪽으로 산소가 계속 공급되지 않는다.

(2) 부력은 중력에 의해 발생하는데, 우주에는 중력이 없으므로 부력도 발생하지 않아 기포가 수면으로 올라오지 않는다.

(3) 우주선 내부에서는 원심력과 지구 중력이 같기 때문에 우주선 내부의 물체는 힘의 평형 상태가 된다.

문제 20 p.233

◆ 평가표

(1)	3점
(2) : 각 빈칸	0.5점

정답 및 해설

답 (1) 생태학적인 환경에 적응한 것이다. 슈거글라이더의 생태학적 환경과 날다람쥐의 생태학적 환경이 비슷하여 같은 형태로 진화가 가능했고, 갈라파고스 군도의 각기 다른 모양의 핀치새도 서로 다른 환경에 적응한 결과이다.

(2) 다른, 비슷한, 같은, 다른

문제 21 p.234

◆ 평가표

(1), (2) 각각	2점
(1), (2) 모두 맞은 경우	plus 1점

정답 및 해설

답 (1) 없다. 전자레인지는 음식물 속에 들어있는 물 분자들만 선택적으로 가열한다는 점에서 다른 조리 방법과 근본적으로 다르다. 하지만 마그네트론이라는 마이크로파는 종이로 된 우유팩을 통과하지 못하기 때문에 수분이 전혀 없는 음식물의 경우에는 전자레인지를 통해 데울 수 없다. (종이로 된 우유팩은 뜯어야 우유를 데울 수 있다.)

(2) 물 분자의 회전 운동을 통한 간접 가열 방식이기 때문에 음식물의 다른 성분들이 화학적으로 변화될 가능성이 매우 낮은 장점을 가지고 있다. 따라서 음식물이 불에 타서 몸에 해로운 성분으로 바뀌는 일이 생기지 않는다.

문제 22 p.235

◆ 평가표

(1) 답 맞음	2점
(2)의 (가), (나) 각각	1.5점

정답 및 해설

답 (1) 별은 1시간당 15°씩 반시계 방향(서 → 동)으로 회전한다.

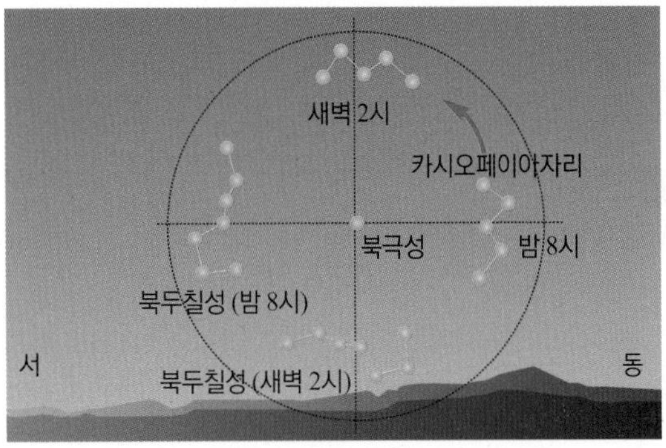

(2) (가) ➯ 잘못 생각한 것 : 북극성이 지평선 부근에 떠 있을 것이다.

➯ 이유 : 북극성은 지구의 자전축을 연장한 바로 위에 있기 때문에 지구에서 보면 북극성은 움직이지 않는 것처럼 보인다. 북극성은 우리나라에서 아무리 높은 곳에 올라가서 보아도 지평선 부근이 아니라 북쪽 하늘에 떠 있다.

(나) ➯ 잘못 생각한 것 : 호주에서도 북극성을 볼 수 있다.

➯ 이유 : 우리나라는 북반구에 위치하지만 호주는 남반구에 위치하므로 호주에서는 북극성을 볼 수 없다

해설 (1) 지구가 서쪽에서 동쪽으로 자전하기 때문에 별들은 북극성을 중심으로 1일 1바퀴씩 시계 반대 방향으로 회전하는데, 이를 별의 일주 운동이라고 한다. 따라서, 별은 1시간당 15°씩 반시계 방향(서 → 동)으로 회전하는데, 새벽 2시는 밤 8시부터 6시간 이후에 관찰이므로 시계 반대 방향으로 $15° \times 6 = 90°$ 만큼 회전한다.

문제 23 p.236

◆ 평가표

(1), (2) 각각	2점
(1), (2) 모두 맞은 경우	plus 1점

정답 및 해설

답 (1) ➯ 파리지옥이 동물이라는 증거 : 동물이 식물과 분류되는 기준 중 하나로 스스로 움직일 수 있는지에 대한 유무이다. 동물은 스스로 움직일 수 있는 반면 식물은 몸체를 뿌리를 이용해 땅에 고정시킨 채 움직이지 않는다. 하지만 식충식물의 경우 먹이를 포획하기 위해서 번개 같은 속도로 잎자루를 움직인다. 이렇게 먹이를 잡기 위해 스스로 움직이는 것은 동물이라는 증거이다. 또 하나는 움직이는 동물을 섭취한다는 것이다.

➯ 파리지옥이 식물이라는 증거 : 현미경을 통해 세포를 관찰하면 식물 세포에서만 관찰할 수 있는 엽록체, 액포, 세포벽 등의 소기관을 확인할 수 있다. 식물의 뿌리, 줄기, 잎, 꽃 등 식물의 구성 단계(세포, 조직, 조직계, 기관, 개체)인 기관들을 확인한 결과 동물 세포에서는 존재하지 않는 조직계(표피, 관다발 등) 단계를 갖는다. 식물이라면 광합성을 하므로 아이오딘 검출 반응을 통해 잎에 저장되어 있는 영양분(녹말)을 검출할 수 있다.

(2) [예시 답안]

➯ 파리지옥은 식물이다. → 이유 : 파리지옥의 주된 영양 공급 방법은 스스로 영양소를 합성할 수

있는 광합성에 의한 것이지만, 다른 동물처럼 자유롭게 움직일 수 없기 때문에 토양으로부터 얻을 수 있는 질소에는 한계가 있다. 따라서 부족한 질소를 얻기 위해서 곤충을 잡아먹는 것이다.

⇨ 파리지옥은 동물이다. → 이유 : 동물처런 다른 생물을 잡아먹기 때문이다.

문제 24 p.237

◆ 평가표

(1), (3) 각각	2점
(3) 답 맞음	1점

정답 및 해설

답 (1) NaCl
(2) Na, Cl, O
(3) $2NaClO_3 \rightarrow 2NaCl + 3O_2$

해설 (1) 나트륨(Na)의 불꽃 반응 색은 노란색이며, 염소(Cl)는 황록색 기체이다. 따라서 물질 Y는 NaCl이다.

* 물질 Y(NaCl)의 수용액에 질산은($AgNO_3$) 용액을 떨어뜨렸을 때 흰색 앙금이 생겼으므로 흰색 앙금은 AgCl이다.

(2) 물질 X를 열분해 할 때, 물질 Y(NaCl)와 산소(O_2)가 발생하였으므로 물질 X를 구성하는 원소는 Na, Cl, O이다.

(3) NaClO(차아염소산 나트륨), $NaClO_2$(아염소산 나트륨), $NaClO_3$(염소산 나트륨)

문제 25 p.238

◆ 평가표

(1) ~ (4) 각각	1점
(1) ~ (4) 모두 맞은 경우	Plus 1점

정답 및 해설

답 (1) 풍향 : 북동풍 → 남동풍
(2) 기압 : 고 → 저 → 고
(3) 온도 : 온난 전선이 통과한 직 후 온도가 상승한다.
(4) 날씨 : 지속적인 비 → 맑음 → 소나기성 비

해설 (1) 온난 전선이란 따뜻한 공기가 찬 공기의 위를 타고 올라가면서 형성되는 전선으로 전선의 이동 속도가 느리다.

(2) 온대 저기압은 편서풍을 따라 서에서 동으로 이동해 감에 따라 관측 장소와 전선의 상대적 위치가 달라져 관측 장소의 날씨가 변한다.

(3) 온난 전선이 통과하기 전 서울 지방은 온난 전선의 앞쪽에 위치해 있으므로 남동풍이 불고, 층운형 구름이 형성되어 지속적으로 비가 내린다.

(4) 온난 전선이 통과한 후 서울 지방은 온난 전선과 한랭 전선 사이에 위치해 있으므로 남서풍이 불고, 맑은 날씨가 나타난다.

문제 26 p.239

◆ 평가표

(1) ~ (4) 각각	1점
(1) ~ (4) 모두 맞은 경우	Plus 1점

정답 및 해설

답 (1) 물체가 지구를 끌어당기는 힘
(2) 그대로 수평상태로 있다.
(3) 10kg
(4) 질량 : 10kg,   무게 : 증가한다.

해설 (3) $10kg \times 9.8N/kg = 98N$

(4) 지구의 모양은 적도반지름이 극반지름보다 약간 큰 타원체이다. 극지방은 적도 지방보다 지구의 중심에서 가깝다. 따라서 지구의 중력을 크게 받으므로 질량이 같은 물체라도 극지방에서 무게가 더 크다.

문제 27 p.240

◆ 평가표

(1), (3) 각각	2점
(2) 답 맞음	1점
(1) ~ (3) 모두 맞은 경우	plus 1점

정답 및 해설

답 (1) (가)는 계절 변화가 거의 없는 열대지방, (나)는 계절의 변화가 뚜렷한 온대지방의 나무이다. 나무는 6 ~ 8월 경 세포 분열이 활발하게 일어나는데 이때 만들어진 세포는 크고 세포벽도 얇고 부드러워 색이 연하다. 그리고 7 ~ 9월에 이르면 세포 분열 활동이 느려져 세포의 크기가 작고 세포벽이 두껍고 진한 색을 띠게 된다. 따라서 계절 변화가 뚜렷한 온대 지방에서는 이 경계선이 1년에 하나씩 계속 추가되지만 계절 변화가 없는 열대 기후에서는 나이테가 생기기 어렵다.

(2) 식물 전체에 물을 공급해 줄 수 있을 만큼의 물관이 남아있으면 죽지 않고 생존할 수 있다.

(3) 그대로이다. 식물의 생장 부위는 생장점으로 뿌리 끝과 식물의 줄기 끝 부분에만 있기 때문에 나무의 1m 부근에 표시된 지점은 이미 생장이 멈춘 부분이다. 따라서 그 위치는 변하지 않고 그대로 있다.

해설 (1) 나이테는 춘재와 하재를 만들 수 있을 만큼 계절 변화가 뚜렷한 온대나 한대 지방의 나무에서만 나타난다. 열대 지방에서는 우기/건기에 따라 비슷한 테가 생기기도 하지만 그것은 진정한 나이테가 아니다. 나이테는 그 해의 기후에 많은 영향을 받는다. 비와 햇빛이 적당한 날이 계속되면 나이테가 넓고 그렇지 않은 경우엔 좁아진다. 나이테는 나무가 자라는 환경의 영향도 많이 받기 때문에 나무가 한창 자랄 시기에 가뭄이나 병이 돌아 환경이 나빠진 경우에는 가짜 나이테가 생기거나 나이테가 만들어지지 않기도 하며, 환경에 큰 변화를 주는 일이 발생한 해에는 정상적이지 않은 모양의 테가 생기기도 한다.

(2) 식물의 생존과 직결되는 부분은 물관이기 때문에 물관이 손상되지 않으면 식물은 죽지 않는다. 잎에 물이 공급되지 않으면 양분의 합성이 일어날 수가 없다. 줄기의 껍질을 벗겨 놓으면 체관이 손상되므로 양분은 뿌리로 공급이 되지 않아서 생장이 되지 않을 뿐 식물은 죽지 않는다.

(3)

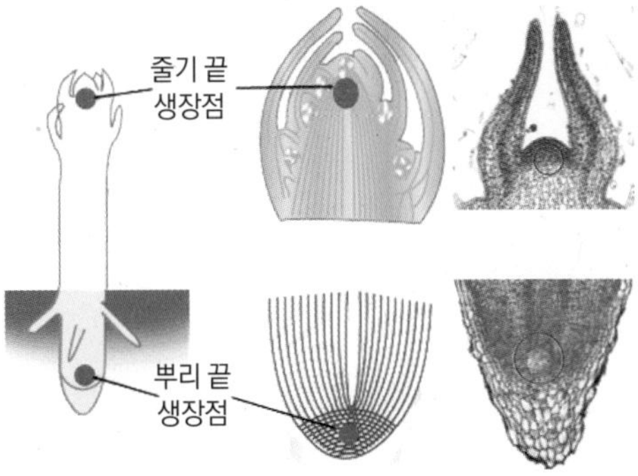

문제 28 p.241

◆ 평가표

(1), (2) 각각	2점
(1), (2) 모두 맞은 경우	Plus 1점

정답 및 해설 답 (1) 1020 L (2) 720 L

해설 (1) 3.40기압일 때 공기의 부피는 1500 × 0.2 = 300 L이다.

그러므로 보일의 법칙($P_1V_1 = P_2V_2$)에 의해서 300 × 3.40 = 1 × x이므로 x = 1020 L 이다.

$$V_2 = \frac{P_1V_1}{P_2} = 3.40 \times (1500 \times 0.2) = 1020\ L$$

(2) 물의 양 = (1기압에서의 공기 부피) - (3.40 기압에서의 공기 부피) = 1020 - 300 = 720(L)

문제 29 p.242

◆ 평가표

일부분만 바르게 나열함	2점
순서대로 바르게 나열함	5점

정답 및 해설 답 G(관입) - A - B - C - D - 단층(Y-Y') - 부정합(X-X') - E - F - H(분출)

해설 지층 A와 화성암 G 사이에 변성 지역이 없으므로 화성암 G 위에 지층 A - B - C - D가 순서대로 쌓인 것이다. 지층 D까지 쌓인 후 단층 - 부정합이 생겼으며, 그 위에 지층 E - F가 쌓였고, 화성암 H 주변에 변성 지역이 있는 것으로 보아 지층이 모두 쌓인 후 마그마가 뚫고 올라온 것을 알 수 있다.

➪ 지층 누중의 법칙 : 지구 상의 모든 물체는 중력에 의해 높은 곳에서 낮은 곳으로 이동하므로 퇴적층은 아래에서부터 순서대로 쌓인다. 지층의 역전이 일어나지 않았다면 아래 놓인 지층이 위에 쌓인 지층보다 먼저 생성된 것이다.

➪ 부정합의 법칙 : 부정합면을 경계로 상하 지층이 쌓인 시기에 큰 차이가 난다. 상하 두 지층에서 산출되는 화석군은 급격하게 달라지며, 부정합면은 지질 시대를 구분하는 중요한 기준이 되기도 한다.

➪ 관입의 법칙 : 암석에 마그마가 관입할 때, 관입한 암석이 관입당한 암석보다 나중에 생성된 것이다.

[마그마의 관입과 분출]

➪ 관입한 경우 : 마그마가 기존의 암석을 뚫고 관입하여 생성되는 구조로서 관입암 주변에 마그마의 열에 의한 접촉 변성 작용이 나타나며(변성대), 화성암 속에는 기존의 암석 조각들이 포획암으로 들어 있다.

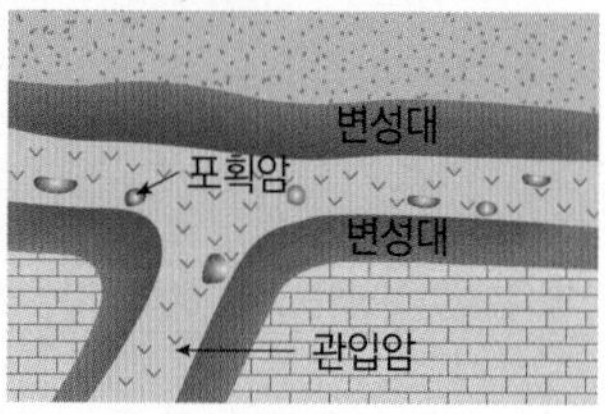

▲ 마그마의 관입

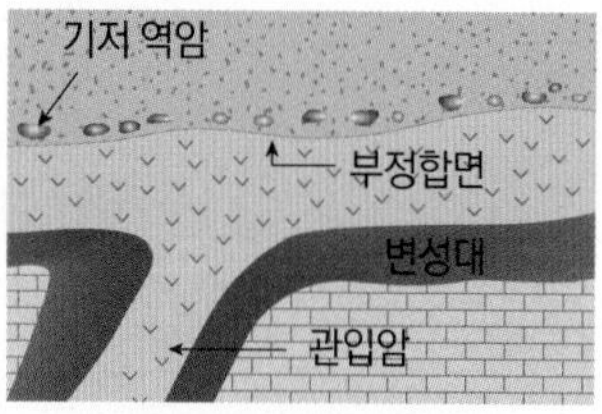

▲ 마그마의 분출

➪ 분출한 경우 : 마그마가 지표로 분출하여 식은 후 그 위에 새로운 지층이 퇴적된 경우로서 분출된 화산암의 위쪽으로는 접촉 변성 흔적이 나타나지 않으며, 침식 흔적이나 기저 역암(부정합면 바로 위 지층이 역암으로 되어 있는 것)이 분포하여 부정합면이 형성될 수 있다.

문제 30 p.243

◆ 평가표

(1), (2) 각각	2점
(1), (2) 모두 맞은 경우	plus 1점

정답 및 해설 답 (1) 오른쪽으로 275m (2) 30초(s)

해설 (1) A 운동 : $S_A = v_A t_A = 20 \times 25 = 500(m)$

B 운동 : $S_B = \frac{1}{2} a t_B^2 = \frac{1}{2} \times 2 \times 15^2 = 225(m)$

⇨ 두 점 P, Q 간격 $\Delta S = 500 - 225 = 275(m)$

(2) A 운동 : $S_A = v_A t_A = 20(t_B + 10)$

B 운동 : $S_B = 100 + S_A = \frac{1}{2} a t_B^2$

⇨ $100 + 20(t_B + 10) = \frac{1}{2} \times 2 t_B^2$

$t_B = 30(s)$

문제 31 p.244

◆ 평가표

대뇌의 지배를 받지 않는다는 서술이 없는 경우	0점
자율 신경계는 대뇌의 지배를 받지 않는다는 서술이 포함된 경우	5점

정답 및 해설

답 자율 신경계는 대뇌의 지배를 받지 않으므로 의식적으로 거짓말을 하려 해도 자율 신경계의 작용은 어느 정도 밖으로 표현된다.

해설 말초 신경계는 체성 신경계와 자율 신경계로 나누어진다. 그 중에서 자율 신경계는 간뇌가 조절 중추이며, 교감 신경계와 부교감 신경계로 나누어져 있다. 이들은 중추가 간뇌이므로 의식적인 사고에 관여하는 대뇌의 지배를 받지 않는다.

문제 32 p.245

◆ 평가표

(1), (2) 각각	2점
(1), (2) 모두 맞은 경우	Plus 1점

정답 및 해설

답 (1) 석회수는 염기성이므로 붉은 리트머스 종이는 푸른색으로 변한다.

(2) 온도가 높을수록 기체의 용해도는 감소하기 때문이다.

(3) 석회수 + 이산화 탄소 → 탄산 칼슘↓(침전 : 뿌연 용액)

⇨ 계속해서 기체를 통과시키면, 탄산 칼슘 + 물 + 이산화 탄소 → 탄산 수소 칼슘(물에 녹음 : 투명 용액)

(4) 질량 : $n\chi$ (g) 부피 : V (ml)

해설 (3) 탄산 칼슘 앙금에 계속해서 기체를 통과시키면 앙금은 다시 녹는다.

(4) 일정량의 용매에 녹는 기체의 질량은 압력에 비례하고, 부피는 압력에 관계없이 항상 일정하다.

문제 33 p.246

◆ 평가표

근거가 맞지 않은 경우	0점
염분 변화 또는 부력에 대한 일부 내용만 맞은 경우	3점
황해와 동해의 염분 차이에 의한 중력, 부력과의 상관관계를 적절하게 설명함	5점

정답 및 해설

답 동해에서 출발한 잠수함이 서해로 이동을 하게 되면 황해가 동해보다 강물의 유입량이 많아 염분이 더 낮기 때문에 잠수함의 부력은 동해에서 서해로 갈수록 상대적으로 작아져서 탱크 안에 같은 양의 물이 들어 있을 경우 잠수함은 더 가라앉게 될 것이다. 잠수함이 염분이 높은 해수 쪽으로 이동할 때는 해수의 밀도가 커지기 때문에 상대적으로 잠수함의 부력이 커져서 잠수함이 떠오르게 된다. 반대로, 잠수함이 염분이 낮은 해수 쪽으로 이동할 때는 상대적으로 잠수함의 부력이 작아져서 잠수함은 가라앉으려고 한다. 이와 같이 잠수함은 바닷물의 밀도에 따른 중력과 부력의 원리들을 적절히 이용하여 잠수와 부상을 자유자재로 할 수 있는 것이다.

문제 34 p.247

◆ 평가표

(1) ~ (3) 각각	1.5점
(1) ~ (3) 모두 맞은 경우	Plus 0.5점

정답 및 해설

답 (1) 달에서의 중력은 지구에서의 중력의 $\frac{1}{6}$ 이 되므로 용수철이 늘어나는 길이도 $\frac{1}{6}$ 이 된다.

(2) 부력과 중력은 같이 비례하므로(중력과 부력이 작아지는 비율이 같다) 중력이 변해도 얼음이 잠기는 수위는 변하지 않는다.

(3) 얼음이 녹은 물과 컵의 물이 성분이 같으면 수위는 변하지 않는다.

문제 35 p.248

◆ 평가표

식물의 구조(뿌리털)만 쓴 경우	2점
뿌리털의 장점까지 쓴 경우	5점

정답 및 해설

답 ⇨ 뿌리털

⇨ 장점 : 한 개의 표피 세포가 변형되어 표면적을 넓히는 구조로서, 흙과의 접촉면이 넓어 삼투압에 의한 물의 이동이 더 효율적으로 이루어진다.

해설 소장의 융털과 폐의 폐포는 모두 표면적을 넓혀 기능을 더 효과적으로 이용하는 예이다. 식물의 뿌리털은 뿌리의 표피세포가 변형되어 바깥쪽으로 자라나온 것이다. 뿌리의 중요한 기능 중 하나가 물과 무기염류를 식물체에 공급해 주는 일이다. 이를 효율적으로흡수하기 위해서 물과 무기염류와 접촉하는 면적을 넓히기 위해 뿌리털은 얇고 길게 변형된 것이다. 부피가 5리터 정도 되는 호밀 뿌리에 달린 뿌리털의 표면적은 테니스 코트 2개에 해당하는 면적이다.

문제 36 p.249

◆ 평가표

(1), (3) 각각	2점
(2) 답 맞음	1점
(1) ~ (3) 모두 맞은 경우	5점

정답 및 해설 답 (1) A는 1g, B는 1.5g (2) SO_3 (3) 32

해설 (1) 화합물 A는 1g이고, B는 4 : 6 = 1 : χ χ = 1.5g

(2) 황(S) 일정량과 결합하는 산소(O)의 질량비는 A, B에서 2 : 3이다.

(3) 화합물 A에서 S : O = $\frac{50}{\chi}$: $\frac{50}{16}$ = 1 : 2 χ = 32

문제 37 p.250

◆ 평가표

찾은 개수 : 1	2점
찾은 개수 : 2	3점
찾은 개수 : 3	5점

정답 및 해설 답 A - D B - E C - D

해설 A : 고도가 높아질수록 부피는 증가한다. ➩ 대기압, 보일의 법칙

B : 기름은 물보다 가볍고, 끓는점은 높으므로 기름에 물방울이 떨어지면 기름 속에서 물이 끓게 되면서 수증기로 되는 순간에 엄청난 부피의 증가가 일어난다. 이때 기름 속에 갇혀 있는 수증기는 기름을 밀어내고 빠져나오려 하기 때문에 뜨거운 기름이 튀게 되는 것이다. ➩ 밀도(부력), 끓는점

C : 소금쟁이의 다리에는 털과 기름기가 많아 표면을 작게 하려는 물의 장력에 의해 물에 뜰 수 있다. ➩ 표면장력

D : 컵 속의 물은 중력 때문에 아래로 작용하지만 컵 속의 물은 종이와의 표면장력에 의해 붙어 있으며, 종이를 아래에서 받치고 있는 공기의 힘이 중력보다 크기 때문에 물이 쏟아지지 않은 것이다. ➩ 표면장력, 대기압

E : 물에 소금을 녹이면 부력이 증가하므로 달걀이 떠오른다. ➩ 밀도(부력)

문제 38 p.251

◆ 평가표

찾은 개수 : 1	2점
찾은 개수 : 2	3점
찾은 개수 : 3	5점

정답 및 해설 답 (가), (나), (마)

해설 (가) : 평면 거울의 경우, 항상 물체의 길이(크기)와 상의 크기는 같다.

(나) : 거울이 기울어진 상태이기 때문에 거울을 통해 본 상은 기울어져 있는 상태로 보인다.

(다) : 거울에 가까이 다가가면서 관찰하면 상 또한 거울 쪽으로 다가오는 것처럼 보인다.

(라) : 거울이 기울어져 있더라도 상의 길이는 같다.

(마) : 기울어진 거울에 나타난 상은 기울어져 있다. 사람의 눈은 몸의 위쪽에 존재하므로 수직으로 세워진 거울을 통해 본 상보다 기울어진 거울을 통해서 본 상의 경우 시야각이 크다. 따라서 키가 더 크게 보이는 것이다.

문제 39 p.252

◆ 평가표

답은 맞았으나 이유 설명 부족	3점
답 맞고, 이유 설명도 충족	5점

정답 및 해설

답 ㄴ, 이유 : 그림에서 왼쪽 눈으로 들어온 시각정보(단안시야 + 양안시야)는 시교차 지점에서 양안시야는 교차가 일어나지만, 단안시야는 교차가 일어나지 않는다. 그러므로 왼쪽 눈으로 들어온 시각 정보 중 단안시야는 왼쪽 뇌로, 양안시야는 오른쪽 뇌로 이동하는 것이다. 오른쪽 눈으로 들어온 시각 정보 역시 방향만 반대이며, 경로는 왼쪽과 똑같다.

해설 시각 정보의 해석은 좌뇌와 우뇌에서 종합적으로 일어난다. 한쪽 눈만 정상인 사람이라도 시각 정보 처리는 양뇌에서 일어나므로 왼쪽 뇌와 왼쪽 시야를 구분하여야 한다.

문제 40 p.253

◆ 평가표

찾은 개수 1	2점
찾은 개수 2	3점
찾은 개수 3	5점

정답 및 해설

답 (가), (나), (라), (마)

해설 ⇨ (가), (나) 액체 질소의 끓는점은 -196℃이므로 상온에 놓았을 때 상온에 해당하는 에너지로 가열되며 끓는다. 액체 질소가 기체 질소로 기화되면서 기포가 매우 빠르게 발생하는데, 이 과정은 흡열 과정이다.

⇨ (다), (라), (마) 주전자 주둥이를 통해 차가운 질소 기체가 발생하는데, 이로 인해 주위의 수증기가 액화되면서 하얀 김이 관찰된다. 시간이 지남에 따라 주전자 겉에는 수증기가 액화된 후 얼음으로 응고되며, 하얀 물질은 고체 물이다. 물이 액화, 응고될 때에는 열이 외부로 방출한다.(발열 과정)

⇨ (마) B에서 생긴 물질은 기체 질소이며, C에서 생긴 물질은 수증기의 액화로 인한 김이다.

⇨ C에서 생긴 하얀 고체가 공기 중의 이산화 탄소가 승화하여 생성되었다고 주장할 수 있지만 이산화 탄소는 없다고 가정하였으므로 고려할 필요가 없다.

문제 41 p.254

◆ 평가표

각 빈칸	1점
모든 빈칸 맞은 경우	plus 1점

정답 및 해설

답

물질	상태 변화	열의 출입
소금	용해	흡수
우유	응고	방출

해설 얼음과 소금을 섞었을 때 우유의 온도가 내려가는 것은 얼음의 융해열과 소금의 용해열 흡수 때문이다. 얼음과 소금이 녹는 것은 모두 흡열 반응이기 때문에 온도가 내려가는 것이다. (소금과 얼음의 냉각 작용)

문제 42 p.255

문항 분석 및 평가표

◆ 문항 분석 : 실험을 통해 과학적 원리를 이해하고 발전시킬 수 있는지(정교성), 그 원리를 얼마나 다양한 관점에서 해결하는지(융통성)를 평가하는 문항이다.

◆ 평가표

(1), (2) 각각	2점
(3)	1점

정답 및 해설

답 (1) 수질 오염이 심하면 콩의 발아율이 낮을 것이다.

(2) 물의 종류, 습도(물의 양), 온도, 햇빛의 유무 등

(3) 물에서 자란 콩은 싹이나 잘 자라지만, 비눗물 또는 합성 세제를 탄 물에서 자란 콩은 싹이 잘 나지 않고, 싹이 나도 잘 자라지 못한다.

해설 (2) 가설에 대한 정확한 실험을 하기 위해서는 실험 결과에 변화를 줄 수 있는 요인(물의 종류, 습도, 온도, 햇빛 등)을 동일하게 유지해야 한다.(통제 변인)

문제 43 p.256

◆ 평가표

(1) ~ (5) 각각	1점

정답 및 해설

답 (1) 레이저의 진행경로를 더 잘 보이게 하기 위해서이다.

(2) 빛이 퍼지지 않고 곧게 진행하기 때문에 반사와 굴절 현상을 잘 관찰할 수 있기 때문이다.

(3) 빛은 굴절률이 작은 물질에서 굴절률이 큰 물질로 진행할 때 굴절각이 입사각보다 작아지게 된다. 이때 굴절률이 작을수록 빛의 속력이 더 빠르다. 실험을 통해 공기에서 물속으로 들어갈 때 굴절각이 작아지는 것으로 보아 공기에서 빛의 속도가 빠른 것을 알 수 있다.

(4) 반사할 때 반사각과 입사각은 항상 같다.

(5) 임계각

해설 (5) ➪ 임계각 : 전반사를 시작하는 각이다.

➪ 전반사 : 굴절률이 큰 매질에서 굴절률이 작은 매질로 빛이 진행할 때에는 입사각보다 굴절각이 크게 된다. 이때 입사각을 점점 크게 하게 되면 빛이 두 매질의 경계면을 통과하지 못하고 전부 내부로 반사되는 전반사가 일어난다.

문제 44 p.258

◆ 평가표

(1), (2) 각각	2점
(1), (2) 모두 맞은 경우	plus 1점

정답 및 해설

답 (1) 가열하는 동안 아연과 구리가 녹아서 서로 균일하게 섞이면서 황동이 만들어진다.

(2) 황동을 다시 가열하면서 녹는점의 온도를 측정한다. 이는 아연과 구리의 혼합물인 황동은 녹는점이 일정하지 않으므로 온도가 일정한(수평) 구간이 나타나지 않기 때문이다.

문제 45 p.259

◆ 평가표

각 절기에서의 남중고도 계산	각 1점
모두 맞은 경우	plus 1점

정답 및 해설

답 춘, 추분 : 90 - 37° = 53°
하지 : 90° - 37° + 23.5° = 76.5°
동지 : 90° - 37° - 23.5° = 29.5°

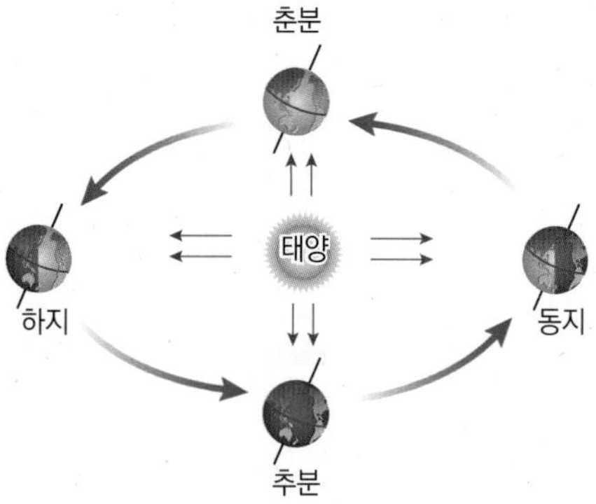

해설

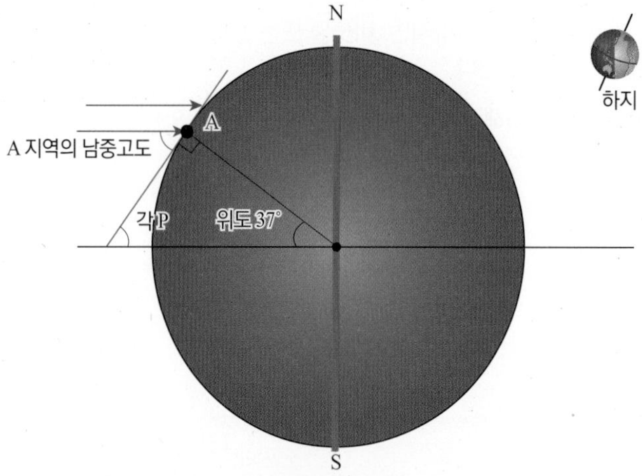

⇨ 춘분 · 추분 : A 지역의 남중 고도 = 각 P = 90° - 위도

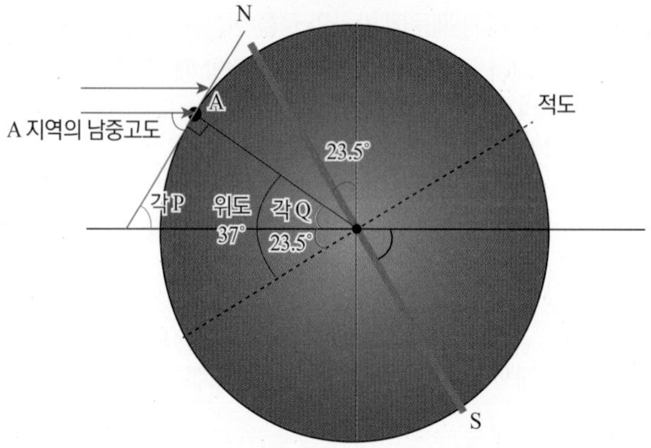

⇨ 하지 : A지역의 남중고도 = 각P = 90° - 각Q = 90° - (위도 - 23.5°) = 90° - 위도 + 23.5°

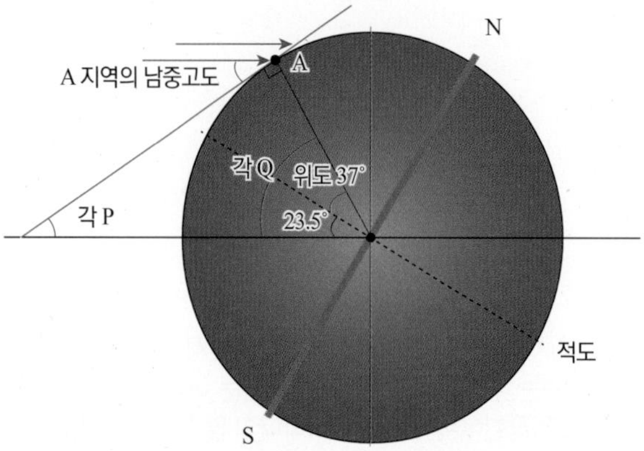

⇨ 동지 : A지역의 남중고도 = 각P = 90° - 각Q = 90° - (위도 + 23.5°) = 90° - 위도 - 23.5°

문제 46 p.260

◆ 평가표

(1) ~ (3) 각각	1.5점
(1) ~ (3) 모두 맞은 경우	plus 0.5점

정답 및 해설

답 (1) 에나멜선 코일이 만드는 자기장과 아래에 설치된 자석의 자기장이 서로 힘을 작용하여 코일에 회전력을 작용하는 원리로 전동기가 돌아간다.

(2) 에나멜선 코일에 전류가 흐르면 솔레노이드에 전류가 흐르는 것처럼 내부에 자기장이 발생하는데, 코일을 감싸 쥐었을 때 엄지손가락이 가리키는 방향이 자석의 N극에 해당된다.

(3) (가), (나)

해설 (3) 전류의 세기가 증가하거나, 감은 횟수를 증가시키면 자기장의 세기가 증가하여 코일에 더 큰 힘이 작용하므로 더 빨리 돈다. 에나멜선의 양끝을 벗겨내더라도 에나멜선 코일이 전자석이 되기는 하지만 반바퀴 돌았을 때 전류의 방향을 바꿔주지 못하므로 회전하지 않는다.

문제 47 p.261

◆ 평가표

(1), (2) 각각	2점
(1), (2) 모두 맞은 경우	plus 1점

정답 및 해설

답 (1) 연소하기 전보다 무거워진다. ⇨ 이유 : 공기 중의 산소가 철과 결합하기 때문이다.

(2) 강철솜의 연소에는 물과 이산화 탄소가 생기지 않는다. ⇨ 이유 : 강철솜에는 탄소(C), 수소(H), 산소(O)가 없기 때문에 이산화 탄소(CO_2)와 물(H_2O)이 생성될 수 없다.

해설 (1) 2Fe(철) + O_2(산소) → 2FeO_2(산화 철)

문제 48 p.262

◆ 평가표

(1), (2) 각각	2점
(1), (2) 모두 맞은 경우	plus 1점

정답 및 해설

답 (1) 공기가 상승하면서 주위의 기압이 낮아짐에 따라 부피가 팽창하여 기온이 낮아지고, 수증기가 응결하여 구름이 생성되는 원리를 알아보기 위한 것이다.

(2)

과정		플라스크 내부 공기의 부피 변화 (늘어난다 , 줄어든다)	기온 변화 (감소 , 증가)	플라스크 속 변화
향 연기를 넣지 않았을 때	피스톤을 잡아당겼을 때	늘어난다	감소	약간 뿌옇게 흐려진다
	피스톤을 밀어넣었을 때	줄어든다	증가	맑아진다
향 연기를 넣었을 때	피스톤을 잡아당겼을 때	늘어난다	감소	순간적으로 뿌옇게 흐려진다.
	피스톤을 밀어넣었을 때	줄어든다	증가	다시 맑아진다.
결과 (향 연기의 역할)		응결핵		

해설 공기가 주위의 공기와 열을 주고 받지 않으면서 부피가 팽창되거나 압축됨에 따라 온도가 변하는 것을 단열 변화라고 한다. 단열 변화는 단열 팽창과 단열 압축이 있다. 단열 팽창이랑 공기가 상승하면 주위의 기압이 낮아짐에 따라 부피가 팽창하고 기온이 낮아지는 것을 말하며, 단열 압축이란 공기가 하강하면서 주위의 기압이 높아짐에 따라 부피가 압축되고 기온이 높아지는 것을 말한다. 구름 발생 실험에서 피스톤을 당기는 경우는 플라스크 내부의 공기 부피가 늘어나기 때문에 주위의 기압이 낮아지는 것을 의미하고 이때는 단열 팽창이 일어나 기온이 낮아지게 되는 것이다. 반대로 피스톤을 밀어넣는 경우에는 공기가 압축되는 단열 압축이 일어나서 온도가 높아진다. 이와 같이 공기가 단열 팽창하면 공기가 냉각되어 공기의 온도가 이슬점까지 낮아지면서 수증기가 응결하기 시작하고 구름이 만들어지는 것이다. 또한 향 연기를 넣었을 때 구름이 생성되는 것을 더욱 잘 관찰할 수 있는 것은 향 연기가 응결핵 역할을 하여 수증기의 응결이 잘 일어나도록 도와준 것이다.

문제 49 p.263

◆ 평가표

①~⑦ 각각	0.7점
①~⑦ 모두 맞은 경우	plus 0.1점

정답 및 해설 답 ①:A ②:B ③:C ④:E ⑤:F ⑥:H ⑦:I

해설 지구의 그림자에 의해 달이 가려지는 현상인 월식은 지구의 본그림자에 의해서만 일어나기 때문에 반그림자 속의 달은 약간 흐리게만 보인다. 그러므로 아래 그림과 같이 월식은 진행하게 된다. 달이 지구의 그림자 속을 오른쪽에서 왼쪽 방향으로 들어가면서 진행하기 때문에 지구에서 본 달은 왼쪽부터 가려지게 되며, 지구의 본그림자 중심부를 달의 중심이 통과하는 경우, 개기 월식은 최대 1시간 40분 동안 지속된다.

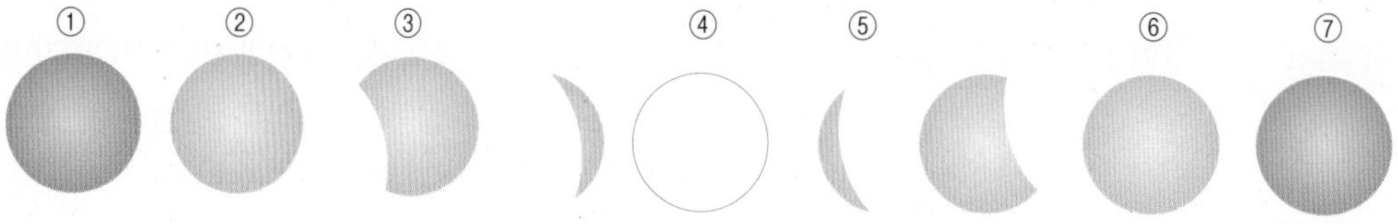

달 전체가 지구의 본 그림자 속에 들어갈 때는 개기 월식, 달의 일부만 지구의 그림자에 의해 가려질 때는 부분 월식을 관찰할 수 있다.

문제 50 p.264

◆ 평가표

(1)~(4) 각각	1점
(1)~(4) 모두 맞은 경우	plus 1점

정답 및 해설 답 (1)

← 높음	이산화 탄소의 농도	→ 낮음
황색	초록색	청색

(2)

구분	A	B	C	D	E
색깔	녹색	황색	청색	황색	황색

(3)

구분	광합성이 일어나는 시험관	호흡이 일어나는 시험관
시험관	C	B, D, E

(4) 녹색 식물은 빛을 이용하여 광합성을 하고 그 결과 산소를 생성하지만 빛이 없으면 호흡만 일어나게 되며, 그 결과 이산화 탄소를 배출한다.

해설 A : 조건에 따른 변화를 알아보기 위한 대조군이다.

E : 종자(씨앗)에 싹이 틀 때 호흡량이 늘어난다.

C : 식물은 광합성을 통해 산소를 흡수하고 이산화 탄소를 배출한다.

B, D : ⇨ 호흡결과 발생한 이산화 탄소의 농도 증가로 인해 BTB용액의 색깔이 황색으로 변한다.

⇨ 식물의 호흡은 빛이 있거나 없거나 항상 일어난다.

⇨ 식물이 광합성을 통해 내놓는 산소를 이용하여 다른 생물(금붕어)이 호흡한다.

점수에 따른 **성취도 등급**

등급	1등급	2등급	3등급	4등급	5등급
평가	210점 이상	180점 ~ 209점	150점 ~ 179점	100점 ~ 149점	99점 이하

총점 250점

IV
심층 면접

01 인성 면접 유형

문제 01 p.268

Tip

⇨ 자기소개를 할 때에는 먼저, 자신의 이름을 쉽게 기억할 수 있도록 독특하고, 재미있게 할수록 좋다. 수많은 학생들을 면접하는 면접관 입장에서는 어떤 면접자인지 기억하는 것 자체가 면접자에게는 큰 장점이 될 수 있다. 그리고 자신의 관심 영역을 이야기하여 내가 왜 이 자리에 와 있는지 느낄 수 있도록 인식시키는 것이 유리하다.

⇨ 일반적이지 않은 나의 특징을 사물, 동물 등으로 비유하여 소개한다.

예시

저는 사탕같은 사람입니다. 친구들은 나의 목소리가 달콤해서 나와 대화를 하면 사탕이 생각난다고 합니다.

문제 02 p.268

Tip

⇨ 영재교육원을 다니고 싶게 된 동기를 제시한다 . 다른 영재교육원을 다녀본 적이 있다면 다른 영재교육원과 지금 지원하는 영재교육원을 응시하는 이유가 어떻게 다른지 설명한다.

⇨ 실제 영재교육원에서 하는 교육 과정을 미리 알아두고 내가 영재교육원을 다니고 싶은 이유를 말할 때 참고한다.

예시

⇨ 학교에서 배우는 교과과정을 응용한 심화 내용을 배우고 싶어서 지원하게 되었습니다.

⇨ 학교에서는 하지 못하는 실험을 할 수 있을 것 같아서 지원하게 되었습니다.

문제 03 p.268

Tip

⇨ 영재교육원 홈페이지에서 영재교육 수업이 어떤 방식으로 진행되는지 알아본 후, 그 방식이 나와 얼마나 맞는지 생각해보고 영재교육원에서 내가 더 배울 수 있거나 나를 개선하고 싶은 것을 적으면 유리하다.

예시

⇨ 학교에서는 실험을 할 수 있는 기회가 적어 아쉬웠는데, 영재교육원에서는 좀 더 실험을 다양하게 할 수 있었으면 좋겠습니다.

⇨ 학교에서는 하지 못하는 실험을 할 수 있을 것 같아서 지원하게 되었습니다.

⇨ 여러 학교의 또래 친구들과 팀을 이루어 탐구하면 더 많은 것을 알 수 있을 것 같습니다. (지식과 경험의 폭이 넓어질 수 있을 것 같습니다.)

문제 04 p.268

Tip

⇨ 자신의 해당 분야에 왜 응시하였는지 생각해 보아야 한다. 단순히 좋아하는 것을 넘어서 앞으로 공부하는 데에 있어 얼마나 도움이 될지, 어떤 공부를 하고 싶은지 등의 내용을 추가로 설명하는 것이 좋다.

예시

⇨ 수학(또는 과학)에 관한 책을 많이 읽어왔는데, 책에서 얻을 수 없는 내용을 영재교육원에서는 배울 수 있을 것 같아서 응시하게 되었습니다.

문제 05 p.268

Tip 평소에 '영재'란 어떤 사람을 부르는 말인지 찾아보고 나는 '영재'와 어떤 면에서 같고, 다른지 생각해본다.

예시
- 저는 다른 또래의 친구들보다 못하는게 없어 주위 사람들에게 '똑똑하다', '영재다' 라는 말을 항상 듣기 때문에 영재라고 생각합니다. 저와 같은 사람을 영재라고 하는 것 아닐까요?(영재는 저와 같은 사람을 지칭하는 말이 아닐까요?)
- 저는 원래 있던 방법을 다른 방법으로 해결할 수 있는 능력이 있어서 영재하고 생각합니다.

문제 06 p.268

Tip 남들과 다른 방법을 설명하는 것이 유리하다. 특히, 자신만의 연산 기억 방법, 노하우 등

예시
- 저보다 잘하는 사람과 함께 공부하면 궁금한 것을 빠르게 물어보고 함께 의견을 나눌 수 있어서 공부가 잘 됩니다.
- 수학 문제를 풀 때 답이 나올 때까지 포기하지 않습니다.
- 단순 암기보다는 연상기억법을 통해 오래도록 재미있게 기억할 수 있는 나만의 노하우 기억법이 있습니다.

문제 07 p.269

Tip 친구의 마음을 헤아려주고 배려하는 마음으로 친구의 화를 풀어줄 수 있는 방법을 생각해본다.

예시
- 화를 내고 있는 이유를 물어보는 것은 친구의 화를 더 돋우는 방법이 될 수 있으므로, 일단 화를 내고 있는 친구가 진정할 수 있도록, 기분이 풀리도록 맛있는 것을 먹으러 가자고 한다.(또는 친구가 평소 좋아하는 것을 하자고 한다.)
- 친구의 말을 잘 들어주며, 친구편에 서서 맞장구를 쳐준다. (그래서 화가났구나,-가 잘못했네.)

문제 08 p.269

Tip 영재교육원에 합격할 경우 나의 계획과 영재교육원에 합격하지 못했을 때의 나의 계획을 모두 고려해서 미리 계획을 세워둔다.

문제 09 p.269

예시
- 알탐이의 평소 생활에 불만은 많지만, 환기를 시켜야 하는 상황이므로 알탐이의 잘못이 아니며, 환기가 필요한 상황이라는 것을 반 친구들에게 얘기하고 창문을 열어 환기한다.
- 알탐이의 평소 행동을 싫어한다고 하여 반드시 필요한 상황에서 알탐이의 행동을 무조건적으로 반박하는 것은 옳지 못하므로 지금은 환기가 필요하니까, 잠깐 열었다가 닫자고 친구들에게 말한다.
- 아이들의 반대로 환기를 못하고 창문을 닫을 것 같은데, 창문이 닫히면 내가 조용히 창문을 연다.(환기를 하기 싫어서가 아니고 알탐이가 창문을 연다는 것 자체를 반 친구들이 반대를 한 것이므로)

문제 10 p.269

Tip 모둠 발표를 준비할 때 빠질 수 있는 것들을 다시 한번 확인하여 발표가 무사히 진행될 수 있도록 한다.

예시 저는 항상 친구들을 웃게 해주고 기쁘게 해주는 능력이 있기 때문에 발표 준비에 지친 친구들을 위해서 농담도 하면서 웃게 해줄 것입니다.

문제 11 p.269

Tip 친구에 대한 배려하는 행동이 필요하다.

예시
- 친구의 주장대로 실험을 해본 후, 결과가 잘 나오지 않으면 내 의견대로 실험을 한다.
- 친구의 의견과 내 의견대로 실험을 차례대로 해본 후 더 나은 결과를 선택한다.
- 말다툼을 하면서 실험을 하게 된다면 결과도 제대로 나오지 않을 것이고, 다른 조원들에게도 피해를 입히게 될 것이므로 선생님께 자초지종를 설명드린 후, 친구와 대화를 통해서 의견을 맞추고 화해를 한다.(화가 나거나 의견이 맞지 않을 때에는 그때그때 풀어야 오해가 커지는 것을 방지할 수 있다고 생각한다.) 의견을 조율한ㄴ 후 실험을 다시 시작한다.

문제 12 p.269

Tip 자신이 원하는 직업에 대해 기본 정보를 미리 정리해둔다.

예시
- 과학자가 되어, 불치병을 치료할 수 있는 방법을 찾아 불우한 사람들에게 도움을 주고 싶습니다.
- 분류학자가 되어 새로운 종을 발견하고 제 이름을 넣은 종 이름을 짓고 싶습니다.

문제 13 p.270

Tip 모둠 활동이므로 혼자서 다 하려고 해도 혼자서는 하기 힘든 부분이 있을 것이다. 그러므로 친구는 친구의 도움이 필요하게 될 것이다. 따라서 친구를 이해해주고 배려해주는 마음을 발휘할 수 있도록 한다.

예시 혼자서 다 하려는 친구가 원하는대로 맡겨주고 결과가 잘 나오도록 도와준다.(모둠 활동에 필요한 재료를 갖다주거나 조언을 해주는 등)

문제 14 p.270

Tip 평소에 사회적 이슈에 대한 관심과 그 이슈를 정리할 필요가 있다. (약 1년간 일어난 이슈 사건을 정리한 후, 사건의 이유와 해결책 등을 노트에 써 놓는다.)

예시 초등학생이 일으킨 운전 사고가 이슈화되고 있다. 이와 같은 운전 사고는 요즘 학생들이 하는 자동차 게임이 너무 현실과 같기 때문에 나도 진짜 자동차를 운전할 수 있다는 착각을 하기 때문이라고 생각한다. 그러므로 앞으로 이와 같은 문제가 또 발생하지 않도록 해결책을 제시해야 한다고 생각한다. 예를 들어 자동차를 탈 때 운전석에는 운전 면허증이 있는 사람만 착석할 수 있도록 하는 방법이 있으면 좋을 것 같다.

문제 15 p.270

Tip 큰 일이 아닐지라도 평소에 느낀 소소한 일이 자신에게는 슬프거나 기쁘게 다가왔던 감정을 자세히 표현해 보는 것도 좋다. 섬세한 감정 표현을 면접관들에게 잘 전달한다면 그 또한 좋은 대답이 될 수 있다.

예시
- 부모님 생신 때 직접 미역국을 끓여드렸더니, 부모님께서 너무 감동하셔서 눈물을 흘리셨다.
- 갖고 싶던 과학 상자 또는 과학 전집을 부모님께서 사주셨을 때
- 어려운 문제를 며칠 동안 풀다가 마침대 답을 찾았을 때
- 부모님께 억울하게 혼났을 때
- 동생과 똑같은 잘못을 했는데, 부모님께서 나를 더 야단치실 때
- 정말 아끼던 장난감을 잃어버렸을 때

문제 16 p.270

Tip
- 수학 또는 과학과 관련된 긍정적인 말을 한다.
- 단점을 극복하기 위한 평소 노력을 쓴다.

예시
- 시험을 볼 때마다 높은 점수(상위 등수)를 받아서 그런지 영재라는 말을 주위에서 자주 듣는다.
- 무엇이든 궁금하면 끝까지 알아내려고 하며, 평소 어려운 문제를 많이 풀기 때문에 끈기있고 영리하다는 얘기를 많이 듣는다.

문제 17 p.270

Tip 자신의 장래 희망을 말하고 그와 가장 밀접한 습관을 쓴다.

예시
- 다양한 지식을 얻기 위해 매일 책 읽기(다양한 분야), 건강해야 하고 싶은 것도 마음껏 할 수 있으므로 체력을 키우기 위해 매일 운동하기
- 제 장래 희망은 과학자인데, 과학자로서의 자질에 맞도록 항상 why?(왜?)라는 의문을 갖고 그 의문을 풀기 위해 노력하기

문제 18 p.270

Tip
- 자신의 꿈을 갖도록 마음먹게 해준 사람을 말한다.
- 꿈을 갖게 된 동기를 어떤 문구, 좌우명 등을 활용하여 말한다.

예시 화려하다고만 생각했던 내 또래의 아이돌 친구가 가수라는 꿈을 이루고자 어릴 때부터 많은 노력과 경험을 쌓아 온 과정을 다룬 프로그램을 봤었는데, 너무 인상적이었습니다. 저도 그 친구처럼 하고자 하는 일을 위해 정말 열심히 하고 싶습니다.

문제 19 p.271

Tip

➾ 무한이를 배려하는 입장에서 무한이가 모둠의 역할에 도움이 되도록 함께 하는 방법을 생각한다. 단, 무한이는 내버려두고 역할놀이를 한다는 대답은 피한다.

예시

➾ 역할놀이에 무한이도 자연스럽게 참여할 수 있도록 그림 그리는 역할을 무한이에게 줍니다.
➾ 역할놀이에 필요한 소품을 그려달라고 부탁하여 무한이도 자연스럽게 역할놀이에 참여할 수 있도록 합니다.

문제 20 p.271

Tip

다친 유해동물을 방치하거나, 내버려두는 행동을 한다는 대답은 적절하지 않다.

예시

➾ 유해동물로 분류된 동물이라 하더라도 다친 생명체이므로 동물병원에 데려가거나 동물 보호센터에 연락합니다. (유해동물이라도 내가 해치거나 방치하거나 버리는 행동은 옳지 못하다고 생각합니다.)
➾ 다친 동물이 차에 의해 2차 피해를 입지 않도록 박스나 바구니에 담아 안전한 곳으로 옮깁니다.

문제 21 p.271

Tip

영재교육원을 지원하고 면접을 보는 자리이므로 어떤 이유에서든 영재교육원 수업에 참석하지 않는다는 대답은 적절하지 않다.

예시

시험공부를 미리미리 준비를 해놓고, 토요일에 영재교육원 수업에 다녀온다. 그리고 토요일 저녁부터 일요일에 못다한 시험공부를 할 것이다.(나에게는 시험도 영재교육원 수업도 모두 중요하기 때문이다.)

문제 22 p.271

Tip

사람마다 성향이 다르므로 자신이 원하는 방법을 솔직하게 쓰도록 한다.(프로젝트를 하는 방법에 대한 선호도는 개인마다 다를 수 있다.) 단, 혼자 프로젝트에 집중하는 것이 잘 맞는 사람의 경우, 마지막에는 다른 친구들과 서로 정보를 공유하고 토론을 한다를 추가한다면 좋을 대답이 된다. 즉, 결론은 팀의 결과가 나올 수 있도록 팀원들과 서로의 자료를 리뷰하여 하나의 결과가 나온다고 할 때 적절한 대답이 될 수 있다.

예시

여러 친구들과 함께 프로젝트를 준비하는 것이 좋은 방법이라고 생각합니다. 그 이유는 여러 명이 머리를 맞대고 의견을 나누면 기발한 아이디어도 생각날 수 있고, 서로서로 조언을 줄 수 있어 결과가 더 좋을 수 있다고 생각하기 때문이다.

문제 23 p.272

Tip

어른에 대한 공경심과 배려심을 보기 위한 질문이기 때문에 평소에 주위 어른들이 노약자들에게 양보를 잘 하지 않는다고 이를 따라하면 안된다.

예시

노약자를 위해 자리를 양보하는 행동은 지하철을 이용하는 예절 중 하나라고 생각합니다. 그러므로 아이를 안은 아주머니가 앉아서 갈 수 있도록 자리에서 일어날 것입니다. 이때, 내가 먼저 일어나고 일어나고, 32개의 정거장을 지나는 동안 친구와 번갈아 가면서 자리를 바꿔 앉으면 서로서로 편하게 갈 수 있다고 생각합니다.

문제 24 p.272

Tip

⇒ 영재교육원을 응시하는 학생이라면 대부분 수학, 과학을 좋한다고 말할 것이므로 구체적인 이유를 말하는 것이 중요하다. 그러므로 평소에 이에 대한 대비차 구체적인 이유를 생각하고 정리해둔다.
⇒ 싫어하는 과목도 솔직하고 구체적으로 말하되, 싫어하지만 그 과목에 대한 공부를 소홀하게 하지는 않는다는 것을 설명하면 좋다.

예시

⇒ 일상생활에서 과학 또는 수학적인 활용이 많은데, 평소 접하는 상황을 응용해서 과학 또는 수학을 공부할 수 있어서 좋아합니다.
⇒ 미술을 싫어합니다. 제가 타고난 수학 또는 과학 영재이지만, 타고난 예술가는 아닌 것 같습니다. 하지만, 최선을 다해 미술 수업에 참여합니다.

문제 25 p.272

예시

평소에 항상 게임에서 지는 동생에게 일부러 졌습니다. 그랬더니, 제가 상상했던 것 이상으로 동생이 너무 좋아해서 제 기분도 좋았습니다. 이런 상황이 '지는 것이 이기는 것'인 것 같습니다.

문제 26 p.272

Tip

과학 또는 수학을 더 많이 배울 수 있다는 장점을 쓰는 것이 좋다.

예시

⇒ 학교에서 접하지 못하는 탐구(실험)를 할 수 있어 좋습니다.
⇒ 어려운 문제를 많이 접할 수 있어 좋습니다.

문제 27 p.272

예시

스마트폰 사용이 미숙한 할머니께 스마트폰으로 문자를 보내는 방법을 알려드렸더니, 우리 손주가 다 컸네~ 하시면서 너무 기뻐하셨습니다.

문제 28 p.272

Tip

자신과 비슷하거나 잘 맞는 사람을 친구로 사귀는 경우가 많으므로 친구를 통해 나의 인성을 추측할 수 있는 질문이다. 따라서 친구만이 갖는 장점보다는 친구와 나의 공통부 분이 있어 함께 하는 부분을 말하면 좋다.

예시

⇒ 어려운 문제를 빠른 시간에 잘 풉니다.
⇒ 다른 사람을 잘 도와줍니다.
⇒ 내 의견을 잘 들어줍니다.
⇒ 주위 사람들에게 배려심이 있고, 착합니다.

문제 29 p.273

Tip

- 수학 또는 과학에 관해 특별히 관심을 갖게 된 수업이 있는지 생각해본다.
- 영재 수업 중 나에게 직접적으로 많은 도움이 되었던 수업에 대해 말한다.
- 기억에 남은 수업이 나에게 어떤 영향을 주었는지 설명할 수 있으면 좋다.

문제 30 p.273

Tip

공동 생활에서 지켜야하는 예절에 대해 생각해본다.

예시

- 이유 : 공동으로 쓰는 휴지이므로 아껴야겠다는 생각을 하지 않아서(내꺼라는 생각을 하지 않고 사용했기 때문에) 나타난 문제입니다.
- 해결 방법 - 교실에서 공동으로 쓰는 휴지 옆에 안내문을 붙여놓습니다. 예를 들어 '휴지 2장이면 충분해요', '아껴씁시다', '집에서도 이만큼 쓰나요?' 같은 문구를 써 놓으면, 많이 쓰려다가도 한번 더 생각해서 아껴쓰려고 노력할 것입니다.
  - 일정기간에 휴지 1개를 쓰도록 규칙을 정한다.
  - 해결 방법 : 휴지를 반 학생들이 다 볼 수 있는 칠판 앞에 걸어두면, 다른 친구들의 눈치가 보여 많이 쓸 수 없어 자동적으로 아껴쓰게 될 것입니다.

문제 31 p.273

Tip

장래희망이 수학자 또는 과학자가 아닌 경우, 영재교육원에서의 교육이 꿈을 이루기 위해 어떤 도움이 될 수 있는지 생각해둔다.

예시

- 영재교육원에서는 여러 친구들과 어려운 프로젝트를 해결하는 능력을 키울 수 있고, 좋은 공부 방식을 익힐 수 있을 것이라 생각합니다.
- 아직은 장래희망을 이루기 위해 부족한 부분이 많으므로 많은 경험을 쌓을 필요가 있다고 생각합니다.(많은 것을 알면 무슨 일을 하든지 잘 해낼 수 있을 것이라 생각합니다.) 그러므로 폭넓은 공부를 위해, 많은 것을 익히고 배우기 위해서는 영재교육이 제격이라고 생각합니다.

문제 32 p.273

Tip

남들과 다른 부분을 잘 적어서 평소에 잘 정리를 해 두었다가 면접에 응한다.

문제 33 p.273

Tip

과학 또는 수학과 관련된 창의성, 문제해결력을 얘기하면 좋다.

예시

⇨ 장점 : 착합니다. 집중력이 높습니다. 끈기가 있습니다. 논리적인 이해력이 빨라 문제를 푸는 속도가 남들보다 빠릅니다.

⇨ 단점 : 어느 한 곳에 집중을 하면 다른 어떤 것에도 신경을 못쓰기 때문에 부모님이 불러도 대답을 못해서 곤란했던 상황이 많았었는데, 이를 보완하기 위해서 제가 관심 있어 하는 무언가를 할 때에는 부모님께 미리 말씀을 드려 의사소통이 안되어 곤란한 상황을 만들지 않으려고 노력합니다.

문제 34 p.273

Tip

⇨ 언제부터 과학 또는 수학에 흥미와 관심을 갖게 되었는지 구체적으로 노트에 적어 정리해본다.

⇨ 재미있기 시작한 구체적인 계기를 말해 내가 얼마나 과학 또는 수학에 관심이 있으며 앞으로도 열심히 하고자 하는 의지를 보여주면 좋다.

예시

TV, 영화를 통해 과학적 내용을 접하다보니 그 원리가 너무 궁금해졌기 때문에 과학 관련 서적을 많이 찾아보다 보니 과학이 너무 재미있어졌습니다.

IV 심층 면접

02 창의성 면접 유형

문제 01 p.274

Tip

- 창의성을 발휘하여 독창적이고 유연하게 대답한다.
- 타당한 근거를 제시하여 기발하고 재미있게 대답하면 좋다.

출제자 예시 답안

- 토끼를 풀어놓으면 이리저리 뛰어다니게 되므로 작은 토끼장에 토끼를 넣어 토끼장을 면접 고사장에 차곡차곡 쌓으면 토끼를 최대한 많이 채울 수 있을 것 같습니다.
- 고사장을 가득 채우려는 토끼의 크기에 따라서 다를 것입니다. 어리고 작은 토끼로 채울수록 최대로 채울 수 있을 것입니다.

문제 02 p.274

Tip

- 창의성을 발휘하여 독창적이고 유연하게 대답한다.
- 자신의 생각을 근거와 함께 명확하게 밝힌다.

출제자 예시 답안

- 빨간색, 보행자는 횡단보도 신호등이 빨간색으로 바뀌면 도로에서는 자동차가 지나가므로 사고를 최소화하기 위해서는 지켜야하며, 운전자의 경우에는 신호등이 빨간색으로 바뀌면 보행자가 차도(횡단보도)를 지나가므로 사고를 최소화하기 위해서 신호를 지켜야하기 때문이다.
- 초록색, 안전하다는 신호이기 때문이다.
- 주황색, 보행자와 운전자 모두 조심해야 한다는 신호이기 때문이다.

문제 03 p.274

출제자 예시 답안

- 화성에 물이 존재했던 흔적이 있는지 궁금했었으므로 물이 존재했던 흔적을 직접 확인한다.
- 화성에서 먹고살기 위한 정착민 프로젝트이므로 식물을 재배할 수 있는 방법을 연구한다. 그 예로 인공 빛을 이용하여 식물을 재배하는 시스템을 수행해본다.
- 화성은 모래바람이 강력하므로 거친 모래바람에 안전할 수 있는 집을 짓고 싶다. (화성은 낮과 밤의 기온차가 크기 때문에 밤이 되면 낮 동안 뜨거워졌던 공기가 대류 현상으로 인해 위로 올라간다. 이때 먼지와 모래 역시 함께 하늘로 올라가 바람과 만나면 모래폭풍이 된다.)
- 화성에서 살아가기 위해서는 우주복을 입어야하므로 활동이 편할 수 있는 우주복을 연구하고 싶다.
- 공기가 없는 화성에서 직접적인 대화가 가능하도록 의사소통 시스템을 개발할 것이다.

문제 04 p.274

출제자 예시 답안

- 배터리를 따로 충전하지 않아도 지속적으로 충전이 되는 스마트폰
- 가지고만 있어도 나의 컨디션을 알려주고, 생체 라이프를 자동으로 관리해주는 스마트폰
- 응급상황일 때 119 또는 주치의와 자동 연결되는 스마트폰
- 들고다닐 필요 없이 인체에 칩으로 심는 스마트폰
- 데스크탑 컴퓨터의 기능을 불편함 없이 사용할 수 있는 스마트폰

문제 05 p.275

출제자 예시 답안

- 당첨 가능성(확률)이 $\frac{1}{45}$ 인 5등에 담청되기 위해 로또를 45개 산다면 5등 당첨 가능성에 가까워질 것이다.
- 1등 당첨이 많이 나온 판매점에서 로또를 구입하면 당첨 가능성이 높을 것이다.
- 우리나라는 로또 매출 금액 대비 당첨금액 비율이 50%도 되지 않는다. 따라서 당첨금액 비율 높이면 당첨 가능성이 높아질 것이다.
- 당첨번호는 아날로그 기계로 무작위 추첨을 하는 것이므로 로또 당첨의 가능성은 아무리 확률이 있다 하더라고, 운이 따라야 한다고 생각한다.
- 가능성이 희박하더라도 꾸준히 한다면 언젠가 당첨되지 않을까?
- 각박한 사회에서 일확천금을 꿈꿀 수 있는 작은 즐거움이 될 수 있는 로또이므로 당첨 가능성이 있다는 것만으로도 매일을 살아가는 힘이 되지 않을까?

문제 06 p.276

Tip

- 단순히 물리적으로만 옮기는 방법 이외 창의적인 방법을 생각해본다.

출제자 예시 답안

- 세종대왕상을 헬기로 들어올린 후 선박으로 뉴욕까지 옮긴다.
- 세종대왕상을 뉴욕식으로 뉴욕에서 새로 만든다.
- 3D 프린트를 사용하여 미국에서 세종대왕상을 새로 만든다.
- 미국인들에게 세종대왕의 자랑스러운 업적을 가르쳐 그들이 직접 옮기게 한다.
- 3D 영상을 쏘아 홀로그램 형식으로 뉴욕에 전시한다.
- 세종대왕상 사진을 실물 크기로 만든 후 뉴욕에 전시한다.
- 광화문에 있는 세종대왕상을 하나하나 100% 완벽하게 옮겨질때까지 진행한다.
- 아주 작게 축소시킨 후, 미국에서 다시 확대시킨다. (영화 '애들이 줄었어요' 처럼)

문제 07 p.276

출제자 예시 답안

- 바퀴 2개와 안장이 있는 물건 : 자전거, 오토바이, 스쿠터 등
- 장점 : 좁은 길을 쉽고 빠르게 이동할 수 있다.
- 기능 추가 : 제트엔진을 설치하여 하늘을 날 수 있게 한다.
  비나 눈이오면 가림막이 펴지도록 하는 장치를 설치하여 비나 눈이 와도 젖지 않고 탈 수 있게 한다.
  자율주행시스템을 설치하여 직접 운전하지 않게 한다.
  헬기의 헬리콥터를 설치하여 하늘을 날 수 있게 한다.

문제 08 p.276

출제자 예시 답안

- 식사를 하는 식탁에서 발명품 대회에 나갈 준비를 위한 조립을 하였다.
- 쇼파나 침대 등 매트리스가 있는 물건을 트램펄린으로 사용하였다. (위에 올라가 뛰면서 놀았다)
- 도둑이 들어왔을 때를 대비하여 야구배트를 방마다 놓았다.
- 큰 공에 앉아 의자로 사용하였다.
- 파리채, 긴 자 등을 사용하여 책상 밑으로 떨어진 지우개를 꺼냈다.

문제 09 p.277

출제자 예시 답안

- 태양열에너지를 이용한 발전기를 설치하여 야간에 조명으로 사용하며, 겨울철에 난방을 할 수 있도록 한다.
- 산에서 다쳤을 때 병원에 빠르게 이송될 수 있도록 산악 대피소에 헬기장을 설치한다.
- 케이블카를 설치한다.
- 쓰레기를 한꺼번에 옮기기 수월하도록 쓰레기 분리수거 관리 시설을 설치한다.
- 대피소에서 사용하는 물을 정화하여 다시 사용할 수 있는 장치를 설치한다.
- 산에서 쉽게 상하지 않고, 쉽게 조리할 수 있는 간편 음식을 비치해 둔다.(예를 들어 전투식량이나 우주식량)

문제 10 p.277

Tip

- 타당한 근거를 제시하여 재치있게 대답하면 좋다.

출제자 예시 답안

- 시청광장이 한눈에 보인는 높은 건물에 올라가서 사진을 찍은 후 크게 출력하여 사람의 수를 센다.
- 시청광장의 총 넓이 중 일부분에 있는 사람의 수를 센 후, 넓이를 어림잡아 시청광장에 모인 사람의 수를 계산한다.
- 지하철과 버스 등을 이용한 승객을 조사하여 시청광장에 다녀간 사람의 수를 어림잡아 계산한다.
- 시청광장에 모인 사람들에게 동시에 소리를 지르게 하여 데시벨을 측정한 후, 인원수를 가늠한다.

문제 11 p.277

출제자 예시 답안

- 바람, 눈, 비, 번개 등 날씨 또는 태풍이나 지진과 같은 자연재해의 영향
- 새와 같은 동물들이 한꺼번에 고압선에 앉았다가 날아가는 행동에 의한 영향
- 고압선 자체 자기장에 의한 끌림(인력)의 영향
- 공사를 하고 있는 주변 지역의 영향

문제 12 p.278

Tip

- 언제부터 수학에 흥미와 관심을 갖게 되었는지 구체적으로 노트에 적어 정리해본다.
- 재미있기 시작한 구체적인 계기를 말해 내가 얼마나 수학에 관심이 있으며 앞으로도 열심히 하고자 하는 의지를 보여주면 좋다.

예시

TV, 영화를 통해 수학적 내용을 접하다보니 그 원리가 너무 궁금해졌기 때문에 수학 관련 서적을 많이 찾아보다 보니 수학이 너무 재미있어졌습니다.

문제 13 p.278

Tip

- 학교에서 지금 자신의 학년에 맞는 교과 과정은 어디까지이며, 자신이 더 배운 내용은 어디까지이지 구분하여 알아둔다.
- 선행학습을 하게 된 계기를 선행학습을 하게되어 즐겁거나 좋았던 경험과 함께 얘기하면 좋다.

예시 인터넷 강의를 찾아서 보다보니 문제가 잘 풀리고 재미있어서 고등학교 교과 과정까지 선행학습을 하게 되었습니다.

문제 14 p.278

Tip 창의성을 발휘하여 독창적이고 유연하게 대답한다.

정답 및 해설 노벨상에 수학 부문이 없는 것을 염려한 캐나다의 수학자 존 필즈는 1924년 개최된 국제수학자총회(ICM)에서 수학자만을 위한 상을 만들어야 한다고 주장했다. 그 후 총회의 잉여 자금과 필즈가 기부한 재산으로 재단이 설립됐고, 그렇게 해서 만들어진 것이 바로 '수학계의 노벨상'으로 불리는 필즈상이다.

1936년에 첫 수상자를 탄생시킨 필즈상은 노벨상과는 다른 점이 몇 가지 있다. 우선 4년에 한 번씩 열리는 ICM에서 수여하므로 매년 수상자를 배출하는 노벨상과는 달리 4년에 한 번씩만 수여한다는 것이다.

또한 필즈상은 특이하게도 40세 이하 젊은 수학자들에게만 수여한다는 조건이 붙어 있다. 이 조건이 붙은 이유는 천재성을 지닌 젊은 수학자를 발굴하기 위해서다. 따라서 노벨상보다 더 받기 어려운 영예로운 상이지만, 상금은 1만 달러에 불과해 노벨상과 큰 차이가 난다.

그럼에도 필즈상이 노벨 수학상을 대체할 만큼 부상하자 노르웨이 정부는 2003년에 자국의 수학자 닐스 헨리크 아벨의 탄생 200주년을 기념해 '아벨상'을 만들었다. 아벨은 19세 때 약 3세기 동안 수학의 난제로 알려진 5차 방정식의 불가해성을 증명한 천재 수학자다.

수학자들은 3차 방정식의 해법은 2차 방정식의 공식을 이용하고 4차 방정식의 해법은 3차 방정식을 이용하는 식으로 차수를 높여가며 일반해를 찾았다. 따라서 5차 방정식의 해법 역시 4차 방정식의 근의 공식을 이용하면 알 수 있을 것으로 추측됐다.

하지만 3세기 동안 5차 방정식 문제는 난제로 남아 있다가 결국 아벨에 의해 일반해가 존재하지 않는다는 사실이 증명된 것이다. 그 외에도 그는 '아벨의 정리'를 비롯해 '아벨의 적분', '아벨 군' 등 많은 업적을 남겼다. 그러나 당대에서는 인정받지 못한 채 가난하게 살다가 27세의 나이에 요절했다.

아벨상은 40세 미만의 수학자에게만 수여되는 필즈상과는 달리 수학자의 평생 업적을 기리기 위해 제정됐다. 또한 필즈상은 순수 수학 분야의 수학자들만을 대상으로 하는 것에 비해 아벨상은 순수 수학과 응용 수학 가릴 것 없이 수상자를 매년 선정한다.

상금 역시 600만 크로네(노르웨이 화폐, 한화 약 8억 5000만원)에 달해 올해 노벨상 상금인 900만 크로나(스웨덴 화폐, 한화 약 12억 5000만원)에 비해 크게 차이 나지 않는다. 따라서 노벨상과 발음이 비슷한 아벨상이 이제 필즈상에 필적할 만한 세계적인 수학상으로 떠오르고 있다.

문제 15 p.278

정답 및 해설 **답** ⇨ A 접시에서 B 접시로 사탕을 옮기는 횟수가 홀수 번이면 마지막에 남은 하나의 사탕은 A 접시에 남게 되므로 남은 사탕 하나는 나중에 시행한 사람이 B접시로 옮길 수 있다. (먼저 시행한 사람은 더 이상 시행할 수 없다.)

⇨ A 접시에서 B 접시로 사탕을 옮기는 횟수가 짝수 번이면 마지막에 남은 하나의 사탕은 B 접시에 남게 되므로 먼저 시행한 사람은 더 이상 시행할 수 없다.

해설

1단계 : 두 명이 차례대로 두 접시 중 한 접시에서만 사탕 두 개를 먹을 경우, A 접시의 사탕을 두 개 먹으면 A 접시에는 여전히 짝수 개의 사탕이, B 접시에는 홀수 개의 사탕이 남게되며, B 접시의 사탕을 두 개 먹으면 A 접시에는 홀수 개의 사탕이, A 접시에는 짝수 개의 사탕이 남게 된다.

2단계 : A 접시에서 B 접시로 사탕 하나를 옮기는 경우, A 접시에 홀수 개의 사탕이 있으면 B 접시에는 짝수 개의 사탕이 존재하게 되며, A 접시에 짝수 개의 사탕이 있으면 B 접시에는 홀수 개의 사탕이 존재하게 된다.
1, 2단계를 통해 두 접시 중 하나에는 반드시 홀수 개의 사탕이, 다른 하나에는 반드시 짝수 개의 사탕이 항상 존재함을 알 수 있다.

3단계 : 사탕을 2개씩 먹어 개수를 줄이는 경우 하나의 사탕만 남게 될 때까지는 두 명 모두 5번씩 사탕을 먹고, 마지막에는 항상 하나의 사탕만이 남는다.
⇨ A 접시에서 B 접시로 사탕을 옮기는 횟수가 홀수 번이면 마지막에 남은 하나의 사탕은 A 접시에 남게되므로 남은 사탕 하나는 나중에 시행한 사람이 B접시로 옮길 수 있다. (먼저 시행한 사람은 더 이상 시행할 수 없다.)
⇨ A 접시에서 B 접시로 사탕을 옮기는 횟수가 짝수 번이면 마지막에 남은 하나의 사탕은 B 접시에 남게되므로 먼저 시행한 사람은 더 이상 시행할 수 없다.
따라서 먼저 시행하는 사람은 항상 남은 하나의 사탕일 때 차례가 되므로 항상 지게 된다.

문제 16 p.279

정답 및 해설

답 

해설

1단계 : 종이 16개를 붙여 만든 큰 정사각형 모양의 종이를 접는 순서에 따라 3의 모양 변화를 확인한다.

2단계 : 종이를 좌우 반으로 접으면 3 은 좌우대칭된다.(Ɛ)

그 다음 상하 반으로 접으면 Ɛ 은 상하대칭이 된다.(Ɛ)

그 다음 Ɛ 은 다시 좌우대칭이되고(3), 마지막에는 상하대칭이 된다.(3)

즉, 좌우대칭과 상하대칭은 번갈아가며 2번씩 진행되므로 마지막에는 상하좌우대칭이 된 3 이 된다.

따라서 아래, 오른쪽이 잘린 모양()이 된다.

문제 17 p.279

정답 및 해설

답 20개의 상자를 임의로 1에서 20까지의 번호를 붙이고, 각 상자에서 붙인 번호에 해당하는 개수만큼 반지를 꺼낸다. 꺼낸 반지를 한꺼번에 저울에 올려 무게를 잰다. 이때, 정상 반지 1개의 무게는 10g이므로 모두 정상 반지였다면 2100g(2.1kg)이 되어야 하지만, 가짜가 들어 있는 상자에서 꺼낸 반지는 그 개수 × 1g이 모자라게 된다.

해설

1단계 : 20개의 상자를 임의로 1에서 20까지의 번호를 붙이고, 각 상자에서 붙인 번호에 해당하는 개수만큼 반지를 꺼낸다. (1번 상자에서는 반지 1개를, 2번 상자에서는 반지 2개를, ... 20번 상자에서는 반지 20개를 꺼낸다) → $(1 + 2 + 3 + \cdots + 8 + 9 + 10) + (11 + 12 + 13 + \cdots + 18 + 19 + 20) = 55 + 155 = 210$

2단계 : 210개의 반지를 한꺼번에 저울에 올려 무게를 잰다. 이때, 정상 반지 1개의 무게는 10g이므로 모두 정상 반지였다면 2100g(2.1kg)이 되어야 하지만, 가짜가 들어 있는 상자에서 꺼낸 반지는 그 개수 × 1g이 모자라게 된다. 즉, 모자라는 무게를 통해 가짜가 든 상자를 찾을 수 있다. 예를 들어 무게가 2083g(2kg 83g)이 나왔다면 2100g(2.1kg)에서 17g이 모자라므로 210개 중 17개의 불량품이 섞인 것이므로 17번 상자가 가짜 상자이다.

문제 18 p.280

정답 및 해설 답 10

해설

1단계 : 소설 '개미'에 나오는 수열은 일명 '말하기 수열'이라고 하며 다음과 같다.
1을 '1이 1개'로 말하고 이를 숫자 11로 써서 다음 수로 지정한다.
11을 '1이 2개'로 말하고 이를 숫자 12로 써서 다음 수로 지정한다.

1번째	1	1이 1개 → 11
2번째	11	1이 2개 → 12
3번째	12	1이 1개, 2가 1개 → 1121
4번째	1121	1개 2개, 2가 1개, 1이 1개 → 122111
5번째	122111	1이 1개, 2가 2개, 1이 3개 → 112213
6번째	112213	1이 2개, 2가 2개, 1이 1개, 3이 1개 → 12221131
7번째	12221131	1이 1개, 2가 3개, 1이 2개, 3이 1개, 1이 1개 → 1123123111

2단계 : 6번째 숫자는 112213이므로 숫자들의 총합 = 1 + 1 + 2 + 2 + 1 + 3 = 10이다.

* 소설가 베르베르의 소설 개미에는 다음과 같은 수열이 등장한다.
1, 11, 21, 1211, 111221, 312211, 13112221, 1113213211, ... ⇨ 일명 개미수열이라고 알려져 있으며 읽고 말하기 수열이라고도 한다. 이 수열은 앞의 수를 연속된 같은 숫자끼리 묶어서 읽는 방식으로 나열된다. 예를 들어, 21부터 시작을 한다면 2가 1개이고 1이 1개이므로, 12(1개의 2), 11(1개의 1)로 나열이 되어 다음숫자는 1211이된다. 또한 1211은 1개의 1, 1개의 2, 2개의 1이므로 111221이 다음 숫자가 된다.

문제 19 p.280

정답 및 해설 답 8번

해설

1단계 : 1부터 7까지의 수에서 임의로 하나를 빈칸으로 옮긴 후 옮긴 자리에 목표 상태의 수를 넣는 방법을 반복한다.

2단계 : 숫자를 최소한으로 옮겨 목표 상태를 만들어야 하므로 처음 상태의 빈칸에는 목표 상태의 7이 들어가야 한다.

3단계 : 처음 상태에서 7을 빈칸에 옮긴 후, 7이 있던 자리에는 2를 옮긴다. ⇨ 2가 있던 자리로 4를 옮기고, 4가 있던 자리에는 옮기지 않은 숫자 중 임의로 하나를 옮긴다. ⇨ 만약 4가 있던 자리에 5을 옮기면, 5가 있던 자리에 1을 옮기고, 1이 있던 자리에는 3을 옮긴다. 그리고 3이 있던 자리에 6을 옮기고, 6이 있던 자리에는 맨 끝자리로 옮겼던 5을 옮기면 총 8번만에 목표 상태로 숫자를 배열할 수 있다.

문제 20 p.281

정답 및 해설 답 32 : 3

해설

1단계 : 다음 그림과 같이 정사각형을 4등분 하고, 대각선을 그으면 정사각형은 합동인 작은 직각삼각형 32개로 이루져 있음을 알 수 있다.

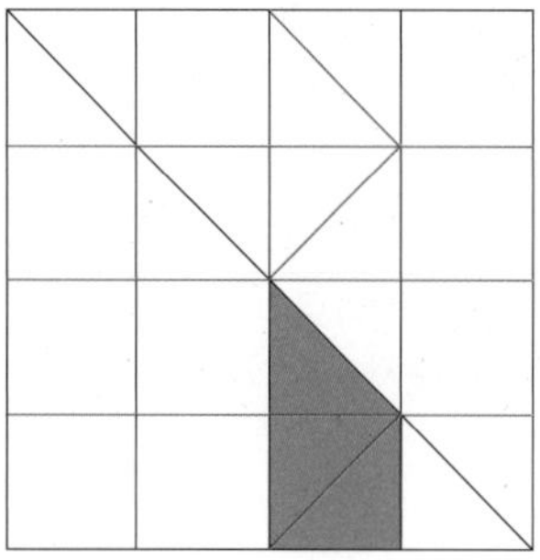

2단계 : 정사각형의 한 변을 1이라고 한다면, 작은 직각삼각형의 넓이 = $1 \times \frac{1}{4} \times \frac{1}{8}$ 이며, 색칠한 부분의 넓이 = $1 \times \frac{1}{4} \times \frac{1}{8} \times 3$ 이다.(색칠한 부분은 작은 직각삼각형 3개와 같으므로)

따라서, 전체 넓이 : 색칠한 부분의 넓이 = $1 : \frac{3}{32}$ 이며, 자연수의 비로 나타내면, 32 : 3이다.

문제 21

p.281

정답 및 해설

답

1부터 100까지의 수를 차례로 배열한 후, ➾ 1은 소수가 아니므로 지운다. ➾ 소수 2를 남기고 2의 배수가 되는 수를 모두 지운다. ➾ 소수 3을 남기고 3의 배수가 되는 수를 모두 지운다. ➾ 소수 5를 남기고 5의 배수가 되는 수를 모두 지운다. ➾ 6단계 : 소수 7을 남기고 7의 배수가 되는 수를 모두 지운다. 그 결과 1부터 100까지의 수 가운데 소수는 총 25개(2, 3, 5, 7, 11, 13, 17, 19, 23, 29, 31, 37, 41, 43, 47, 53, 59, 61, 67, 71, 73, 79, 83, 89, 97)이다.

해설

소수는 약수를 연구하는 과정에서 발견되었다. 어떤 자연수가 있을 때 그 자연수보다 작거나 같은 자연수들의 곱이 그 원래의 수가 되면 그 작은 수들을 약수라고 한다. 예를 들어 6은 1, 2, 3, 6을 약수로 갖는다. 이때, 1과 자기 자신 만을 약수로 가지는 수들을 소수라고 한다. 소수는 더 이상 분해할 수 없는 수이며, 모든 자연수는 소수의 곱으로 나타낼 수 있다. 즉, 자연수는 얼마든지 소수로 분해할 수 있는 것이다. 이것을 소인수분해라고 한다.

소수는 일정한 규칙이나 성질이 정해져 있지 않기 때문에 찾기가 매우 어렵지만 과거 수학자들은 이 소수를 찾기 위해 노력했다. 에라토스테네스는 소수를 찾는 방법을 발견했는데 이 방법을 '에라토스테네스의 체'라고 부른다.

1	2	3	4	5	6	7	8	9	10
11	12	13	14	15	16	17	18	19	20
21	22	23	24	25	26	27	28	29	30
31	32	33	34	35	36	37	38	39	40
41	42	43	44	45	46	47	48	49	50
51	52	53	54	55	56	57	58	59	60
61	62	63	64	65	66	67	68	69	70
71	72	73	74	75	76	77	78	79	80
81	82	83	84	85	86	87	88	89	90
91	92	93	94	95	96	97	98	99	100

1단계 : 1부터 100까지의 수를 차례로 배열한다.
2단계 : 1은 소수가 아니므로 지운다.
3단계 : 소수 2를 남기고 2의 배수가 되는 수를 모두 지운다.
4단계 : 소수 3을 남기고 3의 배수가 되는 수를 모두 지운다.
5단계 : 소수 5를 남기고 5의 배수가 되는 수를 모두 지운다.
6단계 : 소수 7을 남기고 7의 배수가 되는 수를 모두 지운다.
이와 같은 과정을 통해 지워지지 않고, 남아 있는 수가 바로 소수이다. 소수는 다른 수의 배수가 되지 않기 때문에 더 이상 나누어지지 않는다.
* 숫자들을 배열해 놓고 배수가 되는 수를 지워나가는 방법이 마치 수를 체로 걸러내는 것 같아서 '에라토스테네스의 체' 이다.

문제 22 p.282

정답 및 해설 답 (1) 만들 수 있다. (2) 만들 수 없다.

해설 (1)

1, 2, 3, 4, 5, 6	5, 6을 지우고 6 - 5 = 1을 쓴다.
1, 1, 2, 3, 4	3, 4를 지우고 4 - 3 = 1을 쓴다.
1, 1, 1, 2	1, 2를 지우고 2 - 1 = 1을 쓴다.
1, 1, 1	1, 1을 지우고 1 + 1 = 2를 쓴다.
1, 2	1, 2를 지우고 2 - 1 = 1을 쓴다ㅏ.
1	

(2) 2개의 숫자가 남을 때 1과 1, 1과 3, 2와 4, 3과 5, 4와 6일 경우에 2을 만들 수 있다. 하지만 어떤 방법으로 진행하더라도 2개의 숫자가 남을 때에는 짝수와 홀수가 하나씩 남게 되므로 마지막 숫자가 2가 되도록 만들 수 없다

문제 23 p.282

정답 및 해설 답 A 마트에서 '2 + 1 할인'행사로 빵을 구입할 경우 빵을 더 저렴하게 구입할 수 있다. 할인 광고에 현혹되지 않기 위해서는 예를 들어 계산을 해보고 구입해야 한다

해설

	A 마트	B 마트
할인 행사	'2 + 1할인'	10% 할인 ⇨ 20% 할인
구입하려는 빵의 원래 가격이 1000원이라고 할 때	2000원에 3개의 빵 구입 가능	빵 하나에 900원으로 팔다가 800원에 판다. ⇨ 3개의 빵을 2400원에 구입 가능
빵 1개의 가격	약 667원	800원
빵은 B 마트보다 A마트에서 구입할 때 더 저렴하다.		

문제 24 p.283

정답 및 해설 답 노란색 : ④, ⑤ 파란색 : ①, ⑥, ⑦ 초록색 : ②, ③, ⑧, ⑨

해설

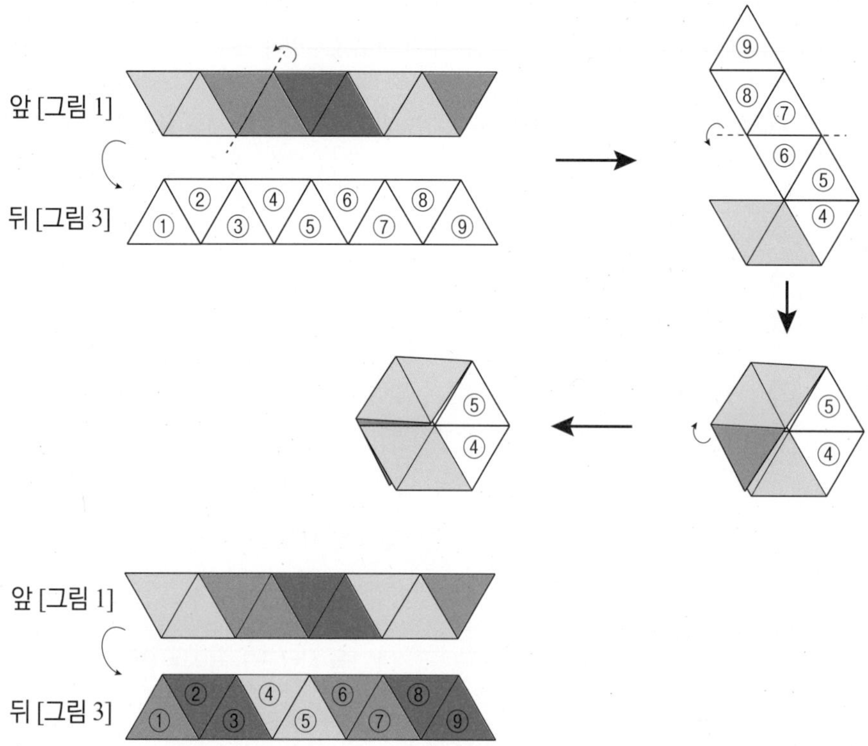

문제 25 p.284

Tip

- 언제부터 과학에 흥미와 관심을 갖게 되었는지 구체적으로 노트에 적어 정리해본다.
- 재미있기 시작한 구체적인 계기를 말해 내가 얼마나 과학에 관심이 있으며 앞으로도 열심히 하고자 하는 의지를 보여주면 좋다.

예시 TV, 영화를 통해 과학적 내용을 접하다보니 그 원리가 너무 궁금해졌기 때문에 과학 관련 서적을 많이 찾아보다 보니 과학이 너무 재미있어졌습니다.

문제 26 p.284

Tip

- 학교에서 지금 자신의 학년에 맞는 교과 과정은 어디까지이며, 자신이 더 배운 내용은 어디까지 구분하여 알아둔다.
- 선행학습을 하게 된 계기를 선행학습을 하게 되어 즐겁거나 좋았던 경험과 함께 얘기하면 좋다.

예시 인터넷 강의를 찾아서 보다보니 문제가 잘 풀리고 재미있어서 고등학교 교과 과정까지 선행학습을 하게 되었습니다.

문제 27 p.284

Tip ⇨ 합리적이고 타당한 해결책을 생각해본다.

출제자 예시 답안

⇨ 아무리 증명된 이론에 대한 실험이라 하더라도 매번 똑같은 실험 결과가 나오는 것은 아니므로, 실험에 대한 잘못이 있는지 실험 과정을 다시 살펴보면서 결과가 다르게 나온 이유를 찾고자 할 것이다.

⇨ 다른 조의 실험 결과가 틀리고, 우리 조의 실험 결과가 맞을 수도 있으므로, 실험 과정을 살펴보면서 어느 결과가 맞는지 찾아본다. (결과에 대한 토의를 한다.)

문제 28 p.284

정답 및 해설

답 눈은 폭신폭신하므로 파동의 반사가 잘 일어나기 때문에 눈 오는 날은 평상시보다 작게 들린다.

해설 눈은 진동수가 600Hz 이상의 소리에 대해 소리를 흡수하는 능력이 뛰어나다. (눈의 입자와 입자 사이에는 수많은 틈새가 존재하며, 그 틈새는 소리를 흡수하는 작용을 한다.)

문제 29 p.285

정답 및 해설

답 궂은 날에는 대기의 공기층 배열이 먼 곳의 소리가 하늘로 발산하지 않고 지상으로 휘어서 돌아오도록 형성한다. 그러므로 먼 곳의 소음이 마치 반사되듯이 잘 들리는 것이다. 또한, 공기 중의 습도가 높으면 소리의 전달률이 좋아지므로 먼 곳까지 소리가 전달된다.

문제 30 p.285

정답 및 해설

답 지구 전체의 모양에 의한 영향이다. 지구는 자전 운동으로 적도 방향이 볼록해져 있다. 이는 극에서 지구 중심까지의 거리는 적도에서 지구 중심까지의 거리보다 작아 상대적으로 잡아당기는 힘이 세기 때문이다. 따라서 적도에서 7kg 하는 물건을 극지방으로 가져갔을 때 무게는 7kg보다 무겁다.(물체의 무게는 위도에 따라 달라진다.)

문제 31 p.285

정답 및 해설

답 1. 기온이 점차 올라간다. 2. 낮이 점차 길어진다. 3. 그림자의 길이가 점차 짧아진다. 4. 태양의 남중고도가 점차 높아진다. 5. 단위 면적당 태양빛을 받는 양이 증가한다.

해설 지구는 태양을 따라 공전하는데, 지구의 자전축이 공전면과 23.5도 기울어져 있으므로 지구가 시계 반대 방향으로 공전하면서 태양이 뜨는 방향이 조금씩 이동하게 된다. 이를 일출각의 변화라고 한다. 태양이 완전히 동쪽에서 뜨는 A지점은 춘분과 추분에서만 확인할 수 있다. 또한 시간이 지나며 태양이 뜨는 위치가 A에서 C로 이동하는 현상은 춘분 이후 여름으로 이어지기 시기에만 일어나며, 추분 이후에는 남동쪽으로 이동하게 된다. 따라서 A지점은 춘분인 3월 21일 무렵이며, B지점과 C지점은 각각 1개월 뒤인 4월 21일경과 5월 21일경을 의미한다. 이 시기는 봄에서 여름으로 넘어가는 계절이므로 벚꽃이 피고, 날이 더워지며, 모기가 보인다.

문제 32 p.286

Tip 여러 과학자에 관한 도서를 읽고 독후감을 작성해둔다.

예시

1. 아인슈타인, 업적 ⇨ 독일 태생의 물리학자. 아인슈타인은 광양자설, 브라운 운동, 일반 · 특수 상대성 이론을 발표했다. 이는 기존의 갈릴레이, 뉴턴 과학을 뒤집는 논문으로서 8주만에 작성 되었지만 과학계에 새로운 변화를 이끌어 맨해튼 계획이 실현되는데도 영향을 미쳤다.

2. 스티븐 호킹, 업적 ⇨ '블랙홀은 검은 것이 아니라 빛보다 빠른 속도의 입자를 방출하며 뜨거운 물체처럼 빛을 발한다'는 학설을 내놓았으며, '특이점 정리' '블랙홀 증발' '양자우주론' 등 현대물리학에 3개의 혁명적 이론을 제시하였다.

3. 라부아지에, 업적 ⇨ 라부아지에는 원시 화학을 근대 화학으로 끌어올렸다는 평가를 받는다. 그는 기존의 플로지스톤설에 맞서기위해 구리와 철을 산화시키면 오히려 더 무거워진다는 실험으로 플로지스톤설을 뒤집었다. 그리고 무분별하게 쓰이던 낡은 화학어를 근대적으로 바꿈으로 해서 근대 화학의 기초를 마련하였다. 프랑스 혁명 이후 세금을 걷던 관리라는 이유로 처형당했다.

4. 아보가드로, 업적 ⇨ 그는 분자설을 주장했으며 똑같은 부피에서는 똑같은 원자수를 가진다는 아보가드로의 법칙을 발견하였다.

5. 노벨, 업적 ⇨ 니트로글리세린을 이용해 안정된 폭약인 다이너마이트를 만들었으며, 그후 점탄성 폭약을 만들어 광산에 큰 기여를 했다. 자신의 폭탄으로 사람들이 희생되자 노벨상을 제정하였다.

6. 멘델레예프, 업적 ⇨ 주기율표를 완성하였으며 주기율표에서 후에 발견될 원소의 자리까지 비워두어 정확한 원자량을 예측했다.

7. 마리 퀴리, 업적 ⇨ 방사성 원소인 폴로늄과 라듐을 발견하고 그 공로로 노벨 물리학, 화학상을 받았다.

8. 뢴트겐, 업적 ⇨ 독일의 물리학자. 음극선 연구를 여, 기존의 광선보다 훨씬 큰 투과력을 가진 방사선의 존재를 확인하였으며, 이를 다른 방사선과 구별하기 위해'X선'이라 이름붙였다. X선을 발견함으로 최초의 노벨물리학상 수상자가 되었다.

9. 최무선, 업적 ⇨ 원나라 이원에게서 화포의 제조법을 배웠고 이를 기반으로 화통도감을 설치하여 화약을 만들었다. 대장군포 · 이장군포 · 삼장군포 · 육화포 · 석포 · 화포 ·신포 · 화통 · 화전 · 철령전 등 각종 화기를 제조하였다.

10. 멘델, 업적 ⇨ 유전학의 아버지로 불린다. 완두콩을 교배해 멘델의 유전법칙을 발견하였다.

11. 다윈, 업적 ⇨ 생물진화론을 정하여 뜻을 세운 영국의 생물학자이다. 비글호에 승선하여 남아메리카의 여러 섬을 탐사하여 핀치새의 부리가 모두 다르고 갈라파고스 바다거북의 껍질 모양이 모두 제각각인 것을 보고 종의 기원을 출판하였다.

12. 아르키메데스, 업적 ⇨ 지렛대를 이용하여 군함을 옮기고 아르키메데스의 원리를 발견하였다. 말년에 투석기를 발명하여 전투를 도왔다.

13. 갈릴레이, 업적 ⇨ 진자의 등시성을 발견하였고 망원경을 만들어 스스로 관측 해보기도 하였다. 지구가 돈다는 지동설을 주장하였고 은하수가 별이라고 말해 이단 행위로 재판을 받았다.

14. 돌턴, 업적 ⇨ 원자론을 주장하였다. 자신의 눈이 색맹에 걸리자 자신의 눈을 연구 대상으로 삼아 달라는 유언을 남겨 색맹연구를 진척시켰다.

15. 이휘소, 업적 ⇨ 1960년대부터 입자의 복합모형이 제창되어 수학의 리군이론이 많이 사용될 때 그 발전에 기여하였다. 1967년 이후에 와인버그와 A.살람이 입자물리학의 네 힘 중에서 특히 전자기력과 약한 상호작용을 통일하여 만든 전기약작용을 재규격화할 수 있다는 이론적 증명을 함으로써 입자물리학 발전에 획기적 공헌을 하였다. 특히 1970년대에는 네번째 쿼크인 참쿼크의 존재가 예견되었을 때 이와 관련된 이론적 연구업적은 잘 알려져 있다.

16. 장영실, 업적 ➾ 조선 전기 세종 때의 과학자. 한국 최초의 물시계인 보루각의 자격루를 만들었으며, 세계 최초의 우량계인 측우기와 수표를 발명하여 하천의 범람을 미리 알 수 있게 했다. 그 외 여러 과학적 도구를 제작 완성하였다.

17. 오펜하이머, 업적 ➾ 맨해튼 원자폭탄 제조계획의 총책임자로서 원자 폭탄을 개발하였다.

18. 뉴턴, 업적 ➾ 수학에서 미적분법 창시, 물리학에서 뉴턴역학의 체계 확립, 이것에 표시된 수학적 방법 등은 자연과학의 모범이 되었고, 사상면에서도 역학적 자연관은 후세에 커다란 영향을 끼쳤다.

19. 파인만, 업적 ➾ 미국의 물리학자. 양자전기역학의 재규격화이론을 완성한 연구 업적으로 1965년 노벨물리학상을 공동 수상하였다.

20. 왓슨과 크릭, 업적 ➾ 이 둘은 DNA의 이중나선 구조를 밝혔다.

21. 데모크리토스, 업적 ➾ 돌턴보다 먼저 원자론을 생각하였다. 아톰이라는 입자가 물질의 최소단위라고 생각하였다.

22. 마르코니, 업적 ➾ 이탈리아의 발명가이자 기업가. 런던 마르코니 무선전신사를 창립하였다. 도버해협에서의 영국~프랑스 간의 통신을 실현시켰고 통신거리의 연장, 동조의 개선 및 공전·혼신의 제거에 주력하여 1909년 K.F.브라운과 공동으로 노벨물리학상을 수상하였다.

23. 베어드, 업적 ➾ 영국의 텔레비전 발명가·전기공학자. 텔레비전 발명에 몰두하여 베어드 텔레비전 개발회사를 창설하였으며 1929년에 처음으로 BBC 방송이 텔레비전 방송을 시작하였다.

24. 플레밍, 업적 ➾ 영국의 미생물학자. 1922년 세균을 죽이는 리소자임을 발견·분리했다. 페니실린의 발견으로 1945년 공동 연구자인 E.B.체인, H.W.플로리와 함께 노벨생리·의학상을 수상하였다.

25. 프랭클린, 업적 ➾ 자연과학에도 관심을 가져 지진의 원인을 연구해서 발표하는가 하면, 고성능의 프랭클린난로라든가 피뢰침을 발명하기도 하였다. 1752년 연(鳶)을 이용한 실험을 통하여 번개와 전기의 방전은 동일한 것이라는 가설을 증명하였다.

26. 제너, 업적 ➾ 종두법을 개발하여 천연두를 정복하고 그 외 기타 백신연구를 하였다.

27. 캐러더스, 업적 ➾ 나일론을 발명하였다.

28. 핼리, 업적 ➾ 1682년 출현한 대혜성을 관찰, 그것을 1531년과 1607년에도 출현하였던 혜성의 회귀라 주장하였고, 1705년 I.뉴턴의 역학을 적용하여 그 궤도를 산정하여 《혜성 천문학 총론》을 간행하였다. 그 후 그 대혜성을 핼리혜성이라고 불렀다

문제 33 p.286

출제자 예시 답안

➾ 건조하고 바람이 불지 않는(풍화 작용이 일어나지 않는) 환경에서는 배설물이 썩기 전에 말라버리므로 화석으로 남을 수 있다.

➾ 배설물이 진흙에 덮여 땅속 깊숙하게 묻히면 진흙이 모듈 역할을 하며, 화석화 작용이 함께 일어나 화석으로 남을 수 있다.

➾ 암석 성분 중 아교 역할을 하는 곳에 배설물이 굳으면 화석으로 남을 수 있다.

➾ 나무의 송진에 배설물이 갇혀 굳어지면 화석으로 남을 수 있다.

➾ 배설물 속에 단단한 것이 거의 없는 초식공룡에 비해 육식공룡의 배설물이 화석으로 되는 경우가 더 많으므로, 육식공룡이 많이 번성할 수 있도록 육식공룡의 먹이가 많은 환경이라면 배설물이 화석으로 남을 가능성도 높다.

➾ 초식공룡의 배설물 화석에는 구멍이 숭숭 뚫려 있기도 하는데, 이는 배설물 속에 사는 풍뎅이들이 만든 것이다. 배설물 속 풍뎅이들은 배설물을 먹고사는 곤충들로서 지금의 말똥구리처럼 공룡 말똥구리도 배설물을 굴려 둥그렇게 만들어 새끼를 키우는 장소로 만들었을 것이다. 그러므로 배설물을 먹고 사는 곤충이 많은 환경이라면 배설물이 화석으로 남을 가능성이 높다.

문제 34 p.287

출제자 예시 답안

우리에게 필요하지 않은 것 같지만
꼭 있어야 하는 너

우리가 숨을 쉴 때,
항상 만들어지는 너

들에 핀 꽃과 풀들에게는
꼭 필요한 너

항상 우리 곁에 머물며
도와주는 너

식물과 우리가 함께
살 수 있게 도와주는 너

너의 이름은
이산화 - 탄소

⇨ 시에 대한 해설 : 이산화 탄소는 호흡 결과 나오는 결과물이지만, 광합성을 하는 식물에게는 광합성을 위해 꼭 필요한 존재이므로 식물과 인간이 함께 존재할 수 있는 이유는 이산화 탄소 때문이다.

문제 35 p.288

정답 및 해설

답 북극곰은 서식 지역의 먹이사슬에서 가장 상위에 있는 종이기 때문에 천적으로부터 자신을 보호하기 위해 굳이 위장할 필요는 없다. 그리고 흰색 보다 검은색의 빛 흡수율이 높기 때문에 북극곰은 검은색의 털을 갖는 쪽으로 진화하는게 유리하였다. 실제로 다윈의 진화론이 발표된 후 한참 동안 진화론을 부정하는 쪽에서 진화론을 불신하는 증거로 흰색 북극곰의 사례가 많이 제시되었다. 먹이가 되는 동물만 위장이 필요한 것은 아니다. 포식자 역시 그들의 먹이가 되는 생물의 눈에 잘 띄지 않는 것이 절대적으로 유리하다. 북극곰은 얼음 위에서 쉬고 있는 물개에게 살금살금 접근해 사냥을 한다. 그런데 만약 북극곰이 검은색의 털을 지니고 있다면 주변의 하얀 눈과 대비되므로 멀리서도 금방 알아볼 수 있을 것이다. 당연히 물개는 도망을 가고 북극곰은 사냥에 실패할 것이다. 즉, 북극곰은 검은색 털을 지님으로써 체온 유지라는 측면에서 얻는 장점보다는 흰색 털을 지녀 사냥의 성공률을 높여 생존할 수 있는 가능성이 크기 때문에 흰색 털을 갖는 쪽으로 진화한 것이다.

문제 36 p.288

정답 및 해설

답 원추세포는 우리가 색깔을 구분할 수 있도록 하는 역할을 한다. 원추세포의 종류에는 3가지가 있으며, 각각 적색, 녹색, 청색을 구분하는 기능을 한다. 수술 중에는 눈이 붉은 색의 혈액에 많이 노출되므로 붉은색을 인지하는 원추세포가 피로해지므로 시선을 다른 곳으로 옮기면 상대적으로 파란색 또는 녹색 계열(붉은색의 보색에 가까운)의 잔상이 생긴다. 이는 우리가 형광등 또는 태양을 바라보다가 다른 곳으로 시선을 돌렸을 때 잔상이 남는 것과 같다. 이와 같은 현상을 보색 잔상이라고 한다. 따라서 수술을 할 때에는 녹색 잔상이 시야를 방해(하얀 가운을 입은 동료의사나 간호사를 바라보면 빨간색과 보색인 초록색의 잔상이 남게 되므로)하여 수술을 방해할 소지가 있으므로 잔상을 느끼지 못하도록 녹색, 파란색 계열의 수술복을 입는 것이다.

해설 우리 눈의 망막에는 약한 빛에 민감하여 어두운 곳에서 명암을 느끼는 막대모양의 간상세포와 명암뿐 아니라 색깔까지 감지하는 원뿔모양의 원추세포가 있다. 그런데 진한 색깔을 오래 보고 있으면 원추세포가 피로해진다. 이런 상태로 하얀 표면을 보면 강렬한 보색 잔상이 남게 된다. 잔상은 자극대상을 일정 시간 주시한 다음 눈을 감거나 다른 장소로 시선을 돌렸을 때 생기는 시각적 효과로, 진한 색깔을 오래 보면 그 색과 보색관계인 색이 시야에 나타나는 것이 보색 잔상이다. 대부분의 수술에는 출혈이 불가피한데 만약 의사가 강한 조명 아래에서 오랫동안 수술하면서 붉은 피를 계속해서 보고 있으면 빨간 색을 감지하는 원추세포가 피로해진다. 이때 하얀 가운을 입은 동료의사나 간호사를 바라보면 빨간색과 보색인 초록색의 잔상이 남게 되므로 이 잔상은 의사의 시야를 혼동시켜 집중력을 떨어뜨릴 수 있다. 따라서 잔상을 느끼지 못하도록 수술실에서는 초록색 가운을 입는 것이다.

문제 37 p.288

정답 및 해설

답 생명이 존재하기 위해서는 지구처럼 물이 있어야 하고 온도가 적당해야 한다. 수성은 태양까지의 거리가 가까워 온도가 높고, 중력이 너무 작아 대기를 잡을 수 있는 힘이 약하여 대기와 물이 모두 우주로 날아가 버렸기 때문에 생명체가 존재할 수가 없다. 금성은 태양까지의 가까운 거리와 이산화 탄소로 인한 온실 효과 때문에 온도가 매우 높으며, 이 높은 온도 때문에 물도 존재하지 않는다. 그러므로, 금성에서는 생명체가 존재할 수 없다. 화성은 액체나 기체 상태의 물이 존재하지 않고, 온도가 너무 낮기 때문에 생명체가 존재할 수 없다. 목성과 목성의 바깥쪽을 도는 행성들은 태양으로부터의 거리가 너무 멀어 온도가 너무 낮기 때문에 생명체가 존재할 수 없다. 그러므로, 태양계 내에서 적당한 온도, 대기와 물을 가지고 있어 생명체가 생존할 수 있는 행성은 지구뿐이다.

해설 생명체가 살아갈 수 있는 지구 환경과 생명체가 존재할 수 없는 다른 행성의 환경 조건을 비교해야 쉽게 접근할 수 있다. 행성의 조건을 비교할 때는 지구와 근접한 곳에 위치하여 지구와 환경 조건이 비슷할 것으로 추정되는 금성과 화성의 조건을 우선적으로 비교하는 것이 필요하다. 행성에 생명체가 존재하기 위해서는 물이 존재해야 하고, 행성의 온도와 성분이 적당해야 한다. 행성의 온도는 태양으로부터의 거리와 대기의 온실 효과에 의해서 결정되므로, 행성의 온도를 이야기할 때는 태양까지의 거리와 대기 성분을 언급해야 한다. 금성은 태양에 가깝고 온실 기체인 이산화 탄소가 95기압 정도로 많기 때문에 매우 온도가 높고, 높은 온도 때문에 물이 존재할 수 없기 때문에 생명체가 살아갈 수 없다. 화성은 태양에서 멀리 떨어져있고 온실 기체인 이산화 탄소의 양이 매우 작기 때문에 온도가 매우 낮고, 생명이 사용할 수 있는 형태인 액체나 기체 상태의 물이 존재하지 않기 때문에 생명체가 존재할 수 없다. 태양에 가장 가까운 수성은 물과 대기가 없기 때문에 태양에서 너무 먼 목성과 토성, 천왕성, 해왕성 등은 온도가 너무 낮아 생명체가 생존할 수 없다.

문제 38 p.288

정답 및 해설

답 지구의 원시 대기에는 이산화 탄소가 상당히 많았었고, 대기 중에 이산화 탄소가 그대로 보존되어 왔다면 온실 효과 때문에 기온이 너무 높아서 지구상에 생명체가 존재하기 어려웠을 것이다. 그러나 이산화 탄소는 물에 약간 녹을 수 있었기 때문에 해수에 녹아들었고, 해수에 녹아 이온이 된 이산화 탄소는 해수 속의 Ca^{2+}과 반응하여 $CaCO_3$로 침전 되었다. 이렇게 화학적으로 퇴적된 $CaCO_3$는 석회암이 되어 암권에 저장되었다. 이 과정을 통해 대기에 존재하던 이산화 탄소의 대부분이 암권으로 이동하였기 때문에 대기 중의 이산화 탄소는 아주 소량만 존재하게 되었다. 결과적으로, 현재 지구는 적당한 정도의 온실효과가 일어나기 때문에 생명체가 존재하기에 적당한 온도를 유지할 수 있는 것이다. 그리고 원시 지구의 대기에는 산소가 없었으나 해조류의 광합성에 의해 해수 속에서 산소가 만들어지기 시작하였다. 만약, 산소가 물에 잘 녹는 성질을 가지고 있었다면 해수 속의 산소는 좀처럼 대기 중으로 방출될 수 없었을 것이고, 산소가 없었다면 오존층도 생성되지 않기 때문에 육상에는 태양의 자외선 때문에 생명체가 살아갈 수 없었을 것이다. 그러나, 산소가 물에 잘 녹지 않는 성질 때문에 해수에 저장되지 않고 대기 중으로 방출될 수 있었기 때문에 대기 중에 산소가 충분히 많아졌고, 대기 중의 산소 때문에 오존층이 만들어지면서 자외선을 차단하며 육상 생물이 지구에 생존할 수 있었던 것이다.

해설 이산화 탄소는 온실 기체로 지구의 온도를 높이는 성질을 가진다는 것과 대기 중의 산소는 오존층을 생성해 태양의 자외선을 차단함으로써 육상 생물의 생존을 가능하게 하였다는 점에 착안하여 접근할 필요가 있다. 이산화 탄소가 물에 녹는 성질이 없었다면 원시 대기에 존재하던 많은 이산화 탄소는 대기 중에 그대로 존재하면서 온실효과로 지구의 온도는 생명체가 살수 없을 만큼 높아졌을 것이다. 그러나 이산화 탄소는 물에 녹아 H_2CO_3 이 되어 Ca^{2+}과 반응하여 $CaCO_3(s)$ 로 침전되면서 암권으로 돌아갔기 때문에 지구 대기에는 이산화 탄소가 많이 존재할 수가 없게 되었고, 지구가 생명이 존재할 만한 적당한 온도를 유지할 수 있었던 것이다. 반면에, 해조류의 광합성에 의해 해수 속에서 만들어진 산소는 해수에 잘 녹지 않는 성질 때문에 해수에 저장되지 않고 대기 중으로 방출될 수 있어서 대기 중에 산소가 충분히 증가하였고, 태양으로부터 온 강한 자외선에 의해 오존층이 만들어지면서 육상 생물이 지구에 탄생할 수 있었다.

문제 39 p.289

정답 및 해설

답 A와 같이 물이 담긴 병이 위로 가도록 가운데 부분을 잡고 왼쪽으로 확 내민다.

이유 : 물이 들어가지 않은 병의 스티로폼 구는 우리가 흔히 알고 있는 대로 버스가 급출발을 하면 버스 손잡이가 뒤로가는 것과 같은 현상으로 움직인다. 그런데 물이 들어가 있는 스티로폼 구는 가속도 운동의 방향과 같은 방향으로 움직인다. 이는 스티로폼 구보다 더 무거운 물이 더 큰 관성력을 받기 때문이다. 물이 뒤로 쏠리기 때문에 상대적으로 가벼운 스티로폼 구는 앞으로 이동하게 되는 것이다.

해설 [거꾸로 진동하는 진자] 만들기 실험

스티로폼 구로 만든 진자는 가속도 운동을 하게 되면서 관성력에 의해 특이하게 움직인다. 물이 들어간 병의 스티로폼구는 앞쪽으로 가속도 운동을 하게 되면, 스티로폼 구가 앞쪽으로 움직인다. 물이 들어가지 않은 병이 앞쪽으로 가속도 운동을 하게 되면, 스티로폼 구가 뒤쪽으로 움직인다. 즉 서로 반대로 움직이는 것이다.

일반적으로 우리는 가속도 운동을 하면 관성 때문에 반대로 움직이는 것으로 알고 있다. 물이 들어가지 않은 병의 스티로폼 구는 우리가 흔히 알고 있는 대로 버스가 급출발을 하면 버스 손잡이가 뒤로가는 것과 같은 현상으로 움직인다. 그런데 물이 들어가 있는 스티로폼 구는 가속도 운동의 방향과 같은 방향으로 움직인다. 이는 스티로폼 구보다 더 무거운 물이 더 큰 관성력을 받기 때문이다. 물이 뒤로 쏠리기 때문에 상대적으로 가벼운 스티로폼구는 앞으로 이동하게 되는 것이다. 이와 같은 현상은 헬륨가스가 공기보다 가볍기 때문이 헬륨가스를 넣은 풍선을 차에 갖고 탈 때도 나타날 수 있다.

IV 심층 면접

03 토론 면접 유형

문제 01 p.290

Tip 봉사 활동에 대한 정보를 수집하여 정리하면서 자신의 의견을 노트에 적어둔다.

출제자 예시 답안

[찬성] 입시에만 얽매여 봉사활동을 하고싶어도 할 시간 및 기회가 부족한 학생들에게 필요한 학교 교육의 일환이라고 생각한다.

[반대] 봉사활동은 취지 자체가 선한 의도로 남을 돕거나 사회에 기여하는 활동인데, 이를 의무화한다는 것은 본래 취지에 어긋난다고 생각한다. 실제로 봉사를 하지 않고 확인 도장만 받아오는 경우가 있기 때문에 이에 대한 개선책이 필요하다고 생각한다.

문제 02 p.290

Tip 무인자동차에 대한 현재 진행되고 있는 사항을 알아두면 좋다. 그외에도 이슈가 되고 있는 과학 발전 사항을 다양하게 스크랩해두면 좋다.

출제자 예시 답안

[찬성]
- 사람이 직접 운전을 하지 않아도 되므로 운전으로 인한 피로가 줄어든다.
- 무인 자동차에 탑승한 사람들은 모두 이동 중에 다른 일을 할 수 있어 편안하게 이동할 수 있다.
- 자동차 운전 면허를 준비하는 시간을 아낄 수 있다.
- 인간의 실수로 인한 교통사고가 줄어든다. 즉, 음주운전, 졸음운전으로 인한 사고율이 감소한다. 또한, 무인 자동차는 거리의 신호 체계와 연동되기 때문에 사고율이 감소한다

[반대]
- 인공지능에 입력되지 않은 상황(새로 설치되거나 수정된 도로 표지판, 차선 등)에 대한 업데이트가 제대로 이루어지지 않으면 대체 능력이 없어 사고가 발생한다.
- 돌발 상황 등 급박한 상황에서는 인공지능의 판단보다 인간의 판단 능력이 더 필요할 수 있다. 즉, 무인 자동차의 미비점을 보안하는 데 시간이 오래 걸린다. (윤리적인 측면 - 예를 들어 어느 쪽을 선택하더라도 인명피해가 불가피할 경우 즉, 사고가 날 수밖에 없는 상황에는 어느 쪽을 선택하는 것이 옳은 것인지에 대한 객관적인 판단이 어렵다.)
- 사고의 책임이 누구에게 있느냐에 대한 논쟁이 발생한다. (차에 탑승한 사람인지, 무인 자동차를 제조한 회사인지에 대한 판단)
- 네트워크 연결의 오류로 인해 해킹 발생 가능성이 높아진다. 또는 정보 교환이 원활하지 못할 경우 앞차와의 정보 교환을 할 수 없어 정보 파악이 늦어진다.

문제 03 p.291

Tip 평소에 사회적 제도에 관련된 기사를 스크랩해 두면 토론 시 도움이 된다.

출제자 예시 답안

[찬성] 저소득층이기 때문에 능력이 뛰어나도 기회조차 받기 힘든 사회적 약자들을 위한 제도이므로 인재 발굴을 위해서라도 필요하다고 생각한다.

[반대] 사회적 약자들을 위한 제도이지만 이를 악용하는 사람들이 존재한다. 즉, 저소득층 가정이 아닌데, 입시에 유리할 수 있기 때문에 주소지를 바꾸는 등 편법을 사용하여 특별전형으로 입학하려는 사람들이 존재한다. 따라서 사회적 배려대상자에게 우선적으로 혜택을 주는 것보다는 사회적 약자라도 능력이 뛰어나면 그에 맞는 입시에 도전할 수 있도록 하는 제도를 만들 필요가 있다고 생각한다.

문제 04 p.292

Tip 평소 과학기술의 발전에 대한 장점, 단점을 정리해 두고 그에 따른 과학적 가치에 대한 자신의 의견을 정리해 두면 좋다.

출제자 예시 답안

과학 기술을 발명하거나 개발하는 것은 우연히도 가능하지만, 이를 인류를 위해 사용하기 위해서는 과학 기술의 가치를 판단한 후 결정해야 한다. 우연히 발견된 것이라 할지라도 인류에 반드시 유익하다고 할 순 없기 때문이다.

* 가치 중립성 : 어떠한 특정 가치관이나 태도에 치우치지 않는 것

문제 05 p.293

Tip 과학 도서를 많이 읽고, 관련 주제에 대한 기사를 찾아 자신의 의견과 함께 정리해 두면 좋다.

출제자 예시 답안

[찬성] 연구의 최종 목적은 사람에게 필요한 물질을 얻는 것인데, 사람에게 적용하여 그 안정성을 판단하기에는 시간적으로 오래 걸리므로 생활사가 사람보다 훨씬 짧은 동물로 실험을 한다면 필요한 물질은 빠른 시일에 얻을 수 있어 인류 복지에 도움이 된다.

[반대] 연구의 최종 목적이 사람의 이익을 위한 것이므로 이를 충족시키기 위해 아무 잘못도 없는 동물로부터 생체 반응을 얻는 것을 부당하다고 생각한다. 아무리 사람보다 저등한 존재이지만 살아있는 생물체는 모두 소중한 존재이므로 무차별적인 동물생체 실험을 막기 위해 법적 규제가 필요하다.